高等院校土建工程专业教材

# 工程测量

主　编　黄双华　汪　杰　付　建　唐雪英

副主编　王宁军　王　伟　钟　丹　肖　欢　刘　茜

参　编　王　涛　袁清冽　谢冰莹　梁月华

西南交通大学出版社

·成　都·

图书在版编目（C I P）数据

工程测量 / 黄双华等主编. —成都：西南交通大学出版社，2020.3
高等院校土建工程专业教材
ISBN 978-7-5643-7389-4

Ⅰ. ①工… Ⅱ. ①黄… Ⅲ. ①工程测量 – 高等学校 – 教材 Ⅳ. ①TB22

中国版本图书馆 CIP 数据核字（2020）第 040614 号

高等院校土建工程专业教材

Gongcheng Celiang

工程测量

主　编 / 黄双华　汪　杰　付　建　唐雪英

责任编辑 / 姜锡伟
助理编辑 / 王同晓
封面设计 / 吴　兵

西南交通大学出版社出版发行
（四川省成都市二环路北一段 111 号西南交通大学创新大厦 21 楼　610031）
发行部电话：028-87600564　　028-87600533
网址：http://www.xnjdcbs.com
印刷：四川森林印务有限责任公司

成品尺寸　185 mm × 260 mm
印张　18.75　　字数　464 千
版次　2020 年 3 月第 1 版　　印次　2020 年 3 月第 1 次

书号　ISBN 978-7-5643-7389-4
定价　49.00 元

课件咨询电话：028-81435775
图书如有印装质量问题　本社负责退换

# 序

随着我国经济的快速发展，工程建设项目日渐增多，工程测量技术的应用极其普遍，是紧密地与生产实践相结合的学科。一方面，随着测绘科技的飞速发展，工程测量技术也发生着快速而深刻的变化；另一方面，改革开放后城市建设不断扩大，出现了很多大型建筑物和特种精密建设工程等，使得工程测绘技术服务的领域不断增加，有力推动和促进了工程测量事业的发展和技术进步。所以，不论是目前在校学习的土建类专业的学生，还是已经在施工现场的技术管理人员，都非常有必要系统地、深入地学习并掌握工程测量的相关知识。

工程测量是工程类、工程管理类、测绘工程类等专业的专业基础课之一。本书编者积极收集实践资料，发挥集体智慧，编写出了这本教材。

该教材系统性较强，前后知识连贯，具有完整的知识体系。特点如下：

（1）本书在重点章节中坚持理论教学与案例教学相结合，通过大量工程实例介绍强化理论知识学习，增强了本书的实用性和可读性。

（2）本书内容充实，结构清晰，对工程建设过程中涉及的各类工程测量问题进行了较详细的阐述，并辅以大量图片。

（3）本书的主要编者有非常丰富的实践经验，在高校主讲过多年的土木工程测量，本书作为他们多年教学经验的总结，提出了一些颇有价值的理论见解。

相信本书在专业教学过程中定能发挥应有的积极作用。

攀枝花学院土木与建筑工程学院测绘专业负责人，副教授

江俊福

# 前　言

2017 年 2 月以来，教育部为主动应对新一轮科技革命与产业变革，积极推进新工科建设，发布了《关于开展新工科研究与实践的通知》《关于推荐新工科研究与实践项目的通知》，为高等院校特别是以工科为主的高等院校指明了面向新时代发展的方向。本书是基于新工科研究与实践背景下，以 OBE 成果导向输出为路径的面向高等本科院校及高职高专院校土建类专业的专门教材。

本书基于高等院校土建类专业卓越工程师教育培养，重点为地方经济社会发展和区域资源综合开发利用服务，重点为培养具有创新精神、创业意识和职业能力的高级专门人才服务。

本书以地面点坐标的确定和应用为核心，前半部分讲述地面点坐标的确定，后半部分讲述地面点坐标的应用。本书突出应用型人才培养，知识脉络清晰，重难点突出，本书内容全面，主要内容包括水准测量、角度测量、距离测量、现代化测量技术、测量误差基本知识、小地区控制测量、大比例尺地形图测绘及应用、摄影测量与遥感的基本知识、施工放样基本方法、道路工程测量、桥涵测量、隧道施工测量、民用与工业建筑施工测量和建筑物变形观测等。

由于编者水平有限，书中疏漏之处难免存在，敬请广大读者批评指正，以便完善和提高。

编　者

2019 年 12 月

# 目 录

# 1 绪 论

工程测量是高等院校土建类专业和城建规划类专业的一门技术基础课程，其研究对象主要是地球的形状、大小和地球表面上各种物体的几何形状及空间位置。工程测量可为国民经济建设和国防建设提供一系列的大地坐标、高程和重力值，各种比例尺的地形图和地图，是规划设计、工程施工和编制各种专用地图的基础。

## 1.1 工程测量学的定义和作用

### 1.1.1 工程测量学的定义

工程测量学（Engineering Surveying 或 Engineering Geodesy）是测绘学的二级学科，归纳起来，有以下三种定义：

（1）工程测量学是研究在工程建设的勘察设计、施工和运营管理等阶段进行的各种测量工作的理论、方法和技术的学科。按工程建设的进行程序，工程测量可分为勘察设计阶段的测量、施工阶段的测量和竣工后运营管理阶段的测量。

（2）工程测量学主要研究在工程建设各阶段、环境保护及资源开发中进行的地形和其他有关信息的采集及处理，施工放样、设备安装和变形监测的理论、方法与技术，对测量资料及与工程有关的各种信息进行管理和使用。它是测绘学在国家经济建设和国防建设中的一门应用性学科。

地形信息采集主要表现为各种大比例尺地形图测绘；施工放样是将工程的室内设计放样实现到实地；变形监测（亦称安全监测）贯穿于工程建设的三个阶段，还包括变形分析与预报。

（3）工程测量学是研究地球空间中（包括地面、空中、地下和水下）具体几何实体的测量描绘和抽象几何实体的测设实现的理论、方法和技术的一门应用性学科。它主要以建筑工程和机器设备为研究对象。

具体几何实体指一切被测对象，包括存在的地形、地物，已建的各种工程及附属物；抽象几何实体指一切设计的但尚未实现的各项工程。

比较上述三种定义，定义（1）比较大众化，易于理解，工程测量学翻译成 Engineering Surveying 比较恰当。定义（2）较定义（1）更具体、准确，上升到了理论、方法与技术层次，且范围更大，包括了环境保护及资源开发。从学术意义上讲，定义（3）更加概括、抽象、严密和科学。定义（2）（3）除建筑工程外，机器设备乃至其他几何实体都是工程测量学的研究对象，而且都上升到了理论、方法和技术层面，强调工程测量学所研究的是与几何实体相联系的测量、测设的理论、方法和技术，而不仅仅是研究各阶段的各种测量工作。按定义（2）（3），工程测量学当翻译成 Engineering Geodesy。

### 1.1.2 工程测量学的学科地位

工程测量学是测绘学的二级学科。测绘学又称测绘科学与技术，是一门具有悠久发展历史和现代科技含量的一级学科。测绘学的二级学科可做如下划分：

（1）大地测量学。包括天文大地测量学、几何大地测量学（或称大地测量学基础）、物理大地测量学、地球物理大地测量学、卫星大地测量学、空间大地测量学和海洋大地测量学等。

（2）工程测量学。包括矿山测量学、精密工程测量学、工程的变形监测分析与预报。国际上，许多矿山测量工作者认为他们所从事的工作与工程测量不同，应从工程测量中分离出来，并成立了矿山测量协会。但一般来说，把矿山测量看作工程测量的分支更恰当一些。

（3）摄影测量学与遥感。可分为摄影测量学、遥感学。摄影测量与遥感有许多相同之处，也有本质上的不同之处。摄影测量学包括航空摄影测量学和地面摄影测量学（也称近景摄影测量学或工程摄影测量学），遥感学包括航空遥感学和航天遥感学。

（4）地图制图学。亦称地图学，包括地图投影、地图综合、地图编制和地图制印等。

（5）地理信息系统。是测绘学、大气科学、地理学和资源科学等一级学科的二级学科。

（6）不动产测绘（或称地籍测绘）。国外许多国家将其作为测绘学的二级学科，因为在经济、法律上有特殊意义；在测量技术方面，它与工程测量的技术方法基本相同，且较之更简单。因此，国内有人将不动产测绘纳入工程测量的范畴。

### 1.1.3 工程测量的任务和作用

工程测量的任务可以概括为一句话：为工程建设提供测绘保障，满足工程建设各阶段的各种测绘需求。具体地讲，在工程勘测设计阶段，提供设计所需要的地形图等测绘资料，为工程的勘测设计、初步设计和技术设计服务；在施工建设阶段，建立施工控制网、设计目标的位置放样、设备安装测量、竣工测量以及施工中的变形监测，保证施工的进度、质量和安全；在运营管理阶段，进行建筑物的维护测量和变形观测，保障工程的安全高效运营。

工程测量在工程建设中，起尖兵和卫士的作用。工程测量关系到工程设计的质量，关系到工程建设的速度和质量、关系到工程运营的效益和安全。以变形监测为例，它贯穿于工程建设和工程运营的始终，变形监测是长久性的工作，监测是基础，分析是手段，预报是目的。工程的变形监测，不仅是工程和设备正常和安全运营的保障，其数据处理结果也是对设计正确性的检验，变形分析资料是建设中修改设计或新建类似工程设计的重要依据。

### 1.1.4 工程测量学的应用领域

工程测量学是一门应用性很强的工程学科，在国家经济建设、国防建设、环境保护及资源开发中都必不可少，其应用领域，可按工程建设阶段和服务对象划分。

按工程建设的勘测设计、施工建设和运营管理三个阶段，工程测量可分为工程勘测、施工测量和安全监测。工程勘测主要是提供各种大、中比例尺（如 1∶500 和 1∶2 000）的地形图，为工程地质、水文地质勘探等提供测量服务；或进行重要工程的地层稳定性观测等。施工测量包括建立施工控制网、施工放样、施工进度和质量监控、开挖与建筑方量测绘、施工期的变形监测、设备安装及竣工测量等。运营管理阶段的测量工作主要是安全监测。

工程测量按所服务的对象可分为建筑工程测量、水利工程测量、线路工程测量、桥隧工程测量、地下工程测量、海洋工程测量、军事工程测量、三维工业测量以及矿山测量、城市测量等。

工程测量学的应用领域还可以扩展到工业、农业、林业和国土、资源、地矿、海洋等国民经济中的各行各业。现代工程测量已经远远突破了为工程建设服务的概念，向所谓的“广义工程测量学”发展，认为“一切不属于地球测量、不属于国家地图集范畴的地形测量和不属于官方的测量，都属于工程测量”。我们可以说：哪里有人类，哪里就有工程测量，哪里有建设，哪里就离不开工程测量。

## 1.2　地面点位的表示方法

### 1.2.1　地球的形状及大小

大部分测量工作是在地球表面上进行的。地球表面是一个形状极其复杂而又不规则的曲面，地面上不但有高山、丘陵和平地，还有江河、湖泊和海洋。最高的珠穆朗玛峰，2005 年中国国家测绘局测量的岩面高为 8 844.43 m，最低的太平洋西部的马里亚纳海沟最深处达 11 034 m，但与地球的半径 6 371 km 相比，是微不足道的。

又由于海洋面积约占整个地球表面的 71%，陆地面积只占 29%，因此，我们可以设想地球的整体形状是被海水所包围的球体。由于地球的自转运动，地球上任一点都要受到离心力和地球引力的双重作用，这两个力的合力称为重力，重力的方向线称为铅垂线，如图 1-1 所示。静止的海水面称作水准面。由于海水受潮汐风浪等影响而时高时低，故水准面有无穷多个，其中与平均海水面相吻合的水准面称作大地水准面。由大地水准面所包围的形体称为大地体。通常用大地体来代表地球的真实形状和大小。

同一水准面上各点的重力位相等，故又将水准面称为重力等位面，水准面和铅垂线就是实际测量工作所依据的面和线。

由于地球内部质量分布不均匀，致使地面上各点的铅垂线方向产生不规则变化，所以，大地水准面是一个不规则的无法用数学式表述的曲面，如图 1-2 所示。因此人们进一步设想，用一个与大地体非常接近的又能用数学式表述的规则球体，即旋转椭球体来代表地球的形状。旋转椭球体的形状和大小由椭球基本元素确定，即长半轴 $a$ 和短半轴 $b$，由此计算出另一参数——扁率

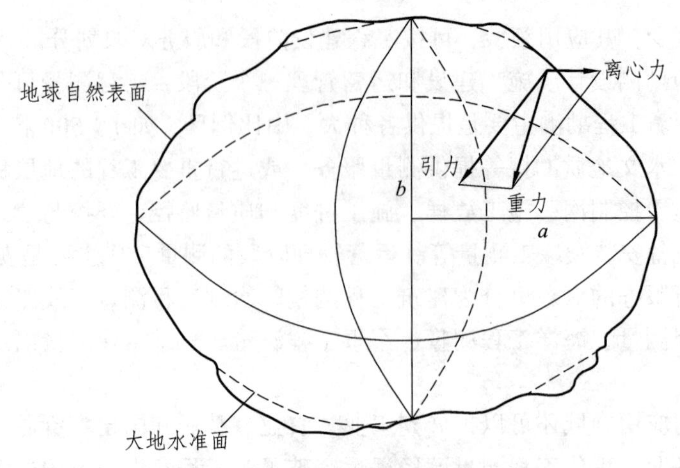


图 1-1　地球自然表面与铅垂线

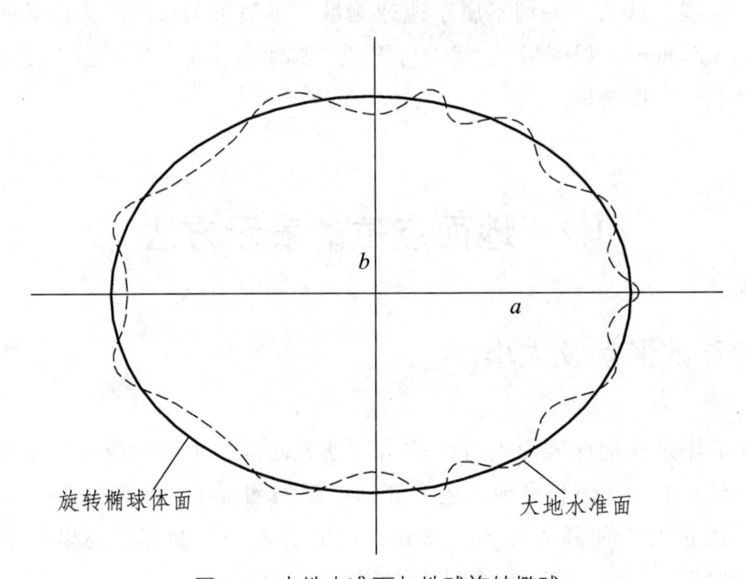


图 1-2　大地水准面与地球旋转椭球

$$\alpha = \frac{a-b}{a} \tag{1-1}$$

我国使用的椭球参数如表 1-1 所示。

表 1-1　常用椭球参数

| 参数 | 克拉索夫斯基椭球 | 1975 年国际椭球 | WGS84 椭球体 | 2000 中国大地坐标系 |
|---|---|---|---|---|
| $a$/m | 6378245 | 6378140 | 6378137 | 6378137 |
| $b$/m | 6356863.0187730473 | 6356755.2881575287 | 6356752.3142 | 6356752.3141 |
| $\alpha$ | 1/298.3 | 1/298.257 | 1/298.257223563 | 1/298.257222101 |
| $e$ | 0.006693421622966 | 0.006694384999588 | 0.00669437999013 | 0.00669438002290 |
| $e'$ | 0.006738525414683 | 0.006739501819473 | 0.00673949674227 | 0.00673949677548 |

由于参考椭球的扁率很小，在小区域的普通测量中可将地（椭）球看作圆球，其半径为 6 371 km。

### 1.2.2 地面点位置的确定

测量的基本工作就是确定地面的点位。地面点的位置需用三维坐标来确定。在工程测量中，一般将该点的空间位置用水准面或水平面（球面或平面）的位置（二维）坐标和该点到大地水准面的铅垂距离（一维）高程来表示。根据不同的需求可以采用不同的坐标系和高程系。

1. 地理坐标

当研究和测定整个地球的形状或进行大区域的测绘工作时，可用地理坐标来确定地面点的位置。地理坐标是一种球面坐标，视依据球体的不同分为天文坐标和大地坐标。

1）天文坐标

以大地水准面为基准面，地面点沿铅垂线投影在该基准面上的位置，称为该点的天文坐标。该坐标用天文经度（$\lambda$）和天文纬度（$\varphi$）表示。如图 1-3 所示，将大地体看作地球，$NS$ 即为地球的自转轴，$N$ 为北极，$S$ 为南极，$O$ 为地球体中心。

通过地球体中心 $O$ 且垂直于地轴的平面称为赤道面。它是纬度计量的起始面。赤道面与地球表面的交线称为赤道。其他垂直于地轴的平面与地球表面的交线称为纬线。过点 $P$ 的铅垂线与赤道面之间所夹的线面角就称为 $P$ 点的天文纬度。用 $\varphi$ 表示，其值为 0° ~ 90°，在赤道以北的叫北纬，以南的叫南纬。天文坐标（$\lambda$，$\varphi$）是用天文测量的方法实测得到的。

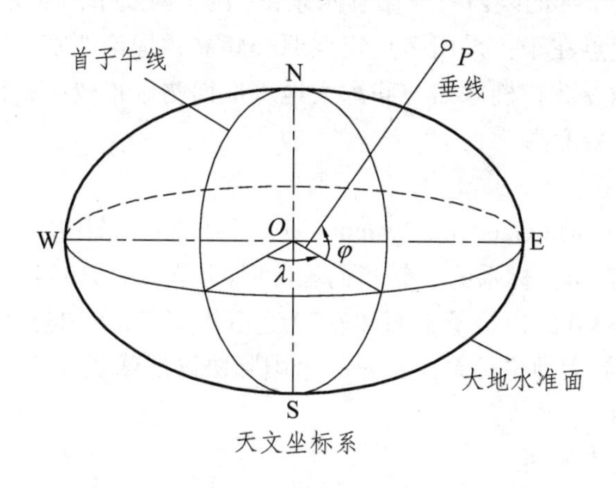


图 1-3 天文坐标系

2）大地坐标

以参考椭球面为基准面，地面点沿椭球面的法线投影在该基准面上的位置，称为该点的大地坐标。该坐标用大地经度（$L$）和大地纬度（$B$）表示。由首子午面和赤道面构成大地坐标系统的起算面。过参考椭球面上任一点 $P$ 的子午面与首子午面的夹角 $L$，称为该点的大地经度。过 $P$ 点的法线与赤道面的夹角 $B$，称为该点的大地纬度。如图 1-4 所示，包含地面点 $P$ 的法线且通过椭球旋转轴的平面称为 $P$ 的大地子午面。

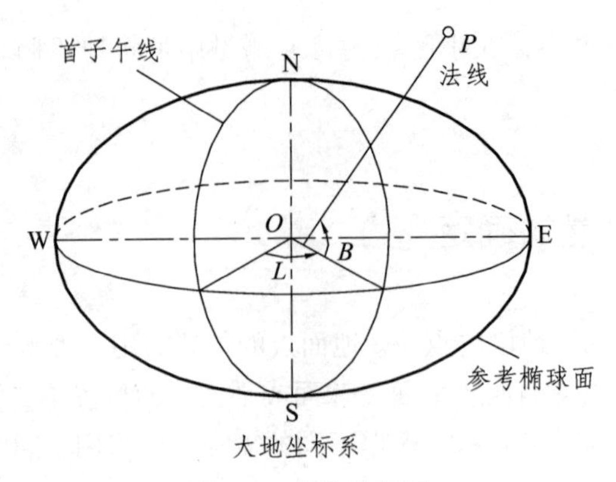


图 1-4　大地坐标系

大地坐标（$L$，$B$）因所依据的椭球体面不具有物理意义而不能直接测得，只可通过计算得到。我国采用的大地坐标系统有：

（1）1954 北京坐标系。

采用克拉索夫斯基椭球参数，并与苏联 1942 年坐标系进行联测，通过计算建立了我国大地坐标系，定名为 1954 北京坐标系。大地原点在普尔科沃天文台。由于该大地原点离我国甚远，在我国范围内该参考椭球面与大地水准面存在着明显的差距，最大处超过 69 m。

（2）1980 西安坐标系。

1978 年 4 月在西安召开全国天文大地网平差会议，确定重新定位，建立我国新的坐标系，即 1980 年国家大地坐标系。1980 年国家大地坐标系采用地球椭球基本参数为 1975 年国际大地测量与地球物理联合会（IGU）第十六届大会推荐的数据，即 IAG75 地球椭球体。该坐标系的大地原点设在我国中部的陕西省泾阳县永乐镇，位于西安市西北方向约 60 km，故称 1980 西安坐标系。其主要优点在于：采用多点定位原理建立，理论严密，定义明确；椭球参数为现代精确的地球总椭球参数；椭球面与我国大地水准面吻合得较好；椭球短半轴指向明确；经过了整体平差，点位精度高。

（3）WGS-84 坐标系。

WGS-84 坐标系（World Geodetic System）是一种国际上采用的地心坐标系。坐标原点为地球质心，其地心空间直角坐标系的 $Z$ 轴指向国际时间局（BIH）1984.0 定义的协议地极（CTP）方向，$X$ 轴指向 BIH1984.0 的协议子午面和 CTP 赤道的交点，$Y$ 轴与 $Z$ 轴、$X$ 轴垂直构成右手坐标系，称为 1984 世界大地坐标系。这是一个国际协议地球参考系统（ITRS），是目前国际上统一采用的大地坐标系。

（4）2000 国家大地坐标系。

为了适应空间时代我国经济社会发展及测绘科技本身的发展，适应大地坐标系的发展趋势，我国大地坐标系应当更新换代，应当现代化。2008 年 3 月，由原国土资源部正式上报国务院《关于中国采用 2000 国家大地坐标系的请示》，英文缩写为 CGCS2000。2000 国家大地坐标系是全球地心坐标系在我国的具体体现，其原点为包括海洋和大气的整个地球的质量中心。我国从 2008 年 7 月 1 日起采用。

2. 高斯平面直角坐标系

地理坐标是球面坐标，不能直接用于测图，工程建设规划、设计、施工，因此需要将球面坐标按照一定的数学算法归算到平面上去，即采用地图投影的方法，把球面坐标转换成平面坐标。目前，我国大部分地区采用的是高斯-克吕格投影（简称高斯投影）。

高斯投影方法首先将地球按经线划分成带，称为投影带。投影带从首子午线起，每隔经度6°划分为一带，称为6°带，如图1-5所示，自西向东将整个地球划分为60带。带号从首子午线开始，用阿拉伯数字表示，位于各带中央的子午线称为该带的中央子午线（或称为轴子午线），如图1-6所示，第一个6°带的中央子午线经度为3°，任意一个6°带的中央子午线经度，$\lambda_0$可按式（1-2）计算。

$$\lambda_0 = 6N - 3 \tag{1-2}$$

式中：$N$——投影带号。

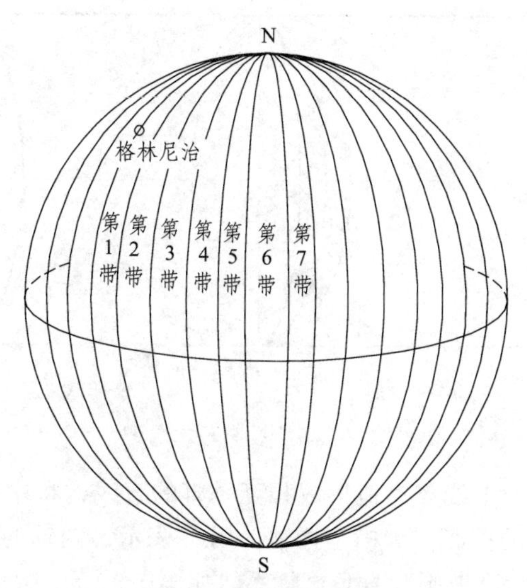


图1-5　高斯投影分带

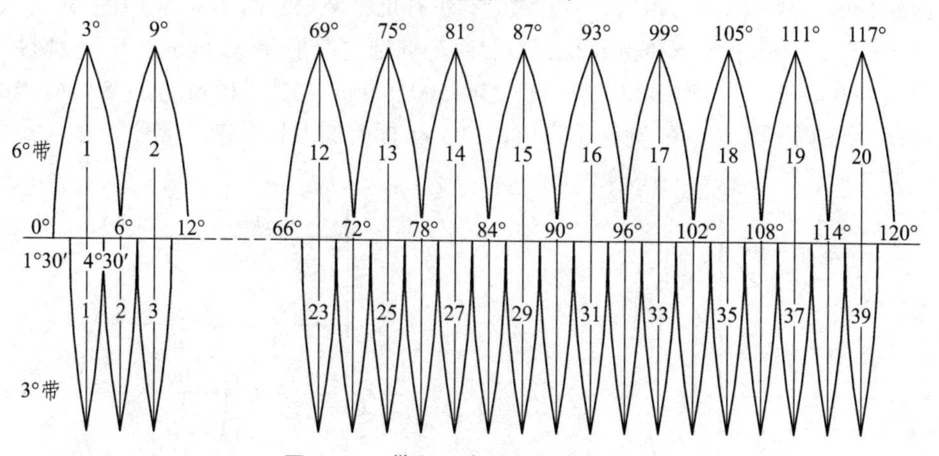


图1-6　6°带和3°中央子午线及带号

高斯投影属于等角投影。能够使球面图形的角度和投影到平面的图形角度保持不变，但任意两点间的长度产生了变形（中央子午线除外），离中央子午线越远，变形越大。为了提高测图精度，减小长度变形，可采用3°带投影。3°投影分带是从东经1.5°开始，每隔经度3°划分为一带，自西向东将整个地球划分为120个带，如图1-6所示。任意一个3°带的中央子午线经度，$\lambda_0'$可按式（1-3）计算。

$$\lambda_0' = 3N \tag{1-3}$$

式中：$N$——投影带号。

高斯投影的基本原理是：假想一个椭圆柱横套在地球椭球体上，使其与某一中央子午线相切，椭圆柱的中心轴通过地球椭球的中心，如图 1-7 所示。用解析法按等角条件，将椭球面上中央子午线东西两侧按每一带投影到椭球柱面上，再沿着过极点的母线将椭圆柱剪开，然后将椭圆柱展开成平面，即获得投影后的平面图形。

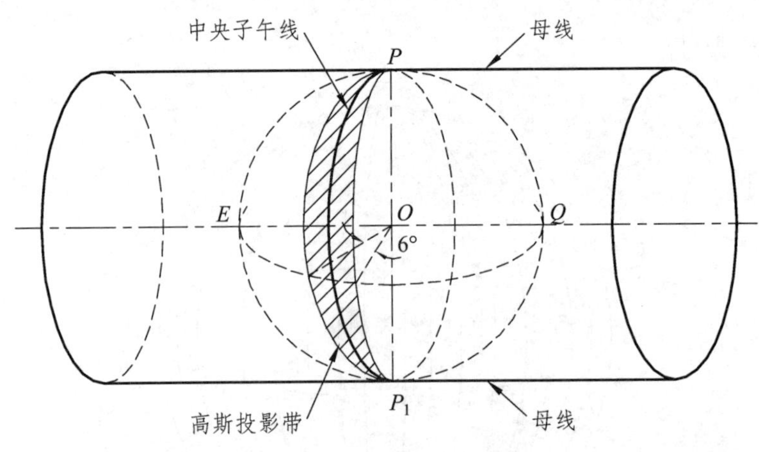


图 1-7　高斯投影基本原理

在平面图形上，中央子午线与赤道形成相互垂直的直线，将中央子午线的投影作为纵坐标轴，用 $x$ 表示，将赤道的投影作为横坐标轴，用 $y$ 表示，两轴的交点作为坐标原点，由此构成的平面直角坐标系称为高斯平面直角坐标系。如图 1-8（a）所示。由于我国位于北半球，在每一投影带内，$X$ 坐标恒为正值，$Y$ 坐标值有正有负，例如，图 1-8（a）中，$y_A$=71 236 m，$y_B$=−82 261 m。为了使 $y$ 坐标都为正值，故将纵坐标轴向西平移 500 km（半个投影带的最大宽度不超过 500 km），图 1-8（b）中，$y_A$=71 236+500 000 m = 571 236 m，$y_B$=−82 261+500 000=417 739 m。为了确定某一点在哪个 6°带内，在 $y$ 坐标前加上投影带的带号。设 $B$ 点位于 18 投影带，则其横坐标为 $y_B$=18 417 739 m。

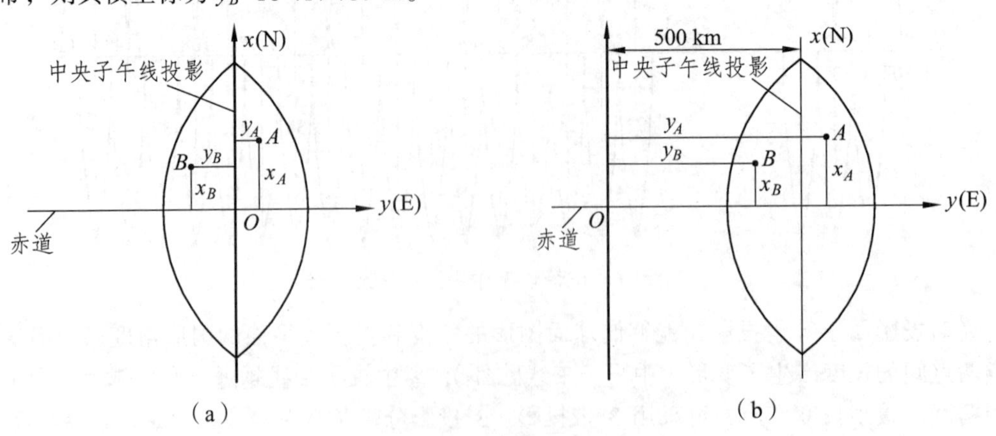


图 1-8　高斯平面直角坐标系

3. 独立平面直角坐标系

当测区的范围较小，能够忽略该区地球曲率的影响而将其当作平面看待时，可在此平面上建立独立的直角坐标系。一般选定南北方向的纵轴为 $x$ 轴，自原点向北为正，向南为负；以东西方向的横轴为 $y$ 轴，自原点向东为正，向西为负，如图 1-9 所示。这与数学上笛卡儿平面坐标系的 $x$ 轴与 $y$ 轴正好相反，如图 1-10 所示。测量与数学上关于坐标象限的规定也有所不同，二者均以北东为第一象限，但数学上的四个象限为逆时针递增，而测量上则为顺时针递增。

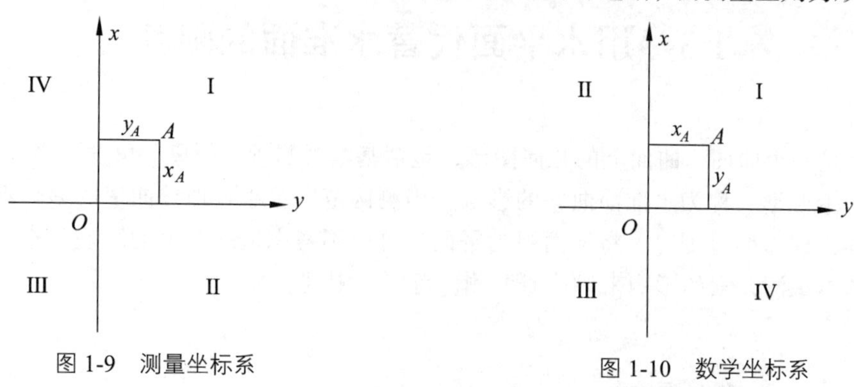


图 1-9　测量坐标系

图 1-10　数学坐标系

4. 高程系

在一般的测量工作中都以大地水准面作为高程起算的基准面。因此，地面任一点沿铅垂线方向到大地水准面的距离就称为该点的绝对高程或海拔，简称高程，用 $H$ 表示。如图 1-11 所示，图中的 $H_A$、$H_B$ 分别表示地面上 $A$、$B$ 两点的高程。中华人民共和国成立初期，采用 1950—1956 年验潮资料，求得平均海水面位置，进而测得水准原点的高程为 72.289 m，此高程系统称为 1956 年黄海高程系。由于验潮资料时间周期短，不甚精确，为提高大地水准面的精度，国家又根据青岛验潮站 1952—1979 年的验潮资料组合成了 10 个周期共 19 年的验潮资料，经精确计算，于 1985 年重新确定了黄海平均海水面的位置和高程原点的高程（72.260 m），并决定从 1988 年起，一律按此原点高程推算全国控制点的高程，称为“1985 国家高程基准”。

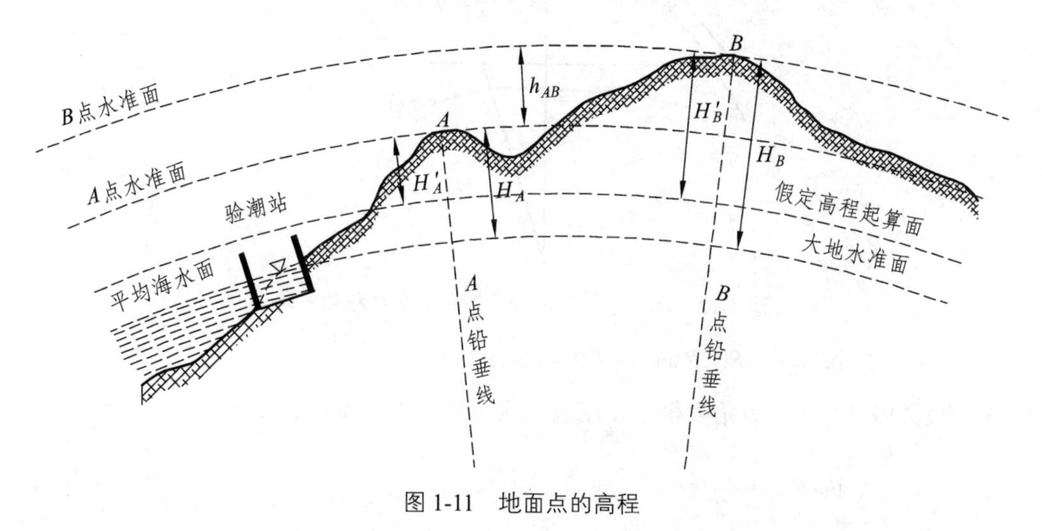


图 1-11　地面点的高程

当测区附近暂没有国家高程点可联测时，也可临时假定一个水准面作为该区的高程起算面。地面点沿铅垂线至假定水准面的距离，称为该点的相对高程或假定高程。如图 1-11 中的 $H'_A$、$H'_B$分别为地面上 $A$、$B$ 两点的假定高程。地面上两点之间的高程之差称为高差，用 $H_{AB}$ 表示，例如，$A$ 点至 $B$ 点的高差可写为

$$H_{AB} = H_B - H_A = H'_B - H'_A \tag{1-4}$$

## 1.3 用水平面代替水准面的限度

水准面是一个曲面，曲面上的几何图形，包括基本观测量（距离、角度、高差），投影到平面上会产生变形，称为水准面曲率的影响。当测区范围较小且地球曲率的影响不超过测量或制图的容许误差的范围时，将地面视为平面，可以不考虑地球曲率的影响。本节将针对地球曲率对基本观测元素的影响来讨论研究测区范围的限度。

### 1.3.1 对距离的影响

设水准面 $L$ 与水平面 $P$ 在 $A$ 点相切，如图 1-12 所示，$A$，$B$ 两点在水准面的弧线长为 $S$，在水平面上的距离为 $D$，设地球的半径为 $R$，水平距离 $D$ 代替弧线距离 $L$ 所产生的误差为 $\Delta S$ ，则

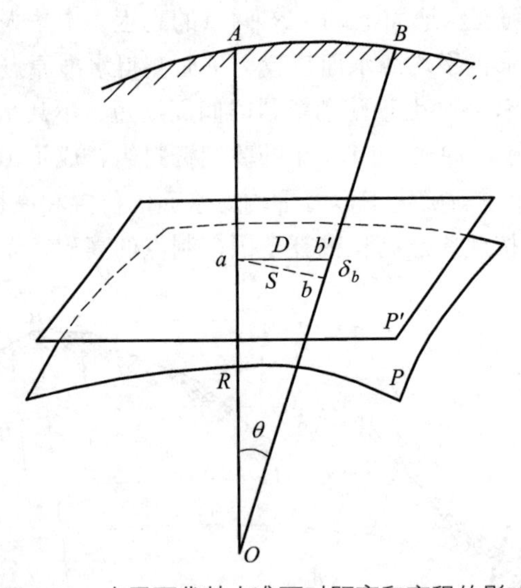


图 1-12 水平面代替水准面对距离和高程的影响

$$\Delta S = D - S = R\tan\theta - R\theta = R(\tan\theta - \theta)$$

将 $\tan\theta$ 按级数展开，由于 $\theta$ 角度很小，略去三次方以上的高次项，得

$$\tan\theta = \theta + \frac{1}{3}\theta^3$$

由于 $S = R\theta$，$D = R\tan\theta$ ，则

$$\Delta S = \frac{S^3}{3R^2} \tag{1-5}$$

$$\frac{\Delta S}{S} = \frac{S^2}{3R^2} \tag{1-6}$$

取地球半径为 6 371 km，并以不同的 $S$ 值代入式中，得到水平面代替水准面产生的距离误差 $\Delta S$ 和相对误差 $\Delta S/S$，如表 1-2 所示。

表 1-2　水平面代替水准面的距离误差和相对误差

| 距离 $S$/km | 距离误差 $\Delta S$ /mm | 相对误差 $\Delta S/S$ |
| --- | --- | --- |
| 1 | 0 | 0 |
| 5 | 1 | 1∶4 870 000 |
| 10 | 8 | 1∶1 220 000 |
| 25 | 128 | 1∶200 000 |
| 50 | 1 026 | 1∶49 000 |

由表 1-2 可知，在距离为 10 km 的范围内，水平面代替水准面所产生的距离相对误差为 1/120 万，精密的距离测量对这样的误差是容许的。因此，在半径为 10 km 范围内，即面积约 300 km$^2$ 内，以水平面代替水准面所产生的距离误差可以忽略不计。

## 1.3.2　对水平角的影响

由球面三角学可知，同一空间多边形在球面上投影的各内角和，比在平面上投影的各内角和大一个球面角超值 $\varepsilon$。其值为

$$\varepsilon = \frac{P}{R^2} \cdot \rho \tag{1-7}$$

式中：$\varepsilon$——球面角超值（″）；

$P$——球面多边形的面积（km$^2$）；

$R$——地球半径（km）；

$\rho$——弧度的秒值，$\rho$=206 265″。

表 1-3　水平面代替水准面的水平角误差

| 球面多边形的面积 $P$/km$^2$ | 球面角超值 $\varepsilon$ |
| --- | --- |
| 10 | 0.05 |
| 50 | 0.25 |
| 100 | 0.51 |
| 300 | 1.52 |

由表 1-3 可知，当面积 $P$ 为 100 km$^2$ 时，用水平面代替水准面所产生的角度误差仅为 0.51″，所以在一般的测量工作中，当测区面积在 100 km$^2$ 范围内，可以忽略不计。

### 1.3.3 对高程的影响

在图 1-12 中，$a$、$b$ 两点在同一水准面 $P$ 上，则两点高程相同。$b'$为 $b$ 点在水平面上的投影点，则 $bb'$为水平面代替水准面所产生的高差误差，设 $bb' = \Delta h$，则

$$(R+\Delta h)^2 = R^2 + D^2$$

$$\Delta h = \frac{D^2}{2R+\Delta h}$$

式中，由于 $S$ 和 $D$ 相差很小，$\Delta h$ 相对于 $2R$ 可以忽略不计，则

$$\Delta h = \frac{S^2}{2R} \tag{1-8}$$

以不同的距离代入式（1-8）中，取地球半径 $R$ 为 6 371 km，则可得到高差误差 $\Delta h$，如表 1-4 所示。

表 1-4 水平面代替水准面的高差误差

| 距离 $S$/km | 0.1 | 0.2 | 0.3 | 0.4 | 0.5 | 1 | 2 | 5 | 10 |
|---|---|---|---|---|---|---|---|---|---|
| $\Delta h$ /mm | 0.8 | 3 | 7 | 13 | 20 | 78 | 314 | 1 962 | 7 848 |

由表 1-4 可知，水平面代替水准面，在 500 m 的距离上，有 2 cm 的高差误差；在 1 km 的距离上，有 8 cm 的高差误差。因此，在高程测量中，即使距离很短，也应考虑地球曲率对高程的影响，并加以改正。

## 1.4 测量工作概述

在测量过程中，一般将地球表面分成两类：地面上天然或人工形成的固定的物体，如湖泊、河流、海洋、房屋、道路、桥梁等，称为地物；地表高低起伏的形态，如山地、丘陵和平原等，称为地貌；地物和地貌总称为地形。

### 1.4.1 测量的基本工作

地球上测量工作的基本任务是要确定地面点的几何位置。确定地面点的几何位置需要进行一些测量的基本工作。如图 1-13 所示，$A$、$B$、$C$、$D$、$E$ 为地面上高低不同的一系列点，构成空间多边形 $ABCDE$。从 $A$、$B$、$C$、$D$、$E$ 分别向水平面作铅垂线，这些垂线的垂足在水平面上构成多边形。水平面上各点就是空间相应各点的正射投影，水平面上多边形的各边就是各空间斜边的正射投影，水平面上的角就是包含空间两斜边的两面角在水平面上的投影。地形图就是将地面点正射投影到水平面上后再按一定的比例尺缩绘至图纸上而成的。由此看出，地形图上各点之间的相对位置是由水平距离、水平角和高差决定的，若已知其中一点的坐标（$x$，

$y$）和过该点的标准方向及该点高程 $H$，则可借助水平距离、水平角和高差将其他点的坐标和高程算出。因此，不论进行任何测量工作，距离、角度、高程（高差）是测量基本观测量。

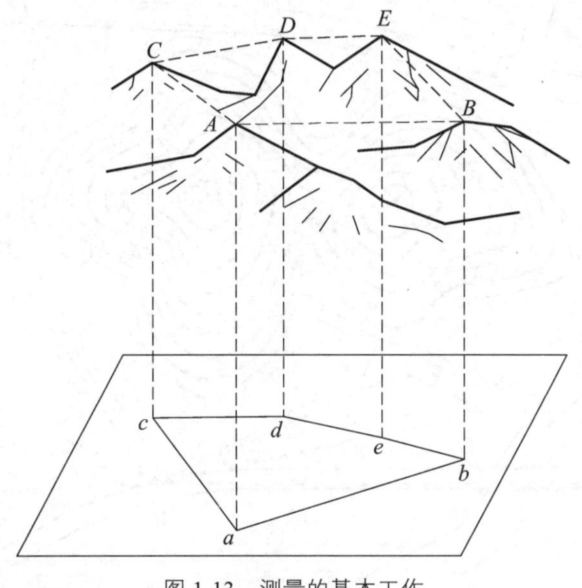


图 1-13 测量的基本工作

## 1.4.2 测量工作的原则

测量工作的目的之一是测绘地形图，地形图是通过测量一系列碎部点（地物点和地貌点）的平面位置和高程，然后按一定的比例，应用地形图符号和注记缩绘而成。如图 1-14 所示，要测绘该地区的地形图，由于测量过程中有误差产生，为了防止误差的积累和传播，保证测图精度，要先在测区内统一选择一些起控制作用的点 $A$、$B$、$C$、$D$、$E$，将它们的平面位置和高程精确地测量计算出来，这些点被称作控制点，由控制点构成的几何图形称作控制网，然后再根据这些控制点分别测量各自周围的碎部点，进而绘制成图。

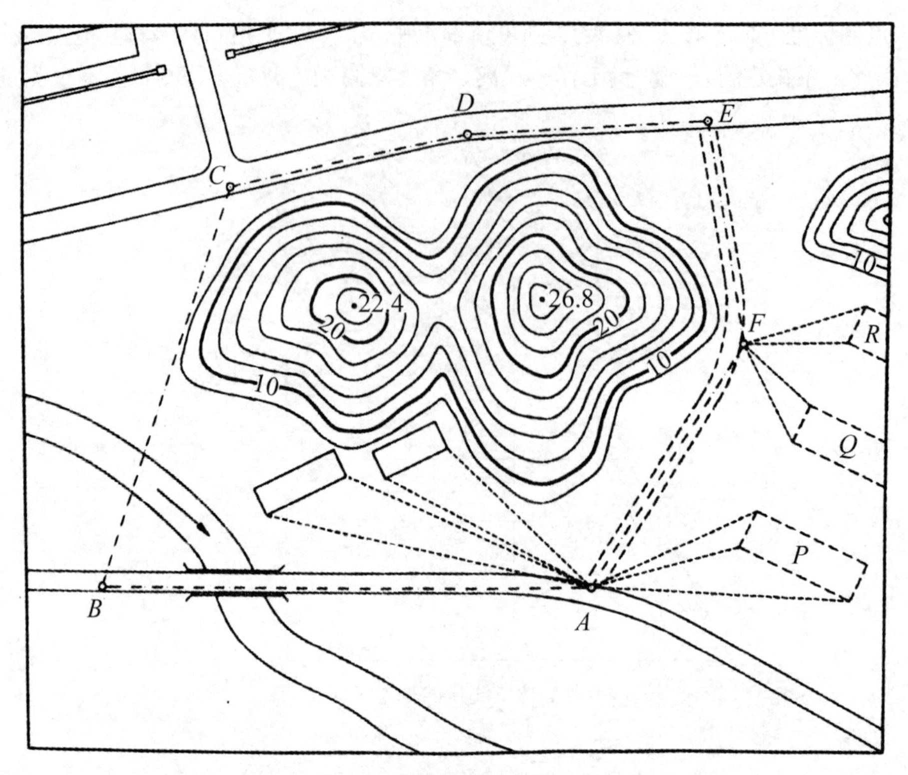


图 1-14　控制测量与碎部测量

因此，在测量工作中应遵循布局上，“整体到局部”；次序上，“先控制后碎步”；精度上，“从高级到低级”的基本原则。

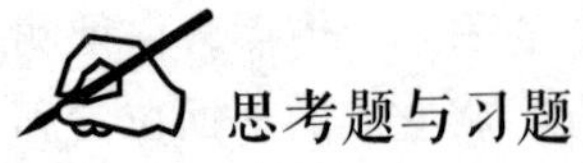

## 思考题与习题

1. 测量学研究的对象是什么？
2. 测量学的任务是什么？
3. 何谓水准面？何谓大地水准面？何谓大地体？
4. 地球的形状为何要用大地体和旋转椭球体来描述？
5. 确定地面点位常用哪几种坐标系？
6. 球面坐标与平面坐标有何区别？天文坐标与大地坐标有何区别？
7. 何谓绝对高程？何谓相对高程？何谓高差？
8. 用水平面代替水准面时，地球曲率对距离、高差有何影响？
9. 测量工作的基本原则是什么？

# 2　水准测量

确定地面点高程的测量工作，称为高程测量。高程测量按使用的仪器和测量办法的不同，可分为水准测量、三角高程测量、气压高程测量和 GPS 测量等。在工程建设中进行高程测量主要用水准测量。

## 2.1　水准测量的原理

水准测量是利用水准仪提供的水平视线，根据水准仪在两点竖直的水准尺上的读数，求得两点之间的高差。如果其中一个点的高程已知，则根据高差可以推算出另一个点的高程。

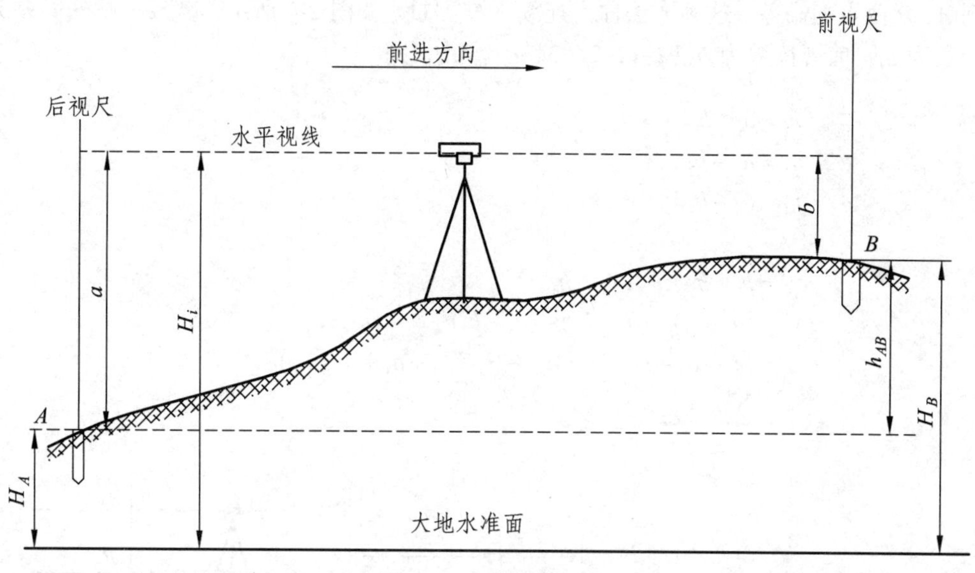


图 2-1　水准测量原理

如图 2-1 所示，已知 $A$ 点高程 $H_A$，求 $B$ 点高程 $H_B$，可在 $A$、$B$ 两点分别竖立水准尺，在 $A$、$B$ 之间安置水准仪，当水准仪视线水平时，依次照准 $A$、$B$ 两点上的水准尺并读数。若沿 $AB$ 方向测量，则规定 $A$ 为后视点，其标尺读数 $a$ 称为后视读数；$B$ 为前视点，其标尺读数 $b$ 称为前视读数。根据几何学中平行线的性质，$A$ 点到 $B$ 点的高差为

$$h_{AB} = a - b \tag{2-1}$$

即后视读数减去前视读数。由式（2-1）知，当后视读数 $a$ 大于前视读数 $b$ 时，$h_{AB}$ 值为正，说

明 $B$ 点高于 $A$ 点；反之，$h_{AB}$ 为负值，则 $A$ 点高于 $B$ 点。

待定点 $B$ 的高程计算方法有两种。

（1）高差法：直接由高差计算高程。

$$H_B = H_A + h_{AB} \tag{2-2}$$

高差法在水准路线的高程测量中应用较多。

（2）仪高法：由仪器的视线高程来计算。由图 2-1 可知，$A$ 点的高程加后视读数即得仪器的水平视线的高程，用 $H_i$ 表示

$$H_i = H_A + h_{AB} \tag{2-3}$$

得 $B$ 点的高程为

$$H_B = H_i - b = H_A + a - b \tag{2-4}$$

在某种情况下，需要根据一个后视点的高程同时测定多个前视点的高程，这时仪高法更简便。

在实际测量中，$A$、$B$ 两点的距离或高差往往很大，不能一次测量时，就需要在水准路线中加设若干个临时立尺点，依次按基本方法测得相邻两点的高差，然后取各高差的代数和，就得到 $A$、$B$ 两点的高差，这种方法称为连续水准测量。如图 2-2 所示，设某一站的高差为 $h_i$，后视读数为 $a_i$，前视读数为 $b_i$（$i$=1，2，3，…，$n$），则

$$\begin{aligned}
h_1 &= a_1 - b_1 \\
h_2 &= a_2 - b_2 \\
h_3 &= a_3 - b_3 \\
&\cdots \\
h_{AB} &= h_1 + h_2 + h_3 + \cdots + h_n \\
&= (a_1 - b_1) + (a_2 - b_2) + (a_3 - b_3) + \cdots + (a_n - b_n) \\
&= (a_1 + a_2 + a_3 + \cdots + a_n) - (b_{\cdot} + b_2 + a_3 + \cdots + a_n) \\
&= \sum a - \sum b
\end{aligned}$$

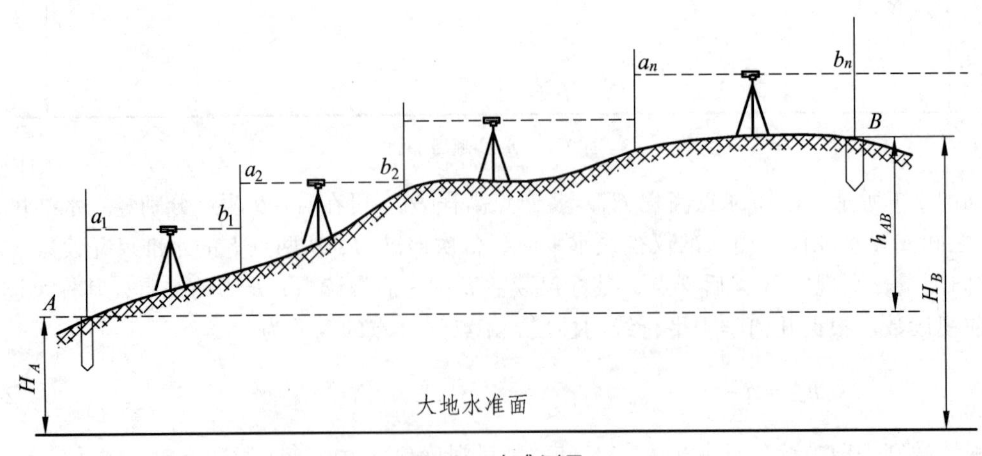


图 2-2　水准测量

未知点 $B$ 的高程为

$$H_B = H_A + h_{AB} = H_A + \left(\sum a - \sum b\right) \tag{2-5}$$

水准测量是测量地面点高差的精确方法，在工程测量中最为常用。中间立尺称为转点，起传递高程的作用。为保证高程传递误差尽可能小，观测中转点在一个测站是作为前视，而在下一测站作为后视，在这个过程中必须保持立尺位置稳定无下沉。在水准测量中，为减小水准管轴与视准轴不平行的仪器误差、地球曲率和大气折光的影响，以及对光透镜运行误差的影响，应尽可能使各测站前后视线长度大致相等，称为“中间法”施测高差。

## 2.2 水准测量的仪器和工具

水准仪是为水准测量提供水平视线的仪器。目前通用的水准仪从构造上可分为两大类：一类是利用水准管来获得水平视线的水准管水准仪，其主要形式是“微倾式水准仪”；另一类是利用补偿器来获得水平视线的“自动安平水准仪”。此外，还有电子水准仪，它配合条纹编码使用，利用数字化图像处理方法，可自动显示高程和距离，使水准测量实现了自动化。

我国水准仪系列标准按其精度等级分为 $DS_{05}$、$DS_1$、$DS_3$、$DS_{20}$ 四种型号，D、S 分别为大地测量、水准仪的汉语拼音第一个字母，下标数字表示精度等级。如 $DS_3$ 型水准仪的“3”表示该仪器每 km 往返观测高差精度为±3 mm。$DS_{05}$、$DS_1$ 型为精密水准仪，$DS_3$、$DS_{20}$ 型为工程水准仪。水准测量的工具主要有水准尺和尺垫。

### 2.2.1 $DS_3$ 微倾式水准仪构造

图 2-3 为在一般水准测量中使用较广的 $DS_3$ 型微倾式水准仪，它由下面三个主要部分组成：

（1）望远镜：它可以提供视线，并可读出远处水准尺上的读数。

（2）水准器：用于指示仪器或视线是否处于水平位置。

（3）基座：用于置平仪器，它支承仪器的上部并能使仪器的上部在水平方向转动。

水准仪各部分的名称见图 2-3。基座上有三个脚螺旋，调节脚螺旋可使圆水准器的气泡移至中央，使仪器粗略整平。望远镜和管水准器与仪器的竖轴联结成一体，竖轴插入基座的轴套内，可使望远镜和管水准器在基座上绕竖轴旋转。制动螺旋和微动螺旋用来控制望远镜在水平方向的转动。制动螺旋松开时，望远镜能自由旋转；旋紧时望远镜则固定不动。旋转微动螺旋可使望远镜在水平方向做缓慢的转动，但只有在制动螺旋旋紧时，微动螺旋才能起作用。旋转微倾螺旋可使望远镜连同管水准器做俯仰微量的倾斜，从而可使视线精确整平。因此这种水准仪称为微倾式水准仪。

下面先说明微倾式水准仪上主要的部件——望远镜和水准器的构造和性能。

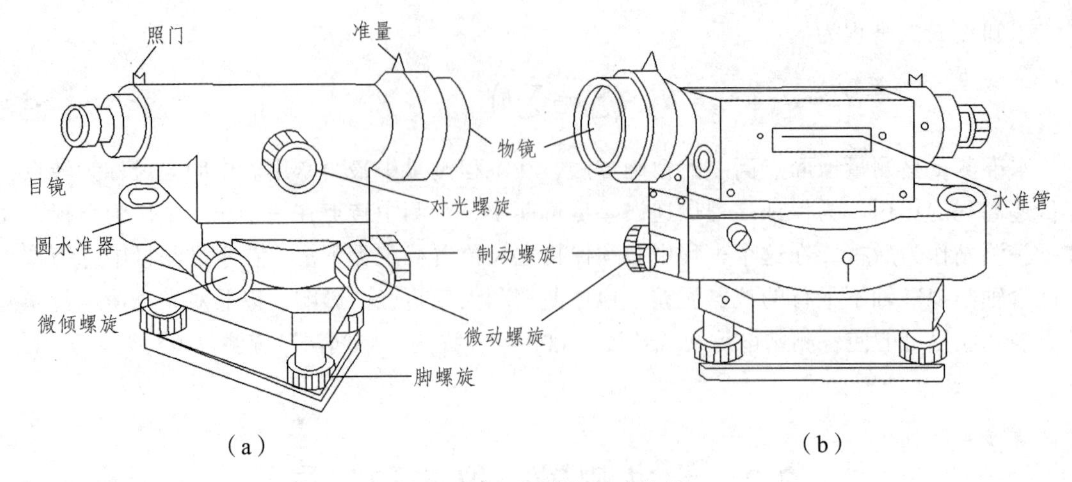


图 2-3　$DS_3$ 型微倾式水准仪

1. 望远镜

最简单的望远镜是由物镜和目镜组成。物镜的作用是使物体在物镜的另一侧构成一个倒立的实像，目镜的作用是使这一实像在同一侧形成一个放大的虚像（图 2-4）。为了使物像清晰并消除单透镜的一些缺陷，物镜和目镜都是用两种不同材料的透镜组合而成（图 2-5）。

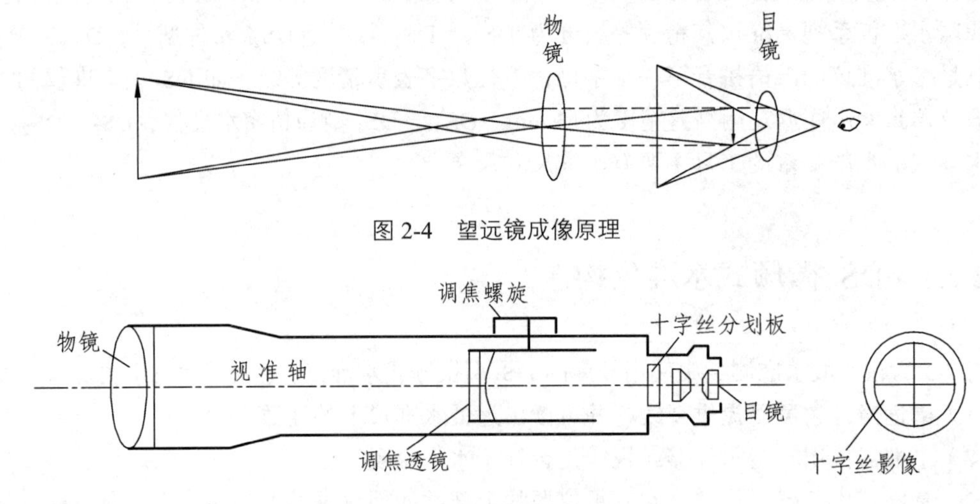


图 2-4　望远镜成像原理

图 2-5　望远镜的构造

测量仪器上的望远镜还必须有一个十字丝分划板，它是刻在玻璃片上的一组十字丝，被安装在望远镜筒内靠近目镜的一端。水准仪上十字丝的图形如图 2-6 所示，水准测量中用它中间的横丝或楔形丝读取水准尺上的读数。十字丝交点和物镜光心的连线称为视准轴，也就是视线。视准轴是水准仪的主要轴线之一。

为了能准确地照准目标或读数，望远镜内必须同时能看到清晰的物像和十字丝。为此必须使物像落在十字丝分划板平面上。为了使离仪器不同距离的目标能成像于十字丝分划板平面上，望远镜内还必须安装一个调焦透镜（图 2-5）。观测不同距离处的目标，可旋转调焦螺旋改变调焦透镜的位置，从而能在望远镜内清晰地看到十字丝和所要观测的目标。

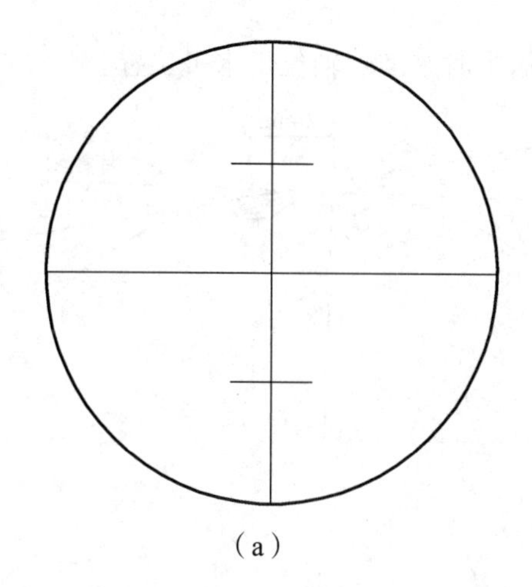
（a）

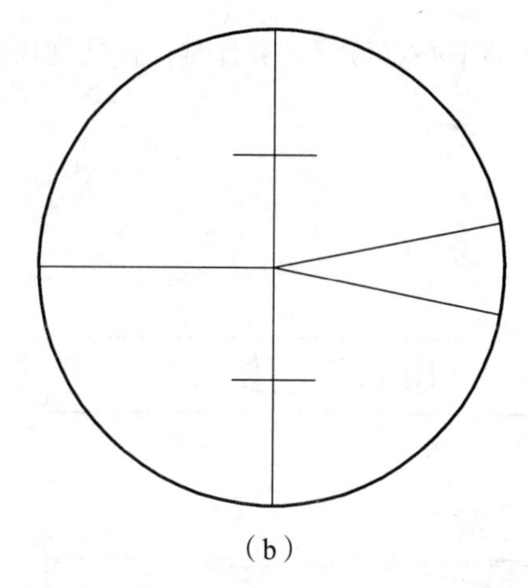
（b）

图 2-6　十字丝分划板

望远镜的性能由以下几个方面来衡量：

（1）放大率：是通过望远镜所看到物像的视角 $\beta$ 与肉眼直接看物体的视角 $\alpha$ 之比，它近似地等于物镜焦距与目镜焦距之比。或等于物镜的有效孔径 $D$ 与目镜的有效孔径 $d$ 之比。即放大率

$$v=\frac{\beta}{\alpha}=\frac{f_{物}}{f_{目}}=\frac{D}{d} \tag{2-6}$$

（2）分辨率：是望远镜能分辨出两个相邻物点的能力，用光线通过物镜后的最小视角来表示。当小于这最小视角时，在望远镜内就不能分辨出两个物点。分辨率为

$$\phi=\frac{140}{D}\quad('') \tag{2-7}$$

式中：$D$——物镜的有效孔径，以 mm 计。

（3）视场角：是表示望远镜内所能看到的视野范围。这个范围是一个圆锥体，所以视场角用圆锥体的顶角来表示。视场角与放大率成反比。

（4）亮度：指通过望远镜所看到物体的明亮程度。它与物镜有效孔径的平方成正比，与放大率的平方成反比。

从以上可以看出，望远镜的各项性能是相互制约的。例如增大放大率也增强了分辨率，可提高观测精度，但减小了视场角和亮度，不利于观测。所以测量仪器上望远镜的放大率有一定的限度，一般在 20 ~ 45 倍。

2. 水准器

水准器是用以置平仪器的一种设备，是测量仪器上的重要部件。水准器分为管水准器和圆水准器两种：

1）管水准器又称水准管，是一个封闭的玻璃管，管的内壁在纵向磨成圆弧形，其半径可自 0.2 m 至 100 m。管内盛酒精或乙醚或两者混合的液体，并留有一气泡。管面上刻有间隔为 2 mm 的分划线，分划的中点称水准管的零点。过零点与管内壁在纵向相切的直线称水准管轴。

当气泡的中心点与零点重合时，称气泡居中，气泡居中时水准管轴位于水平位置。

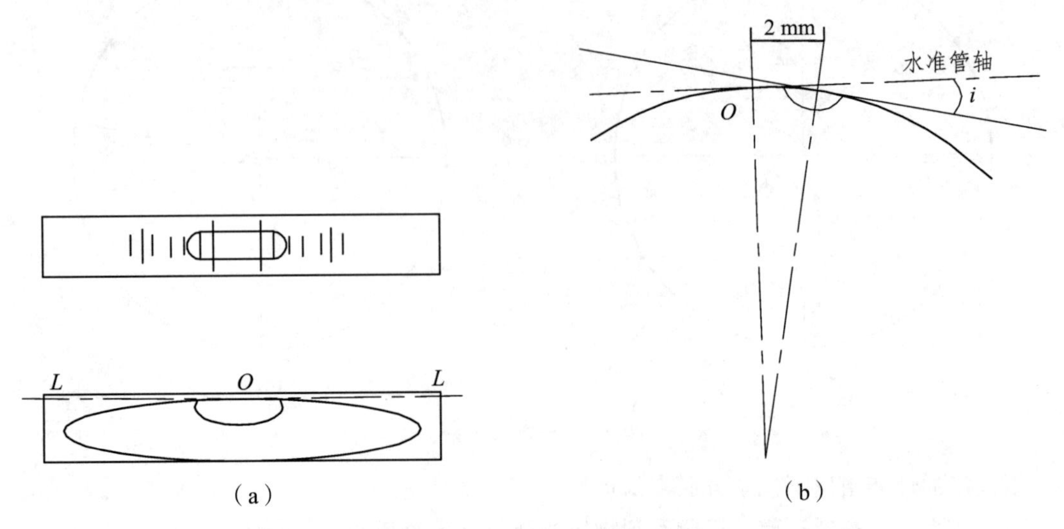


图 2-7　管水准器的构造与分划值

水准管上一格（2 mm）所对应的圆心角称为水准管的分划值。根据几何关系可以看出，分划值也是气泡移动一格水准管轴所变动的角值。水准仪上水准管的分划值为 10″~20″，水准管的分划值愈小，视线置平的精度愈高。但水准管的置平精度还与水准管的研磨质量、液体的性质和气泡的长度有关。在这些因素的综合影响下，使气泡移动 0.1 格时水准管轴所变动的角值称水准管的灵敏度。气泡移动时水准管轴变动的角值愈小，水准管的灵敏度就愈高。

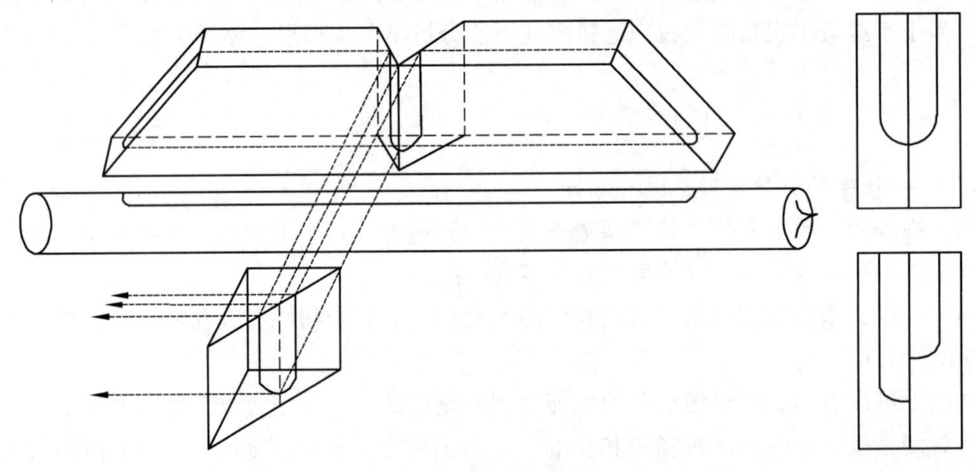

图 2-8　符合水准器

为了提高气泡居中的精度，在水准管的上面安装一套棱镜组（图 2-8），使两端各有半个气泡的像被反射到一起。当气泡居中时，两端气泡的像就能符合。故这种水准器称为符合水准器，是微倾式水准仪上普遍采用的水准器。

2）圆水准器

圆水准器是一个封闭的圆形玻璃容器，顶盖的内表面为一球面，半径可自 0.12 m 至 0.86 m，容器内盛乙醚类液体，留有一小圆气泡（图 2-9）。容器顶盖中央刻有一小圈，小圈的中心是圆水准器的零点。通过零点的球面法线是圆水准器的轴，当圆水准器的气泡居中时，圆水准器的轴位于铅垂位置。圆水准器的分划值，是顶盖球面上 2 mm 弧长所对应的圆心角值，水准仪上圆水准器的角值为 $8' \sim 15'$。

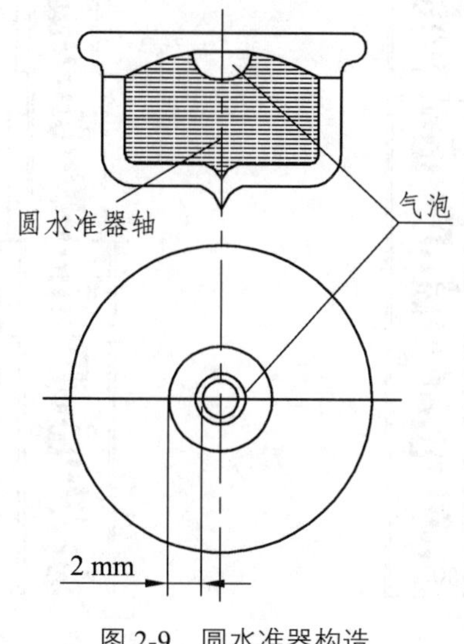


图 2-9　圆水准器构造

3. 基座

基座由轴座、脚螺旋和连接板组成。仪器的望远镜与托板铰接，通过竖轴插入轴座中，由轴座支承，轴座用三个脚螺旋与连接板连接。整个仪器用中心连接螺旋固定在三脚架上。此外，如图 2-3 所示，控制望远镜水平转动的有制动、微动螺旋，制动螺旋拧紧后，转动微动螺旋，仪器在水平方向做微小转动，以利于照准目标。微倾螺旋可调节望远镜在竖直面内的俯仰倾斜，以达到视准轴水平的目的。

## 2.2.2　水准尺和尺垫

水准尺又称标尺，有直尺和塔尺两种，如图 2-10 所示。直尺一般用不易变形的干燥优质木材制成，全长 3 m，多为双面尺。尺面用 1 cm 黑白或红白相间分划，每 10 cm 加一倒字注记（与正像望远镜配套的亦有正字）。黑白相间的尺面为黑面尺，称为基本分划面，尺底起点为 0。红白相间的尺面为红面尺，称为辅助分划面，尺底起点不为 0，与黑面相差一个常数 $K$，称为零点常数。同一高度两面读数相差 $K$，供红黑面读数检核之用。直尺用于等级水准测量，两只尺组成一对，一只 $K$=4.687 m，另一只 $K$=4.787 m，起点读数差（称为零点差）恰为±100 mm。

塔尺一般用玻璃钢、铝合金或优质木材制成，长度一般为 3 m 或 5 m，尺面用 5 mm 或 10 mm 分划，每 10 cm 加一注记，超过 1 m 在注记上加红点表示米数，如 2 上加 1 个红点表示 1.2 m，加 2 个红点表示 2.2 m，依此类推。塔尺两面起点均为 0，属于单面尺。它携带方便，但尺段接头易损坏，对接易出差错，常用于精度要求不高的水准测量。

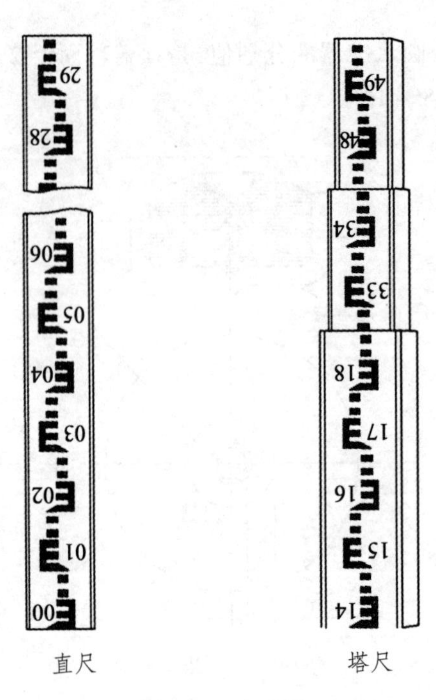


图 2-10　水准尺

尺垫由生铁铸成，如图 2-11 所示，呈三角形，下方有三个尖脚，以利于稳定地放置在地面上或插入土中。上方中央有一突出半球体，供立尺用，它用于高程传递的转点上，防止水准尺下沉。

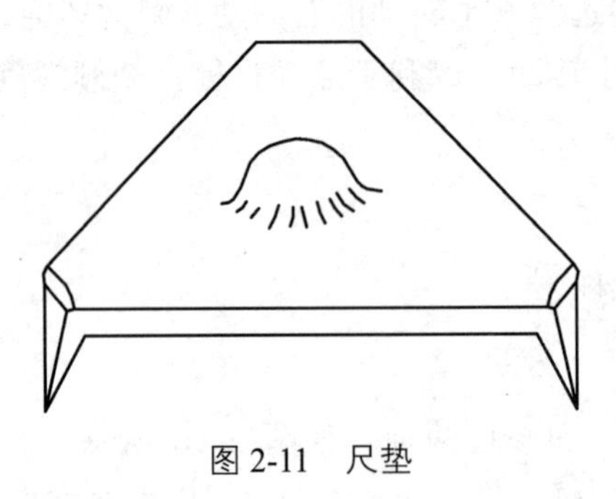

图 2-11　尺垫

## 2.2.3　水准仪的使用

使用水准仪的基本作业是：在适当位置安置水准仪，整平视线后读取水准尺上的读数。微倾式水准仪的操作应按下列步骤和方法进行：

1. 安置脚架（置架）

首先打开三脚架，安置三脚架要求高度适当、架头大致水平并牢固稳妥，在山坡上应使三脚架的两脚在坡下一脚在坡上。然后把水准仪用中心连接螺旋连接到三脚架上，取水准仪时必须握住仪器的坚固部位，并确认已牢固地连结在三脚架上之后才可放手。

2. 仪器的粗略整平（粗平）

仪器的粗略整平是用脚螺旋使圆水准器的气泡居中。不论圆水准器在任何位置，先用任意两个脚螺旋使气泡移到通过圆水准器零点并垂直于这两个脚螺旋连线的方向上，如图 2-12 中气泡自 $a$ 移到 $b$，如此可使仪器在这两个脚螺旋连线的方向处于水平位置。然后单独用第三个脚螺旋使气泡居中，如此使原两个脚螺旋连线的垂线方向亦处于水平位置，从而使整个仪器置平。如仍有偏差可重复进行。操作时必须记住以下三条要领：

（1）先旋转两个脚螺旋，然后旋转第三个脚螺旋；

（2）旋转两个脚螺旋时必须作相对地转动，即旋转方向应相反。

（3）气泡移动的方向始终和左手大拇指移动的方向一致。

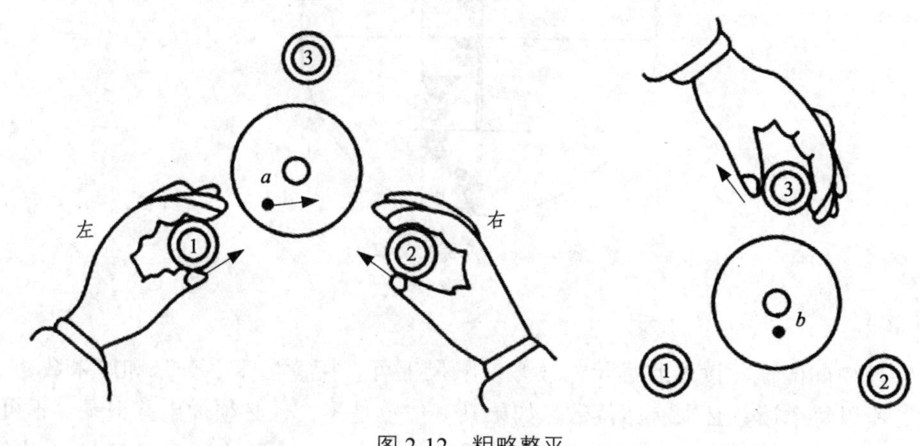

图 2-12　粗略整平

3. 照准水准尺（瞄准）

用望远镜照准目标，必须先调节目镜使十字丝清晰。然后利用望远镜上的准星从外部瞄准水准尺，再旋转调焦螺旋使尺像清晰，也就是使尺像落到十字丝平面上。这两步不可颠倒。最后用微动螺旋使十字丝竖丝照准水准尺，为了便于读数，也可使尺像稍偏离竖丝一些。当照准不同距离处的水准尺时，需重新调节调焦螺旋才能使尺像清晰，但十字丝可不必再调。

照准目标时必须要消除视差。观测时把眼睛稍做上下移动，如果尺像与十字丝有相对的移动，即读数有改变，则表示有视差存在。其原因是尺像没有落在十字丝平面上［图 2-13（a）（b）］。存在视差时不可能得出准确的读数。消除视差的方法是一面稍旋转调焦螺旋一面仔细观察，直到不再出现尺像和十字丝有相对移动为止，即尺像与十字丝在同一平面上［图 2-13（c）］。

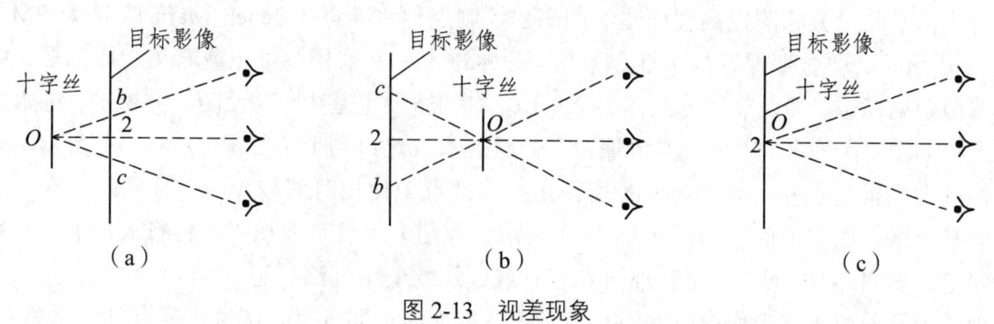

图 2-13　视差现象

4. 视线的精确整平（精平）

圆水准器的灵敏度较低，用圆水准器只能使水准仪粗略地整平。因此在每次读数前还必须用微倾螺旋使水准管气泡符合，使视线精确整平。由于微倾螺旋旋转时，经常改变望远镜和竖轴的关系，当望远镜由一个方向转变到另一个方向时，水准管气泡一般不再符合。所以望远镜每次变动方向后，也就是在每次读数前，都需要用微倾螺旋重新使气泡符合。

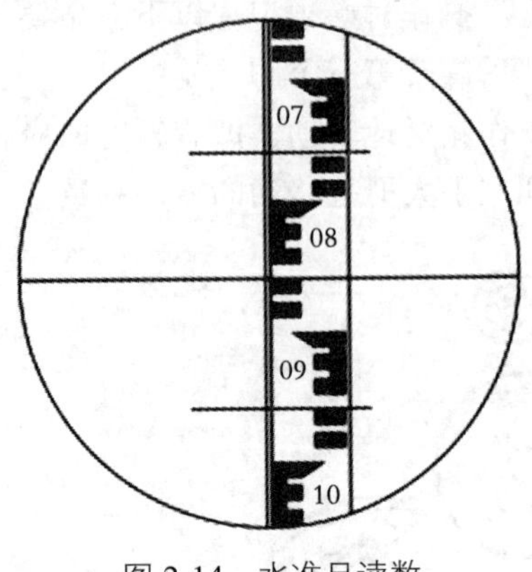


图 2-14 水准尺读数

5. 读数

用十字丝中间的横丝读取水准尺的读数。从尺上可直接读出米、分米和厘米数，并估读出毫米数，所以每个读数必须有四位数。如果某一位数是零，也必须读出并记录。不可省略，如 1.002 m、0.007 m、2.100 m 等。如图 2-14 所示，水准尺的中丝读数为 0.859 m。由于望远镜一般都为倒像，所以从望远镜内读数时应由上向下读，即由小数向大数读。读数前应先认清水准尺的分划特点，特别应注意与注字相对应的分米分划线的位置。为了保证得出正确的水平视线读数，在读数前和读数后都应该检查气泡是否符合。

## 2.3 水准测量实施

### 2.3.1 水准点

为用水准测量方法测定高程而建立的高程控制点称水准点（Bench Mark），记为 BM，如图 2-15 所示。需要长期保存的水准点，如国家水准点，一般用混凝土或石头制成标石，中间嵌半球型金属标志，埋设在冰冻线以下 0.5 m 左右的坚硬土基中，并设防护井保护，称永久性水准点，如图 2-15（a）所示。亦可埋设在岩石或永久建筑物上，如图 2-15（b）所示。地形测量中的图根控制点和一般工程测量所使用的水准点，使用时间较短的，称临时水准点。一般用混凝土标石埋在地面，如图 2-15（c）所示，或用大木桩顶面加一帽钉打入地下，并用混凝土固定，如图 2-15（d）所示，亦可在岩石或建筑物上用红漆标记。

为了满足各类测量工作的需要，水准点按精度分为不同等级。国家水准点分一、二、三、四等四个等级，埋设永久性标志，其高程为绝对高程。为满足工程建设测量工作的需要，建立低于国家等级的等外水准点，埋设永久或临时标志，其高程应从国家水准点引测，引测有困难时，可采用相对高程。

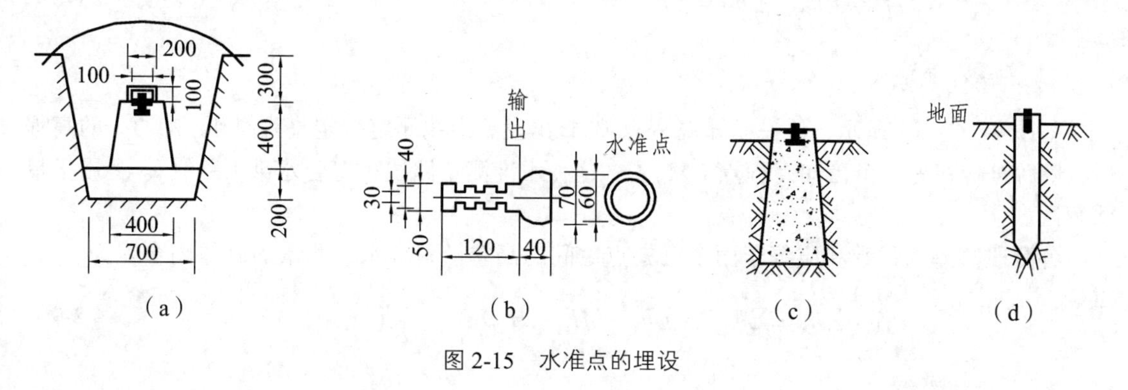


图 2-15　水准点的埋设

## 2.3.2　水准路线

水准测量进行的路径称为水准路线。根据测区情况和需要，工程建设中水准路线可布设成以下形式。

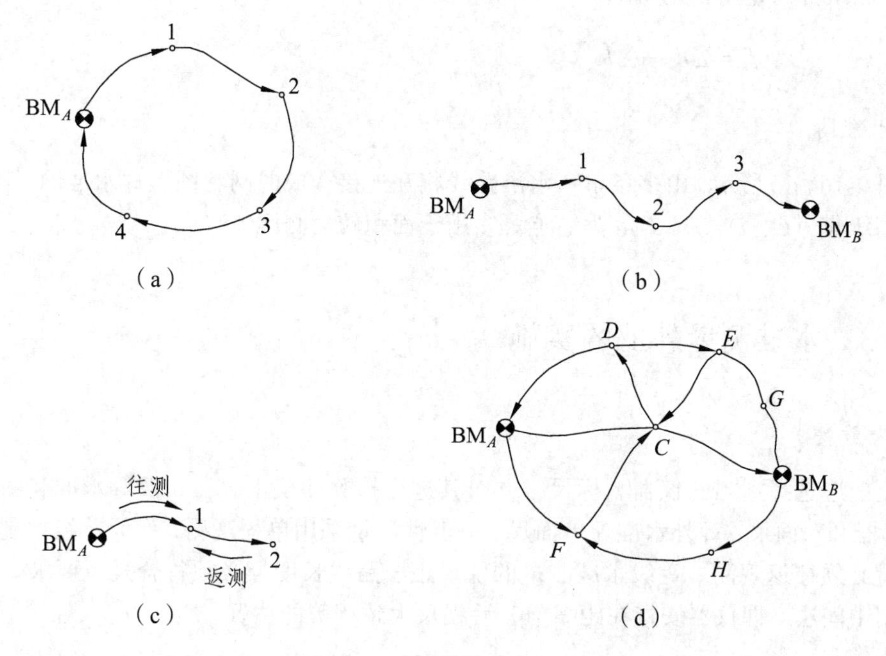


图 2-16　水准路线的布设

1. 闭合水准路线

如图 2-16（a）所示，从一已知高程点 $BM_A$ 出发，沿线测定待定高程点 1、2、3…的高程后，最后闭合在 $BM_A$ 上。这种水准测量路线称闭合水准路线。多用于面积较小的块状测区。

相邻两点称为一个测段。各测段高差的代数和应等于零。但在测量过程中，不可避免地存在误差，使得实测高差之和往往不为零，从而产生高差闭合差。所谓闭合差就是观测值与理论值（或已知值）之差，常用符号 $f_h$ 表示。因此，闭合水准路线的高差闭合差为

$$f_h = \sum h_{测} - \sum h_{理} = \sum h_{测} \tag{2-8}$$

2. 符合水准路线

如图 2-16（b）所示，从一已知高程点 $BM_A$ 出发，沿线测定待定高程点 1、2、3…的高程后，最后符合在另一个已知高程点 $BM_B$ 上。这种水准测量路线称符合水准（路线）。多用于带状测区。

各测段高差的代数和应等于两个已知点之间的高差。附合水准测量的高差闭合差为

$$f_h = \sum h_{测} - \sum h_{已知} = \sum h_{测} - (H_{终} - H_{始}) \tag{2-9}$$

3. 支水准路线

如图 2-16（c）所示，从一已知高程点 $BM_A$ 出发，沿线测定待定高程点 1、2、3…的高程后，即不闭合又不符合在已知高程点上。这种水准测量路线称支水准（路线）或支线水准。多用于测图水准点加密。

支水准路线必须进行往返测量，往返高差总和与返测高差总和应大小相等，符号相反。则支水准路线的高差闭合差为

$$f_h = \sum h_{往} + \sum h_{返} \tag{2-10}$$

4. 水准网

如图 2-16（d）所示，由多条单一水准路线相互连接构成的网状图形称水准网。其中 $BM_A$、$BM_B$ 为高级点，$C$、$D$、$E$、$F$ 等为结点。多用于面积较大测区。

### 2.3.3 水准测量外业的实施

1. 一般要求

作业前应选择适当的仪器、标尺，并对其进行检验和校正。三、四等水准和图根控制用 $DS_3$ 型仪器和双面尺，等外水准配单面尺。一般性测量采用单程观测，作为首级控制或支水准路线测量必须往返观测。等级水准测量的仪尺距、路线长度等必须符合规范要求。测量应尽可能采用中间法，即仪器安置在距离前、后视尺大致相等的位置。

2. 施测程序

如图 2-17 所示，设 $A$ 点的高程 $H_A$=40.685 m，现测定 $B$ 点的高程 $H_B$ 的程序如下。

（1）安置仪器于 1 站并粗平，后视尺立于 $BM_A$，在路线前进方向选择一点与 $A$1 距离大致相等的适当位置作 $ZD_1$，这个临时的高程传递点，称为转点。放上并踏紧尺垫，将前视尺立于其上。

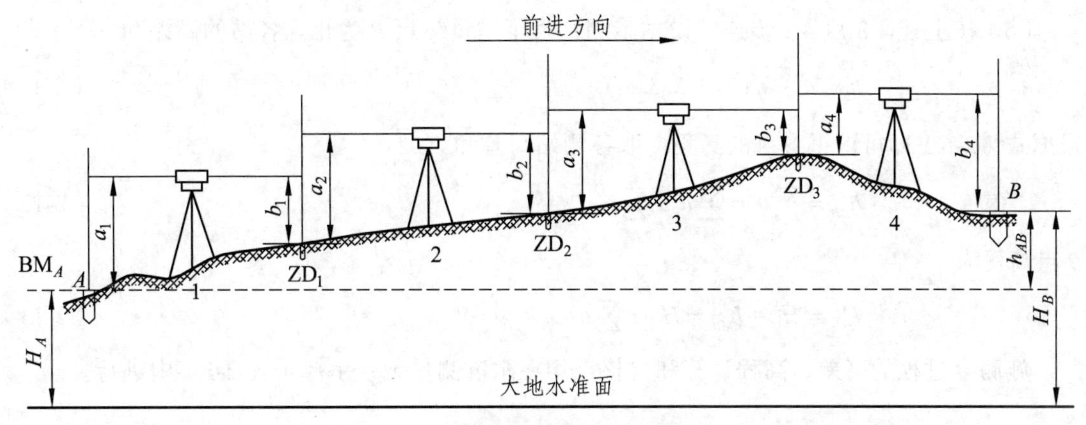


图 2-17　水准测量外业实施

（2）照准 $A$ 点尺，精平仪器后，读取后视读数 $a_1$（如 1.384 m）；照准 $ZD_1$ 点尺，精平仪器后，读取前视读数 $b_1$（如 1.179 m），记入手簿中（表 2-1）。则

$$h_1 = a_1 - b_1 = 0.205\ \text{m}$$

（3）将仪器搬至 2 站，粗平，ZD$_1$ 点尺面向仪器，$A$ 点尺立于 ZD$_2$。

（4）照准 ZD$_1$ 点尺，精平仪器读数 $a_2$（如 1.479 m）；照准 ZD$_2$ 点尺，精平仪器读数 $b_2$（如 0.912 m），记入手簿中。则

$$h_2 = a_2 - b_2 = 0.567\ \text{m}$$

表 2-1　水准测量记录手簿

仪器型号：DS$_3$　　观测日期：＿＿＿＿　　观　测：＿＿＿＿　　计　算：＿＿＿＿

仪器编号：＿＿＿＿　　天　　气：＿＿＿＿　　记　录：＿＿＿＿　　复　核：＿＿＿＿

| 测站 | 测点 | 水准尺读数/m | | 高差/m | 高程/m | 备　注 |
|---|---|---|---|---|---|---|
| | | 后　视 | 前　视 | | | |
| 1 | BM$_A$ | 1.384 | | 0.205 | 40.683 | |
| 2 | ZD$_1$ | 1.479 | 1.179 | 0.567 | 40.890 | |
| 3 | ZD$_2$ | 1.498 | 0.912 | 0.912 | 41.457 | |
| 4 | ZD$_3$ | 0.873 | 0.586 | −0.791 | 42.369 | |
| 5 | ZD$_4$ | 1.236 | 1.664 | −0.188 | 41.578 | |
| | BM$_B$ | | 1.424 | | 41.390 | |
| $\sum$ | | 6.470 | 5.765 | 0.705 | | |
| 辅　助　计　算 | | $\sum a_i - \sum b_i = 0.6470 - 5.765 = 0.705 = \sum h_i$<br>$H_B - H_A = 41.390 - 40.685 = 0.705$（计算无误） | | | | |

（5）按上述（3）（4）步连续设站施测，直至测量终点 $B$ 为止。各站的高差为

$$h_i = a_i - b_i \ (i = 1, 2, 3, \cdots) \tag{2-11}$$

根据式（2-6）即可求得各点的高程。取各测站高差和

$$h_{AB} = \sum h_i = \sum a_i - \sum b_i \tag{2-12}$$

$B$ 点高程为

$$H_B = H_A + h_{AB} = H_A + \sum h_i \tag{2-13}$$

施测全过程的高差、高程计算和检核，均在水准测量记录手簿（表 2-1）中进行。

### 2.3.4 水准测量检核

1. 测站检核

每站水准测量时，观测的数据错误，将导致高差和高程计算错误。为保证观测数据的正确性，通常采用双仪高法或双面尺法进行测站检核。不合格者，不得搬站。等级水准尤其如此。

1）双仪高法

双仪高法又称变更仪器高法。在一个测站上，观测一次高差 $h' = a' - b'$ 后，将仪器升高或降低 10 cm 左右，再观测一次高差 $h'' = a'' - b''$。两次高差之差（称为较差）应满足

$$\Delta h = h' - h'' \leqslant \Delta h_{容} \tag{2-14}$$

若两次测得的高差之差不差过±6 mm，则取平均值作为该测站的观测结果，否则需重测。

2）双面尺法

在一个测站上，用同一仪器分别观测水准尺黑面和红面的读数，获得两个高差 $h_{黑} = a_{黑} - b_{黑}$ 和 $h_{红} = a_{红} - b_{红}$，若满足

$$\Delta h = h_{黑} - h_{红} \pm 100\ \text{mm} \leqslant \Delta h_{容} \tag{2-15}$$

并且 $\Delta h_{容} \leqslant \pm 3\ \text{mm}$ 时，取平均值作为结果；否则应重测。

2. 计算检核

手簿中计算的高差和高程应满足式（2-12），并且使式（2-13）转化成 $H_B - H_A = \sum h_i$ 后的验算也同时成立。否则，高差计算和高程推算有错，应查明原因予以纠正。计算检核在手簿辅助计算栏中进行（表 2-1）。

3. 成果检核

上述检核仅限于读数误差和计算错误，不能排除其他诸多误差对观测成果的影响，例如转点位置移动、标尺或仪器下沉等造成的误差积累，使得实测高差 $\sum h_{测}$ 与理论高差 $\sum h_{理}$ 不相符，存在一个差值，称为高差闭合差，用 $f_h$ 表示。即

$$f_h = \sum h_{测} - \sum h_{理} \tag{2-16}$$

因此，必须对高差闭合差进行检核。如果 $f_{\mathrm{h}}$ 满足

$$f_{\mathrm{h}} \leqslant f_{\mathrm{h容}} \tag{2-17}$$

表示测量成果符合精度要求，可以应用。否则必须重测。式中 $f_{\mathrm{h容}}$ 称为容许高差闭合差，国家标准《工程测量规范》（GB50026—2007）规定：

三等水准测量：平地　$f_{\mathrm{h容}}=\pm 12\sqrt{L}$；山地　$f_{\mathrm{h容}}=\pm 4\sqrt{n}$。

四等水准测量：平地　$f_{\mathrm{h容}}=\pm 20\sqrt{L}$；山地　$f_{\mathrm{h容}}=\pm 6\sqrt{n}$。

图根水准测量：平地　$f_{\mathrm{h容}}=\pm 40\sqrt{L}$；山地　$f_{\mathrm{h容}}=\pm 12\sqrt{n}$。

式中：$L$——往返测段、附合或闭合水准线路长度，以 km 计；

$n$——单程测站数；

$f_{\mathrm{h容}}$——容许高差闭合差，以 mm 计。

### 2.3.5　水准测量成果处理

1. 高差改正数 $v$ 的计算与高差闭合差调整

1）高差改正数 $v_i$ 计算

对于闭合水准和附合水准，在满足 $f_{\mathrm{h}} \leqslant f_{\mathrm{h容}}$ 条件下，允许对观测值 $\sum h_{测_i}$ 施加改正数 $v_i$，使之符合理论值。改正的原则是：将 $f_{\mathrm{h}}$ 反号按测程 $L$ 或测站 $n$ 成正比分配。设路线有 $i$ 个测段（两水准点间的水准路线，$i$=1，2，3…），第 $i$ 测段的水准路线长度为 $L_i$（以 km 计）或测站数为 $n_i$，总里程或总测站数为 $\sum L$ 或 $\sum n$，则测段高差改正数为

$$v_i = \frac{-f_{\mathrm{h}}}{\sum L} \cdot L_i 或 v_i = \frac{-f_{\mathrm{h}}}{\sum n} \cdot n_i \tag{2-18}$$

改正数凑整至 mm，并按下式进行验算

$$\sum v_i = -f_{\mathrm{h}} \tag{2-19}$$

若改正数的总和不等于闭合差的反数，则表明计算有错，应重算。如因凑整引起的微小不符值，则可将它分配在任一测段上。

2）调整后高差计算

高差改正数计算经检核无误后，将测段实测高差 $\sum h_{测i}$ 加以调整，加入改正数 $v_i$ 得到调整后的高差 $\sum h_i'$，即

$$\sum h_i' = \sum h_{测i} + v_i \tag{2-20}$$

调整后线路的总高差应等于它相应的理论值，以资检核。

对于支线水准，在 $f_{\mathrm{h}} \leqslant f_{\mathrm{h容}}$ 条件下，取其往返高差绝对值的平均值作为观测成果，高差的符号以往测为准。

2. 高程计算

设 $i$ 测段起点的高程为 $H_{i-1}$，则终点高程 $H_i$ 应为

$$H_i = H_{i-1} + \sum h_i' \tag{2-21}$$

从而可求得各测段终点的高程，并推算至已知点进行检核。

3. 算例

某平地符合水准路线，$\mathrm{BM}_A$、$\mathrm{BM}_B$ 为已知高程水准点，各测段的实测高差及测段路线长度如图 2-18 所示。该水准路线成果处理计算列入表 2-2 中。

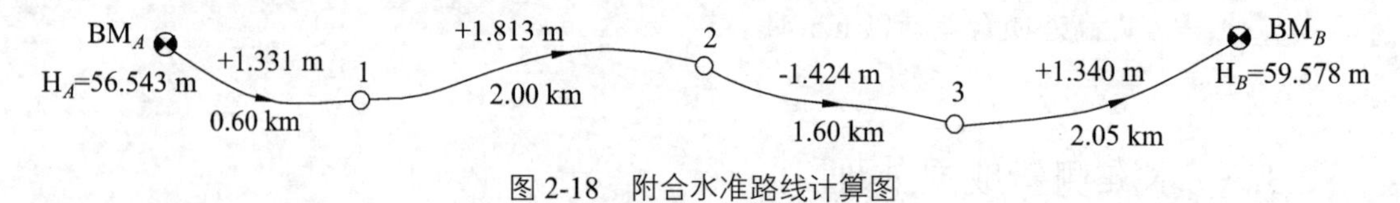


图 2-18　附合水准路线计算图

表 2-2　符合水准路线测量成果计算表

| 点号 | 路线长度 $L$/km | 实测高差 $h_i$/m | 改正数 $v_i$/mm | 改正后高差 $h_i'$/m | 高程 $H_i$/m | 备　注 |
|---|---|---|---|---|---|---|
| $\mathrm{BM}_A$ | | | | | 56.543 | |
| | 0.60 | +1.331 | −2 | +1.329 | | |
| 1 | | | | | 57.872 | |
| | 2.00 | +1.813 | −8 | +1.805 | | |
| 2 | | | | | 59.677 | $\mathrm{BM}_A$、$\mathrm{BM}_B$ 的高程为已知 |
| | 1.60 | −1.424 | −7 | −1.431 | | |
| 3 | | | | | 58.246 | |
| | 2.05 | +1.340 | −8 | +1.332 | | |
| $\mathrm{BM}_B$ | | | | | 59.578 | |
| $\Sigma$ | 6.25 | +3.060 | −25 | +3.035 | | |
| 辅助计算 | $f_{\mathrm{h}} = \sum h_{测} - (H_B - H_A) = +25\ \mathrm{mm}$　　$f = \pm 40\sqrt{L}\ \mathrm{mm} = \pm 100\ \mathrm{mm}$<br>$f_{\mathrm{h}} \leqslant f_{\mathrm{h容}}$ 符合精度要求<br>$v_{i/km} = -f_h / L = -25/6.25 = -4\ \mathrm{mm/km}$　　$\sum v_i = -25\ \mathrm{mm} = -f_{\mathrm{h}}$　计算无误 | | | | | |

# 2.4 微倾式水准仪的检验与校正

为保证测量工作能得出正确的结果，工作前必须对所使用的仪器进行检验和校正。

微倾式水准仪的主要轴线见图 2-19，它们之间应满足的几何条件是：

（1）圆水准器轴应平行于仪器的竖轴；

（2）十字丝的横丝应垂直于仪器的竖轴；

（3）水准管轴应平行于视准轴。

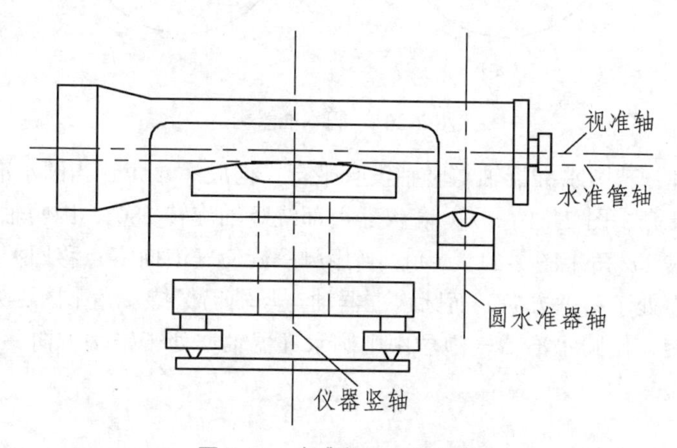


图 2-19 水准仪的几何轴线

检验校正的步骤和方法：

1. 圆水准器的检验和校正

（1）目的：使圆水准器轴平行于仪器竖轴，圆水准器气泡居中时，竖轴便位于铅垂位置。

（2）检验方法：旋转脚螺旋使圆水准器气泡居中，然后将仪器上部在水平方向绕竖轴旋转 180°，若气泡仍居中，则表示圆水准器轴已平行于竖轴，若气泡偏离中央则需进行校正。

（3）校正方法：用脚螺旋使气泡向中央方向移动偏离量的一半，然后拨圆水准器的校正螺旋使气泡居中。由于一次拨动不易使圆水准器校正得很完善，所以需重复上述的检验和校正，使仪器上部旋转到任何位置气泡都能居中为止。

圆水准器校正装置的构造常见的有两种：一种在圆水准器盒底有三个校正螺旋［图 2-20（a）］；盒底中央有一球面突出物，它顶着圆水准器的底板，三个校正螺旋则旋入底板拉住圆水准器。当旋紧校正螺旋时，可使水准器该端降低，旋松时则可使该端上升。另一种构造，在盒底可见到四个螺旋［图 2-20（b）］，中间一个较大的螺旋用于连接圆水准器和盒底，另三个为校正螺旋，它们顶住圆水准器底板。当旋紧某一校正螺旋时，水准器该端升高，旋松时则该端下降，其移动方向与第一种相反。校正时，无论哪一种构造，当需要旋紧某个校正螺旋时，必须先旋松另两个螺旋，校正完毕时，必须使三个校正螺旋都处于旋紧状态。

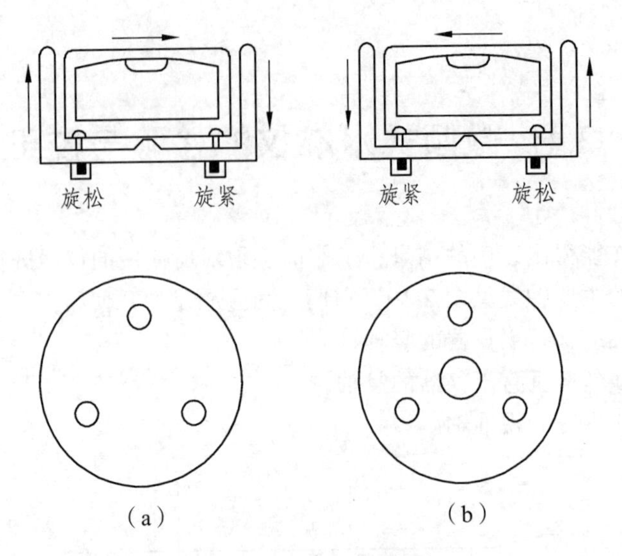


图 2-20　圆水准器构造

（4）检校原理：若圆水准器轴与竖轴没有平行，构成一 $\alpha$ 角，当圆水准器的气泡居中时，竖轴与铅垂线成 $\alpha$ 角［图 2-21（a）］。若仪器上部绕竖轴旋转 180°，因竖轴位置不变，故圆水准器轴与铅垂线成 $2\alpha$ 角［图 2-21（b）］。当用脚螺旋使气泡向零点移回偏离量的一半，则竖轴将变动一 $\alpha$ 角而处于铅垂方向，而圆水准器轴与竖轴仍保持 $\alpha$ 角［图 2-21（c）］。此时拨圆水准器的校正螺旋，使圆水准器气泡居中则圆水准器轴亦处于铅垂方向，从而使它平行于竖轴［图 2-21（d）］。

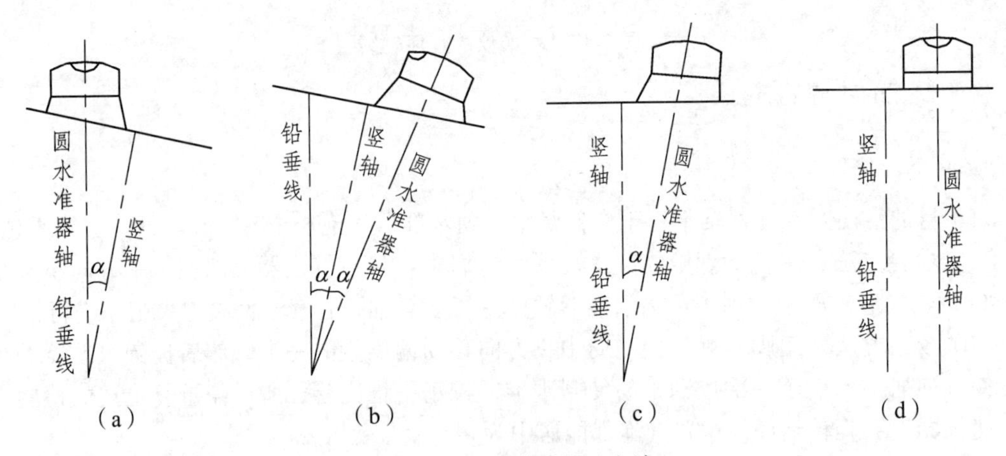


图 2-21　圆水准器校验方法

当圆水准器的误差过大，即 $\alpha$ 角过大时，气泡的移动不能反映出 $\alpha$ 角的变化。当圆水准器气泡居中后，仪器上部平转 180°，若气泡移至水准器边缘，再按照使气泡向中央移动的方向旋转脚螺旋一至二周，若未见气泡移动，这就属于 $\alpha$ 角偏大的情况。此时不能按上述正常的情况，用改正气泡偏离量一半的方法来进行校正。首先应以每次相等的量转动脚螺旋，使气泡居中，并记住转动的次数，然后将脚螺旋按相反方向转动原来次数的一半，此时可使竖轴接近铅垂位置。拨圆水准器的校正螺旋使气泡居中，则可使 $\alpha$ 角迅速减小。然后再按正常的检验和校正方法进行校正。

2. 十字丝横丝的检验和校正

（1）目的：使十字丝的横丝垂直于竖轴，这样，当仪器粗略整平后，横丝基本水平，横丝上任意位置所得读数均相同。

（2）检验方法：先用横丝的一端照准一固定的目标或在水准尺上读一读数，然后用微动螺旋转动望远镜，用横丝的另一端观测同一目标或读数。如果目标仍在横丝上或水准尺上读数不变［图 2-22（a）（b）］，说明横丝已与竖轴垂直。若目标偏离了横丝或水准尺读数有变化［图 2-22（c）（d）］，则说明横丝与竖轴没有垂直，应予校正。

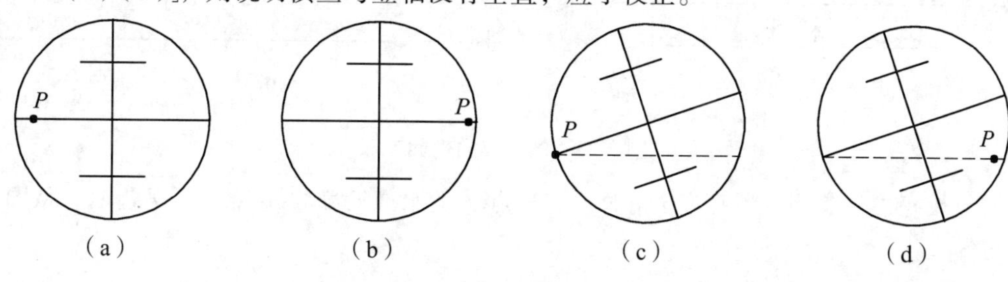


图 2-22　十字丝横丝校验方法

（3）校正方法：打开十字丝分划板的护罩，可见到三个或四个分划板的固定螺丝。松开这些固定螺丝，用手转动十字丝分划板座，反复试验使横丝的两端都能与目标重合或使横丝两端所得水准尺读数相同，则校正完成。最后旋紧所有固定螺丝。

（4）检校原理：若横丝垂直于竖轴，横丝的一端照准目标后，当望远镜绕竖轴旋转时，横丝在垂直于竖轴的平面内移动，所以目标始终与横丝重合。若横丝不垂直于竖轴，望远镜旋转时，横丝上各点不在同一平面内移动，因此目标与横丝的一端重合后，在其他位置的目标将偏离横丝。

3. 水准管的检验和校正

（1）目的：使水准管轴平行于视准轴，当水准管气泡符合时，视准轴就处于水平位置。

（2）检验方法：在平坦地面选相距 40 ~ 60 m 的 $A$、$B$ 两点，在两点打入木桩或设置尺垫。水准仪首先置于离 $A$、$B$ 等距的Ⅰ点，测得 $A$、$B$ 两点的高差 $h_{\text{I}}=a_1-b_1$［图 2-23（a）］。重复测两到三次，当所得各高差之差小于 3 mm 时取其平均值。若视准轴与水准管轴不平行而构成 $i$ 角，由于仪器至 $A$、$B$ 两点的距离相等，因此由于视准轴倾斜，而在前、后视读数所产生的误差 $\delta$ 也相等，所以所得的 $h_{\text{I}}$ 是 $A$、$B$ 两点的正确高差。然后把水准仪移到 $AB$ 延长方向上靠近 $B$ 的Ⅱ点，再次测 $A$、$B$ 两点的高差［图 2-23（$b$）］必须仍把 $A$ 作为后视点，故得高差 $h_{\text{II}}=a_2-b_2$。如果 $h_{\text{II}}=h_{\text{I}}$，说明在测站Ⅱ所得的高差也是正确的，这也说明在测站Ⅱ观测时视准轴是水平的，故水准管轴与视准轴是平行的，即 $i$=0。如果 $h_{\text{II}}\neq h_{\text{I}}$，则说明存在 $i$ 角的误差，由图 2-23（$b$）可知

$$i=\frac{\varDelta}{S}\cdot\rho \tag{2-22}$$

而

$$\varDelta=a_2-b_2-h_{\text{I}}=h_{\text{II}}-h_{\text{I}} \tag{2-23}$$

式中：$\varDelta$——仪器分别在Ⅱ和Ⅰ所测高差之差；

$S$——$A$、$B$ 两点间的距离。

对于一般水准测量，要求 $i$ 角不大于 20″，否则应进行校正。

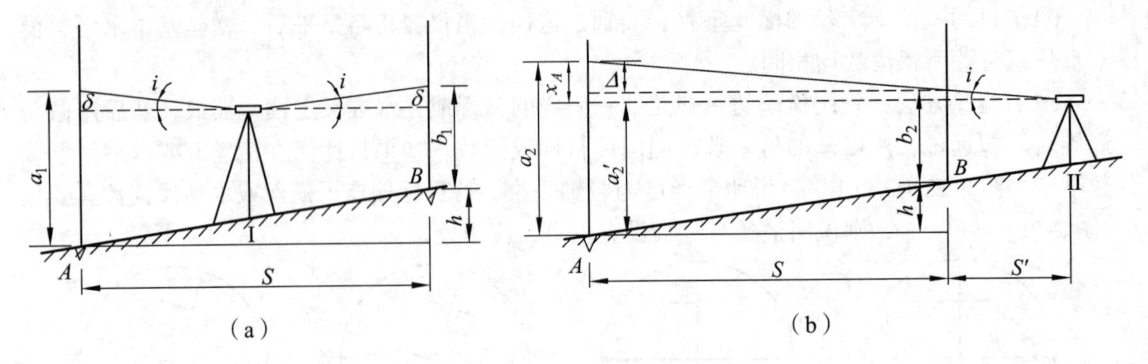


图 2-23　水准仪角校验方法

（3）校正方法：当仪器存在 $i$ 角时，在远点 $A$ 的水准尺读数 $a_2$ 将产生误差 $x_A$，从图 2-23（$b$）可知

$$x_A = \varDelta \frac{S + S'}{S} \tag{2-24}$$

式中：$S'$——测站Ⅱ至 $B$ 点的距离。

为使计算方便，通常使 $S' = \frac{1}{10}S$ 或 $S = S'$，则 $A$ 相应为 1.1$\varDelta$ 或 2$\varDelta$。也可使仪器紧靠 $B$ 点，并假设 $S' = 0$，则 $x_A = \varDelta$，读数 $b_2$ 可用水准尺直接量取桩顶到仪器目镜中心的距离。计算时应注意 $\varDelta$ 的正负号，正号表示视线向上倾斜，与图上所示一致，负号表示视线向下倾斜。

为了使水准管轴和视准轴平行，用微倾螺旋使远点 $A$ 的读数从 $a_2$ 改变到 $a_2'$，$a_2' = a_2 - x_A$。此时视准轴由倾斜位置改变到水平位置，但水准管也因随之变动而气泡不再符合。用校正针拨动水准管一端的校正螺旋使气泡符合，则水准管轴也处于水平位置从而使水准管轴平行于视准轴。校正时先松动左右两校正螺旋，然后拨上下两校正螺旋使气泡符合。拨动上下校正螺旋时，应先松一个再紧另一个逐渐改正，当最后校正完毕时，所有校正螺旋都应适度旋紧。

以上检验校正也需要重复进行，直到 $i$ 角小于 20″为止。

## 2.5　自动安平水准仪

自动安平水准仪是在望远镜内安装一个自动补偿器代替水准管。仪器经粗平后，由于补偿器的作用，无需精平即可通过中丝获得视线水平时的读数。简化了操作，提高了观测速度；同时还补偿了如温度、风力、震动等对测量结果一定限度的影响，从而提高了观测精度。

### 1. 自动安平原理

如图 2-24 所示，视线水平时的十字丝交点在 $A$ 处，读数为 $a$。当视准轴倾斜一个角值 $\alpha$ 后，十字丝交点由 $A$ 移至 $A'$，十字丝通过视准轴的读数为 $\alpha'$，不是水平视线的读数。显然

$AA'=f\alpha$。为了使水平视线能通过 $A'$而获得读数 $a$，在光路上安置一个补偿器，让视线水平的读数 $a$ 经过补偿器后偏转一个 $\beta$ 角，最后落在十字丝交点 $A'$。这样，即使视准轴倾斜一定角度（一般为±10′），仍可读得水平视线的读数 $a$，因此达到了自动安平的目的。可见，补偿器必须满足

$$f\alpha=s\beta \tag{2-25}$$

式中：$f$——物镜等效焦距；

$s$——补偿器到十字丝交点的距离。

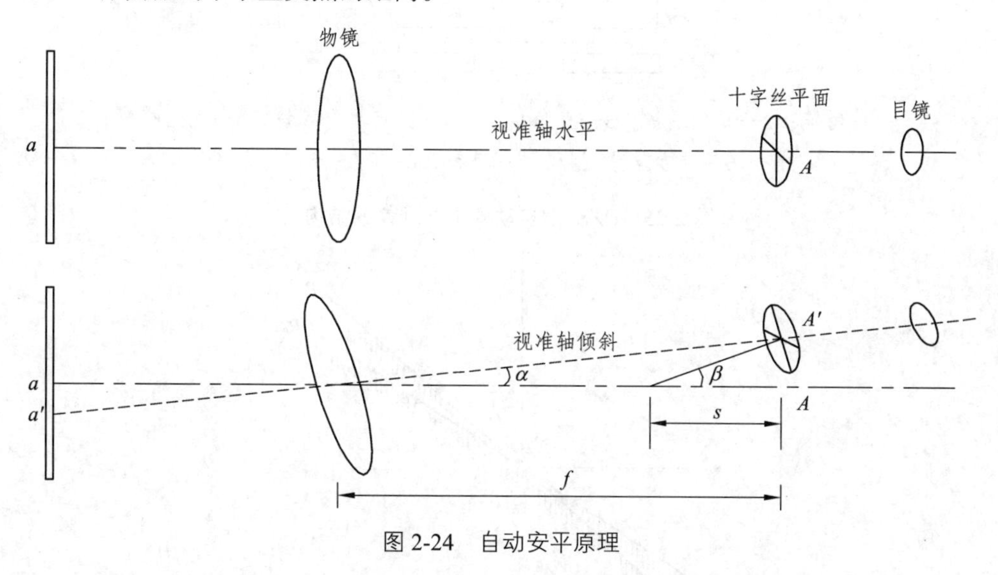


图 2-24　自动安平原理

2. 补偿器的结构及原理

补偿器种类繁多，水准仪多用自由悬挂补偿器和机械补偿器。图 2-25 为国产 $DZS_3$ 型自动安平水准仪的结构，补偿器由一块屋脊棱镜和两块直角棱镜组成，为悬挂补偿器。在调焦透镜 2 与十字丝分划板 6 之间，将屋脊棱镜 4 固定在望远镜筒上，随视准轴倾斜同步运动，两块直角棱镜 3、4 是用交叉的金属丝悬挂在屋脊棱镜的下方，在重力作用下，与视准轴做反向偏转运动。如视准轴顺时针倾斜 $\alpha$ 角，两块直角棱镜则逆时针偏转 $\alpha$ 角。为了使悬挂的棱镜组尽快稳定下来，在其下方设置了阻尼器 8。根据光线全反射的特性可知（图 2-25），在入射光线不变的条件下，反射面由 $P_1$ 转动 $\alpha$ 角至 $P_2$ 的位置，则反射光线将由位置 1 同向转动 $2\alpha$ 至 2 的位置。将这一光学原理用于补偿器，即可使水平光线偏转一个 $\beta$ 角。如图 2-25 所示，当视准轴水平时，水平光线通过物镜 1 后经过第一直角棱镜 3 反射到屋脊棱镜 4，在屋脊棱镜内作三次反射，到达另一直角棱镜 5，再被反射一次，最后水平光线通过十字丝交点，水平光线与视准轴重合，不发生偏转。如图 2-26 所示，当视准轴倾斜 $\alpha$ 角，屋脊棱镜也随之倾斜 $\alpha$ 角，直角棱镜在重力摆作用下，相对视准轴反向偏转 $\alpha$ 角。此时通过物镜光心的水平光线经过直角棱镜、屋脊棱镜后偏转 $2\alpha$；经过第二直角棱镜后又偏转 $2\alpha$，结果水平光线通过补偿器后偏转 $4\alpha$。由此可见，补偿器的光学特性为：当屋脊棱镜倾斜 $\alpha$ 角，能使入射水平光线偏转 $\beta=4\alpha$。将 $\beta$ 代入式（2-25），则

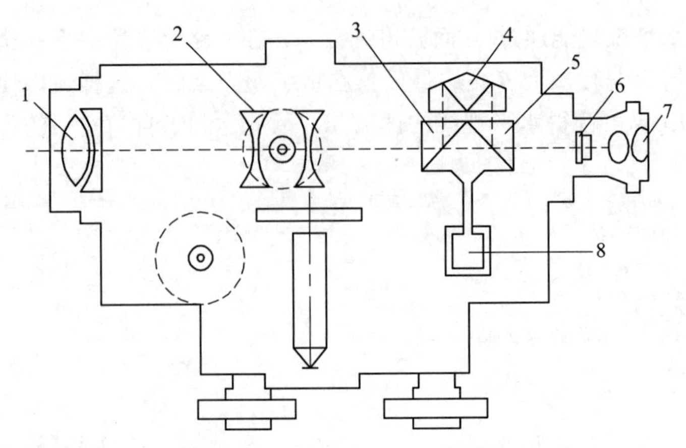


1—物镜；2—调焦透镜；3—直角棱镜；4—固定屋脊棱镜；5—直角棱镜；
6—十字丝分划板；7—目镜；8—阻尼器。

图 2-25　$DZS_3$ 型自动安平水准仪的结构

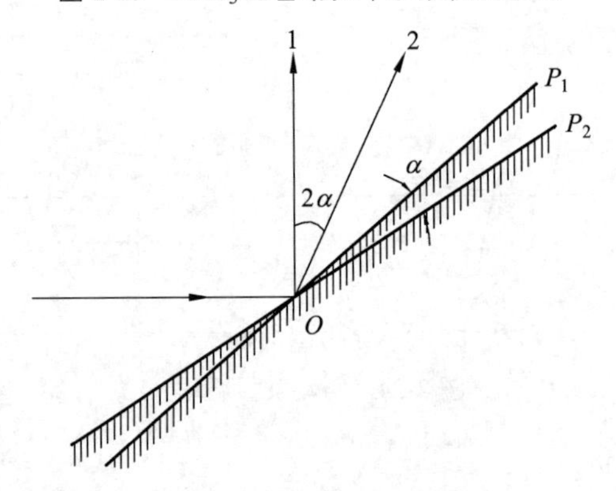


图 2-26　平面镜全反射原理

$$s = \frac{f_{物}}{4} \tag{2-26}$$

将补偿器安装在距十字丝交点 $f_{物}/4$ 处就可以达到补偿的目的，如图 2-27。

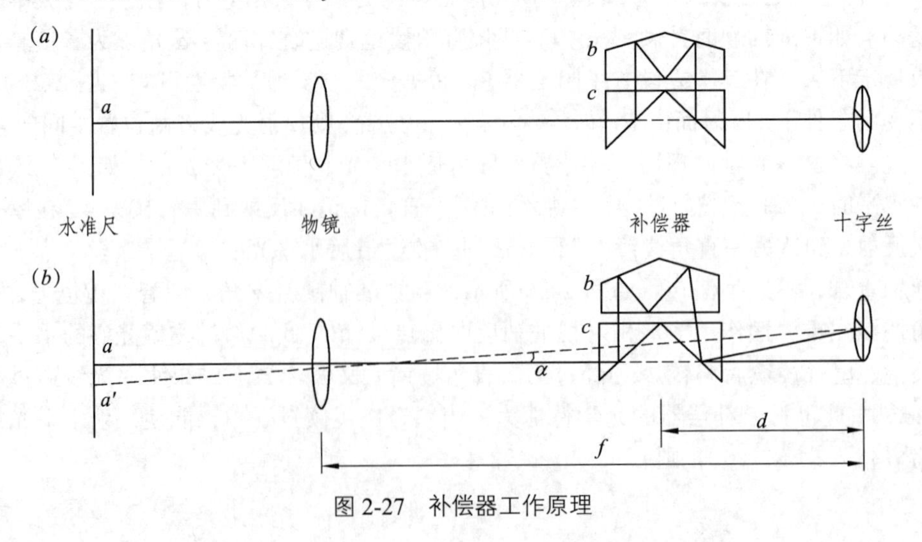


图 2-27　补偿器工作原理

3. 自动安平水准仪的使用

仪器经过认真粗平、照准后，即可进行读数。由于补偿器相当于一个重力摆，无论采用何种阻尼装置，重力摆静止需要几秒钟，故照准后过几秒钟读数为好。

补偿器由于外力作用（如剧烈震动、碰撞等）和机械故障，会出现“卡死”失灵，甚至损坏，所以应务必当心，使用前应检查其工作是否正常。装有检查按钮（同锁紧钮共用）的仪器，读数前，轻触检查钮，若物像位移后迅速复位，表示补偿器工作正常；否则应维修。无检查按钮的仪器，可将望远镜转至任一脚螺旋的上方，微转该脚螺旋，即可检查物像的复位情况。

## 2.6 电子水准仪及其使用

电子水准仪的光学系统采用了自动安平水准仪的基本形式，是一种集电子、光学、图像处理、计算机技术于一体的自动化智能水准仪。如图 2-28 所示，它由基座、水准器、望远镜、操作面板和数据处理系统组成。电子水准仪具有内藏应用软件和良好的操作界面，可以完成读数、数据储存和处理、数据采集自动化等工作，具有速度快、精度高、作业劳动强度小、实现内外业一体化等优点。电子手簿或仪器自动记录的数据可以传输到计算机内进行后续处理，还可以通过远程通信系统将测量数据直接传输给其他用户。若使用普通水准尺，也可当普通水准仪使用。

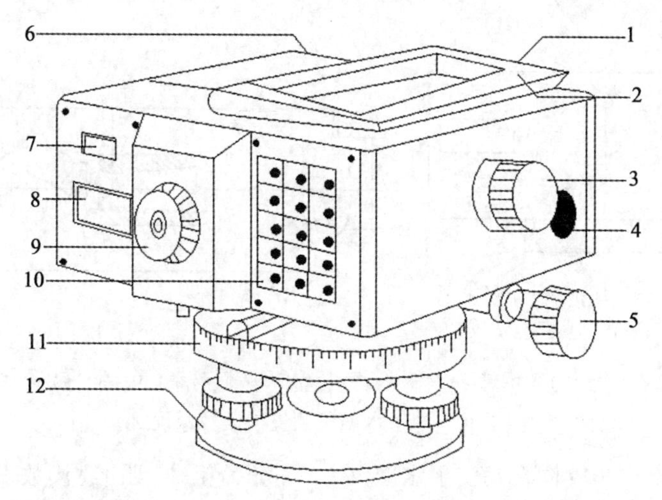


1—物镜；2—提环；3—物镜调焦螺旋；4—测量按钮；5—微动螺旋；6—RS 接口；7—圆水准器观察窗；8—显示器；9—目镜；10—操作面板；11—带度盘的轴座；12—连接板。

图 2-28　数字水准仪

1. 条码水准尺

条码水准尺是与数字水准仪配套使用的专用水准尺，如图 2-29（a）所示，它由玻璃纤维塑料制成，或用铟钢制成尺面镶嵌在尺基上形成，全长为 2 ~ 4.05 m。尺面上刻相互嵌套、宽度不同、黑白相间的码条（称为条码），该条码相当于普通水准尺上的分划和注记。精密水准尺上附有安平水准器和扶手，在尺的顶端留有撑杆固定螺孔，以便用撑杆固定条码尺使之长时间保持准确而竖直的状态，减轻作业人员的劳动强度。条码尺在望远镜视场中情形如图 2-29（b）所示。

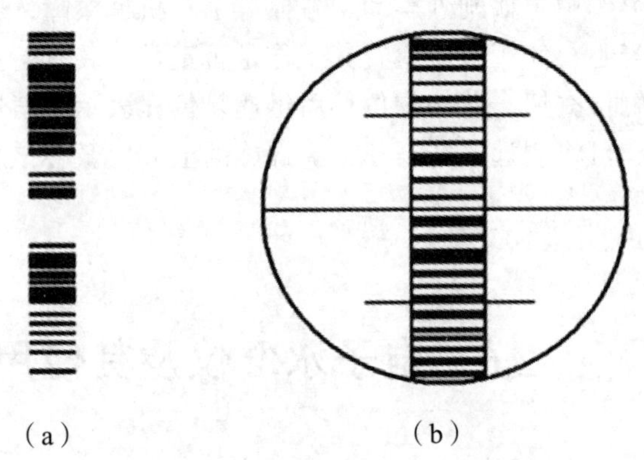

图 2-29　条码水准尺与望远镜视场示意图

2. 电子水准仪测量原理

如图 2-30（a）所示，在仪器的中央处理器（数据处理系统）中建立了一个对单平面上所形成的图像信息自动编码程序，通过望远镜中的光电二极管阵列（相机）摄取水准尺（条码尺）上的图像信息，传输给数据处理系统，自动地进行编码、释译、对比、数字化等一系列数据处理，而后转换成水准尺读数和视距或其他所需要的数据，并自动记录储存在记录器中或显示在显示器上。

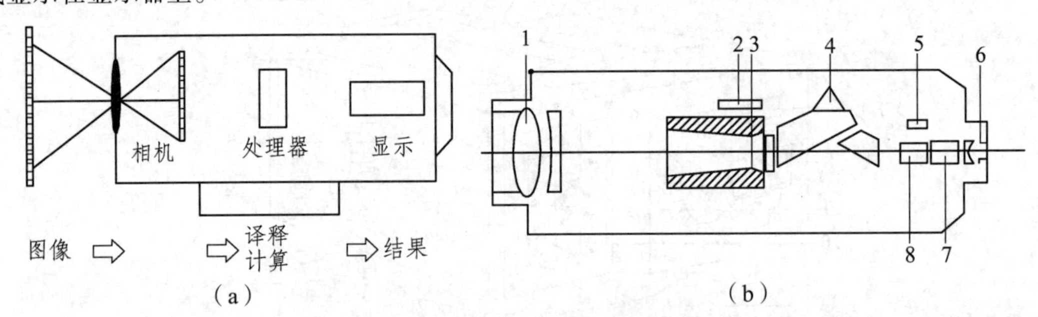


1—物镜；2—调焦发送器；3—调焦透镜；4—补偿器；5—CCD 探测器；6—目镜；7—分划板；8—分光镜。

图 2-30　电子水准仪测量与读数原理

数字水准仪的操作步骤同自动安平水准仪一样，分为粗平、照准、读数三步。现以 NA3000 型为例介绍其操作方法。

（1）粗平：同普通水准仪一样，转动脚螺旋使圆水准器的气泡居中即可。气泡居中情况可在圆水准器观察窗中看到。而后打开仪器电源开关（开机），仪器进行自检。当仪器自检合格后显示器显示程序清单，此时即可进行测量工作。

（2）照准：先转动目镜调焦螺旋，看清十字丝；照准标尺，转动物镜调焦螺旋，消除视差，看清目标。按相应键选择测量模式和测量程序，如仅测量不记录、测量并记录测量数据等；如按“PROG”键，调出程序清单；按“DSP↑”键或“DSP↓”键选择相应的测量程序，并按〔RUN〕键予以确认。当只测量水准尺的读数和距离时的程序为“P MEAS ONLY”；开始进行水准测量时的程序为“P START LEVELING”；水准线路连续高程测量和输入起始点高程的程序为“PCONT LEVELING”；视准轴误差检查的程序为“P CHECK & ADJUST”；删除记录器中数据记录的程序为“PERASE DATA”。而后用十字丝竖丝照准条码尺中央，并制动望远镜。

（3）读数：轻按一下测量按钮（红色），显示器将显示水准尺读数；按测距键即可得到仪器至水准尺的距离，若按相应键即可得到所需要的相应数据。若在“测量并记录”模式，仪器将自动记录测量数据。

当高程测量时，后视观测完毕后，仪器自动显示提示符“FORE ≡”提醒观测员观测前视；前视观测完毕后，仪器又自动显示提示符“BACK≡”提醒进行下一测站后视的观测；如此连续进行直至观测终点。仪器显示的待定点的高程是以前一站转点的高程推算的。一站观测完毕，按〔IN/SO〕键结束测量工作，关机、搬站。

数字水准仪是自动化程度较高的电子测量仪器，属高精度精密仪器，使用时除普通水准仪应注意的事项外，还应注意以下几点。

① 避免强阳光下进行测量，以防损伤眼睛和光线折射导致条码尺图像不清晰产生错误；必要时，可采用仪器和条码尺撑伞遮阳。

② 仪器照准时，尽量照准条码尺中部，避免照准条码尺的底部和顶部，以防仪器识别读数产生误差。

③ 一般来讲，物体在条码尺上的阴影不影响读数，但是当阴影形成与水准尺条码图形相似的图像化投影时，仪器将接收到错误编码信息，此时不能进行测量。

④ 使用条码尺时要防摔、防撞，保管时要保持清洁、干燥，以防变形，影响测量成果精度。有的条码尺可导电，应严防与带电电线（缆）接触，以免危及人身安全。

⑤ 在使用数字水准仪和条码尺前，必须认真阅读其附带的操作手册。

## 2.7 水准测量的误差及注意事项

测量仪器制造不可能完善，经校验也不可能完全满足理想的几何条件；同时，由于观测人员感官的局限和外界环境因素的影响，使观测数据不可避免地存在误差。为了保证应有的观测精度，测量工作者应对测量误差产生的原因、性质及防止措施有所了解，以便将误差控制在最低程度。

### 2.7.1 水准测量的误差来源

测量误差主要来源于仪器误差、观测误差和外界环境因素影响三个方面。

1. 仪器误差

水准仪经过校正后，不可能完全满足水准管轴平行于视准轴的条件，因而使读数产生误差。此项误差与仪器至立尺间的距离成正比。在测量中，使前、后视距相等，在高差计算中就可消除仪器校正后的残余误差的影响。

水准尺误差包括水准尺长度变化、水准尺刻划误差和零点误差等。此项误差主要会影响水准测量的精度，因此，不同精度等级的水准测量对水准尺有不同的要求。精密水准测量应对水准尺进行检定，并对读数进行尺长误差改正。零点误差在成对使用水准尺时，可采取设置偶数测站的方法来消除；也可在前、后视中使用同一根水准尺来消除。

2. 观测误差

水准管气泡居中误差是指由于水准管内液体与管壁的黏滞作用和观测者眼睛分辨能力的限制致使气泡没有严格居中引起的误差。水准管气泡居中一般为$\pm0.15\tau$（$\tau$为水准管分划值），采用符合水准器时，气泡居中精度可提高一倍。故由于气泡居中误差引起的读数误差为

$$m_{\tau}=\frac{0.15\tau}{2\rho}D \tag{2-27}$$

式中：$D$——视线长。

读数误差是观测者在水准尺上估读毫米数的误差，与人分辨能力、望远镜放大率以及视线长度有关。通常按下式计算

$$m_{v}=\frac{60''}{V}\times\frac{D}{\rho} \tag{2-28}$$

式中：$V$——望远镜放大倍率；

$60''$——人眼能分辨的最小角度。

视差对水准尺读数会产生较大误差。操作中应仔细调焦，以消除视差。

水准尺倾斜会使误差增大，其误差大小与尺倾斜的角度和在尺上的读数大小有关。因此，测量过程中，要认真扶尺，应尽可能保持尺上水准气泡居中，将水准尺立直。

3. 外界条件影响

仪器安置在土质松软的地方，在观测过程中会产生下沉。若观测程序是先读后视再读前视，显然前视读数比应读数小。用双面尺法进行测站检核时，采用“后—前—前—后”的观测程序，可减小其影响。此外，应选择坚实的地面作为测站，并将脚架踏实。

仪器搬站时，尺垫下沉会使后视读数比应读数大。所以转点也应选在坚实地面并将尺垫踏实。

水准测量时，水平视线在尺上的读数，理论上应改算为相应水准面截于水准尺的读数，两者的差值称为地球曲率差，如图 2-31 所示。

$$c=\frac{D^2}{2R} \tag{2-29}$$

式中：$D$——视线长；

$R$——地球半径，取 6 371 km。

水准测量中，当前、后视距相等时，通过高差计算可消除该误差的影响。

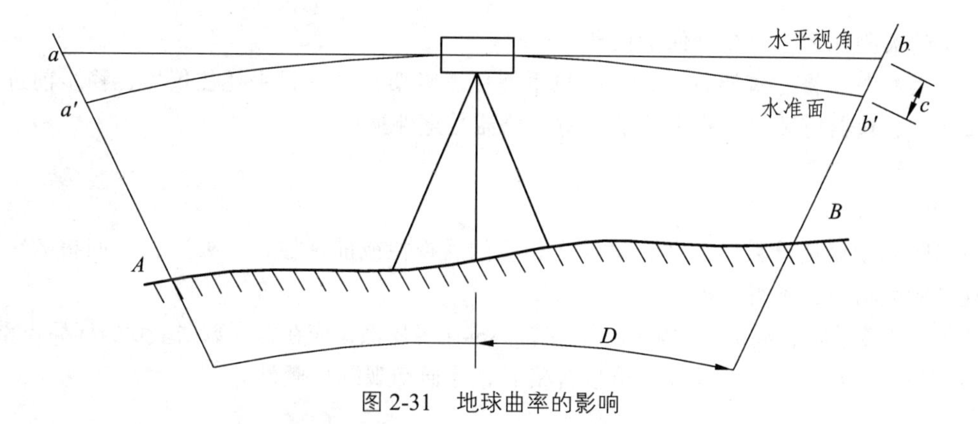


图 2-31　地球曲率的影响

由于地面上空气密度不均匀，使光纤发生折射。因而在水准测量中，实际的尺读数不是水平视线的读数，而是弯曲视线的读数。两者之差称为大气折光差，用 $\gamma$ 表示。在稳定的气象条件下，大气折光差约为地球曲率差的 1/7，即

$$\gamma = \frac{1}{7}c = 0.07\frac{D^2}{R} \tag{2-30}$$

该项误差对高差的影响，也可采用前、后视距相等的方法来消除。精密水准测量还应选择良好的观测时间，并控制视线高出地面一定距离，以避免视线发生不规则折射引起的误差。

地球曲率差和大气折光差是同时存在的，两者对读数的共同影响可用下式计算：

$$f = c - \gamma = 0.43\frac{D^2}{R} \tag{2-31}$$

温度的变化会引起大气折光变化，造成水准尺影像在望远镜内十字丝面内上、下跳动，难以读数。烈日直晒仪器会影响水准管气泡居中，造成测量误差。因此在进行水准测量时，应撑伞保护仪器，选择有利的观测时间。

## 2.7.2　水准测量注意事项

造成水准测量中的事故或精度达不到要求而返工的原因往往是由于对工作不熟悉和不够细心。为此，要求测量人员除了对工作应认真负责外，还应注意水准测量的要点。

1. 观测

（1）观测之前，仪器必须经过认真的检验与校正。

（2）仪器放到三脚架头后，应立即把连接螺旋旋紧，以免仪器从三脚架上摔下来，并且做到人员不离开仪器。

（3）仪器应安置在土质坚实之处，并将三脚架踩紧，防止仪器沉降。

（4）水准仪至前、后视水准尺的距离应尽量相等。

（5）每次读数前，望远镜必须严格消除视差，水准管气泡要严格居中；读数时，要仔细，果断、迅速，数据不要读错，估读要正确。

（6）晴天阳光下，应撑伞保护仪器。

（7）搬站时，将三脚架收拢，用一只手握住三脚架，另一只手托住仪器，稳步前进；远距离搬运时，仪器应装箱，扣上箱盖，防止仪器受意外损伤。

2. 记录

（1）听到观察员读数后，要正确计入相应的后视栏或前视栏，并要边记边回报数字，记录在规定的表格中，不得转抄。

（2）字迹要清晰、端正，如果记录有错，不准用橡皮擦，应在错误数据上划斜线后再重写。

（3）每站高差必须当场计算，检核合格后，才通知观测员搬站。

3. 立尺

（1）转点应选在土质坚实的地方，立尺前，必须将尺垫踏实。

（2）水准尺必须竖直，水准尺上如无水准管，当尺上读数在 1.5 m 以上时，就采用摇尺法，观测员读取尺上最小读数。

（3）水准仪搬站时，作为前视点的立尺员，应保护好作为转点的尺垫，使其不受碰撞，保持稳定。

## 思考题与习题

1. 什么是高程基准面、水准点、水准原点？它们在高程测量中有什么作用？

2. 水准测量时为什么要求前、后视距相等？

3. 分别说明微倾式水准仪和自动安平水准仪的构造特点。

4. 什么是视差？产生视差的原因是什么？怎样消除视差？

5. 在水准仪上，当水准管气泡符合时，表示什么处于水平位置？

6. 水准路线的形式有哪几种？怎样计算它们的高程闭合差？

7. 水准点 1 和 2 之间进行了往返水准测量，施测过程和读数如图 2-32 所示，已知水准点 1 的高程为 37.614 m，两水准点间的距离为 640 m，容许高程闭合差按$\pm30\sqrt{L}$（mm）计，试填写手簿并计算水准点 2 的高程。

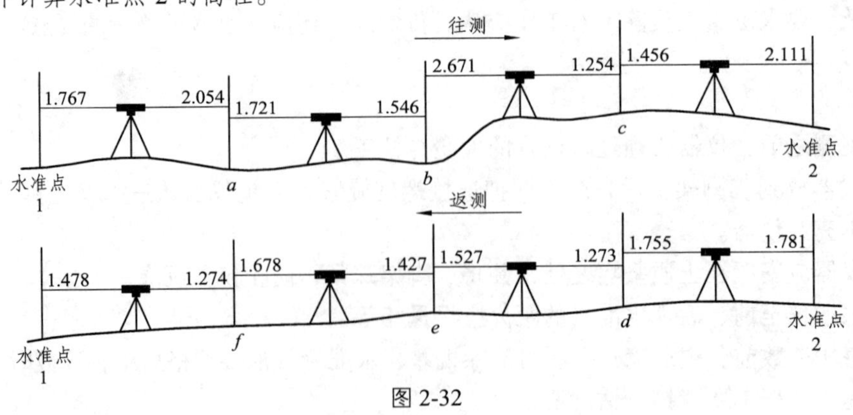


图 2-32

8. 把图 2-33 所示闭合水准路线的高程闭合差进行分配，并求出各水准点的高程。容许高程闭合差按$\pm12\sqrt{n}$（mm）计。

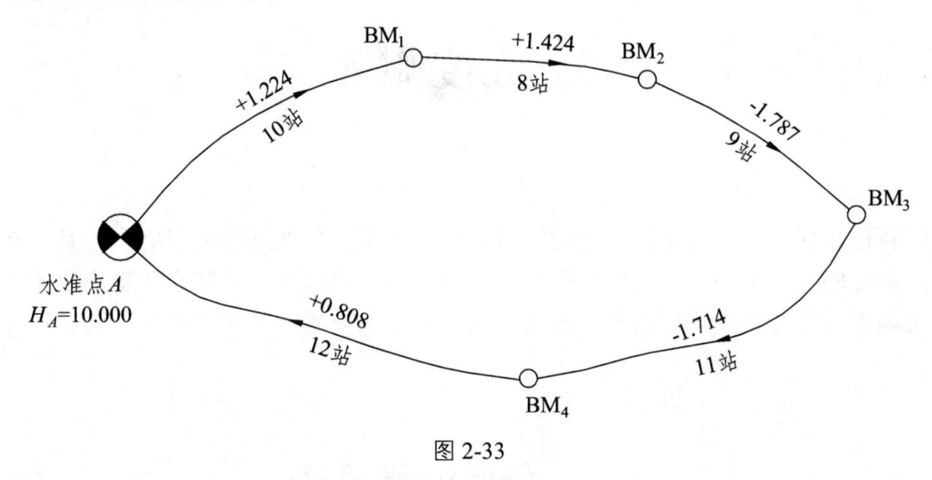


图 2-33

9. 微倾式水准仪应满足哪些条件？其中最重要的是哪一条件。

10. 在图 2-23 中当水准仪在Ⅰ时，用两次仪器高法测得$a_1'=1.723$，$b_1'=1.425$，$a_1''=1.645$，$b_1''=1.349$，仪器移到Ⅱ后得$a_2=1.562$，$b_2=1.247$，已知$S=50\text{ m}$，$S'=5\text{ m}$。试求该仪器的$i$角是多少？校正时视线应照准$A$点的读数$a_2'$是多少？

11. 进行水准测量时应注意哪些事项？为什么？

12. 进行水准测量时应进行哪些检核？有哪些检核方法？

# 3 角度测量

角度测量包括水平角测量和竖直角测量，它是测量工作的基本内容之一。其中水平角是确定地面点位的要素之一，主要用于推算地面点位的平面坐标，而竖直角主要用于间接确定高差或将倾斜距离转化成水平距离。常用的角度测量的仪器有光学经纬仪、电子经纬仪和全站仪等。

## 3.1 角度测量原理

### 3.1.1 水平角测量原理

水平角是指地面一点到两目标点的方向线垂直投影到同一个水平面所形成的夹角。水平角的取值范围为 0° ~ 360°，通常用符号 $\beta$ 表示。如图 3-1 所示，$A$、$O$、$B$ 为地面上的任意三个点，方向线 $OA$ 和 $OB$ 垂直投影到水平面 $P$ 上，得到 $O_1A_1$ 和 $O_1B_1$，水平面 $P$ 上 $O_1A_1$ 和 $O_1B_1$ 所形成的夹角 $\angle A_1O_1B_1$ 即为地面上一点到两目标点的方向线之间的水平角，也就是通过这两条方向线所作竖直面之间形成的二面角。

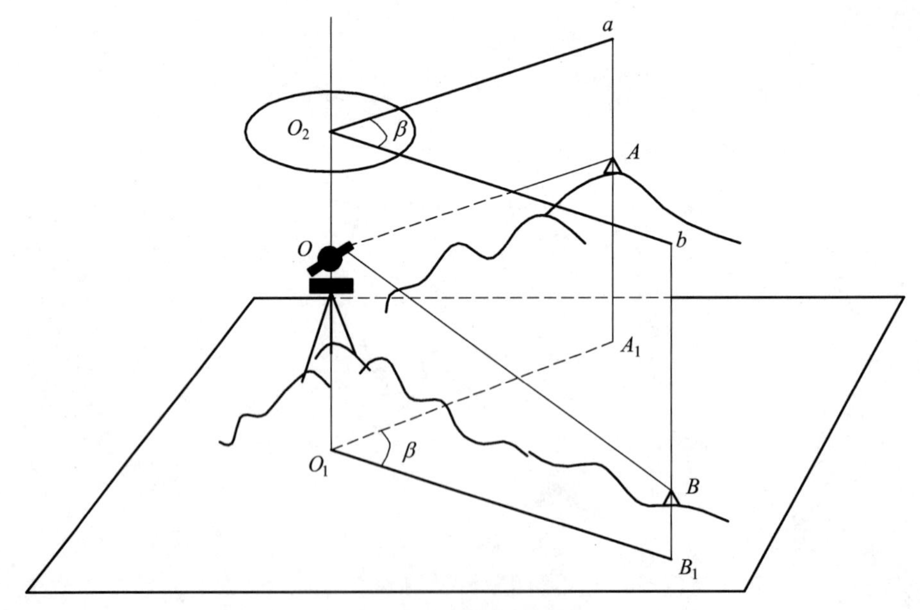


图 3-1　水平角测量原理

根据水平角的概念，为了测量水平角的数值，假想在过 $O$ 点的铅垂线上取任意一点 $O_2$，安置一个带有顺时针注记且均匀刻划的度盘（简称水平度盘），其度盘中心过地面 $O$ 点的铅垂线，得到方向线 $OA$ 和 $OB$ 所属的竖直面在水平度盘上的读数分别为 $a$ 和 $b$，则 $OA$ 和 $OB$ 方向线之间的水平角：

$$\beta = b - a \tag{3-1}$$

### 3.1.2 竖直角测量原理

竖直角是指在同一竖直面内地面上一点与另一目标点形成的倾斜视线与水平视线之间的夹角（锐角）。如图 3-2 所示，$A$、$O$、$B$ 为地面上的任意三个点，$OA$ 和 $OB$ 视线分别与水平视线 $OO'$所加的角度，即为 $OA$ 和 $OB$ 视线的竖直角，若倾斜视线在水平视线的上方，则竖直角为正值（仰角），若倾斜视线在水平视线的下方，则竖直角为负值（俯角），竖直角的取值范围为 0° ~ ±90°，通常用符号 $\alpha$ 表示。

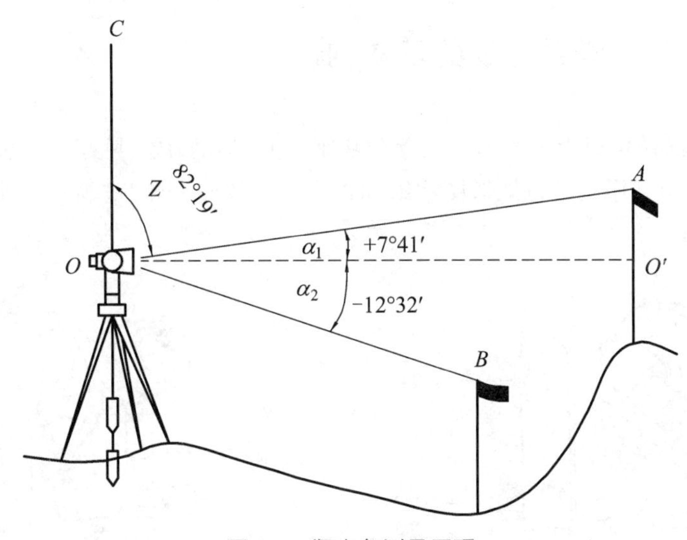


图 3-2 竖直角测量原理

在竖直面内，地面点的铅垂线方向与倾斜视线的夹角，称为天顶距，通常用符号 Z 表示。竖直角与天顶距的关系为

$$\alpha = 90° - Z \tag{3-2}$$

根据竖直角的概念，为了测量竖直角的数值，若在过地面 $O$ 点的铅垂线上，安置一个带有竖直度盘的测角仪器（简称竖直度盘），其水平视线 $OO'$通过竖直度盘的中心，则倾斜视线的读数与水平视线的读数之差，即为竖直角 $\alpha$。

$$\alpha = \text{倾斜视线的读数} - \text{水平视线的读数} \tag{3-3}$$

同水平角测角原理一样，竖直角的测量也是竖直安置带有均匀刻划的竖直度盘上两个方向的读数之差，不同的是其中一个方向为水平视线方向。对于经纬仪而言，水平视线在竖直度盘上的读数为 90°的倍数，因此在竖直角测量中，只要瞄准目标点，读取倾斜视线在竖直度盘的读数，就可以计算出竖直角。

# 3.2　光学经纬仪的构造与使用方法

经纬仪是角度测量最常使用的仪器，它主要由水平度盘、竖直度盘和读数系统构成，利用经纬仪可以完成水平角和竖直角的观测。目前经纬仪种类繁多，按读数系统的不同，经纬仪可以分为光学经纬仪和电子经纬仪；按测角精度的不同，国产经纬仪可以分为 $DJ_{07}$、$DJ_1$、$DJ_2$、$DJ_6$、$DJ_{30}$ 等型号，其中“D”为“大地测量”的“大”字的汉语拼音的首字母，“J”为“经纬仪”的“经”字的汉语拼音的首字母，紧跟其后的阿拉伯数字代表仪器的精度，经纬仪的精度用水平方向一测回中误差表示。$DJ_2$ 和 $DJ_6$ 为两种常用的中等精度光学经纬仪，仪器的总体结构基本相同，仅在读数设备上有所区别。本章主要介绍 $DJ_6$ 型光学经纬仪的基本构造与使用方法。

## 3.2.1　$DJ_6$ 型光学经纬仪的基本构造

$DJ_6$ 型光学经纬仪主要由照准部、度盘和基座三大部分构成，除了可以完成水平角和竖直角的观测外，还可以利用其进行地形图测绘和工程施工放样。图 3-3 所示为某国产厂家生产的 $DJ_6$ 型光学经纬仪。

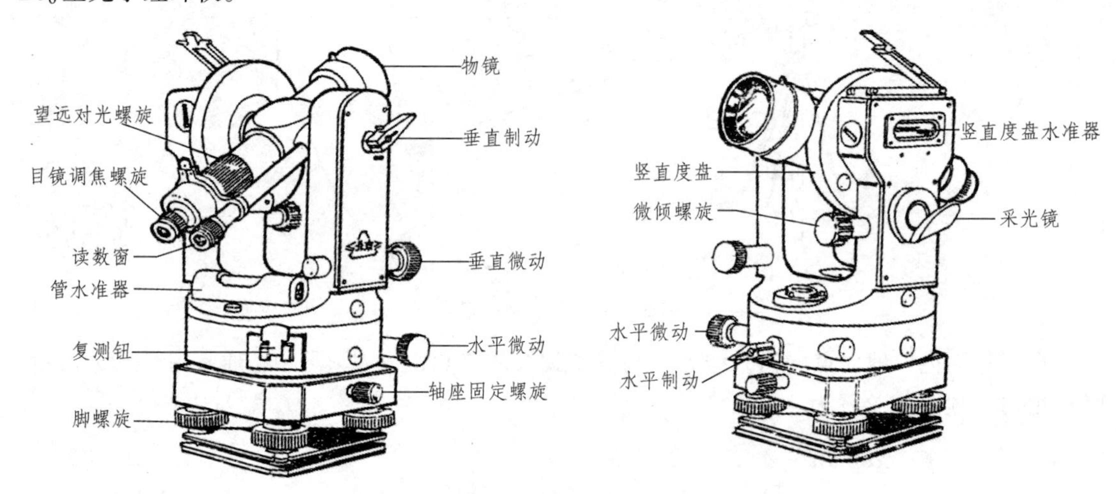


图 3-3　$DJ_6$ 型光学经纬仪

1. 照准部

照准部构件最多，为经纬仪上部的可转动部分，主要由望远镜、横轴、竖轴、水准器、支架、读数装置、制动装置和微动装置等构成。经纬仪望远镜和水准器的构造及作用与水准仪基本相同。

1）望远镜

望远镜由物镜、凹透镜、十字丝分划板和目镜构成。其主要作用是照准观测目标。望远镜和横轴固定在一起放在支架上，其视准轴垂直于横轴，可以绕横轴在竖直面内任意旋转，并通过望远镜的制动螺旋和微动螺旋进行控制。望远镜的放大倍率通常为 20 ~ 40 倍。

2）水准器

经纬仪照准部上设有一个圆水准器和一个管水准器，与脚螺旋配合，用于仪器的整平。由于管水准器内壁半径 $R$ 比圆水准器大，整平灵敏度高，因此管水准器用于仪器的精确整平，圆水准器用于仪器的粗略整平。

3）横轴

横轴支撑着望远镜和竖直度盘，是望远镜俯仰转动的旋转轴，由左右两支架支撑。

4）竖轴

竖轴又称为纵轴，水平度盘固定在竖轴之上。竖轴插入水平度盘的轴套中，可使照准部在水平方向转动。使望远镜照准不同水平方向的目标。观测作业时要求竖轴与过测站点的铅垂线一致，照准部的旋转要保持圆滑平稳。

5）读数装置

光学经纬仪的读数装置是由一系列棱镜和透镜组成的读数显微镜。进行角度测量时，观测人员通过度盘刻划线在读数显微镜的成像，读取度盘读数。为了提高读数精度，不同级别的光学经纬仪安置了不同类型的读数装置和设备，因此其读数方法也不相同。$DJ_6$ 型光学经纬仪常用的读数装置及读数方法为分微尺测微器及其读数方法和单平板玻璃测微器及其读数方法。

（1）分微尺测微器及其读数方法。

分微尺测微器的结构简单，读数方便，具有一定的读数精度，广泛应用于 $DJ_6$ 型光学经纬仪。国产 $DJ_6$ 型光学经纬仪，普遍采用这种装置。这类仪器的度盘分划度为 1°，按顺时针方向注记。其读数设备是由一系列光学零件组成的光学系统。

读数的主要设备为读数窗上的分微尺水平度盘与竖盘上 1°的分划间隔，成像后与分微尺的全长相等。上面的窗格里是水平度盘及其分微尺的影像，下面的窗格里是竖盘和其分微尺的影像。分微尺分成 60 等分，格值 1′，可估读到 0.1′。读数时，以分微尺上的零线为指标。度数按落在分微尺上的度盘分划的注记读出，小于 1′的数值，即分微尺零线至该度盘刻度线间的角值，按分微尺上读出。图 3-4 为分微尺测微器读数窗。

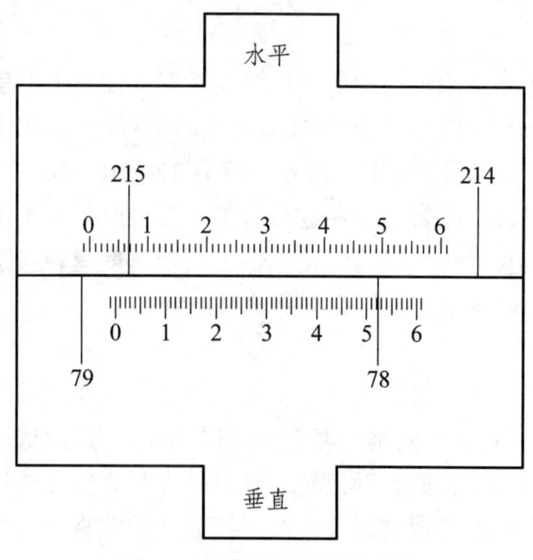


图 3-4　分微尺测微器读数窗

（2）单平板玻璃测微器及其读数方法。

单平板玻璃测微器主要由平板玻璃、测微尺、连接机构和测微轮组成。转动测微轮，通过齿轮带动平板玻璃和与之固连在一起的测微尺一起转动；测微尺和平板玻璃同步转动。单平板玻璃测微器读数窗的影像：下面的窗格为水平度盘影像；中间的窗格为竖直度盘影像；上面较小的窗格为测微尺影像。度盘分划值为 30′，测微尺的量程也为 30′，将其分为 90 格，即测微尺最小分划值为 20″，当度盘分划影像移动一个分划值（30′）时，测微尺也正好转动 30′。图 3-5 为单平板玻璃测微器读数窗。

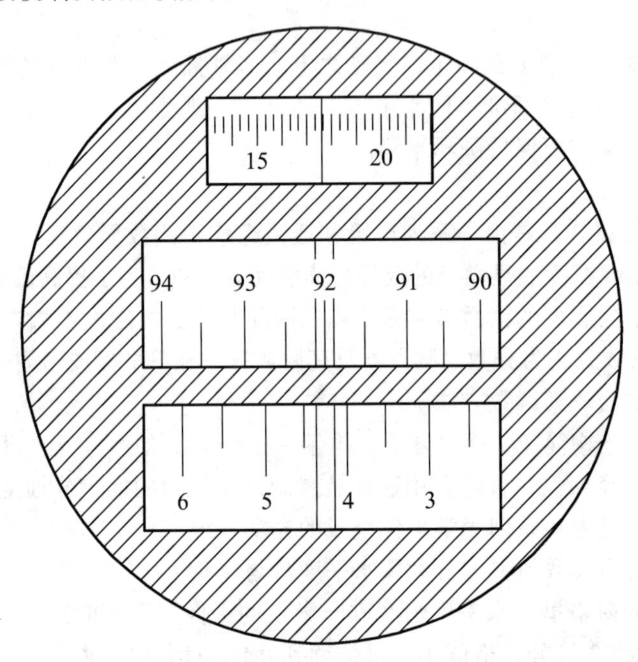


图 3-5　单平板玻璃测微器读数窗

2. 度盘

1）水平度盘

水平度盘主要用于水平角测量，读取目标视线投影到度盘上的度数，进而按照水平角测量原理计算出水平角 $\beta$。水平度盘是用光学玻璃制成的带有均匀刻划线的圆盘。在度盘上按顺时针方向刻有 0°～360°等角度的刻划线，最小间隔有 1°、30′、20′三种。水平读盘通过竖轴与轴座固定连接在一起，可绕竖轴转动。在进行水平角测量时，水平度盘固定不动，不随照准部转动。为了改变水平度盘的位置，通常在仪器上安装有度盘转换手轮，旋转手轮可进行度盘配置，为了避免作业中碰到手轮，特设有手轮保护装置。

2）竖直度盘

竖直度盘主要用于竖直角测量，读取倾斜视线投影到度盘上的度数，进而按照竖直角测量原理计算出竖直角 $\alpha$。竖直度盘同水平度盘一样均为带有均匀刻划线的玻璃圆盘，它固定在横轴的一端，竖直度盘随望远镜的转动而转动。另外在竖直度盘的构造中还设有竖直度盘指标水准管，它由竖直度盘水准管微动螺旋控制，读数前均需将竖直度盘水准管气泡居中，以使竖直度盘指标处于正确位置。目前光学经纬仪普遍都带有竖直度盘自动归零装置，其代替了竖直度盘指标水准管，这样便可以提高观测速度和精度。

3. 基座

基座用来支承整个仪器，并借助中心螺旋使经纬仪与脚架结合。其上有三个脚螺旋，用来整平仪器。竖轴轴套与基座连在一起。轴座连接螺旋拧紧后，可将照准部固定在基座上，使用仪器时，切勿松动该螺旋，以免照准部与基座分离而坠落。

### 3.2.2 $DJ_6$型光学经纬仪的使用方法

经纬仪的操作流程包括对中、整平、瞄准和读数四个步骤，其中对中的目的是使仪器的中心和测站点的中心位于同一铅垂线上，以保障角度观测结果的正确性；整平的目的是使仪器的竖轴铅垂，水平度盘处于水平位置。在经纬仪的操作过程中，对中与整平相互牵制，因此往往将经纬仪的对中与整平步骤同时进行。

1. 对中

经纬仪对中的方式有垂球对中和光学对点器对中两种方式。外挂垂球对中方式，受外界影响较大且工作效率和精度均较低，光学对点器通常配备在经纬仪照准部下部，属于经纬仪自身组成部件，其对中效率和精度均较高。垂球对中精度一般在 3 mm 之内，光学对点器对中的精度可达到 1 mm。目前普遍的仪器都配备有这两种对中的设备和器具。

用垂球对中时，先在测站点安放三脚架，使其高度适中，架头大致水平，架腿与地面约成 75°角。在连接螺旋的下方悬挂垂球，移动脚架，使垂球尖基本对准测站点，并使三脚架稳固地架在地面上。然后装上经纬仪，旋转连接螺旋（不要拧紧），双手扶住基座在架头上平移，使垂球尖精确对准测站点，最后拧紧连接螺旋。

光学对点器由一组折射棱镜组成。使用时先用对点器调焦螺旋看清分划板刻划圈，再转动对点器目镜看清地面标志。若照准部水准管气泡居中，即可旋松连接螺旋，双手扶住基座平移照准部，使对点器分划板刻划圈对准地面标志。如果分划板刻划圈偏离地面标志太远，可先旋转基座上的脚螺旋使其对中，此时水准管气泡会偏移，然后根据气泡偏移方向调整相应三脚架的架腿，使气泡居中。对中工作应与整平工作穿插进行，直到既对中又整平为止。

2. 整平

首先，通过升降三脚架的方式（始终保持其中一个架腿不动，升降另外两个架腿），使圆水准器气泡居中，然后检查经纬仪对中是否有偏差，如有偏差，可稍微拧松连接螺旋，通过在三脚架上平移经纬仪的方式，使仪器对中，并拧紧连接螺旋，检查圆水准器气泡居中情况。

其次，先转动照准部，使水准管与任意两个脚螺旋连线平行。双手相向，按照“左手大拇指法则”转动这两个脚螺旋使气泡居中，如图 3-6 所示。再将照准部旋转 90°，调整第三个脚螺旋，使气泡居中。按上述方法反复操作，直到旋至任意位置时气泡均居中为止。注意气泡移动方向与左手大拇指移动方向是一致的。

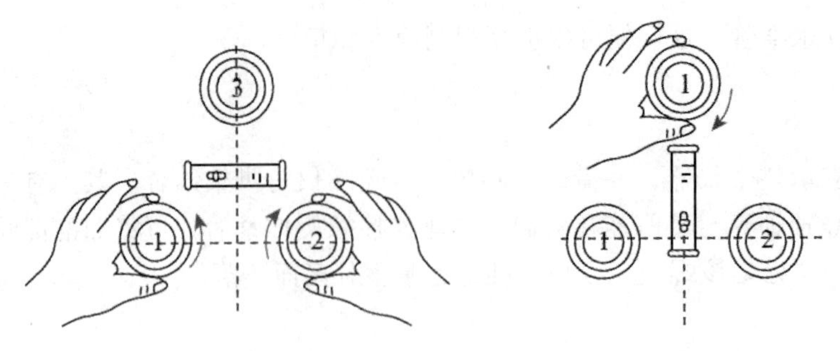


图 3-6　脚螺旋与管水准器气泡调节规律示意图

3. 瞄准

（1）目镜调焦：松开水平和竖直制动螺旋，将望远镜对向天空，旋转目镜调焦螺旋，使十字丝清晰。

（2）粗略瞄准：利用望远镜上的粗瞄器，瞄准目标，然后旋紧水平和竖直制动螺旋，这样能使目标位于望远镜的视场内，达到粗略瞄准的目的。

（3）物镜调焦：旋转物镜调焦螺旋，使目标清晰，并消除视差。视差的概念和消除方法同水准仪使用相同。

（4）精确瞄准：转动水平和竖直微动螺旋，精确瞄准目标。测量水平角时，用十字丝的竖丝平分或夹准目标，且尽量对准目标底部，如图 3-7（a）所示；测量竖直角时，用十字丝的横丝对准目标，如图 3-7（b）所示。

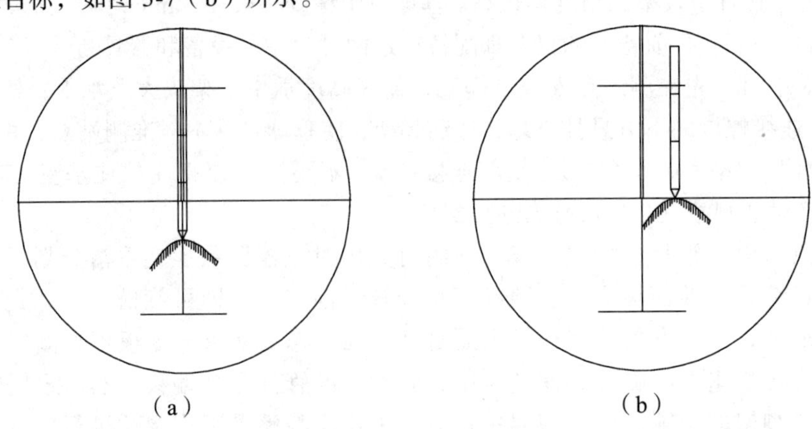

（a）　　（b）

图 3-7　瞄准目标示意图

4. 读数

调节反光镜和读数显微镜目镜，使读数窗内亮度适中，度盘和分徽尺分划线清晰，然后按上节所述的方法进行读数。

## 3.3　水平角观测

水平角测量常采用的方法有测回法和方向观测法（全圆测回法）两种。在水平角测量中，为发现错误并提高测量精度，通常要在盘左和盘右两个位置进行观测。当观测人员对着望远镜的目镜，竖盘在望远镜的左边，称为盘左位置，又称正镜；若竖盘在望远镜的右边，称为盘右位置，又称倒镜。

### 3.3.1　测回法

测回法适用于在一个测站点，每次只观测两个方向之间的单角，它是水平角观测一种的最基本方式。如图 3-8 所示，设 $O$ 为测站点，$M$、$N$ 为观测目标点，$\angle MON$ 为水平角。先在 $O$ 点安置仪器，进行对中、整平；在 $M$、$N$ 点安置照准工具（测钎或标杆），然后按以下步骤进行观测。

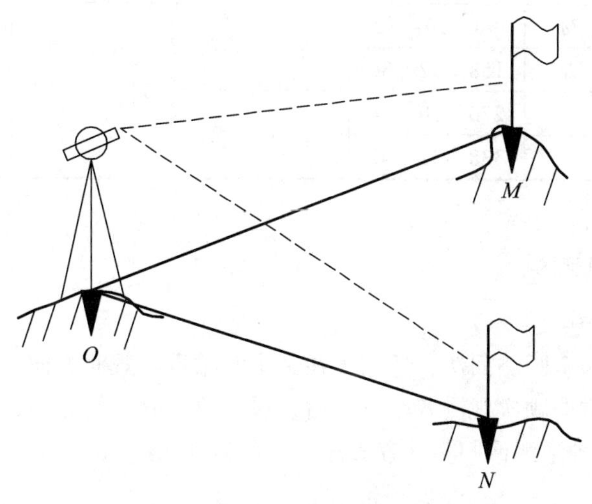


图 3-8　测回法观测水平角示意图

（1）盘左（正镜）位置：先照准左方目标，即 $M$ 点，读取水平度盘读数 $m_{左}$，并记入测回法测角记录表中，见表 3-1。然后顺时针转动照准部照准右方目标，即 $N$ 点，读取水平度盘读数 $n_{左}$，并记入记录表中。以上称为上半测回，其观测角值为

$$\beta_{左} = n_{左} - m_{左} \tag{3-4}$$

（2）盘右（倒镜）位置：先照准右方目标，即 $N$ 点，读取水平度盘读数 $n_{右}$，并记入测回法测角记录表中。然后逆时针转动照准部照准左方目标，即 $M$ 点，读取水平度盘读数 $m_{右}$，并记入记录表中。以上称为下半测回，其观测角值为

$$\beta_{右} = n_{右} - m_{右} \tag{3-5}$$

（3）检核与计算：上、下半测回合称一测回。对于图根测量，采用 $DJ_6$ 型光学经纬仪进行观测，上、下半测回角度之差的绝对值不超过 40″时，可取上、下半测回角值的平均值作为一测回的角值，即水平角

$$\beta = \frac{1}{2}\left(\beta_{左} + \beta_{右}\right) \tag{3-6}$$

当测角精度要求较高时，往往要测几个测回，为了减少度盘分划误差的影响，各测回间应根据测回数 $n$，按 $180°/n$ 变换水平度盘位置。各测回角值间互差均不得超过 40″，最后取各测回角值平均值作为最终水平角。

表 3-1 测回法观测手簿

| 测站 | 测回 | 竖盘位置 | 目标 | 水平度盘读数 /（° ′ ″） | 半测回角值 /（° ′ ″） | 一测回角值 /（° ′ ″） | 各测回平均角值 /（° ′ ″） | 备注 |
|---|---|---|---|---|---|---|---|---|
| *O* | 1 | 左 | *M* | 0 00 36 | 68 42 12 | 68 42 09 | 68 42 15 | |
| | | | *N* | 68 42 48 | | | | |
| | | 右 | *N* | 180 00 24 | 68 42 06 | | | |
| | | | *M* | 248 42 30 | | | | |
| *O* | 2 | 左 | *M* | 90 10 12 | 68 42 18 | 68 42 21 | | |
| | | | *N* | 158 52 30 | | | | |
| | | 右 | *N* | 270 10 18 | 68 42 24 | | | |
| | | | *M* | 338 52 42 | | | | |

## 3.3.2 方向观测法

方向观测法也称为全圆测回法，适用于在一个测站点，观测方向大于两个时，进行水平角度观测。即从起始方向顺次观测各个方向后，最后要回测起始方向，即全圆的意思。最后一步称为“归零”，这种半测回归零的方法称为“全圆测回法”。

1. 观测方法

方向观测法首先应选择一起始方向作为零方向（任意选择即可），如图 3-9 所示，设 *O* 为测站点有 *OA*、*OB*、*OC*、*OD* 四个观测方向，选择 *OA* 方向为零方向。

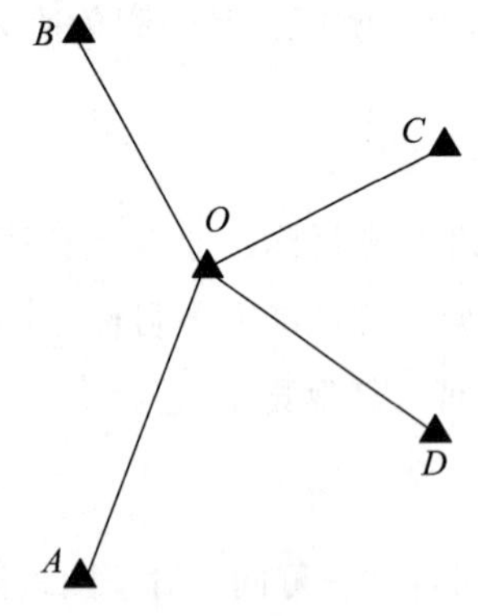


图 3-9 方向观测法观测水平角示意图

将经纬仪安置于测站点 O 点，对中、整平后按下列步骤进行观测。

（1）盘左（正镜）位置：瞄准起始方向目标点 *A*，转动度盘变换手轮使水平度盘读数略大于 0°，然后再松开制动，重新照准 *OA* 方向，读取水平度盘读数 *a*，并记入方向观测法记录表中，见表 3-2。

（2）按照顺时针方向转动照准部，依次照准 $B$、$C$、$D$ 目标点。并分别读取水平度盘读数 $b$、$c$、$d$ 并记入记录表中。

（3）继续转动照准部回到起始方向 $OA$，再读取水平度盘读数 $a'$。这步称为归零。$a$ 与 $a'$ 之差称为半测回归零差，其目的是为了检查水平度盘在观测过程中是否发生变动。半测回归零差不能超过允许限值（$DJ_2$ 型经纬仪为 12″，$DJ_6$ 型经纬仪为 18″）。

以上操作称为上半测回观测。

（4）盘右（倒镜）位置：按逆时针方向转动照准部，依次瞄准 $A$、$D$、$C$、$B$、$A$ 目标，分别读取水平度盘读数，记入记录表中，并算出盘右的半测回归零差，称为下半测回观测。

上述上、下两个半测回合称为一测回。

表 3-2　方向观测法观测手簿

| 测站 | 测回 | 目标 | 水平度盘读数 | | 2C /″ | 平均读数/（° ′ ″） | 一测回归零方向值/（° ′ ″） | 各测回平均方向值/（° ′ ″） | 水平角值/（° ′ ″） |
|---|---|---|---|---|---|---|---|---|---|
| | | | 盘　左 /（° ′ ″） | 盘　右 /（° ′ ″） | | | | | |
| O | 1 | | | | | （0 00 34） | | | |
| | | A | 0 00 54 | 180 00 24 | +30 | 0 00 39 | 0 00 00 | 0 00 00 | |
| | | B | 79 27 48 | 259 27 30 | +18 | 79 27 39 | 79 27 05 | 79 26 59 | 79 26 59 |
| | | C | 142 31 18 | 322 31 00 | +18 | 142 31 09 | 142 30 35 | 142 30 29 | 63 03 30 |
| | | D | 288 46 30 | 108 46 06 | +24 | 288 46 18 | 288 45 44 | 288 45 47 | 146 15 18 |
| | | A | 0 00 42 | 180 00 18 | +24 | 0 00 30 | | | 71 14 13 |
| | | Δ | −12 | −6 | | | | | |
| O | 2 | | | | | （90 00 52） | | | |
| | | A | 90 01 06 | 270 00 48 | +18 | 90 00 57 | 0 00 00 | | |
| | | B | 169 27 54 | 349 27 36 | +18 | 169 27 45 | 79 26 53 | | |
| | | C | 232 31 30 | 52 31 00 | +30 | 232 31 15 | 142 30 23 | | |
| | | D | 18 46 48 | 198 46 36 | +12 | 18 46 42 | 288 45 50 | | |
| | | A | 90 01 00 | 270 00 36 | +24 | 90 00 48 | | | |
| | | Δ | −6 | −12 | | | | | |

2. 计算方法

（1）计算半测回归零差：半测回归零差是指盘左或盘右半测回两次照准起始目标的读数差。用 $\Delta$ 表示，求出后记入表格最后一行内。若归零差超限，应及时进行重测。

（2）计算两倍视准轴误差 $2C$：两倍视准轴误差是指一测回中同一方向盘左、盘右的读数之差，即

$$2C=盘左读数-（盘右读数\pm180°） \tag{3-7}$$

各目标的 $2C$ 值分别记入表 3-2 中的 $2C$ 栏内。对于同一台仪器，在同一测回中各方向的

2$C$值大致是个常数，若有变化，不得超过表3-3中规定的范围。

表3-3 方向观测法限差要求

| 仪器型号 | 半测回归零差/（″） | 一测回内2$C$互差/（″） | 同一方向各测回互差/（″） |
|---|---|---|---|
| $DJ_2$ | 12 | 18 | 12 |
| $DJ_6$ | 18 | / | 24 |

（3）计算各方向平均读数：

$$各方向平均读数=\frac{1}{2}\left[盘左读数+\left(盘右读数\pm180°\right)\right] \tag{3-8}$$

计算平均读数时，度数部分以盘左读数为准，将盘右读数加或减180°后再与盘左读数取平均读数，并将计算结果填入表3-2中的平均读数栏内。

（4）计算归零方向值：将一测回中起始方向的两个平均读数取中数，记入第一行内并加上圆括号，此中数即为归零值，然后把起始方向值改化为0°00′00″，其他各方向的平均读数减去归零值后，即得各方向归零后方向值，并填入归零方向值栏内。

（5）计算各测回平均方向值：当一个测站需要观测两个以上测回时，应检查同测点各测回方向值的互差，若不超过表3-3中的规定，即取其平均值作为各测回平均方向值，并填入表3-2中各测回平均方向值栏内。

方向观测法测站限差见表3-3，任何一项超限均应重测。

## 3.4 竖直角观测

### 3.4.1 竖直度盘的构造

竖直度盘主要由竖盘、竖盘指标、竖盘指标水准管和竖盘指标水准管微动螺旋组成。图3-10为经纬仪竖直度盘构造示意图。竖盘固定在横轴的一侧，随望远镜在竖直面内同时上、下转动；竖盘读数指标不随望远镜转动，分微尺的零刻划线是竖盘读数的指标线，它与竖盘指标水准管连接在一个微动架上，转动竖盘指标水准管微动螺旋，可使竖盘读数指标在竖直面内做微小移动。当竖盘指标水准管气泡居中时，指标应处于垂直位置，即在正确位置。对于一个校正好的竖盘，当望远镜视准轴水平、指标水准管气泡居中时，读数窗上指标所指的读数应是90°或270°，此读数即为视线水平时的竖盘读数。目前光学经纬普遍都安装了自动归零补偿装置来代替竖盘指标水准管，使用时放开阻尼器扭，待摇摆稳定后，直接进行读数，提高了观测速度和精度。

光学经纬仪的竖直度盘是由玻璃制成，按0°～360°均匀刻划注记。光学经纬仪竖盘注记形式有顺时针方向注记和逆时针方向注记两种。图3-11为竖盘刻划注记形式。

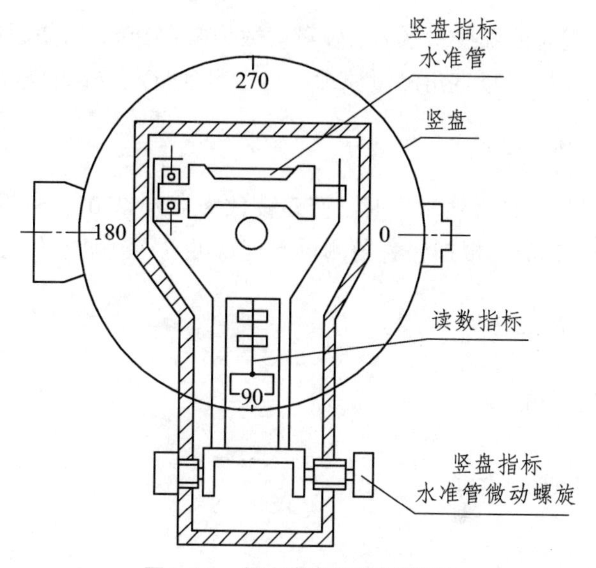


图 3-10　竖直度盘构造示意图

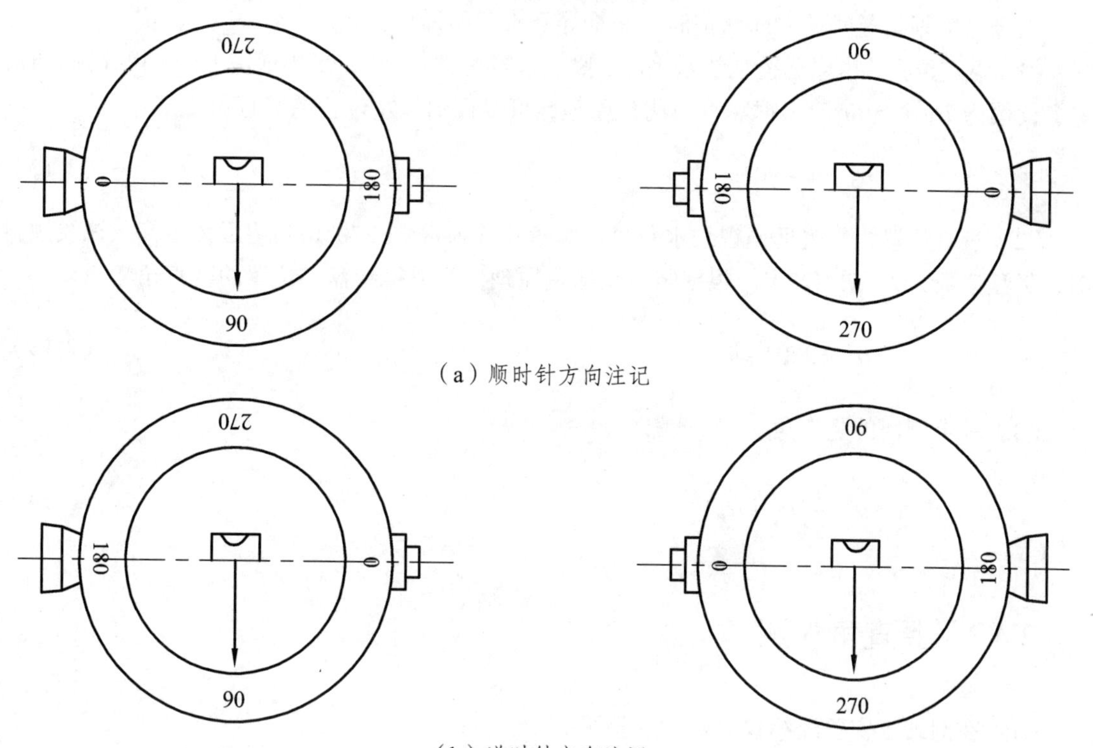


图 3-11　竖直度盘注记形式

## 3.4.2　竖直角计算公式

1. 竖盘顺时针注记

当竖盘刻划是顺时针方向注记时，来推导竖直角的计算公式。

（1）盘左位置，当望远镜视线水平时，竖盘读数为常数 90°，当望远镜上仰，视线倾斜时，竖盘读数为 $L$，$L<90°$。根据竖直角测量原理，可以得到盘左位置的竖直角

$$\alpha_L = 90° - L \tag{3-9}$$

（2）盘右位置，当望远镜视线水平时，竖盘读数为常数 270°，当望远镜上仰，视线倾斜时，竖盘读数为 $R$，$R>270°$。根据竖直角测量原理，可以得到盘左位置的竖直角

$$\alpha_R = R - 270° \tag{3-10}$$

（3）一个测回的竖直角

$$\alpha = \frac{1}{2}(\alpha_L + \alpha_R) \tag{3-11}$$

2. 竖盘逆时针注记

当竖盘刻划是逆时针方向注记时，来推导竖直角的计算公式。

（1）盘左位置，当望远镜视线水平时，竖盘读数为常数 90°，当望远镜上仰，视线倾斜时，竖盘读数为 $L$，$L>90°$。根据竖直角测量原理，可以得到盘左位置的竖直角

$$\alpha_L = L - 90° \tag{3-12}$$

（2）盘右位置，当望远镜视线水平时，竖盘读数为常数 270°，当望远镜上仰，视线倾斜时，竖盘读数为 $R$，$R<270°$。根据竖直角测量原理，可以得到盘左位置的竖直角

$$\alpha_R = 270° - R \tag{3-13}$$

（3）一个测回的竖直角

$$\alpha = \frac{1}{2}(\alpha_L + \alpha_R) \tag{3-14}$$

### 3.4.3　竖直角观测

（1）在测站点安置经纬仪，对中、整平。

（2）盘左（正镜）位置，用十字丝的中横丝精确瞄准目标点，若仪器竖盘指标水准管气泡不居中，则旋转竖盘指标水准管微动螺旋，使气泡居中，读取竖直度盘读数 $L$，填写录入竖直角观测手簿，见表 3-4，并按上述竖直角计算公式计算出盘左竖直角。

（3）盘右（倒镜）位置，用十字丝的中横丝精确瞄准目标点，调整竖盘指标水准管使气泡居中，读取竖直度盘读数 $R$，填写录入竖直角观测手簿，并按公式计算出盘右竖直角。

以上盘左、盘右观测构成竖直角观测的一个测回。

表 3-4　竖直角观测手簿

| 测站 | 目标 | 竖盘位置 | 竖盘读数 /（° ′ ″） | 半测回竖直角 /（° ′ ″） | 指标差/″ | 一测回竖直角 /（° ′ ″） | 备注 |
|---|---|---|---|---|---|---|---|
| O | A | 左 | 71　12　36 | +18　47　24 | −12 | +18　47　12 | 顺时针注记 |
| | | 右 | 288　47　00 | +18　47　00 | | | |
| | B | 左 | 96　18　42 | −6　18　42 | −9 | −6　18　51 | |
| | | 右 | 263　41 00 | −6　19　00 | | | |

## 3.4.4　竖盘指标差

经纬仪由于长期使用，会使望远镜视线水平、竖直度盘水准管气泡居中时，其读数指标不恰好指示在 90°或 270°处，与正确位置之间存在误差 $x$，这个误差 $x$ 称为竖盘指标差，图 3-12 为竖盘指标差 $x$。为求得正确的竖直角 $\alpha$，需要加入竖盘指标差进行改正。

竖盘盘左位置时，正确的竖直角

$$\alpha = (90° - L) + x \tag{3-15}$$

竖盘盘右位置时，正确的竖直角

$$\alpha = (R - 270°) - x \tag{3-16}$$

将式（3-9）、式（3-10）代入式（3-15）、（3-16）中，求得

$$\alpha = \alpha_L + x \tag{3-17}$$

$$\alpha = \alpha_R - x \tag{3-18}$$

将式（3-17）、式（3-18）相加除以 2，求得

$$\alpha = \frac{\alpha_L + \alpha_R}{2} \tag{3-19}$$

这说明竖盘指标差的影响可以通过取盘左、盘右平均值的方法来消除，而指标差 $x$ 可用下式求得

$$x = \frac{1}{2}(\alpha_R - \alpha_L) = \frac{1}{2}(L + R - 360°) \tag{3-20}$$

对同一台经纬仪，在同一时间段内，指标差应是一个固定值。因此，指标差互差可以反映观测成果的质量。对于 $DJ_6$ 型光学经纬仪，同一测站上，各方向的指标差互差或同一方向各测回间指标差互差不得超过 25″。

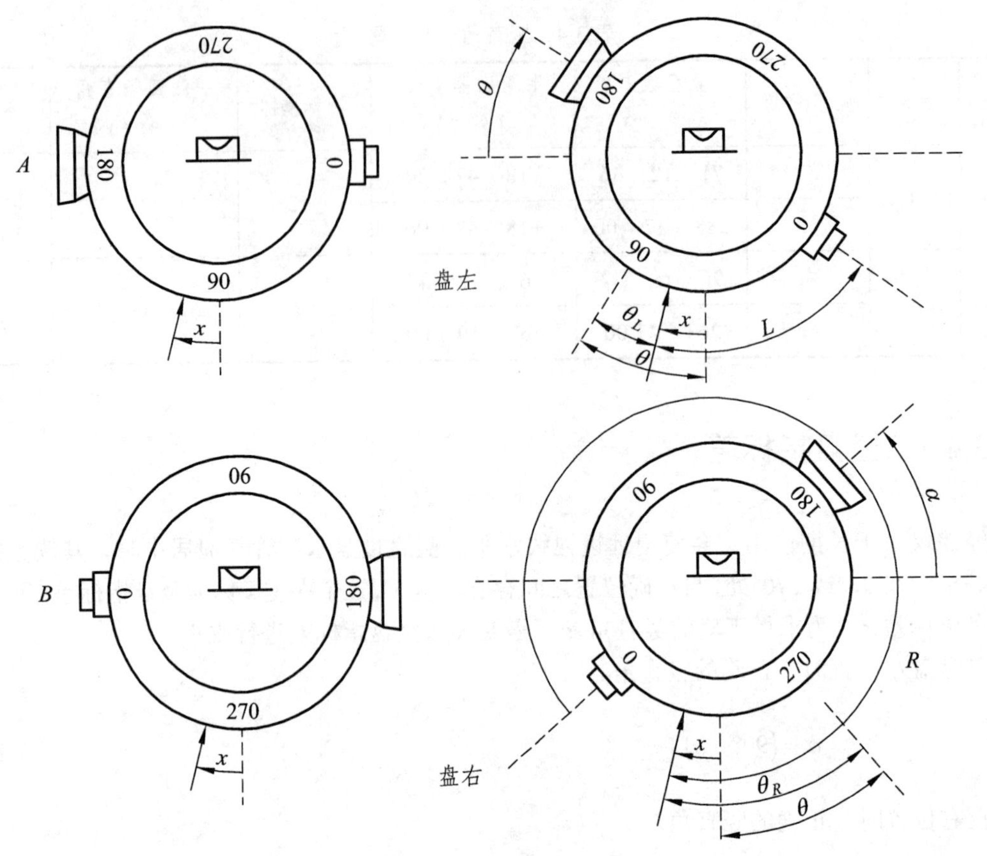


图 3-12　竖盘指标差示意图

## 3.5　经纬仪检验与校正

根据本章前面知识可知，为了提高角度测量（水平角和竖直角）的精度，要求经纬仪必须精确地安置在测站点上；仪器的竖轴必须保持铅锤位置，且与测站点位于同一铅垂线上；经纬仪视准轴绕水平横轴转动时，其视线能够形成一个垂直面。

为了达到上述要求，经纬仪主要轴线间应满足以下的几何关系，如图 3-13 所示：

（1）水准管轴线（$LL_1$）垂直于竖轴（$VV_1$）；

（2）视准轴（$CC_1$）垂直于横轴（$HH_1$）；

（3）横轴（$HH_1$）垂直于竖轴（$VV_1$）；

（4）望远镜十字丝垂直于横轴（$HH_1$）。

由于经纬仪长期使用、搬运、震动等原因，上述轴线关系会发生变化，达不到测量规范的要求，从而使测角结果产生超出限差要求的误差。通常在测量作业前，需要检验仪器主要轴线间是否满足上述几何关系，如果不满足就需要调整相关部件加以修正，这个过程即经纬仪的检验与校正。

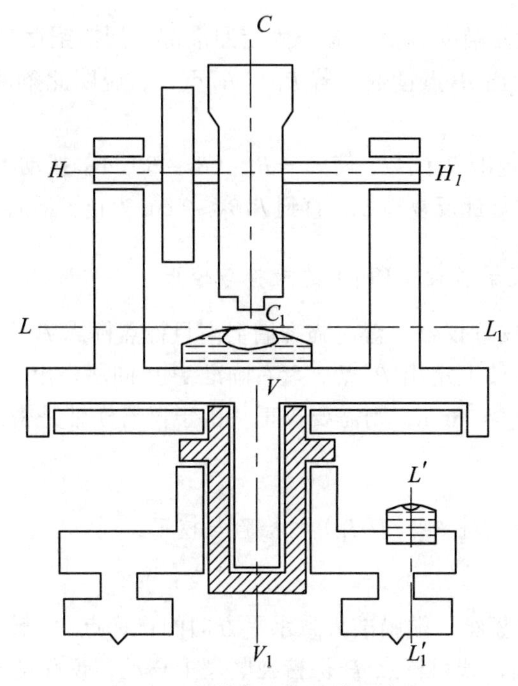


图 3-13　经纬仪主要轴线示意图

1. 水准管轴线（$LL1$）垂直于竖轴（$VV1$）的检验与校正

（1）检验。

先整平仪器，照准部水准管平行于任意一对脚螺旋，转动该对角螺旋使气泡居中，再将照准部旋转 180°，若气泡仍居中，说明此条件满足，否则需要校正。

（2）校正。

用校正针拨动水准管一端的校正螺丝，先松一个后紧一个，使气泡退回偏离格数的一半，再转动脚螺旋使气泡居中，如图 3-14 所示。重复检验校正，直到其水准管在任何位置时气泡偏离量都在一格以内。

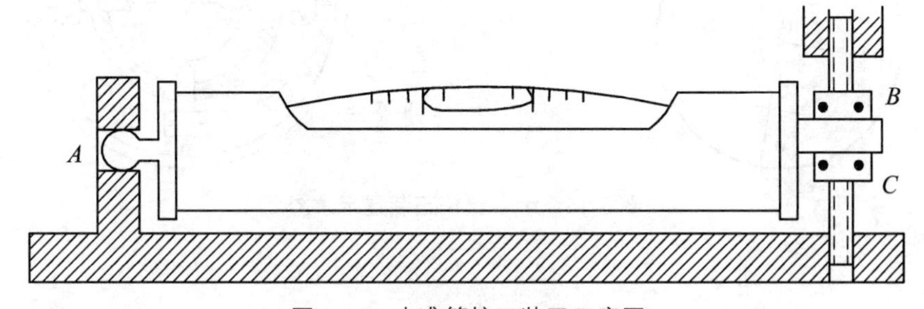


图 3-14　水准管校正装置示意图

2. 视准轴（$CC_1$）垂直于横轴（$HH_1$）的检验与校正

（1）检验。

在平坦场地选择相距 100 m 的 $A$、$B$ 两点，仪器安置在两点中间的 $O$ 点，在 $A$ 点设置和经纬仪同高的点标志（或在墙上设同高的点标志），在 $B$ 点设一根水平尺，该尺与仪器同高且

与 $OB$ 垂直。检验时用盘左瞄准 $A$ 点标志，固定照准部，倒摆望远镜，在 $B$ 点尺上定出 $B_1$ 点的读数，再用盘右同法定出 $B_2$ 点读数。若 $B_1$ 与 $B_2$ 重合，说明此条件满足，否则需要校正。

（2）校正。

在 $B_1$、$B_2$ 点间 1/4 处定出 $B_3$ 读数，使 $B_3 = B_2 - (B_2 - B_1)/4$。拨动十字丝左、右校正螺旋，使十字丝交点与 $B_3$ 点重合。如此反复检校，直到 $B_1B_2 \leqslant 2$ cm 为止，最后旋上十字丝分划板护罩。

### 3. 横轴（$HH_1$）垂直于竖轴（$VV_1$）的检验与校正

在离建筑物 10 m 处安置仪器，盘左瞄准墙上高目标点标志 $P$（垂直角大于 30°），将望远镜放平，十字丝交点投在墙上定出 $P_1$ 点。盘右瞄准 $P$ 点同法定出 $P_2$ 点。若 $P_1P_2$ 点重合，则说明此条件满足，若 $P_1P_2 > 5$ mm，则需要校正。由于仪器横轴是密封的，故该项校正应由专业维修人员进行。

### 4. 望远镜十字丝垂直于横轴（$HH_1$）的检验与校正

（1）检验。

整平仪器，用十字丝竖丝一端瞄准大致水平方向的目标点 $P$，转动望远镜微动螺旋，使其竖直方向移至竖丝另一端，若目标点 $P$ 保持在竖丝上移动，说明此几何条件满足，否则需要校正，如图 3-14 所示。

（2）校正。

旋下十字丝分划板护罩，用小改锥松开十字丝分划板的固定螺丝，微微转动十字丝分划板，使竖丝端点至点状目标的间隔减小一半，再返转到起始端点。重复上述检验校正，直到无显著误差为止，最后将固定螺丝拧紧，如图 3-15 所示。

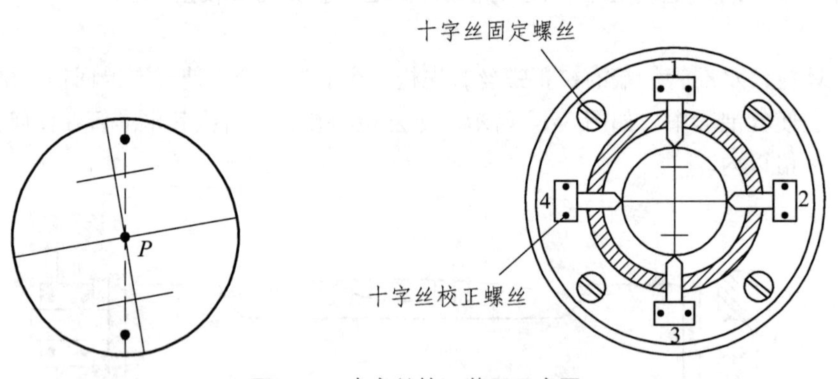


图 3-15　十字丝校正装置示意图

## 3.6　角度测量误差及注意事项

在角度测量中有各种各样的误差来源，这些误差来源对角度的观测精度又有着不同的影响。角度测量误差主要包括仪器误差、观测误差和外界条件的影响误差。

### 3.6.1 角度测量误差

1. 仪器误差

（1）仪器制造加工不完善所引起的误差

如照准部偏心误差、度盘刻划不均匀误差等。经纬仪照准部旋转中心应与水平度盘中心重合，如果两者不重合，即存在照准部偏心差，在水平角测量中，此项误差影响可以通过取盘左、盘右观测平均值的方法加以消除。度盘刻划不均匀误差的影响一般较小，当测量精度要求较高时，可采用各测回间变换水平度盘位置的方法进行观测，可以减弱此项误差的影响。

（2）仪器校正不完善所引起的误差。

如望远镜视准轴不严格垂直于横轴，横轴不严格垂直于竖轴所引起的误差，这类误差可以采用取盘左、盘右观测平均值的方法来消除。而竖轴不垂直于水准管轴所引起的误差则不能通过取盘左、盘右观测平均值或其他观测方法来消除，这类误差必须认真做好仪器的关于此项误差的检验、校正。

2. 角度观测误差

（1）对中误差。

在测角时，如经纬仪对中有误差，将使仪器中心与测站点不在同一铅垂线上，造成测量误差。对中引起的水平角观测误差与偏心距成正比，与测站点到目标点的距离成反比。因此，在进行水平角观测时，仪器的对中误差不应超出相应规范规定的范围，特别对于短边的角度进行观测时，更应该精确对中。

（2）整平误差。

如仪器未能精确整平或在观测过程中气泡不再居中，竖轴就会偏离铅垂线位置。整平误差不能用观测方法来消除，此项误差与观测目标时视线竖直角的大小有关，当观测目标与仪器视线大致同高时，影响较小；当观测目标与仪器视线竖直角较大，则整平误差的影响明显增大。因此，在进行角度观测时应特别注意认真整平仪器，当发现水准管气泡偏离零点超过一格以上时，应重新整平仪器、重新进行观测。

（3）目标偏心差。

目标偏心差是指由于测点上的标杆倾斜使照准目标偏离测点中心所产生的偏心差。目标偏心是由于目标点的标志（标杆或测钎）倾斜引起的。观测点上一般都是竖立标杆，当标杆倾斜而又瞄准其顶部时，标杆越长，瞄准点越高，则产生的方向值误差越大；当观测边长短时，目标偏心误差的影响更大。为了减少目标偏心对水平角观测的影响，观测时标杆要准确而竖直地立在测点上，并尽量照准标杆的底部。

（4）照准误差。

照准误差是指角度观测时人眼通过望远镜照准目标时产生的误差。影响照准误差的因素主要有望远镜的放大倍数、人眼分辨率、十字丝的粗细、目标标志的形状及大小、目标影像亮度及颜色、空气透明度、大气温度等。其中照准误差与望远镜的放大倍数关系最大。$DJ_6$型经纬仪的照准误差为±2.0″ ~ ±2.4″，在进行角度观测时，要特别注意消除视差，并保持望远镜十字丝的清晰度。

（5）读数误差。

读数误差的大小主要取决于仪器读数设备与观测者的经验。对于采用分微尺读数系统的仪器，读数误差为测微器最小分划值的 1/10，即 0.1′（6″）。同样如果观测者经验不足或观测光线不佳，也会造成读数误差。

3. 外界条件的影响

影响角度测量的外界条件很多，如大风、松土会影响仪器的稳定；地面辐射热会影响大气稳定而引起物像的跳动；空气的透明度会影响照准的精度；温度的变化会影响仪器的正常状态等。其中大气折光会在水平角测量中产生的是旁折光，在竖直角测量中产生垂直折光，在一般情况下，垂直折光远大于旁折光，因此在布点时应尽可能避免长边，视线应尽可能离地面高点，应大于 1 m，并避免从水面通过，尽可能选择有利时间进行观测，并采用对向观测方法，加以削弱其影响，从而保证测角的精度。

## 3.6.2　角度测量的注意事项

用经纬仪进行角度测量时，允许误差存在（必须控制在限差以内），不允许错误存在。往往由于观测人员粗心大意而产生错误，如测角时仪器没有对中整平，望远镜瞄准目标不正确，度盘读数读错，记录记错和拧错制动螺旋等。故在进行角度测量时必须注意下列事项：

（1）仪器安置的高度要合适，三脚架要踩牢，仪器与脚架连接要牢固；观测时不要用手扶或碰动三脚架，转动照准部和使用各种螺旋时，用力要轻。

（2）对中、整平要准确，测角精度要求越高或边长越短时，对中要求越高；如观测的目标之间高低相差较大时，更应注意仪器整平。

（3）在进行水平角观测过程中，如同一测回内发现照准部水准管气泡偏离居中位置，不允许重新调整水准管至气泡居中。若气泡偏离中央超过一格时，则需重新整平仪器，重新观测。

（4）在进行观测竖直角时，每次读数之前，必须使竖盘指标水准管气泡居中。

（5）标杆要立直于测点上，尽可能用十字丝交点瞄准标杆或测钎的底部。

（6）不要把水平度盘和竖直度盘读法弄混淆；记录要清楚，并当场计算校核，若误差超限，应在查明原因后，立即进行重测。

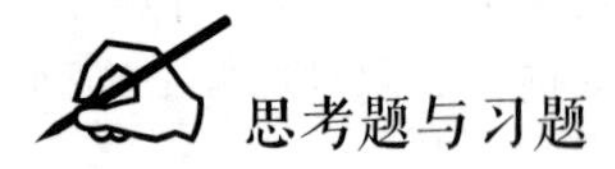

**思考题与习题**

1. 什么是水平角？在同一竖直面内瞄准目标点处照准工具（标杆）不同高度，其水平度盘的读数是否相同，原因是什么？

2. 什么是竖直角？在同一竖直面内瞄准目标点处照准工具（标杆）不同高度，其竖直度盘的读数是否相同，原因是什么？

3. $DJ_6$型光学经纬仪的主要组成部分包括哪些，其各自所起的作用是什么？

4. 经纬仪对中的目的是什么，对中的方法有哪些？

5. 水平角观测常采用的方法有哪些？

6. 简述测回法测量水平角的操作步骤？

7. 完成表 3-5 中用测回法观测水平角的记录。

表 3-5　测回法观测记录

| 测站 | 目标 | 竖盘位置 | 水平度盘读数/(° ′ ″) | 半测回角/(° ′ ″) | 一测回角/(° ′ ″) |
| --- | --- | --- | --- | --- | --- |
| *O* | *A* | 左 | 00　01　24 | | |
| | *B* | | 46　38　48 | | |
| | *A* | 右 | 180　01　12 | | |
| | *B* | | 226　38　54 | | |

8. 完成表 3-6 中用方向观测法观测水平角的记录。

表 3-6　方向观测法观测记录

| 测站 | 测回数 | 目标 | 读数 | | 2*C*/(″) | 平均读数/(° ′ ″) | 一测回归零方向值/(° ′ ″) | 各测回平均方向值/(° ′ ″) | 水平角值/(° ′ ″) |
| --- | --- | --- | --- | --- | --- | --- | --- | --- | --- |
| | | | 盘左/(° ′ ″) | 盘右/(° ′ ″) | | | | | |
| *O* | 1 | | | | | | | | |
| | | *C* | 0 00 54 | 180 00 24 | | | | | |
| | | *D* | 79 27 48 | 259 27 30 | | | | | |
| | | *A* | 142 31 18 | 322 31 00 | | | | | |
| | | *B* | 288 46 30 | 108 46 06 | | | | | |
| | | *C* | 0 00 42 | 180 00 18 | | | | | |
| *O* | 2 | | | | | | | | |
| | | *C* | 90 01 06 | 270 00 48 | | | | | |
| | | *D* | 169 27 54 | 349 27 36 | | | | | |
| | | *A* | 232 31 30 | 52 31 00 | | | | | |
| | | *B* | 18 46 48 | 198 46 36 | | | | | |
| | | *C* | 90 01 00 | 270 00 36 | | | | | |

9. 完成表 3-7 中竖直角观测的记录。

表 3-7 竖直角观测记录

| 测站 | 目标 | 竖盘位置 | 竖盘读数/(° ′ ″) | 半测回角值/(° ′ ″) | 一测回角值/(° ′ ″) | 指标差/(″) | 竖盘形式 |
| --- | --- | --- | --- | --- | --- | --- | --- |
| *O* | *M* | 左 | 94 23 18 | | | | 全圆式顺时针注记 |
| | | 右 | 265 36 00 | | | | |
| | *N* | 左 | 82 36 00 | | | | |
| | | 右 | 277 23 24 | | | | |

10. 经纬仪主要轴线间应满足的几何关系包括哪些？

11. 角度观测的误差主要有哪些？

# 4 距离测量

距离测量是指测量地面上两点连线长度的工作。通常需要测定的是水平距离，即两点连线投影在某水准面上的长度。它是确定地面点的平面位置的要素之一。在三角测量、导线测量、地形测量和工程测量等工作中都需要进行距离测量。距离测量常用的方法有钢尺量距、视距测量、视差法测距和电磁波测距等。

## 4.1 钢尺量距

### 4.1.1 量距工具

1. 钢尺

钢尺是用钢制成的带状尺，长度一般为 20 m、30 m、50 m；以毫米为基本分划，适用于一般量距、以厘米为基本分划，但尺端第一分米内有毫米分划，以毫米为基本分划；零点位置：端点尺、刻线尺；名义长度：钢尺刻线的最大注记值。钢尺有卷放在圆盘形的尺壳内的，也有卷放在金属或塑料尺架上的，如图 4-1 所示。钢尺的基本分划为毫米（mm），在每厘米、每分米及每米处印有数字注记。最初的钢尺是用钢制成的，较重且容易生锈；后来用铝合金制成，较轻且不易生锈，但容易折断；现在多用合成金材料制成，这种材料与塑料相仿，重量轻、强度好，且基本不受温度影响。

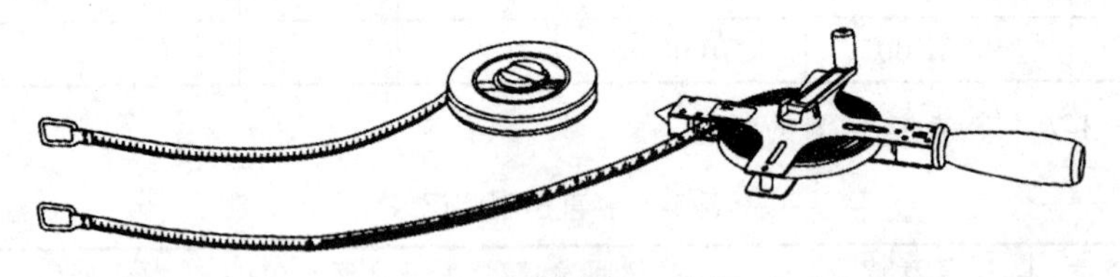

图 4-1　测量卷尺示意图

2. 其他丈量工具

标杆、垂球、测钎、弹簧、温度计。标杆多用木料或铝合金制成，直径约 3 cm，全长有 2 m、2.5 m 及 3 m 等几种规格。杆上油漆成红、白相间的 20 cm 色段，非常醒目，测杆下端装有尖头铁脚，便于插入地面，作为照准标志。测钎一般用钢筋制成，上部弯成小圆环，下部磨尖，直径 3 ~ 6 mm，长度 30 ~ 40 cm。钎上可用油漆涂成红、白相间的色段。通常 6 根或 11 根系成一组。量距时，将测钎插入地面，用以标定尺端点的位置，亦可作为近处目标的瞄准标志。锤球用金属制成，上大下尖呈圆锥形，上端中心系一细绳，悬吊后，锤球尖与细绳在同一垂线上，常用于在斜坡上丈量水平距离。

### 4.1.2 目视定线

目视定线适用于钢尺量距的一般方法或用于皮尺、测绳量距。如图 4-2 所示，设 *A*、*B* 两点互相通视，要在 *A*、*B* 两点的直线上标出分段点 1、2 点。先在 *A*、*B* 点上竖立标杆，甲站在 *A* 点标杆后约 1 m 处，指挥乙左右移动标杆，直到甲从在 *A* 点沿标杆的同一侧看到 *A*、2、*B* 三支标杆成一条线为止。同法可以定出直线上的其他点。两点间定线，一般应由远到近，即先定 1 点，再定 2 点。定线时，乙所持标杆应竖直，利用食指和拇指夹住标杆的上部，稍微提起，利用重力的作用使标杆自然竖直。为了不挡住甲的视线，乙应持标杆站立在直线方向侧边。

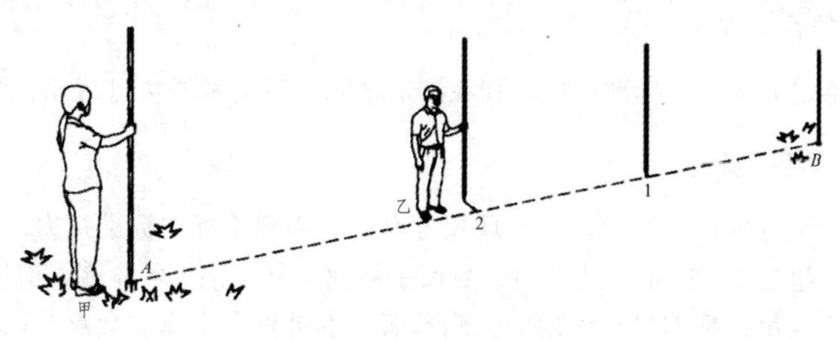


图 4-2 目估法直线定线

### 4.1.3 丈量的方法

1. 平坦地面（直接丈量）

测量平坦地面时，直接用钢尺一段一段地丈量，尽量用整尺段，仅末段用零尺段丈量。采用往返丈量的方法（目的：防止出错；提高精度），要求其相对误差，取平均值作最后的成果。

2. 倾斜地面

如图 4-3 所示，丈量距离时将尺子一端靠地，对准端点；另一端抬高，使尺子水平，用垂球线紧靠尺子的某分划，然后放开垂球线，使其自由下坠，其击出的位置即为应求的位置，这样分段进行丈量即可。

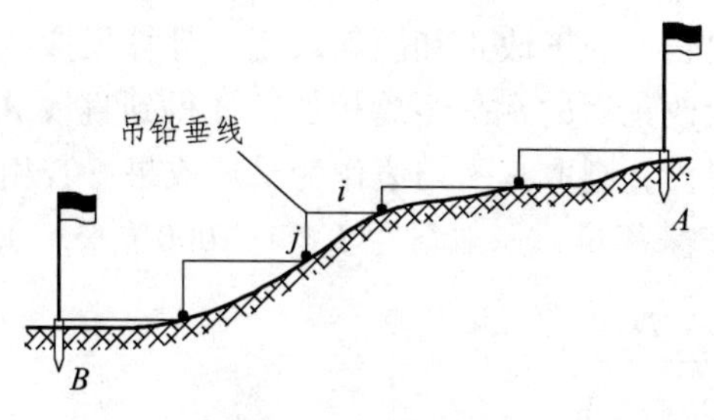


图 4-3 斜量法示意图

### 4.1.4 精确丈量

实际测量工作中，有时量距精度要求很高，如有时量距精度要求在 1/10 000 以上。这时应采用钢尺量距的精密方法。

1. 钢尺检定

钢尺由于受材料原因、刻划误差、长期使用的变形及丈量时温度和拉力不同的影响，其实际长度往往不等于尺上所标注的长度即名义长度，因此，量距前应对钢尺进行检定。经过检定的钢尺，其长度可用尺长方程式表示。即

$$l_t = l_0 + \Delta l + \alpha(t - t_0)l_0$$

钢尺在施加标准拉力下，其实际长度等于名义长度与尺长改正数和温度改正数之和。

2. 钢尺的检定方法

钢尺的检定方法有与标准尺比较和在测定精确长度的基线场进行比较两种方法。

3. 钢尺量距的精密方法

钢尺有毫米分划，须经检定，有尺长方程式，用弹簧秤加标准拉力，每尺段丈量三次，距离互差应不超过 2 ~ 5 mm。丈量时，后尺手挂弹簧秤于钢尺的零端，前尺手执尺子的末端，两人同时拉紧钢尺，把钢尺有刻划的一侧贴切于木桩顶十字线的交点，达到标准拉力时，由后尺手发出“预备”口令，两人拉稳尺子，由前尺手喊“好”。在此瞬间，前、后读尺员同时读取读数，估读至 0.5 mm，计算尺段长度。

前、后移动钢尺一段距离，同法再次丈量。每一尺段测三次，读三组读数，由三组读数算得的长度之差要求不超过 2 mm，否则应重测。如在限差之内，取三次结果的平均值，作为该尺段的观测结果。同时，每一尺段测量应记录温度一次，估读至 0.5 °C。如此继续丈量至终点，即完成往测工作。

### 4.1.5 内业成果整理

将每一尺段丈量结果经过尺长改正、温度改正和倾斜改正改算成水平距离，并求总和，得到直线往测、返测的全长。往、返测较差符合精度要求后，取往、返测结果的平均值作为最后成果。

尺段长度计算：根据尺长、温度改正和倾斜改正，计算尺段改正后的水平距离。

计算全长：将各个尺段改正后的水平距离相加，便得到直线 $AB$ 的往测水平距离。

相对误差如果在限差以内，则取其平均值作为最后成果。若相对误差超限，应返工重测。

丈量精度用相对误差 $K$ 来衡量：一般量距 $K \leqslant 1/3\,000$（平坦），$K \leqslant 1/1\,000$（山区）。

$$K = \frac{\left|D_{往} - D_{返}\right|}{\frac{1}{2}(D_{往} + D_{返})} \tag{4-1}$$

### 4.1.6 钢尺量距的误差及注意事项

（1）尺长误差：钢尺的名义长度和实际长度不符，产生尺长误差。尺长误差是积累性的，它与所量距离成正比。

（2）定线误差：丈量时钢尺偏离定线方向，使测线成为一折线，导致丈量结果偏大，这种误差称为定线误差。

（3）拉力误差：钢尺有弹性，受拉会伸长。钢尺在丈量时所受拉力应与检定时拉力相同。

（4）钢尺垂曲误差：钢尺悬空丈量时中间下垂，称为垂曲，由此产生的误差为钢尺垂曲误差。垂曲误差会使量得的长度大于实际长度，故在钢尺检定时，亦可按悬空情况检定，得出相应的尺长方程式。在成果整理时，按此尺长方程式进行尺长改正。

（5）钢尺不水平的误差：用平量法丈量时，钢尺不水平，会使所量距离增大。对于 30 m 的钢尺，如果目估尺子水平误差为 0.5 m（倾角约 1°），由此产生的量距误差为 4 mm。因此，用平量法丈量时应尽可能使钢尺水平。进行精密量距时，测出尺段两端点的高差，进行倾斜改正，可消除钢尺不水平的影响。

（6）丈量误差：钢尺端点对不准、测钎插不准、尺子读数不准等引起的误差都属于丈量误差。这种误差对丈量结果的影响可正可负，大小不定。在量距时应尽量认真操作，以减小丈量误差。

（7）温度改正：钢尺的长度随温度变化，丈量时温度与检定钢尺时温度不一致，或测定的空气温度与钢尺温度相差较大，都会产生温度误差。所以，精度要求较高的丈量，应进行温度改正，并尽可能用温计测定尺温，或尽可能在阴天进行，以减小空气温度与钢尺温度的差值。

## 4.2 视距测量

视距测量是根据几何光学原理，利用仪器望远镜筒内的视距丝在标尺上截取读数，应用三角公式计算两点距离，可同时测定地面上两点间水平距离和高差的测量方法。视距测量的优点是，操作方便、观测快捷，一般不受地形影响。其缺点是，测量视距和高差的精度较低，测距相对误差约为 1/200 ~ 1/300。尽管视距测量的精度较低，但还是能满足测量地形图碎部点的要求，所以在测绘地形图时，常采用视距测量的方法测量距离和高差。

### 4.2.1 视距测量原理

视距测量所用的仪器主要有经纬仪、水准仪和平板仪等。进行视距测量，要用到视距丝和视距尺。视距丝即望远镜内十字丝平面上的上下两根短丝，它与横丝平行且等距离，如图 4-4 所示。视距尺是有刻划的尺子，和水准尺基本相同。

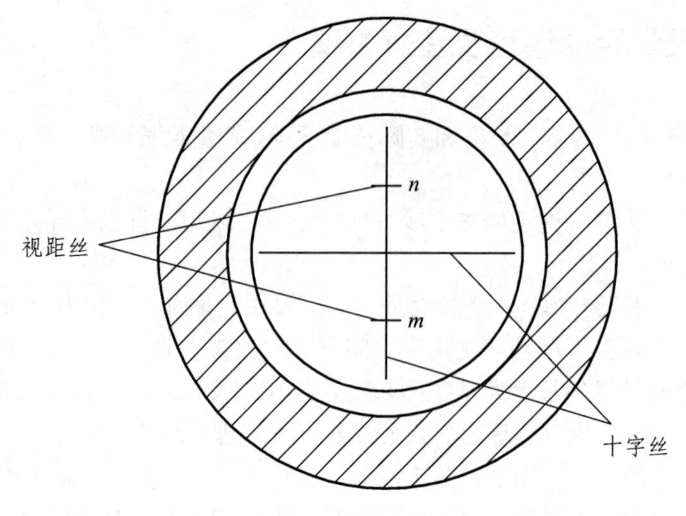

图 4-4　视距丝

如图 4-5 所示，在 $A$ 点安置经纬仪，在 $B$ 点竖立视距尺，用望远镜照准视距尺，当望远镜视线水平时，视线与尺子垂直。如果视距尺上 $M$、$N$ 点成像在十字丝分划板上的两根视距丝 $m$、$n$ 处，那么视距尺上 $MN$ 的长度，可由上、下视距丝读数之差求得。上、下视距丝读数之差称为视距间隔或尺间隔，用 $l$ 表示。

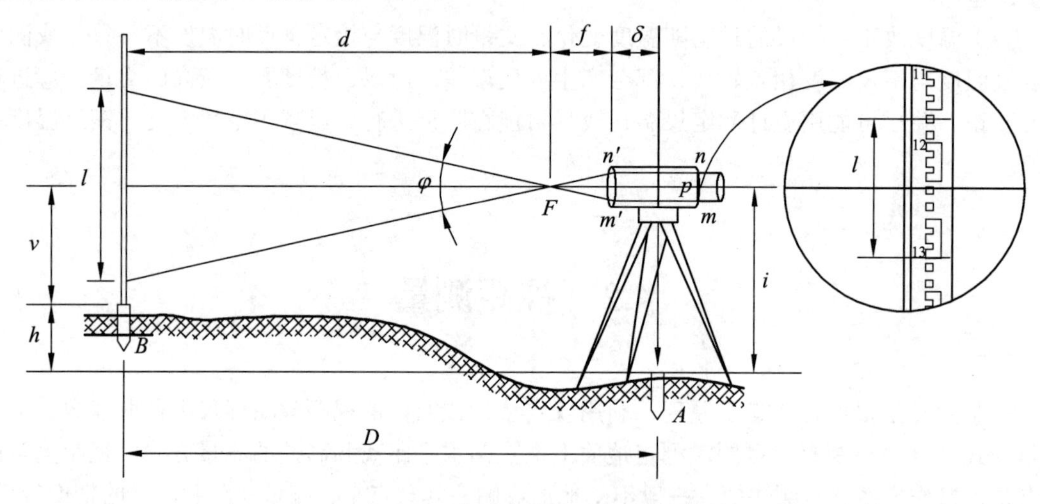

图 4-5　视线水平时的视距测量原理

在图 4-5 中，$p=\overline{mn}$ 为上、下视距丝的间距，$l=\overline{MN}$ 为视距间隔，$f$ 为物镜焦距，$\delta$ 为物镜中心到仪器中心的距离。由相似 $\Delta m'Fn'$ 和 $\Delta MFN$ 可得

$$\frac{d}{l}=\frac{f}{p}$$

因此，由图 4-5 得

$$D=d+f+\delta=\frac{f}{p}l+f+\delta$$

令 $K=\dfrac{f}{p}, C=(f+\delta)$，则有

$$D=Kl+C \tag{4-2}$$

式中：$K$——视距乘常数，通常 $K$=100；

$C$——视距加常数。

式（4-2）是用外对光望远镜进行视距测量时计算水平距离的公式。对于内对光望远镜，其加常数 $C$ 值接近零，可以忽略不计，故水平距离为

$$D=Kl=100l \tag{4-3}$$

同时，由图 4-5 可知，$A$、$B$ 两点间的高差 $h$ 为

$$h=i-v \tag{4-4}$$

式中：$i$——仪器高（m）；

$v$——十字丝中丝在视距尺上的读数，即中丝读数（m）。

在地面起伏较大的地区进行视距测量时，必须使望远镜视线处于倾斜位置才能瞄准尺子。此时，视线便不垂直于竖立的视距尺尺面，因此式（4-3）和式（4-4）不能适用。下面介绍视线倾斜时的水平距离和高差的计算公式。如图 4-6 所示，如果我们把竖立在 $B$ 点上视距尺的尺间隔 $MN$ 换算成与视线相垂直的尺间隔 $M'N'$，就可用式（4-3）计算出倾斜距离 $L$。然后再根据 $L$ 和垂直角 $\alpha$，算出水平距离 $D$ 和高差。

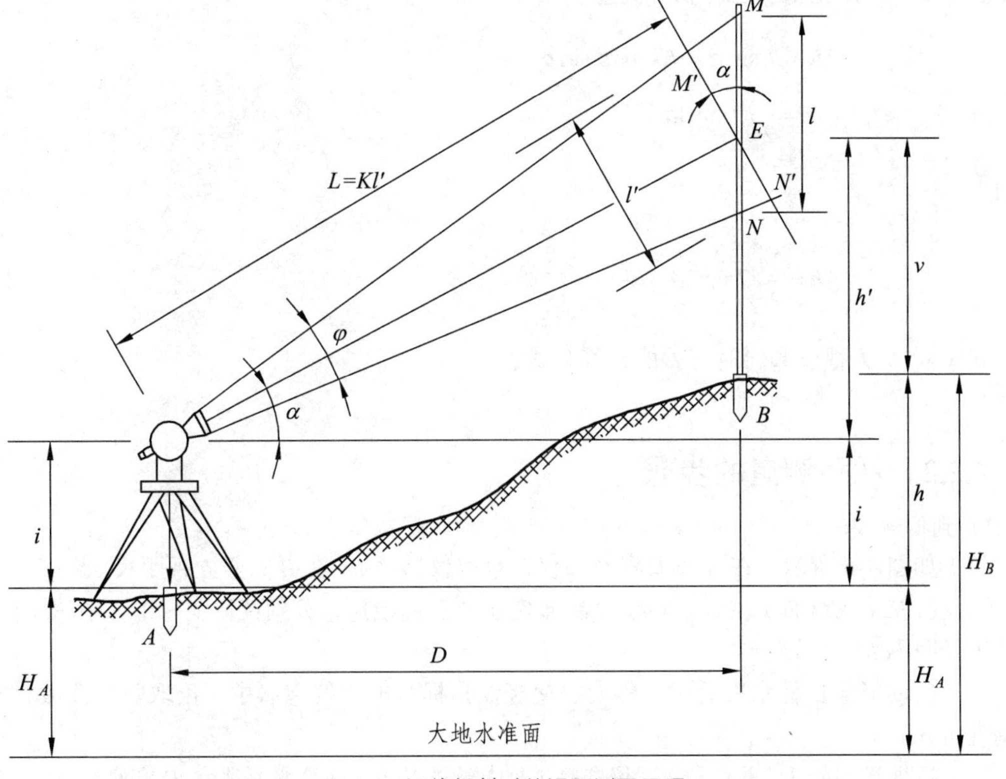


图 4-6　视线倾斜时的视距测量原理

从图 4-6 可知，在 $\Delta EM'M$ 和 $\Delta EN'N$ 中，由于 $\varphi$ 角很小（约 34′），可把 $\angle EM'M$ 和 $\angle EN'N$ 视为直角。而 $\angle MEM'=\angle NEN'=\alpha$，因此

$$
\begin{aligned}
M'N' &= M'E + EN' = ME\cos\alpha + EN\cos\alpha \\
&= (ME + EN)\cos\alpha
\end{aligned}
$$

式中：$M'N'$ 就是假设视距尺与视线相垂直的尺间隔 $l'$，MN 是尺间隔 $l$，所以

$$l' = l\cos\alpha$$

将上式代入式（4-3），得倾斜距离 $L$

$$L = Kl' = Kl\cos\alpha$$

因此，$A$、$B$ 两点间的水平距离为

$$D = L\cos\alpha = Kl\cos^2\alpha \tag{4-5}$$

式（4-5）为视线倾斜时水平距离的计算公式。

由图 4-6 可以看出，$A$、$B$ 两点间的高差 $h$ 为：

$$h = h' + i - v$$

式中：$h'$——高差主值（也称初算高差）。

$$
\begin{aligned}
h' &= L\sin\alpha = Kl\cos\alpha\sin\alpha \\
&= \frac{1}{2}Kl\sin 2\alpha
\end{aligned} \tag{4-6}
$$

所以

$$h = \frac{1}{2}Kl\sin 2\alpha + i - v \tag{4-7}$$

式（4-7）为视线倾斜时高差的计算公式。

### 4.2.2　视距测量的步骤

（1）如图 4-6 所示，在 $A$ 点安置经纬仪，量取仪器高 $i$，在 $B$ 点竖立视距尺。

（2）盘左（或盘右）位置，转动照准部瞄准 $B$ 点视距尺，分别读取上、下、中三丝读数，并算出尺间隔 $l$。

（3）转动竖盘指标水准管微动螺旋，使竖盘指标水准管气泡居中，读取竖盘读数，并计算垂直角 $\alpha$。

（4）根据尺间隔 $l$、垂直角 $\alpha$、仪器高 $i$ 及中丝读数 $v$，计算水平距离 $D$ 和高差 $h$。

# 4.3 光电测距原理

## 4.3.1 光电测距仪及其使用方法

### 1. 仪器结构

主机通过连接器安置在经纬仪上部，经纬仪可以是普通光学经纬仪，也可以是电子经纬仪。利用光轴调节螺旋，可使主机的发射——接收器光轴与经纬仪视准轴位于同一竖直面内。另外，测距仪横轴到经纬仪横轴的高度与觇牌中心到反射棱镜高度一致，从而使经纬仪瞄准觇牌中心的视线与测距仪瞄准反射棱镜中心的视线保持平行，配合主机测距的反射棱镜，根据距离远近，可选用单棱镜（1 500 m 内）或三棱镜（2 500 m 内），棱镜安置在三脚架上，根据光学对中器和长水准管进行对中整平。

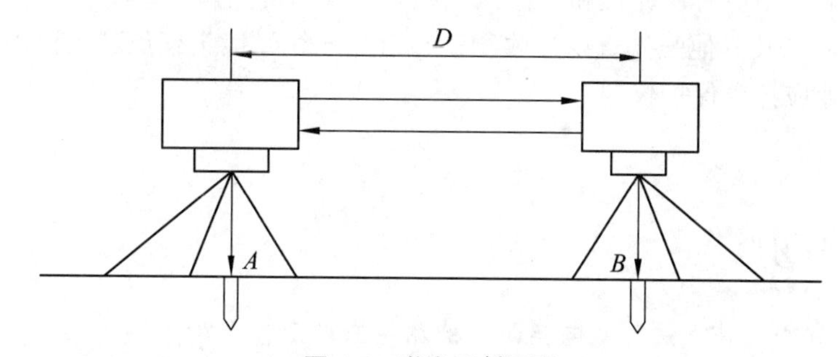


图 4-7 激光反射原理

### 2. 仪器主要技术指标及功能

短程红外光电测距仪的最大测程为 2 500 m，测距精度可达±（3 mm+2×10-6×$D$）(其中 $D$ 为所测距离)，最小读数为 1 mm。仪器设有自动光强调节装置，在复杂环境下测量时也可人工调节光强；可输入温度、气压和棱镜常数自动对结果进行改正；可输入垂直角自动计算出水平距离和高差；可通过距离预置进行定线放样；若输入测站坐标和高程，可自动计算观测点的坐标和高程。测距方式有正常测量和跟踪测量，其中正常测量所需时间为 3 s，还能显示数次测量的平均值；跟踪测量所需时间为 0.8 s，每隔一定时间间隔自动重复测距。

### 3. 仪器操作与使用

安置仪器：先在测站上安置好经纬仪，对中、整平后，将测距仪主机安装在经纬仪支架上，用连接器固定螺丝锁紧，将电池插入主机底部、扣紧。在目标点安置反射棱镜，对中、整平，并使镜面朝向主机。

观测垂直角、气温和气压，用经纬仪十字横丝照准觇板中心，测出垂直角 α。同时，观测和记录温度和气压计上的读数。观测垂直角、气温和气压，目的是对测距仪测量出的斜距进行倾斜改正、温度改正和气压改正，以得到正确的水平距离。

（1）测距准备：按电源开关键开机，主机自检并显示原设定的温度、气压和棱镜常数值。

（2）距离测量：调节主机照准轴水平调整手轮（或经纬仪水平微动螺旋）和主机俯仰微动螺旋，使测距仪望远镜精确瞄准棱镜中心。精确瞄准也可根据蜂鸣器声音来判断，信号越强声音越大，上下左右微动测距仪，使蜂鸣器的声音最大，则完成了精确瞄准。精确瞄准后，主机将测定并显示经温度、气压和棱镜常数改正后的斜距。在测量中，若光速受挡或大气抖动等，测量将暂被中断，待光强正常后继续自动测量；若光束中断 30 s，须待光强恢复后，再重测。

### 4.3.2 光电测距的注意事项

（1）气象条件对光电测距影响较大，微风的阴天是观测的良好时机。

（2）测线应尽量离开地面障碍物 1.3 m 以上，避免通过发热体和较宽水面的上空。

（3）测线应避开强电磁场干扰的地方，例如测线不宜接近变压器、高压线等。

（4）镜站的后面不应有反光镜和其他强光源等背景的干扰。

（5）要严防阳光及其他强光直射接收物镜，避免光线经镜头聚焦进入机内，将部分元件烧坏，阳光下作业应撑伞保护仪器。

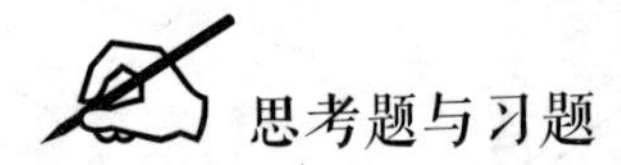


1. 距离测量有哪几种方法？光电测距仪的测距原理是什么？

2. 某钢尺的尺长方程为 $l_t$=30 m+0.006 m+1.2×10−5×30 m×($t$−20°C)，使用该钢尺丈量 $AB$ 之间的长度为 29.935 8 m，丈量时的温度 $t$=12°C，使用拉力与检定时相同，$AB$ 两点间高差 $h_{AB}$=0.78 m，试计算 $AB$ 之间的实际水平距离？

# 5　现代化测量技术

全站仪是目前各工程单位进行工程测量的主要仪器，它的应用使测量技术人员从繁重的测量工作中解脱出来。电子全站仪是由光电测距仪、电子经纬仪和数据处理系统组合而成的测量仪器，能够在一个测站上采集水平角、垂直角和倾斜距离三种基本数据，并通过仪器内部的中央处理单元（CPU），计算出平距、高差及坐标等数据。由于只要一次安置仪器，便可以完成在该测站上所有的测量工作，故被称为全站型电子测速仪，简称“全站仪”。

各部分的作用分述如下：

（1）测角部分相当于电子经纬仪，可以测定水平角、竖直角和设置方位角。

（2）测距部分相当于光电测距仪，一般采用红外光源，测定仪器至目标点（设置反光棱镜或反光片）的斜距，并可归算为平距及高差。

（3）中央处理单元接受输入指令，分配各种观测作业，进行测量数据的运算，如多测回取平均值、观测值的各种改正，极坐标法或交会法的坐标计算及运算功能更为完备的各种事件，在全站式的数字计算机中还提供有程序存储器。

（4）输入、输出部分包括键盘、显示屏和接口。从键盘可以输入操作指令、数据和设置参数，显示屏可以显示出仪器当前的工作方式（Mode）、状态、观测数据和运算结果；接口使全站仪能与磁卡、磁盘、微机交互通信，传输数据。

（5）电源部分有可充电式电池，供给其他各部分电源，包括望远镜十字丝和显示屏的照明。

## 5.1　全站仪的测量原理

### 5.1.1　测距原理

目前使用的全站仪均采用相位法测距。

如图 5-1 所示，设欲测定的 $A$、$B$ 两点间距离为 $D$，在 $A$ 点安置仪器，在 $B$ 点安置反射镜，由仪器发射调制光，经过距离 $D$ 到达反射镜，再由反射镜返回到仪器接收系统，如果能测出速度为 $c$ 的调制光在距离 $D$ 上往返传播的时间 $t$，则距离

$$D=\frac{1}{2}c\cdot t \tag{5-1}$$

式中：$D$——待测距离（m）；

$c$——调制光在大气中的传播速度（m/s）；

$t$——调制光在往、返距离上传播时间（s）。

用光电测距时，是将发光管发出的高频波，通过调制器改变其振幅，而且使改变振幅后的包络线呈正弦变化，且具有一定的频率。发光管直接发出的高频波称为载波，经过调制而形成的波称为调制波，调制波的波长为 $\lambda$。为便于说明，把光波在往返距离上的传播展开形成一条直线，如图 5-2 所示，显然，调制光返回到 $A$ 点的相位比发射时延迟了 $\varphi$。

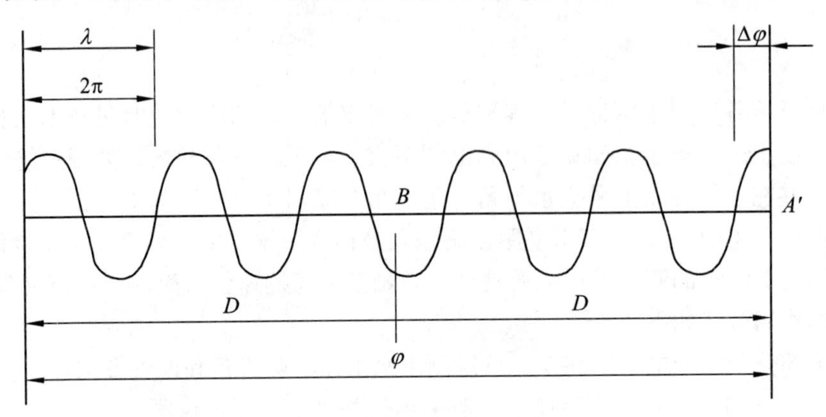


图 5-1　红外光电测距原理

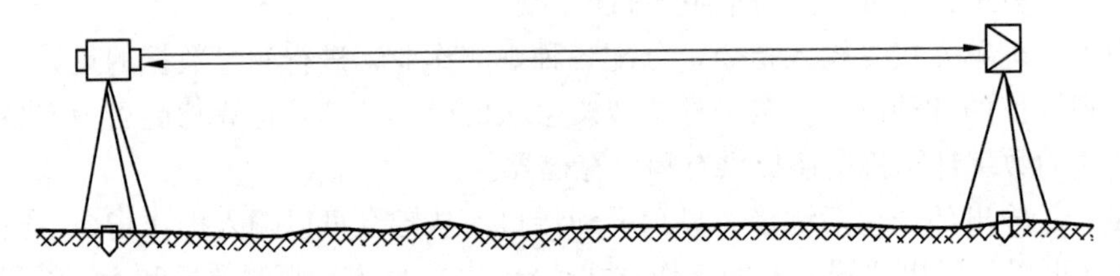

图 5-2　调制光波在数测往返距离上的展开图

且　$$\varphi = 2\pi \cdot N + \Delta\varphi \tag{5-2}$$

又，由物理学可知　$$\varphi = \omega \cdot t \tag{5-3}$$

而　$$\omega = 2\pi \cdot f \tag{5-4}$$

式中：$N$——零或正整数，表示 $\varphi$ 中的整周期数；

$\Delta\varphi$——不足一个整周期的相位移尾数；

$\omega$——调制光的角频率；

$f$——调制光的频率。

将式（5-4）代入式（5-3）中，得

$$t = \frac{\varphi}{2\pi \cdot f} \tag{5-5}$$

将式（5-2）和式（5-5）代入式（5-1）中，得

$$D = \frac{1}{2}c\frac{\varphi}{2\pi \cdot f} = \frac{c}{2f}\left(N + \frac{\Delta\varphi}{2\pi}\right) \tag{5-6}$$

顾及调制光的波长 $\lambda = \dfrac{c}{f}$，则

$$D\frac{\lambda}{2} = N + \frac{\Delta\varphi}{2\pi} \tag{5-7}$$

为方便起见，令 $u = \frac{\lambda}{2}$， $\Delta N = \frac{\Delta\varphi}{2\pi}$，则

$$D = u(N + \Delta N) \tag{5-8}$$

与钢尺量距公式相比，若把 $u$ 视为整尺长，则 $N$ 为整尺数， $\Delta N$ 为不足一个整尺的尺数，所以通常就把 $u$ 称为“光尺”长度。它的长度

$$u = \frac{\lambda}{2} = \frac{c}{2f} = \frac{c_0}{2nf} \tag{5-9}$$

式中： $c_0$——光在真空中的速度， $c_0 = 299792458 \pm 1.2$ ；

$n$——大气折射率。

在使用式（5-8）时，由于测相装置只能测定不足一个整周期的相位差 $\Delta\varphi$ ，不能测出整周期 $N$ 值，因此只有当光尺长度大于待测距离时（此时 $N$=0)，距离方可以确定，否则就存在多值解的问题。换句话说，测程与光尺长度有关。要想使仪器具有较大的测程，就应选用较长的“光尺”。例如用 10 m 的“光尺”，只能测定小于 10 m 的距离；若用 1 000 m 的“光尺",则能测定 1 000 m 的距离。但是,由于仪器存在测相误差,它与“光尺”长度成正比,约为 $l$/1 000 的光尺长度，因此“光尺”长度越长，测距误差就越大。10 m 的“光尺”测距误差为±10 mm，而 1 000 m 的“光尺”测距误差则达到±1 m，这样大的误差是工程中所不允许的。为解决测程产生的误差问题，目前多采用两把“光尺”配合使用，一把的调制频率为 15 MHz，“光尺”长度为 10 m，用来确定分米、厘米、毫米位数，以保证测距精度，称为“精尺”，另一把的调制频率为 150 kHz，“光尺”长度为 1 000 m，用来确定米、十米、百米位数，以满足测程要求，称为“粗尺”。把两尺所测数值组合起来，即可直接显示精确的测距数字。

### 5.1.2 测角原理

全站仪测读角系统是利用光电扫描度盘，自动显示于读数屏幕，使观测时操作更简单，且避免了人为读数误差。目前电子测角有三种度盘形式，即编码度盘、光栅度盘和格区式度盘，现分述如下：

1. 编码度盘的绝对法电子测角原理

编码度盘属于绝对式度盘，即度盘的每一个位置均可读出绝对的数值。

编码度盘通常是在玻璃圆盘上制成多道同心圆环，每一个同心圆环称为码道。度盘按码道数 $n$ 等分成 $2^n$ 个扇形区，度盘的角度分辨率为 360°/2。如图 5-3 所示是一个 4 码道的纯二进制的编码度盘，度盘分成 16 个扇形区。图中黑色部分表示透光区，白色部分表示不透光区。透光表示二进制代码“1"，不透光表示二进制代码“0”。通过各区间的 4 个码道的透光和不透光，即可由里向外读出 4 位二进制数来。由 4 码道、16 个扇形区组成的二进制代码及所代

表的方向值，见表 5-1 所列。

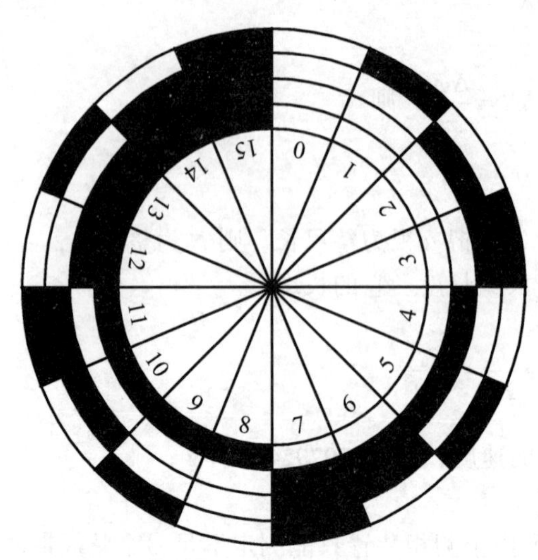


图 5-3　编码度盘

表 5-1　4 码道、16 个扇形区组成的二进制编码与相应角值关系

| 区间 | 二进制编码 | 角值/（°′） | 区间 | 二进制编码 | 角值/（°′） |
|---|---|---|---|---|---|
| 0 | 0000 | 00 00 | 8 | 1000 | 225 00 |
| 1 | 0001 | 22 30 | 9 | 1001 | 202 30 |
| 2 | 0010 | 45 00 | l0 | 1010 | 225 00 |
| 3 | 0011 | 67 30 | 11 | 1011 | 247 30 |
| 4 | 0100 | 90 00 | 12 | 1100 | 270 00 |
| 5 | 0101 | 112 30 | 13 | 1101 | 292 30 |
| 6 | 0110 | 135 00 | 14 | 1110 | 315 00 |
| 7 | 0111 | 157 30 | 15 | 1111 | 337 30 |

利用这样一种度盘测量角度，关键在于识别瞄准方向所在的区间。例如已知角度的起始方向在区间 1，某一瞄准方向在区间 8 内，测中间所隔 6 个区同所对应的角度值即为该角值。

图 5-4 所示的光电读数系统可译出码道的状态，以识别所在的区间。图 5-4 中 8 个二极管的位置不动，度盘上方的 4 个发光二极管加上电压就发光，当度盘转动停止后，处于度盘下方的光电二极管就接收来自上方的光信号，由于码道分为透光和不透光两种状态，接收二极管上有无光照就取决于各码道的状态，如果透光，光电二极管受到光照后阻值大大减小，使原来处于截止状态的晶体三极管导通，输出高电位，表示 1；而不受光照的二极管阻值很大，晶体三极管仍处于截止状态，输出低电位，表示 0。这样，度盘的透光与不透光状态就变成电信号输出，通过对两组电信号的译码，就可得到两个度盘的位置，即为构成角度的两个方向值，两个方向值之间的差值就是该角值。

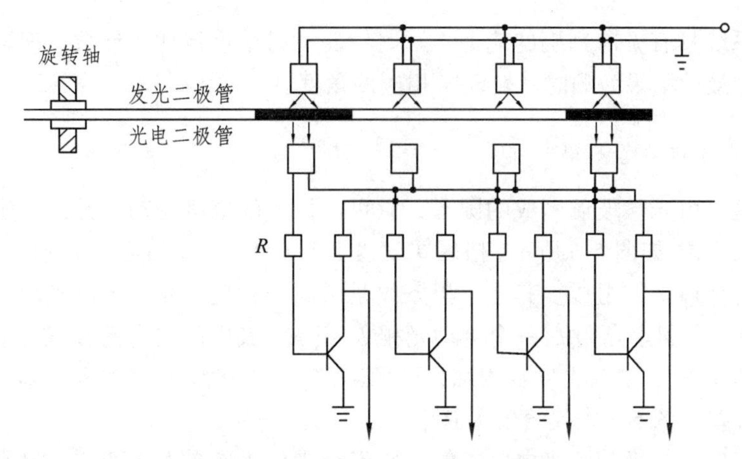


图 5-4　编码度盘码道光电识别系统

对于上述的 4 码道、16 个扇形区码盘，角度分辨率为 $\frac{360^\circ}{2^4}=22.5^\circ$。显然这样的码盘不能在实际中应用，必须提高角度分辨率。要提高角度分辨率，必须缩小区间间隔，要增加区间的状态数，就必须增加码道数。由于测角的度盘不能制作得很大，因此，码道数就受到光电二极管的尺寸限制，例如，要将角度分辨率达到 10′，就需要 11 个码道。由此可见，单利用编码度盘测角是很难达到很高的精度的，因此在实际中，多采用码道和各种电子测微技术相结合进行读数的。

2. 光栅度盘的增量法电子测角原理

光栅度盘是在光学玻璃上全圆 360°均匀而密集地刻划出许多径向刻线，构成等间隔的明暗条纹（光栅），如图 5-5 所示。通常光栅的刻线宽度与缝隙宽度相同，二者之和称为光栅的栅距，栅距所对的圆心角即为栅距的分划值。如果在光栅度盘上下对应位置安装照明器和光电接收管，光栅的刻线不透光，缝隙透光，即可把光信号转换为电信号。当照明器和接收管随照准部相对于光栅度盘转动，由计数器记录转动所累计的栅距数，就可得到转动的角度值。因为光栅度盘是累积计数的，所以称这种系统为增量式读数系统。

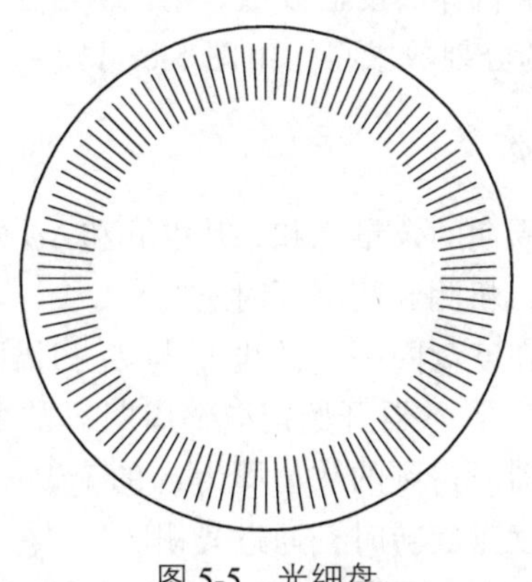

图 5-5　光细盘

仪器在操作中会顺时针转动和逆时针转动，因此计数器在累计栅距数时也应有增有减。例如在瞄准目标时，如果转过了目标，当反向回到目标时，计数器就会减去多转的栅距数。

所以这种读数系统具有方向判别的能力，顺时针转动时就进行加法计数，而逆时针转动时就进行减法计数，最后结果为顺时针转动时相应的角度。

3. 格区式度盘的动态测角原理

格区式度盘是由光学玻璃制成的圆环，它可由微型的电机带动，并以一定的速度旋转，因此，称为动态测角。如图 5-6 所示，格区式度盘上刻有 1 024 个分划，分划值为 $\varphi_0 = 21'5'63''$，每个分划由一对黑白条纹组成。其中，黑条纹是透光的，白条纹是不透光的。度盘上安装两对光栅，每对由一个固定光栅 $L_s$ 一个可动光栅 $L_R$ 组成。其中固定光栅 $L_s$ 安装在度盘外缘，其位置固定；活动光栅 $L_R$ 安装在度盘内缘，随照准部一起转动。同名光栅按对径位置安装，以消除照准部偏心差，图 5-6 中仅给出了其中的一对。

光栅上装有发光二极管和光电二极管，它们分别位于度盘上下两侧，发光二极管发射红外线，通过光栅空隙照到度盘上。当电机带动度盘转动时，因度盘具有黑白条纹而形成透光与不通光的不断变化，这些光信号被设置在度盘另一侧的光电二极管接收，并转换成正弦波电信号输出。图 5-6 中所示是经过整形后的方波。

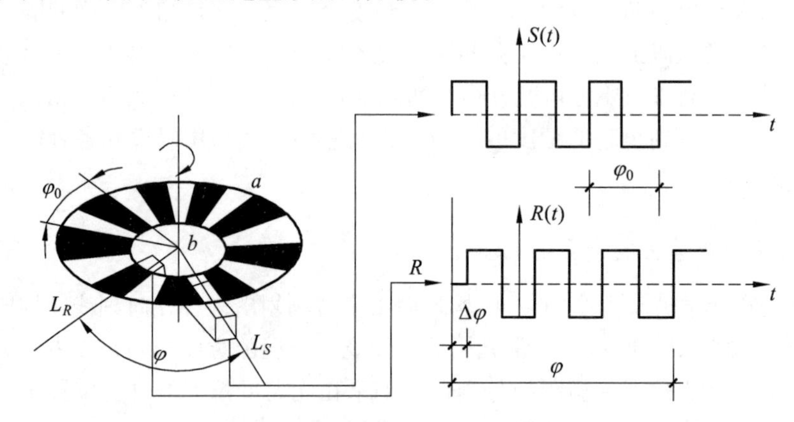


图 5-6　格区式度盘的动态测角原理

在测角时，固定光栅的作用相当于光学度盘的 0 刻线，而可动光栅则相当于照准部的读数标线。若用 $\varphi$ 表示望远镜照准目标的度盘读数，则该值等于 $L_S$ 与 $L_R$ 之间的角度值，可由匀速旋转的度盘通过 $L_S$ 与 $L_R$ 间的分划数求得。由图 5-6 可知

$$\varphi = n \cdot \varphi_0 + \Delta\varphi \tag{5-10}$$

即 $\varphi$ 等于 $n$ 个整周期和不足整周期的余量之和，其中 $n$ 和 $\Delta\varphi$ 分别由粗测和精测求得。当电机带动度盘以特定的转速旋转时，粗测和精测同时进行。

（1）粗测：为进行粗测，在度盘同一半径线 $L_S$ 与 $L_R$ 扫描区内，各设一标记 $a$ 和 $b$。当度盘旋转时，从标记 $a$ 通过 $L_S$ 起，计数器开始记取整周期 $\varphi_0$ 的个数；当另一标记 $b$ 通过 $L_R$ 时，计数器停止记数。此时，计数器所得到的数值即为 $\varphi_0$ 的个数 $n$。

（2）精测：前已述及，当度盘旋转时，通过光栅 $L_S$、$L_R$ 分别产生两个正弦波电信号 $S$ 和 $R$，$\Delta\varphi$ 可由 $S$ 和 $R$ 的相位差确定，如果 $L_S$ 和 $L_R$ 处于同一位置，或间隔的角度是分划间隔的整倍数，则 $S$ 和 $R$ 是相同的，即两者相位差为零。如果 $L_R$ 相对于 $L_S$ 移动的间隔不是 $\varphi_0$ 的整倍数，则分划通过 $L_R$ 和分划通过 $Ls$ 就存在一个时同差 $\Delta T$，由此可求得 $S$ 和 $R$ 之间的相位差 $\Delta\varphi$。

度盘旋转一周，两对光栅各自测得 1 024 个 $\Delta\varphi$ 值，取其平均值作为最后结果。粗测、精测数据由微处理器衔接并转换成以角度单位表达的完整读数值，从而完成角度测量。

# 5.2 全站仪的构造

## 5.2.1 全站仪的外部构造

图 5-7 为 TKS-300R 系列全站仪的外部构造。全站仪的结构与经纬仪相似，区别主要是全站仪上有一个可供进行各项操作的键盘。

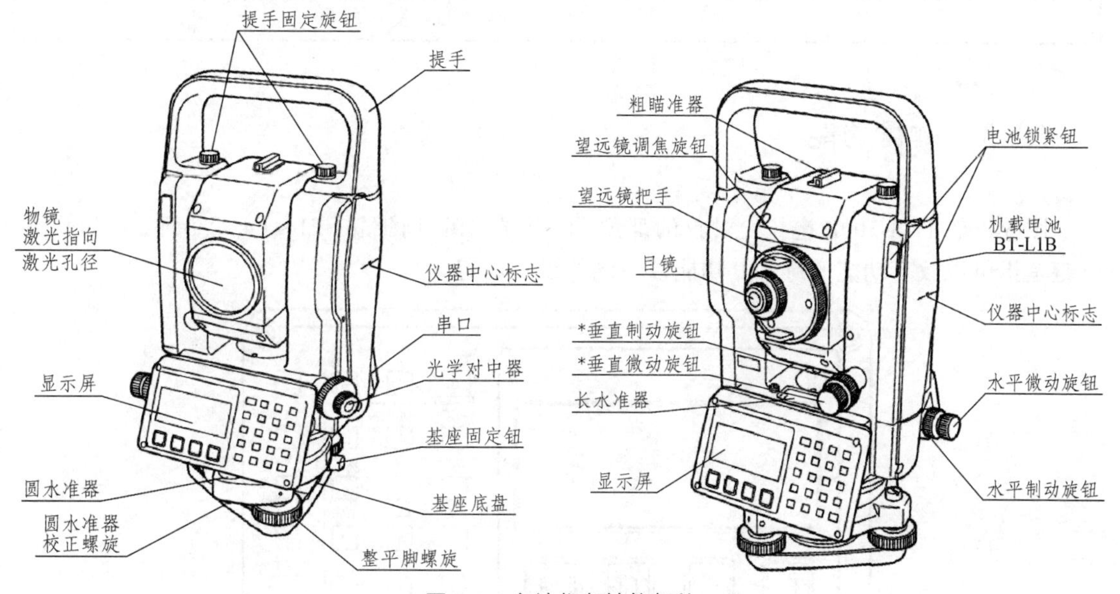


图 5-7 全站仪各结构部件

## 5.2.2 显示屏

显示屏采用点阵式液晶显示（LCD），可显示 4 行，每行 20 个字符，通常前三行显示测量数据，最后一行显示随测量模式变化的软键功能。测量内容对应的显示符号如表 5-2 所示。

表 5-2 测量内容对应的显示符号

| 显示符号 | 内 容 |
|---|---|
| V | 垂直角 |
| HR | 水平角（右角） |
| HL | 水平角（左角） |
| HD | 水平距离 |

续表

| 显示符号 | 内　容 |
|---|---|
| VD | 相对高程 |
| SD | 倾斜距离 |
| N | *N* 坐标 |
| E | *E* 坐标 |
| Z | *Z* 坐标 |
| * | EMD（电子测距）正在工作 |
| m | 单位为米 |
| f | 单位为英尺/英尺和英寸 |
| $N_P$ | 棱镜模式/无棱镜模式切换 |
|  | 激光正在发送标志 |

## 5.2.3　键盘功能

图 5-8 是 TKS-300R 电子全站仪的键盘，位于显示窗口底部的 F1 ~ F4 四个键，称为软键，软键是指可以改变功能的键，其功能以不同的设置而定。

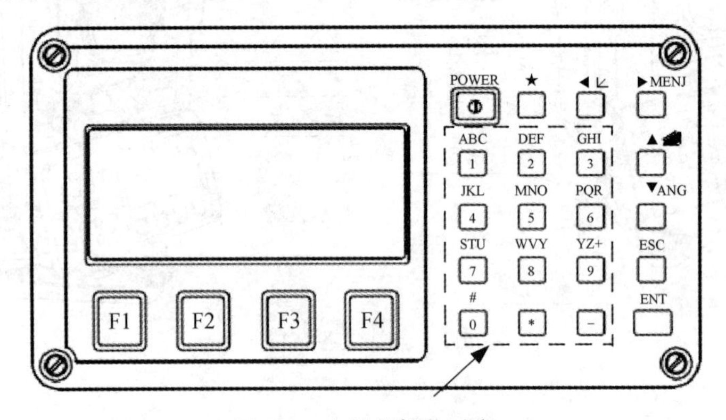


图 5-8　全站仪操作键盘

全站仪主要功能见表 5-3。

表 5-3　全站仪按键主要功能

| 按　键 | 按键名称 | 功　能 |
|---|---|---|
| ★ | 星键 | 星键模式用于如下项目的设置或显示：<br>1—显示屏对比度；2—背景光；3—棱镜模式/无棱镜模式切换；<br>4—激光指向器；5—倾斜改正；6—设置音响模式 |
|  | 坐标测量键 | 坐标测量模式 |
|  | 距离测量键 | 距离测量模式 |
| ANG | 角度测量键 | 角度测量模式 |
| MENU | 菜单键 | 进入菜单模式。在菜单模式下可设置应用测量和调整 |

续表

| 按　键 | 按键名称 | 功　能 |
| --- | --- | --- |
| ESC | 退出键 | 从模式设置返回测量模式或上一层模式。<br>从正常测量模式直接进入数据采集模式或放样模式。<br>也可用做正常测量模式下的记录键 |
| ENT | 回车键 | 在输入值之后按此键 |
| POWER | 电源键 | 仪器的电源开关 |
| F1-F4 | 软键（功能键） | 执行对应的显示功能 |

# 5.3　全站仪的基本测量方法

## 5.3.1　坐标测量

全站仪可进行三维坐标测量，在输入测站点坐标、仪器高、目标高和后视方向坐标方位角（或后视点坐标）后，用其坐标测量功能可以测定目标点的三维坐标。

如图 5-9 所示，$O$ 为测站点，$A$ 为后视点，1 点为待定点（目标点）。已知 $A$ 点的坐标为 $N_A$、$E_A$、$Z_A$，$O$ 点的坐标为 $N_O$、$E_O$、$Z_O$，并设 1 点的坐标为 $N_1$、$E_1$、$Z_1$。据此，可由坐标反算公式

$$\alpha_{OA} = \arctan\frac{E_A - E_O}{N_A - N_O}$$

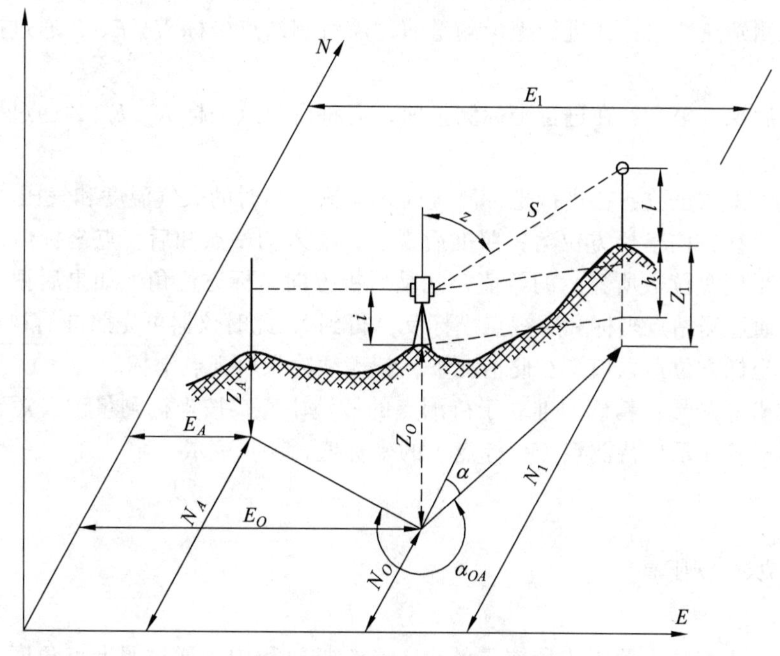


图 5-9　坐标测量计算原理图

计算 $OA$ 边的坐标方位角 $\alpha_{OA}$（称后视方位角）。

由图 5-9 可以计算出待定点（目标点）1 的三维坐标为

$$\left.\begin{aligned}N_1 &= N_O + s\cdot\sin z\cdot\cos\alpha \\ E_1 &= E_O + s\cdot\sin z\cdot\sin\alpha \\ Z_1 &= Z_O + s\cdot\cos\alpha + i - l\end{aligned}\right\} \tag{5-11}$$

式中：$N_1$、$E_1$、$Z_1$——待测点坐标；

$N_O$、$E_O$、$Z_O$——测站点坐标；

$N_A$、$E_A$、$Z_A$——后视点坐标；

$s$——测站点至待测点的斜距；

$z$——棱镜中心的天顶距；

$\alpha$——测站点至待测点方向的坐标方位角；

$i$——仪器高；

$l$——目标高（棱镜中心高）。

对于全站仪，上述的计算通过操作键盘输入已知数据后，可由仪器内的计算系统自动完成，测量者通过操作键盘即可直接得到待测点的坐标。

坐标测量可按以下程序进行：

（1）坐标测量前的准备工作：使仪器正确地安置在测点上，电池电量充足，仪器参数已按期测条件设置好，度盘定标已完成，测距模式已准确设置，返回信号检验已完成，并适宜测量。

（2）输入仪器高：仪器高是指仪器的横轴中心（一般仪器上设有标志标明位置）至测站点的垂直高度。一般用 2 m 钢卷尺量出，在测前通过操作键盘输入。

（3）输入棱镜高：棱镜高是指棱镜中心至测站点的垂直高度。测前通过操作键盘输入。

（4）输入测站点数据：在进行坐标测量前，需将测站点坐标 $N$、$E$、$Z$ 通过操作键盘依次输入。

（5）输入后视点坐标：在进行坐标测量前，需将后视点坐标 $N$、$E$、$Z$ 通过操作键盘依次输入。

（6）设置气象改正数：在进行坐标测量前，应输入当时的大气温度和气压。

（7）设置后视方向坐标方位角：照准后视点，输入测站点和后视点坐标后，通过键盘操作确定后，水平度盘读数所显示的数值，就是后视方向坐标方位角。如果后视方向坐标方位角已知（可以通过测站点坐标和后视点坐标反算得到），此时仪器可先照准后视点，然后直接输入后视方向坐标方位角数值。在此情况下，就无须输入后视点坐标。

（8）三维坐标测量：精确照准立于待测点的棱镜中心，按坐标测量键，短暂时间后，坐标测量完成，屏幕显示出待测点（目标点）的坐标值，测量完成。

### 5.3.2 放样测量

放样测量用于实地上测设出所要求的点。在放样过程中，通过照准点角度、距离或者坐标的测量，仪器将显示出预先输入的放样数据与实测值之差以指导放样进行。显示的差值由下列公式计算：

水平角差值=水平角实测值−水平角放样值

斜距差值=斜距实测值−斜距放样值

平距差值=平距实测值−平距放样值

高差差值=高差实测值−高差放样值

全站仪均有按角度和距离放样及按坐标放样的功能。下面做简要介绍。

1. 按角度和距离放样测量（又称为极坐标放样测量）

角度和距离放样是根据相对于某参考方向转过的角度和至测站点的距离测设出所需的点位，如图 5-10 所示。

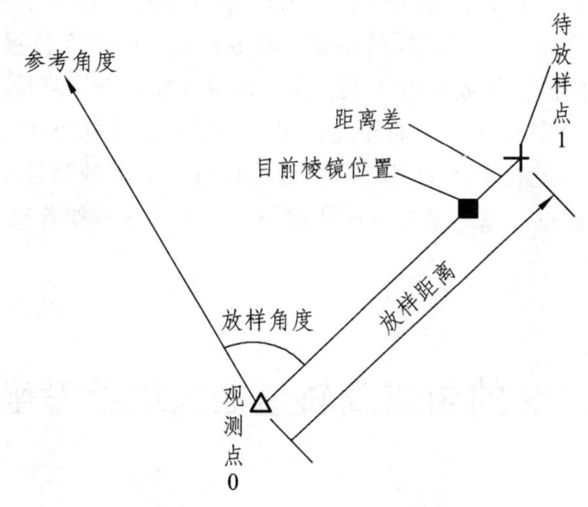


图 5-10　角度和距离放样测量

其放样步骤如下：

（1）全站仪安置于测站点，精确照准选定的参考方向；并将水平度盘读数设置为 0°00′00″。

（2）选择放样模式，依次输入距离和水平角的放样数值。

（3）进行水平角放样：在水平角放样模式下，转动照准部，当转过的角度值与放样角度值的差值显示为零时，固定照准部。此时仪器的视线方向即角度放样值的方向。

（4）进行距离放样：在望远镜的视线方向上安置棱镜，并移动棱镜被望远镜照准，选取距离放样测量模式，按照屏幕显示的距离放样引导，朝向或背离仪器方向移动棱镜，直至距离实测值与放样值的差值为零时，定出待放样的点位。

一般全站仪距离放样测量模式有：SDIST（斜距放样测量）、HDIST（平距放样测量）、VDIST（高差放样测量）。

2. 坐标放样测量

如图 5-10 所示，$O$ 为测站点，坐标 $(N_O，E_O，Z_O)$ 为已知，1 点为放样点，坐标 $(N_1，E_1，Z_1)$ 也已给定。根据坐标反公式计算出 $O_1$ 直线的坐标方位角和 $O$、1 两点的水平距离

$$\alpha_{O1} = \arctan\frac{E_1 - E_O}{N_1 - N_O} \tag{5-12}$$

$$\begin{aligned} D_{O1} &= \sqrt{(N_1 - N_O)^2 + (E_1 - E_O)^2} \\ &= \frac{N_1 - N_O}{\cos\alpha_{O1}} \\ &= \frac{E_1 - E_O}{\cos\alpha_{O1}} \end{aligned} \tag{5-13}$$

$\alpha_{O1}$ 和 $D_{O1}$ 计算出后，即可定出放样点 $l$ 的位置。实际上上述的计算是通过仪器内软件完成的，无须测量者计算。

按坐标进行放样测量的步骤可归纳为：

（1）按坐标测量程序中的“（1）~（7）”步进行操作。

（2）输入放样点坐标：将放样点坐标 ($N_1$，$E_1$，$Z_1$) 通过操作键盘依次输入。

（3）参照按水平角和距离进行放样的步骤，将放样点 1 的平面位置定出。

（4）高程放样，将棱镜置于放样点 1 上，在坐标放样模式下，测量 1 点的坐标 $Z$，根据其与已知 $Z_1$ 的差值，上、下移动棱镜，直至差值显示为零时，放样点 1 的位置即确定。

另外，全站仪除了能进行上述测量外，一般还设置有更多的测量功能。例如：后方交会测量、对边测量、偏心测量、悬高测量和面积测量等，由于这些操作在公路工程中应用较少，因此在此不再进行介绍。

## 5.4　GPS 的组成及轨道的大地参考坐标系

### 5.4.1　GPS 组成

GPS 包括空间星座部分（GPS 卫星星座）、地面监控部分和用户设备部分（GPS 信号接收机）（图 5-11），三大部分之间利用数字通信技术联络传达各种信号信息，靠各种计算软件处理繁复的数据，最后由用户接收信号解决导航定位问题。

1. 空间星座部分

GPS 空间星座部分由若干在轨运行的卫星构成，提供系统自主导航定位所需的无线电导航定位信号。GPS 卫星是空间部分的核心，其主体呈圆柱形，两侧设有两块双叶太阳能板，能自动对日定向，以保证卫星的正常工作用电。每颗卫星装有微处理器和大容量存储器，采用高精度原子钟（铷钟、铯钟甚至氢钟）为系统提供高稳定度的信号频率基准和高精度的时间基准。

GPS 卫星的基本功能是：接收和储存由地面监控站发来的导航信息，接收并执行监控站的控制指令；通过微处理机进行部分必要的数据处理；通过高精度的原子钟提供精密的时间基准和频率基准；向用户发送导航电文和定位信息；通过推进器调整卫星的姿态和启用备用卫星。

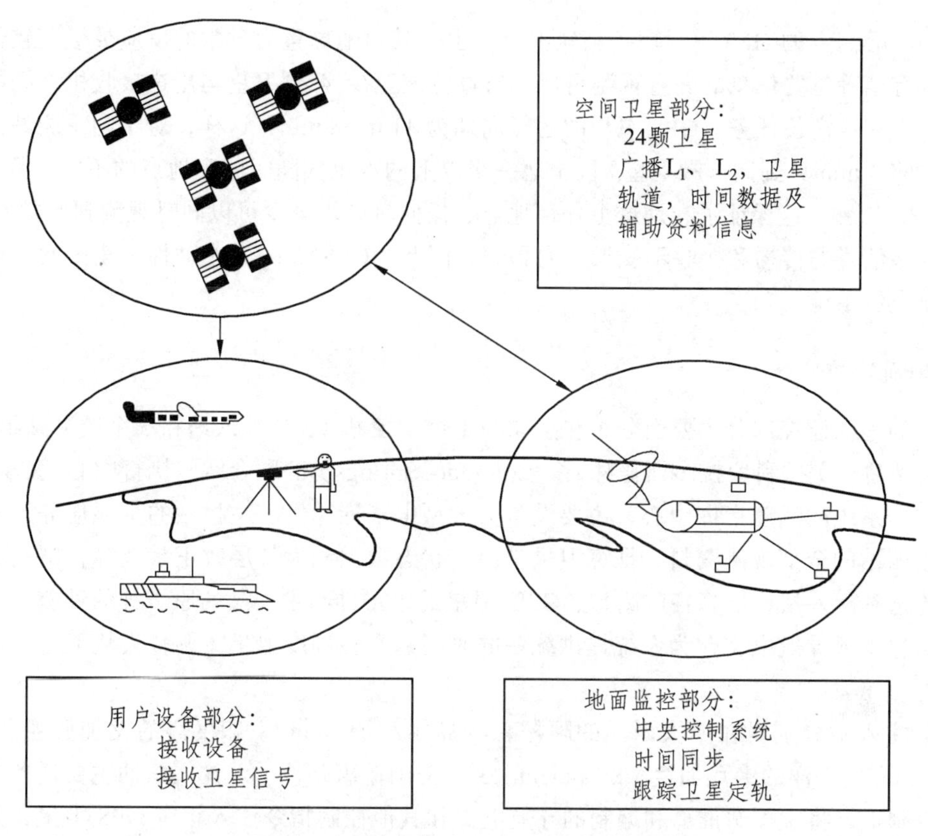


图 5-11　全球定位系统（GPS）构成示意图

GPS 设计星座由 24 颗卫星组成，其中包括 3 颗备用卫星。轨道平均高度约为 20 200 km 的卫星均匀分布在 6 个轨道面内，每个轨道面上分布有 4 颗卫星。卫星轨道面相对地球赤道面的倾角约为 55°，各轨道面升交点赤经相差 60°，在相邻轨道上，卫星的升交距角相差 30°，卫星的分布情况如图 5-12 所示。

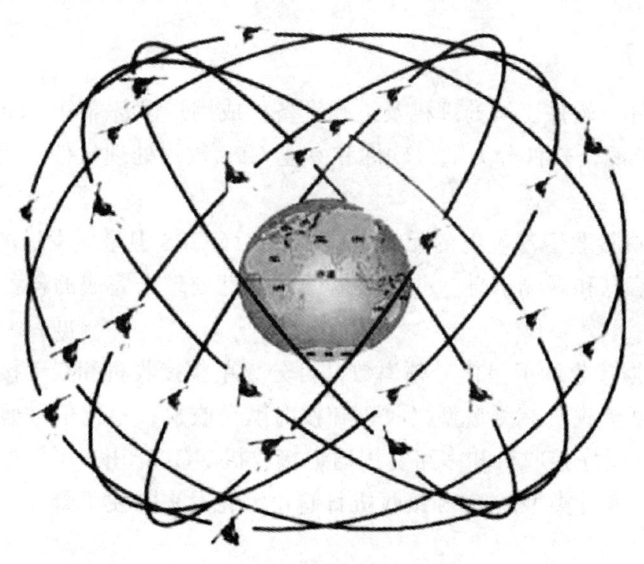

图 5-12　GPS 卫星设计星座

2 000 km 高空的 GPS 卫星属于高轨卫星。由于其对地球重力异常的反应灵敏度较低。故常作为具有精确位置信息的高空观测目标。通过测定至少 4 颗卫星与用户接收机之间的距离或距离差来完成定位任务。GPS 卫星的运行周期为 11 h 58 min，这样，对于同一测站而言，每天将提前 4 min 见到同一颗卫星。位于地平线以上的卫星数随时间和地点的不同而异。最少 4 颗，最多 12 颗，这保证了在地球上任何地点、任何时刻均至少可以同时观测到 4 颗 GPS 卫星，且卫星信号的传播和接收不受天气的影响，因此，GPS 是一种全球性、全天候、连续实时的导航定位系统。

2. 地面监控部分

GPS 的地面监控部分主要由分布在全球的 1 个主控站、3 个注入站和 5 个监测站组成。

主控站位于美国科罗拉多斯普林斯（Colorado Springs）的联合空间执行中心（CSOC），是地面监控系统的调度指挥中心，主要设备为大型电子计算机。主控站的主要任务是根据本站和各监测站的全部观测资料，推算卫星星历、状态数据和大气层改正参数等，编制成导航电文，传送到注入站；推算各监测站、GPS 卫星的原子钟与主控站的原子钟的钟差，并把这些钟差信息编入导航电文，为系统提供统一的时间基准；调度卫星（调整失轨卫星、启用备用卫星）。

3 个注入站分别设在南大西洋的阿松森群岛（Ascension）、印度洋的戈加西亚（Diego Garcia）和南太平洋的卡瓦加兰（kwajalein）3 个美国军事基地上。注入站的主要任务是在主控站的控制下，将主控站推算和编制的导航电文和其他控制指令注入相应 GPS 卫星，并且监测注入信息的正确性。

5 个监测站除 1 个主控站和 3 个注入站外，还包括设在夏威夷岛的监测站。监测站利用双频 GPS 接收机对卫星进行连续观测，监控卫星工作状态；利用高精度原子钟，提供时间基准；利用气象数据传感器收集当地的气象资料。监测站自动完成数据采集，并将所有数据通过计算机进行存储和初步处理，传送到主控站，用于编制卫星导航电文。

3. 用户设备部分

GPS 接收机硬件、软件、微处理机及终端设备构成用户设备部分。GPS 接收机硬件主要包括天线、主机和电源，软件分为随机软件和专业 GPS 数据处理软件，而微处理机则主要用于各种数据处理。

利用 GPS 接收机接收卫星发射的无线电信号，解译 GPS 卫星所发送的导航电文，即可获得必要的导航定位信息和观测信息，并经数据处理软件处理未完成的各种导航、定位、授时任务。

GPS 接收机根据接收的卫星信号频率数，可分为单频接收机和双频接收机，根据用途的不同，可分为导航型接收机、测量型接收机和授时型接收机；根据信号通道类型的不同，可分为多通道接收机、时序接收机和多路复用通道接收机。GPS 用户可根据不同要求，选择不同接收设备。目前，各种类型的 GPS 接收机日趋小型化，更加便于野外作业。

### 5.4.2 GPS 轨道的大地参考坐标系

1. WGS-84 坐标系

美国国防部制图局（DMA）继世界大地坐标系（World Geodetic System）WGS-60、WGS-72 后，经过多年修正、完善，研制建立了 1984 世界大地坐标系（WGS-84），该系统从 1987 年开始使用 WGS-84 系统，为广播星历和精密星历提供准确参考坐标系，这样用户可以从 GPS 定位测量中得到更精密的地心坐标，也可通过相似变换得到精度较高的局部大地坐标系坐标。

WGS-84 是一个地球（心）坐标系，其原点为地球质心，如图 5-13 所示。坐标系的定向与 BIH（国际时间局）所定义的方向相一致，即该坐标系的 $Z$ 轴平行于协议地极（Conventional Terrestrial Pole，CTP）的方向，首子午圈平行于 BIH 所规定的首子午圈，$X$ 轴为 WGS 参考子午圈与平行于 CTP 赤道的平面的交线，该平面必通过 WGS 定义的地球质心，$Y$ 轴同 $X$ 轴、$Z$ 轴构成右手坐标系。

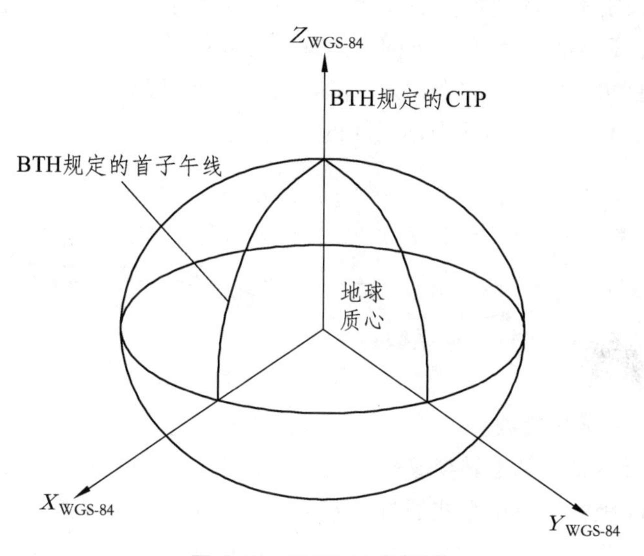


图 5-13 WGS-84 坐标系

WGS-84 的椭球及有关常数，采用国际大地测量与地球物理联合会第 17 届大会大地测量常数推荐值，及大地参考系 1980（GRS80）的参数。采用的基本参数是：

椭球长半轴 $\alpha = 6\,378\,137 \pm 2$

扁率 $f = \dfrac{1}{298.257\,223\,563}$

2. GPS 坐标转换

在区域性的测量工作中，往往需要将 GPS 测量成果换算到用户所采用的区域性坐标系统，即需进行 GPS 坐标转换，或者为了改善已有的经典地面控制网，确定 GPS 网与经典地面控制网之间的转换参数，需要进行两网的联合平差。以下简单介绍在三维坐标系统中的转换模型。

经典地面网的三维坐标，通常都是在参心（指参考椭球的中心）坐标系中，以大地坐标（$B$、$L$、$H$）的形式表示的，而 GPS 网的三维坐标，一般是在协议地球坐标系中，以空间直角坐标（$X$、$Y$、$Z$）的形式给出的，网的三位联合平差，通常是在空间直角坐标系统中进行的。为此，必须将地面网的已知大地坐标（$B$、$L$、$H$），按下式转换为相应的空间直角坐标（$X$、$Y$、$Z$）：

$$\left.\begin{aligned} X&=(N+H)\cos B\cos L\\ Y&=(N+H)\cos B\sin L\\ Z&=[(N+H)-e^2N]\sin B \end{aligned}\right\} \tag{5-14}$$

式中：$N$——$P_i$点地球椭球卯酉圈曲率半径，$N=a^2/(a^2\cos^2B+b^2\sin^2B)^{\frac{1}{2}}$；

$e$——椭圆第一偏心率；

$a$、$b$——分别表示椭圆的长、短半轴。

由于 GPS 网和地面网所取坐标系的基准不同（即原点位置、坐标轴定向和尺度的差异），以及观测误差的影响，两网同名点的坐标值将是不同的。另一方面，地球坐标系也不是唯一的，不同国家可能采用不同的地球质心坐标系，不同地区还可以采用自己独立的地方坐标系。所以在数据处理时，还必须进行两个不同的坐标系之间的转换。

设某点在空间直角坐标系下的坐标为（$X_R$，$Y_R$，$Z_R$）和($X'_R$，$Y'_R$，$Z'_R$)，按布尔沙-沃尔夫（Buras-Wolf）模型，由下式给出两坐标之间的关系：

$$\begin{pmatrix} X'_R\\ Y'_R\\ Z'_R \end{pmatrix}=\begin{pmatrix} \Delta X_O\\ \Delta Y_O\\ \Delta Z_O \end{pmatrix}+(1+\delta_\mu)\begin{pmatrix} X_R\\ Y_R\\ Z_R \end{pmatrix}+\begin{pmatrix} 0 & \varepsilon_Z & -\varepsilon_Y\\ -\varepsilon_Z & 0 & \varepsilon_X\\ \varepsilon_Y & -\varepsilon_X & 0 \end{pmatrix}\begin{pmatrix} X_R\\ Y_R\\ Z_R \end{pmatrix} \tag{5-15}$$

式中：$\Delta X_O$、$\Delta Y_O$、$\Delta Z_O$——坐标平移系数；

$\delta_\mu$——尺度参数；

$\varepsilon_X$、$\varepsilon_Y$、$\varepsilon_Z$——旋转参数。

为了确定以上所述 7 个基准转换参数，至少应在 3 个已知参心坐标点上进行 GPS 测量，确定相应的 WGS-84 坐标，在由上式通过平差解出这 7 个基准转换参数。

## 5.5 GPS-RTK 测量

20 世纪 90 年代以来，GPS 应用的研究取得了迅速进展。测绘行业首先将 GPS 应用于大地测量，并进一步将该项技术推广到工程测量之中，形成许多成熟的方法，如静态测量、快速静态测量、准动态测量以及动态测量等。静态是用若干台（一般是 3 台或 3 台以上）GPS 接收机同步观测，对观测数据进行处理，可得到测站间精密的 WGS-84 基线向量，再经过平差、坐标传递、坐标转换等，最终得到测点的坐标，其精度可达厘米级甚至毫米级。但观测时间较长，需要在现场记录观测数据，然后进行内业处理，才能得到测点的坐标。外业精度能否达到规定要求，只有在数据处理完成后才能确定，故静态定位技术在实时定位方面存在困难，不能直接应用于施工放样。目前，动态测量实时定位的 GPS 载波相位差分技术，简称 RTK 定位技术（Real Time Kinematic），已在施工放样实践中成功应用。该技术保留了 GPS 测量的高精度，同时又具有实时性。

RTK 定位技术具有方便、快速的定位测量和放样测量功能，可快速、准确地测定放样点的平面位置。同时，RTK 定位技术具有灵活的布网方式，不受地形条件的限制，可以合理布设控制点，使实时测量具有很高的精度，已成为道路中线里程桩测设的主导技术。

### 5.5.1 RTK 定位技术原理

RTK 定位技术以载波相位观测值为基础，将两个测站的载波相位进行实时处理，实时解算出观测点的三维坐标或地方平面直角坐标，并可以达到厘米级的精度，能够满足一般工程测设的精度要求。

RTK 定位技术原理如图 5-14。定位技术需要在两台 GPS 接收机之间增加一套无线数字通信系统（亦称数据链），将两个相对独立的 GPS 信号接收系统联成有机整体。其中一台接收机作为基准站安置在测区中央，固定不动；另一台接收机作流动站，在测区范围内运动，实时测量其所在点位。基准站实时地将测量的载波相位观测值、伪距观测值、基准站坐标等用无线电或其他无线通讯链路传送给运动中的流动站，流动站接收后将载波相位理测值实时进行差分处理，得到两站间相对坐标，以这个坐标加上基准站坐标便得出流动站实时所在点位的 WGS-84 坐标，再通过转换参数，求出当地坐标系下的三维坐标。流动站的数量可以是一个，也可以是多个，多个流动站可以同时进行测量，大大提高了测量作业效率。

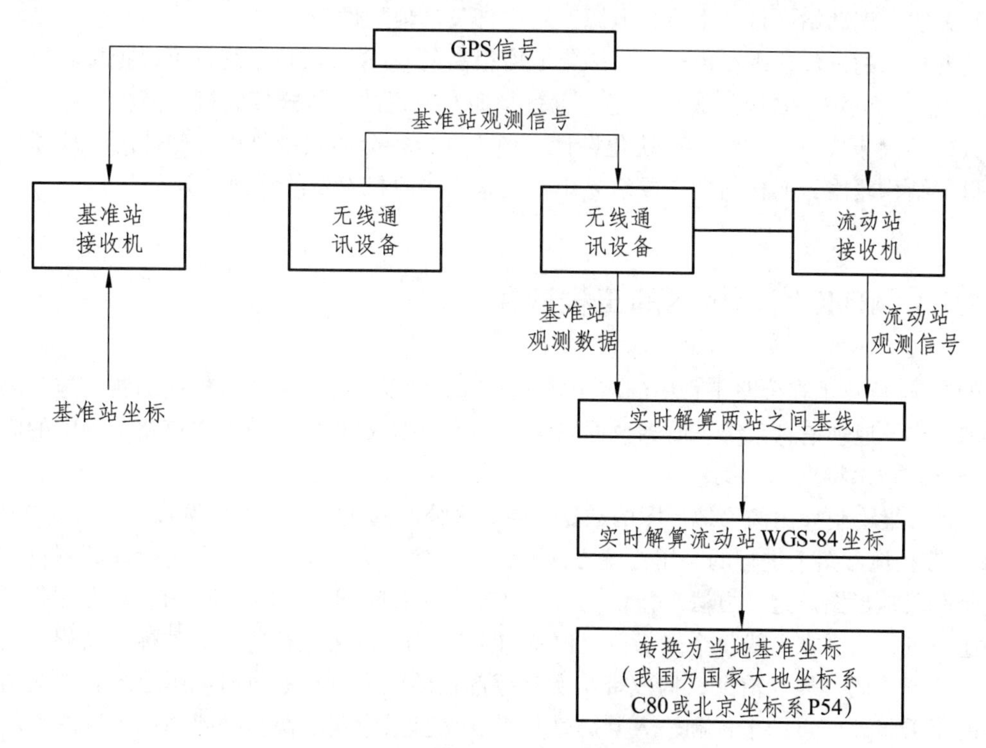


图 5-14　RTK 定位技术原理图

### 5.5.2 RTK 系统构成

RTK 硬件系统按功能可以分为以下 3 部分。

（1）GPS 信号接收系统：主要是指能够接收卫星信号的 GPS 天线及其辅助设备，根据接收卫星的频段不同，可以将天线分为单频和双频两种。从理论上讲，双频接收机与单频接收机均可用于 RTK 测量。但是，单频机进行整周未知数的初始化需要较长的时间，不适用于动态测量，加之单频机在实际作业时容易失锁，失锁后重新初始化要花费很长时间，因此，实际作业中一般采用双频机。

（2）数据实时传输系统：为把基准站的信息及观测数据一并实时传输到流动站，必须配置高质量的无线通信设备（无线信号调制解调器），现在广泛采用的是无线数据电台和蜂窝移动通信网络。利用数据实时传输系统，流动站可以随时调阅基准站的工作状态和设站信息，这对于保证成果质量和避免观测中出现粗差十分有利。

（3）数据实时处理系统：基准站将自身信息与观测数据，通过数据链传输至流动站，流动站将从基准站接收到的信息与自身采集的观测数据组成差分观测值。在整周未知数解算出以后，即可进行每个历元的实时处理。只要保持锁定 4 颗以上的卫星，并具有足够的几何图形强度，就能随时解算出厘米级的点位精度。因此，RTK 定位技术必须具备功能很强的在机数据处理系统。

RTK 系统的硬件主要包括基准站设备和流动站设备两部分。基准站设备包括：GPS 接收机及其天线、基准站电台、手簿、电源、三脚架及其他配件等。流动站设备包括：GPS 接收机及其天线、流动站电台、手簿、电源、对中杆及其他配件等。

随着技术的进步，现在出现了很多集成度很高的 GPS 接收机系统，可以把接收机主机、天线、电台、电源等系统集成在一起，也就是通常所说的一体式接收机，简称一体机。一体机多数采用高集成、无线缆、模块化设计，免去了以往分体式接收机各部件之间烦琐的电缆和接口，结构紧凑，操作简便，灵活易用，是未来接收机发展的一种趋势。

### 5.5.3 RTK 定位技术的工程应用

RTK 定位技术在公路工程中的应用较为普遍，可以覆盖公路各项外业勘测、施工放样、监理和 GIS（地理信息系统）前端数据采集等。下面以 RTK 定位技术在道路工程中的应用为例，介绍其技术特点。

（1）采集绘制大比例尺地形图的数据。高等级公路选线多是在大比例尺（1∶1 000 或 1∶2 000）带状地形图上进行的。用传统方法测图，先要建立控制点，然后进行碎部测量，绘制成大比例尺地形图。这种方法工作量大，速度慢，花费时间长。用实时 GPS 动态测量可以克服上述缺点，只需在沿线每个碎部点上停留 1～2 min，即可获得每点的坐标、高程。结合输入的点特征编码及属性信息，构成带状所有碎部点的数据，在室内即可用绘图软件成图。由于只需要采集碎部点的坐标和输入其属性信息，而且采集速度快，因此降低了测图难度，既省时又省力，非常实用。

（2）旧路改建工程外业现场选线。在旧路改建工程的选线上，为充分利用旧路及老桥，节约公路占地、降低工程造价，勘测设计人员必须收集旧路的所有信息。利用 RTK 定位技术采集旧路及桥涵等的各特征点三维坐标，将所测的三维坐标导入到 AutoCAD 软件中，利用道路设计软件中的平面智能布线，可以合理地确定设计者需要的道路中线、纵面等线形。

（3）道路中线放样。道路设计人员在大比例尺带状地形图上定线后，须将公路中线在地面上标定出来。采用实时 GPS 测量，只需将“直线、曲线转角表”中的交点及曲线要素按交点法或线形元素坐标等输入到 GPS 电子手簿（TSC1、TSC2 或 TSCe）中，系统软件就会自动定出放样点（可以按任意桩号）的点位坐标。由于每个点测量都是独立完成的，不会产生累计误差，各点放样精度趋于一致。在中线放样的同时利用 GPS 及时测量出该桩号的中桩高程，完成中桩抄平工作，并且方便导入到 Excel 格式文件，再转换到道路设计软件需要的格式，就可进行路线的纵断面设计。

（4）道路横地面线测量。利用 GPS-RTK 定位技术及设备，在外业放样中线的同时，流动站 GPS 接收机位置偏高放样的道路中线时，GPS 电子手簿上显示垂直于中线的距离和高程，这样就可以方便记录或测量该桩号的横地面线，对于道路填挖较大的地段功效显著。

（5）平面交叉外业数据采集。对于低等级公路的外业勘测，由于没有大比例尺地形图，道路原有的平面交叉位置的数据及地形地物管线等利用 RTK 定位技术及设备采集三维数据后，在电脑上就可以得出实地的各项情况，在此图形的基础上进行平面交叉的改建设计。

（6）道路初步设计线形实地复核。利用 RTK 测量设备可便于将设计平面与纵断面、路基的标准横断面及曲线的超高加宽设计数据输入 GPS 电子手簿中，在现场进行设计复核后，对路线设计进行再次优化设计。

（7）道路的平、纵、横断面放样和征地界放样。施工时，先把需要放样的道路设计数据（平面、纵断面、路基的标准横断面及曲线的超高加宽设计数据等）输入到电子手簿中，生成一个施工放样的道路文件，并储存起来，随时可以到，现场放样输入的道路。横断面放样时，流动站控制器里的软件可以自动与现场的地面线衔接进行“戴帽”工作，自动显示道路该点的填、挖高和边沟的边界线，自动找到填挖的边界点，自动找到征地线。

（8）RTK 可与全站仪联合作业，充分发挥 RTK 与全站仪各自的优势。GPS 测量的点位需要视野开阔，向上 15°视角范围内应尽量避免有障碍物；须尽量远离大功率无线电发射源，间距应不小于 400 m，应远离高压输电线路，间距应不小于 200 m；远离具有强烈干扰卫星信号接收的物体，并尽量避免大面积的水域。上述这些因素限制了其应用。在老城区的建设及茂密的山林中，使用 GPS 测量，或者接收不到信号，或者虽接收到信号，但一直处于浮动状态，出现假固定或者不能固定，因此所得数据往往误差较大，效率低，精度差，不能显示出 GPS 测量的优越性。这种情况下，需要和常规仪器联合作业，才能充分发挥 RTK 与全站仪各自的优势。

## 5.6　误差源及其对定位精度的影响

GPS 定位中，影响观测量精度的主要误差按其来源可以分为以下三类：

1. 与卫星有关的误差

（1）轨道误差：目前实时广播星历的轨道三维综合误差可达 10 ~ 20 m。

（2）卫星钟差：卫星钟差偏差总量在 1 ms 以内，但由此产生的等效距离可达 300 km。在 GPS 测量中，若要求 GPS 卫星的位置误差小于 1 cm，则相应的时刻误差应小于 $2.6\times10^{-6}$s。准确地测定观测站至卫星的距离，必须精密地测定信号的传播时间。若要距离误差小于 1 cm，则信号传播时间的测定误差应小于 $3\times10^{-11}$s。

（3）卫星几何中心与相位中心偏差：可以事先确定或通过一定方法解算出来。

为了克服广播星历中卫星坐标和卫星钟差精度不高的缺点，人们运用精确的卫星测量技术和复杂的计算技术，可以通过因特网提供事后或近实时的精密星历。精密星历中卫星轨道三维坐标精度可达 3 ~ 5 cm，卫星钟差精度可达 1 ~ 2 ns。

### 2. 与接收机相关的误差

（1）接收机安置误差：即接收机相位中心与待测物体目标中心的偏差，一般可事先确定。

（2）接收机钟差：接收机钟与标准的 GNSS 系统时间之差，对于 GPS，一般可达 $10^{-5}$ ~ $10^{-6}$ s。

（3）接收机信道误差：信号经过处理信道时引起的延时和附加的噪声误差。

（4）多路径误差：接收机周围环境产生信号的反射，构成同一信号的多个路径入射天线相位中心，可以用抑径板等方法减弱其影响。

（5）观测量误差：对于 GPS 而言，C/A 码伪距偶然误差约为 1 ~ 3 m；P 码伪距偶然误差约为 0.1 ~ 0.3 m，载波相位观测值的等效距离误差约为 1 ~ 2 mm。

### 3. 与大气传输有关的误差

（1）电离层误差：50 ~ 1 000 km 的高空大气被太阳高能粒子轰击后电高，即产生大量自由电子。当 GPS 信号通过电离层时，信号的传播路径会发生弯曲，传播速度也会发生变化，使无线电信号产生传播延迟，一般白天强，夜晚弱，可导致载波天顶方向最大 50 m 左右的延迟量。误差与信号载波频率有关，故可用双频或多频率信号予以显著减弱。

（2）对流层误差：无线电信号在含水汽和干燥空气的大气介质中传播而引起的信号传播延时，其影响随卫星高度角、时间季节和地理位置的变化而变化，与信号频率无关，不能用双频载波予以消除，但可用模型削弱。当卫星处于天顶方向时，对流层干分量对距离的影响约占对流层影响的 90%，其影响量可利用地面的大气资料计算，对距离的影响可达 2 ~ 3 m。

综上所述，GPS 定位误差分类大体如表 5-4 所示。

表 5-4　GPS 定位误差的分类

| 误差来源 | 误差分类 | 对距离测量的影响/*m* |
| --- | --- | --- |
| GPS 卫星 | 卫星星历误差<br>卫星钟误差<br>相对论效应 | 1.5 ~ 15 |
| 信号传播 | 电离层折射误差<br>对流层折射误差<br>多路径效应 | 1.5 ~ 15 |

续表

| 误差来源 | 误差分类 | 对距离测量的影响/m |
|---|---|---|
| 接收设备 | 接收机钟差<br>观测误差<br>天线相位中心偏移 | 1.5～5 |
| 其他影响 | 地球潮汐<br>负荷潮 | 1.0 |

## 思考题与习题

1. 全站仪的基本组成部分有哪些?
2. 全站仪有哪些主要功能？结合所使用的全站仪叙述如何进行仪器的功能设置?
3. 简述全站仪测量坐标的原理。
4. 结合所使用的全站仪，分别简述水平角、距离、坐标测量的操作步骤。
5. 测距成果为什么要进行气象改正?
6. GPS 系统有哪几部分组成？简述各部分的主要功能。
7. 什么是 RTK？简述其组成。
8. GPS 测量中的误差来源有哪些?

# 6　测量误差基本知识

## 6.1　误差的来源和分类

### 6.1.1　定　义

在各项测量工作中，对同一个量进行多次重复观测其结果是不一致的，我们把观测值与真值之差称为误差，记为

$$\Delta_i = L_i - X \tag{6-1}$$

式中：$X$——真值，即能代表某个客观事物真正大小的数值。

$L_i$——观测值，即对某个客观事物观测得到的数值。

$\Delta_i$——观测误差，即真误差。

### 6.1.2　误差的来源

1. 测量仪器

一是仪器本身的精度是有限的，不论精度多高的仪器，观测结果总是达不到真值的。二是仪器在装配、使用的过程中，仪器部件老化、松动或装配不到位使得仪器存在着自身的误差。如水准仪的水准管轴不平行视准轴，使得水准管气泡居中后，视线并不水平。水准尺刻划不均匀使得读数不准确。又如经纬仪的视准轴误差、横轴误差、竖盘指标差都是仪器本身的误差。

2. 观测者

由于观测者自身的因素所带来的误差，如观测者的视力、观测者的经验甚至观测者的责任心都会影响到测量的结果。如水准尺倾斜、气泡未严格居中、估读不准确、未精确瞄准目标都是观测误差。

3. 外界条件

测量工作都是在一定的外界环境下进行的。例如温度、风力、大气折光、地球曲率、仪器下沉都会对观测结果带来影响。

上述三项合称为观测条件

（1）等精度观测：在相同的观测条件下进行的一组观测。

（2）不等精度观测：在不同的观测条件下进行的一组观测。

### 6.1.3 测量误差的分类

根据测量误差表现形式不同，误差可分为系统误差、偶然误差和粗差。

1. 系统误差

误差的符号和大小保持不变或者按一定规律变化，则称其为系统误差。

如钢尺的尺长误差。一把钢尺的名义长度为 30 m，实际长度为 30.005 m，那么用这把钢尺量距时每量一个整尺段距离就量短了 5 mm，也就是会带来-5 mm 的量距误差，而且量取的距离越长，尺长误差就会越大，因此系统误差具有累计性。

如水准仪的 $i$ 角误差，由于水准管轴与视准轴不平行，两者之间形成了夹角 $i$，使得中丝在水准尺上的读数不准确。如果水准仪离水准尺越远，$i$ 角误差就会越大。由于 $i$ 角误差是有规律的，因此它也是系统误差。

正是由于系统误差具有一定的规律性，因此只要找到这种规律性，就可以通过一定的方法来消除或减弱系统误差的影响。

具体措施有：

（1）采用观测方法消除：如水准仪置于距前后水准尺等距的地方可以消除 $i$ 角误差和地球曲率的影响。

通过后前前后的观测顺序可以减弱水准仪下沉的影响。

通过盘左盘右观测水平角和竖直角可以消除经纬仪的横轴误差、视准轴误差、照准部偏心差和竖盘指标差的影响。

（2）检校仪器：将仪器的系统误差降低到最小限度或限制在一个允许的范围内。

2. 偶然误差

偶然误差的符号和大小是无规律的，具有偶然性。

如度盘分划不均匀引起的误差就是偶然误差，因为在度盘上有的地方可能分划的密度大一些，有的地方分划的密度要稀疏一些。又如我们在读数的时候，最后一位要估读，有时可能估读得大一些，有时估读得小一些，这是没有规律的。

虽然单个的偶然误差没有规律，但大量的偶然误差具有统计规律。

3. 粗差

粗差也称错误，如瞄错目标、读错、记错数据、算错结果等错误。在严格意义上，粗差并不属于误差的范围。

在测量工作中，粗差可以通过检核——包括测站检核、计算检核以及内业工作阶段的检核发现粗差，并从测量成果中予以剔除（如水平角实验中角度闭合差为十几分）。而系统误差和偶然误差，是同时存在的。对于系统误差，通过找到其规律性，采用一定的观测方法来消除或减小。当系统误差很小，而误差的主要组成为偶然误差时，则可以根据其统计规律进行处理——测量上称为“平差”。

## 6.2 偶然误差的特性

1. 偶然误差的规律

在相同条件下，重复观测一个量，也就是等精度观测，经过重复观测所出现的大量的偶然误差具有规律性。

如在相同条件下，对三角形的三内角进行了独立的重复观测，由于每次观测中都含有误差，所以三角形的三个内角的观测值加起来不会等于真值，真值应该是 180°。

设三个内角观测值和为

$$L_i = a_i + b_i + c_i$$

$L_i$ 即为观测值，则真误差

$$\Delta_i = L_i - 180°$$

现重复观测了 358 次，将其真误差的大小按一定的区间统计，见表 6-1。

表 6-1 偶然误差的统计

| 误差区间 dΔ/ (") | 负误差 | | 正误差 | | 误差绝对值 | |
|---|---|---|---|---|---|---|
| | *k* | *k/n* | *k* | *k/n* | *k* | *k/n* |
| 0 ~ 3 | 45 | 0.126 | 46 | 0.128 | 91 | 0.254 |
| 3 ~ 6 | 40 | 0.112 | 41 | 0.115 | 81 | 0.226 |
| 6 ~ 9 | 33 | 0.092 | 33 | 0.092 | 66 | 0.184 |
| 9 ~ 12 | 23 | 0.064 | 21 | 0.059 | 44 | 0.123 |
| 12 ~ 15 | 17 | 0.047 | 16 | 0.045 | 33 | 0.092 |
| 15 ~ 18 | 13 | 0.036 | 13 | 0.036 | 26 | 0.073 |
| 18 ~ 21 | 6 | 0.017 | 5 | 0.014 | 11 | 0.031 |
| 21 ~ 24 | 4 | 0.011 | 2 | 0.006 | 6 | 0.017 |
| 24 以上 | 0 | 0 | 0 | 0 | 0 | 0 |
| Σ | 181 | 0. 505 | 177 | 0. 495 | 358 | 1. 000 |

注：表格中误差的相对个数指的是误差在每个误差区间内出现的次数除以误差的总次数，比如在 0 ~ 3 s 的这个区间内，即第一行，负误差的相对个数 0.126 应该是 45 除以 358 得到的，这个相对个数实际上就是误差出现的频率。

从表 6-1 中，我们可以看出偶然误差的几个特性：

（1）在一定观测条件下，偶然误差的绝对值不会超过一定的界限（有界性）；

（2）绝对值较小的误差比绝对值较大的误差出现的概率大（小误差的密集性）；

（3）绝对值相等的正负误差，出现的机会相等（对称性）；

（4）由第（3）条特性可知，当 $n\to\infty$时，偶然误差的算术平均值→0（即数学期望），即

$$E(\varDelta)=\lim_{n\to\infty}\frac{\varDelta_1+\varDelta_2+\cdots+\varDelta_n}{n}=\lim_{n\to\infty}\frac{[\varDelta]}{n}=0\ （抵偿性） \tag{6-2}$$

式中，[]符号表示求和。

2. 直方图

由统计表格的数据我们可以绘制出一个直方图（图 6-1）。其中横坐标为误差的大小，纵坐标为误差在每个区间出现的频率，即 $y=\frac{k}{n}/\mathrm{d}\varDelta$，$\mathrm{d}\varDelta$ 代表误差区间。

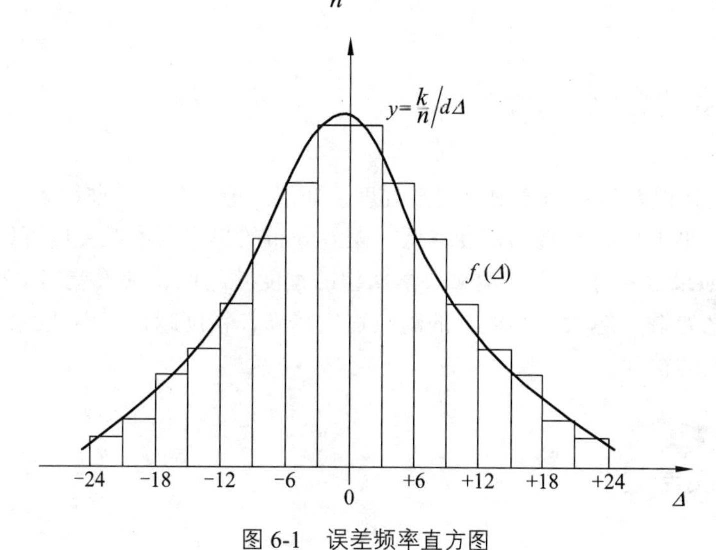


图 6-1 误差频率直方图

3. 正态分布曲线

当 $n\to\infty$，也就是观测的次数趋近无穷，并且 $\mathrm{d}\varDelta\to 0$，即误差区间无穷小时，直方图中各个小长条矩形组成的折线就会变成一条曲线，称为误差分布曲线，如图 6-2 所示。

误差分布曲线为一条正态分布曲线，可用正态分布概率密度函数表示：

$$y=f(\varDelta)=\frac{1}{\sqrt{2\pi}\sigma}\mathrm{e}^{-\frac{\varDelta^2}{2\sigma^2}} \tag{6-3}$$

式中，误差 $\varDelta$ 为真误差。$\varDelta$ 是一个随机变量，因 $\varDelta$ 是偶然误差。$\sigma$ 为随机变量 $\varDelta$ 的标准差。

方差的数学意义为：反映随机变量 $\varDelta$ 与其均值 $E(\varDelta)$，即与其数学期望的偏离程度。由于 $\sigma^2$ 就是 $\varDelta$ 的方差，显然 $\sigma^2$ 与观测条件有关，如果观测条件越好，则误差 $\varDelta$ 就应该越小，就越接近于 0，也就是越接近于数学期望，由于 $\varDelta$ 与数学期望的偏离程度越小，从而 $\sigma^2$ 越小。我们再看看有关精度的内容。

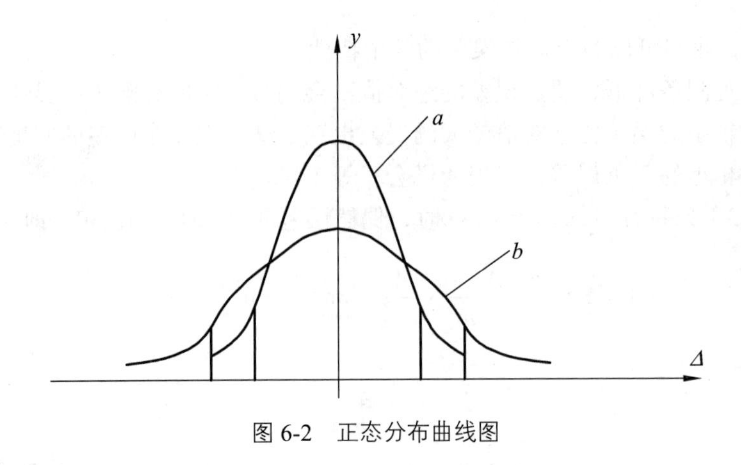


图 6-2　正态分布曲线图

# 6.3　评定测量精度的标准

## 6.3.1　精度的含义

所谓精度，是指误差分布的集中与离散程度。如误差分布集中（曲线 a），则观测精度高；若误差分布离散（曲线 b），则观测精度就低。误差分布的集中与离散程度可以用方差 $\sigma^2$ 或标准差 $\sigma$ 来表示。如果 $\sigma$ 越小，误差偏离数学期望的程度就越低，则误差集中程度就会越高，即精度越高，反之如果 $\sigma$ 越大，则误差的离散程度越高，精度越低，因此我们可以用 $\sigma$ 即用标准差来衡量观测的精度。

## 6.3.2　中误差

测量工作中，用标准差来衡量观测的精度，我们称之为中误差，用 $m$ 表示。

设在相同的观测条件下，对未知量进行重复独立观测，观测值为：$l_1$，$l_2$，…，$l_n$，其真误差为：$\varDelta_1$，$\varDelta_2$，…，$\varDelta_n$，则真误差的方差

$$\mathrm{D}(\varDelta)=\sigma^2=\mathrm{E}[\varDelta-\mathrm{E}(\varDelta)]^2=\mathrm{E}(\varDelta^2)=\lim_{n\to\infty}\frac{[\varDelta\varDelta]}{n} \tag{6-4}$$

式中当 $n\to\infty$，$\mathrm{E}(\varDelta)=0$，根据数学期望的定义 $\mathrm{E}(\varDelta)$ 就是 $\varDelta^2$ 的算术平均值。[ ]为累加符号，

$$[\varDelta\varDelta]=\varDelta_1\varDelta_1+\varDelta_2\varDelta_2+\ldots+\varDelta_n\varDelta_n \tag{6-5}$$

真误差的标准差

$$\pm\sqrt{D(\varDelta)}=\sigma=\pm\lim_{n\to\infty}\sqrt{\frac{[\varDelta\varDelta]}{n}\mathrm{E}(\Delta^2)} \tag{6-6}$$

实际工作中，观测次数有限，故取标准差的估值作为中误差

$$m = \hat{\sigma} = \pm\sqrt{\frac{[\Delta\Delta]}{n}} \tag{6-7}$$

应用时应注意：

（1）$\Delta_i$可以是对一个量 $n$ 次等精度观测，亦可以是对 $n$ 个量各进行一次等精度观测的误差。

如在全站仪测距时有的同学说测出来的距离不断地在变化，这实际上是全站仪在不断地测距，也就是对一个量——这个量就是距离——进行了多次等精度观测，而每次的观测值都有误差存在，误差有时大，有时小，所以测出来的距离值不断在变化。

又如方向法测水平角时，需要对多个方向观测，先瞄 $A$，再瞄 $B$，再瞄 $C$，……这实际上就是对 $n$ 个量进行了一次等精度观测。

（2）中误差 m 是衡量一组观测的精度标准，个别误差的大小并不能反映精度的高低。

（3）$n$ 较大时，$m$ 较可靠；$n$ 较小时，$m$ 仅做参考。

（4）$m$ 前要冠以±号，并有计量单位。

（5）$m$ 为中误差，$\Delta$ 为真误差，不要混淆。

**【例 6-1】**设甲乙两组观测，真误差为：

甲：+4″，+3″，0″，−2″，−4″

乙：+6″，+1″，0″，−1″，−5″

试比较两组的精度。

**【解】**

$$m_{甲} = \pm\sqrt{\frac{16+9+0+4+16}{5}} = \pm 3.0''$$

$$m_{乙} = \pm\sqrt{\frac{36+1+0+1+25}{5}} = \pm 3.5''$$

因此，甲组的精度高。

### 6.3.3 中误差的性质

中误差表示误差分布的离散度。等精度观测中，中误差表示一组观测值的精度，也表示单个观测值的精度。（如上例中甲组中误差为±3.0″，同时甲组单个观测值的中误差均为±3.0″）

$$P\{\mu-\sigma < \Delta < \mu+\sigma\} = P\{-\sigma < \Delta < +\sigma\} = 0.682\,6$$

式中，$\mu$ 为误差的数学期望，因此 $\mu$=0。此公式表示真误差在（$-\sigma$，$+\sigma$）内出现的概率。我们还可计算得

$$P\{-2\sigma < \Delta < +2\sigma\} = 0.954\,4$$

$$P\{-3\sigma < \Delta < +3\sigma\} = 0.997\,4$$

我们可以看到，对于真误差 $\Delta$ 来说，它的值落在区间[$-3\sigma$，$+3\sigma$]几乎是肯定的事。因此在测量工作中，我们常常取三倍中误差作为偶然误差的容许值（或限差），如果精度要求较高时，就可以取两倍中误差作为限差，即

$$\Delta_{容} = 3\ \text{m} \ 或 \ 2\ \text{m} \tag{6-8}$$

### 6.3.4 相对误差

1. 相对中误差

假设现在丈量了两段距离：

甲：100 m，$m_{甲} \pm 0.01$ m

乙：200 m，$m_{乙} \pm 0.01$ m

到底哪组的精度高些呢？

如果从中误差来看，两组的精度相等，但这样显然不合理。因此，在距离测量中单纯地用中误差还不能反映距离丈量的精度情况，因为实际上距离测量的误差与长度相关，距离越大，误差的累积就越大，这就需要引入相对误差

$$K = \frac{|M|}{D} = \frac{1}{D/|M|} \quad （注意化为分子为 1 的形式） \tag{6-9}$$

这样，$K_{甲} = \frac{1}{10\,000} > K_{乙} = \frac{1}{20\,000}$，因此乙的精度更高些。

2. 相对真误差

在钢尺量距中我们还接触到了一个相对误差的计算公式

$$K = |D_{往} - D_{返}| / D_{平均} \tag{6-10}$$

这是相对真误差的计算公式（或称相对较差或相对差）。在答题中具体采用哪个公式应根据题目给出条件和要求来定。

**【例 6-2】**已知下列两组数据：

$\beta_1 = 28°35'18''$，$m_{\beta1} = \pm 2.5''$；

$\beta_2 = 308°15'12''$，$m_{\beta2} = \pm 3.6''$。

谁的精度高？

**【解】**由于水平角是通过两个方向的水平度盘读数相减得到的，偶然误差是在瞄准和读数时产生的，所以与水平角的大小无关，故第一组精度高。

## 6.4 观测值的算术平均值及改正值

### 6.4.1 算术平均值

在实际测量过程中，由于真实值通常是未知的，所以要用算术平均值来代替真值。观测

值的算术平均值为

$$\bar{l}=\frac{l_1+l_2+\ldots+l_n}{n}=\frac{[l]}{n}$$

观测值的真误差为 $\Delta_i=l_i-X(i=1,2,\cdots,n)$， $X$ 为观测值的真值。

取真误差的和：$[\Delta]=[l]-n\cdot X$　　除以 $n$ 得：$\frac{[\Delta]}{n}=\frac{[l]}{n}-X$

由偶然误差的第四特性（当 $n\to\infty$，即观测次数趋近无穷大时，真误差的算术平均值为 0）

$$E(\Delta)=\lim_{n\to\infty}\frac{\Delta_1+\Delta_2+\cdots+\Delta_n}{n}=\lim_{n\to\infty}\frac{[\Delta]}{n}=0 \text{ 即 } \lim_{n\to\infty}(\frac{[l]}{n}-X)=0$$

故 $\lim_{n\to\infty}\frac{[l]}{n}=X$ 也就是说当观测次数趋近无穷大时，观测值的算术平均值就是该观测量的真值。在实际工作中观测的次数总是有限的，这样观测值的算术平均值不会刚好等于真值，但是会接近于真值，所以可以认为观测值的算术平均值是观测量的“最可靠值”，或者叫作“最或然值”。

## 6.4.2 观测值的改正值

当观测量的真值已知时，则每个观测量的真误差 $\Delta_i=l_i-X$ 可以求出，然后利用中误差的计算公式 $m=\hat{\sigma}=\pm\sqrt{\frac{[\Delta\Delta]}{n}}$ 可以求出一次观测的中误差。但在实际工作当中，观测量的真值 $X$ 是不知道的，因此就不能够利用这个公式来求中误差。考虑到观测值的算术平均值是真值的最可靠值，因此可以用算术平均值来代替真值，下面就推导一下用算术平均值代替真值后的中误差计算公式。

定义观测量 $l_i$ 的改正数 $V_{\mathrm{i}}$ 为

$$v_i=\bar{l}-l_i \tag{6-11}$$

对改正数求和得

$$[v]=n\cdot\bar{l}-[l]=n\cdot\frac{[l]}{n}-[l]=0 \tag{6-12}$$

由真误差的定义

$$\Delta_i=l_i-X \tag{6-13}$$

式（6-11）+式（6-13）得

$\Delta_i+v_i=\bar{l}-X$（令 $\bar{l}-X=\delta$，可以把 $\delta$ 理解为算术平均值的真误差）

即 $\Delta_i=\delta-v_i$

$$\Delta_i^2=\delta^2+v_i^2-2\delta v_i$$

取真误差的平方：

求和并由式（6-12）可得：

$$[\Delta\Delta] = n\delta^2 + [vv] - 2\delta[v] = n\delta^2 + [vv] \tag{6-14}$$

如果把算术平均值看成是观测值，根据观测值中误差计算公式，算术平均值的中误差为

$$m_1{}^2 = \frac{[\delta\delta]}{n_1} = \delta^2 \text{（取 } n_1 = 1\text{）} \tag{6-15}$$

另外，$\overline{l} = \frac{l_1 + l_2 + ... + l_n}{n}$，由中误差传播公式可得算术平均值的中误差：

$$m_1{}^2 = \frac{m^2}{n} \text{（m 为 } l_1, l_2, ...l_n \text{ 的中误差）} \tag{6-16}$$

联立式（6-15）和式（6-16）可得

$$\delta^2 = \frac{m^2}{n}$$

代入式（6-14）得

$$[\Delta\Delta] = n\frac{m^2}{n} + [vv]$$

两边同除以 $n$，得

$$\frac{[\Delta\Delta]}{n} = \frac{m^2}{n} + \frac{[vv]}{n}$$

即

$$m^2 = \frac{m^2}{n} + \frac{[vv]}{n}$$

可得

$$m = \pm\sqrt{\frac{[vv]}{n-1}} \text{（白塞尔公式）} \tag{6-17}$$

### 6.4.3 算术平均值中误差

根据中误差传播公式，很容易求出算术平均值中误差为

$$m_{\overline{x}} = \frac{m}{\sqrt{n}} \tag{6-18}$$

式中：m——观测值中误差；

$m_{\overline{x}}$——算术平均值的中误差

$n$——观测次数。

从这个公式可以看出，要使算术平均值中误差变小，可以通过两个方面来实现：一是增加观测次数 $n$，但观测次数也不可能无限多，而且增加到一定次数后对算术平均值中误差 $m_{\overline{x}}$ 的影响不明显，所以一般 $n$ 取 2 ~ 4；二是减小每次观测时的中误差 $m$，也就是要改善观测条件，例如用精度更高的仪器，提高观测者的技能、责任心，在气象条件好的环境下观测。

# 6.5 误差传播定律及应用

## 6.5.1 误差传播定律

前面介绍了对于某一量直接进行多次观测，以求得最或然值，计算观测值的中误差，作为衡量精度的标准。但是，在测量工作中，有一些需要知道的量并非直接观测值，而是根据一些直接观测值按一定的数学公式计算而得，因此称这些量为观测值的函数。由于观测值中含有误差，使函数受其影响也含有误差，称之为误差传播。

例：在三角高程测量中，粗算高差 $h_{AB}=S_{AB}\sin\alpha_{AB}$，假设测角和测距的中误差是已知的，那么 $m_{h_{AB}}=?$；水平距离 $D_{AB}=S_{AB}\cos\alpha_{AB}$，$m_{D_{AB}}=?$

在这个例子中，粗算高差和水平距离并不是直接观测到的，而是通过一定的函数关系间接计算得到的。这时，就要利用误差传播定律求出它们的中误差。

所谓误差传播定律，是指描述观测值中误差与其函数中误差之间关系的定律。

## 6.5.2 中误差传播公式

设 $y$ 为独立随机变量 $x_1$，$x_2$，…，$x_n$ 的函数，即

$$y=f(x_1,x_2,\cdots,x_n)$$

求全微分得

$$\mathrm{d}y=\frac{\partial f}{\partial x_1}\mathrm{d}x_1+\frac{\partial f}{\partial x_2}\mathrm{d}x_2+\cdots+\frac{\partial f}{\partial x_n}\mathrm{d}x_n \tag{6-19}$$

令 $\dfrac{\partial f}{\partial x_i}=f_i(i=1,2,\cdots n)$，则

$$\mathrm{d}y=f_1\mathrm{d}x_1+f_2\mathrm{d}x_2+\ldots+f_n\mathrm{d}x_n$$

由于微分与真误差都是微小量，因此可用真误差代替微分，即

$$\Delta y=f_1\varDelta_1+f_2\varDelta_2+\cdots+f_n\varDelta_n \tag{6-20}$$

求真误差的方差：

$$D(\Delta y)=D(f_1\varDelta_1+f_2\varDelta_2+\cdots+f_n\varDelta_n)$$

由方差的性质可得：

$$D(\Delta y)=f_1^2D(\varDelta_1)+f_2^2D(\varDelta_2)+\cdots+f_n^2D(\varDelta_n)$$

中误差为标准差 $\sigma$ 的估计值，而标准差的平方就等于方差，故

$$m_y^2 = f_1^2 m_1^2 + f_2^2 m_2^2 + \cdots + f_n^2 m_n^2 \tag{6-21}$$

（$m_1, m_2, \cdots, m_n$ 为独立随机变量 $x_1, x_2, \cdots, x_n$ 对应的中误差）

特例：

（1）若 $y = x_1 \pm x_2 \pm \cdots \pm x_n$，且 $m_1 = m_2 = \cdots = m_n = m$（也就是 $x_1$、$x_2$、…、$x_n$ 的观测精度相等）则：

$$m_y^2 = m_1^2 + m_2^2 + \cdots + m_n^2 \quad \text{即} \quad m_y = \sqrt{n}m$$

（2）若 $y = \dfrac{x_1 + x_2 + \cdots + x_n}{n}$，且 $m_1 = m_2 = \cdots = m_n = m$，则

$$m_y = \frac{m}{\sqrt{n}}$$

### 6.5.3 误差传播定律的应用

1. 水准测量的误差分析

假设我们用 $DS_3$ 水准仪进行了一段普通水准测量、一个测站的高差中误差，每站的高差为：$h = a - b$；$a$、$b$ 为水准仪在前后水准尺上的读数，读数的中误差 $m_{读}$，$m_{读} \approx \pm 3$ mm，则每个测站的高差中误差为

$$m_{站} = \sqrt{m_{读}^2 + m_{读}^2} = \sqrt{2}m_{读} \approx \pm 4 \text{ mm}$$

水准路线高差的中误差

如果在这段水准路线当中一共观测了 $n$ 站，则总高差为

$$h = h_1 + h_2 + \cdots + h_n \tag{6-22}$$

设每站的高差中误差均为 $m$ 站，则

$$m_k = \sqrt{n} \cdot m_{站} = \pm 4\sqrt{n} \tag{6-23}$$

取 3 倍中误差为限差，则普通水准路线的容许误差为

$$f_{h容} = \pm 12\sqrt{n} \tag{6-24}$$

2. 水平角观测的误差分析

用 $DJ_6$ 经纬仪进行测回法观测水平角，那么用盘左盘右观测同一方向的中误差为±6″。注意，6 s 级经纬仪是指一个测回方向观测的平均值中误差，不是指读数的时候估读到 6″。即 $m_{方} = \pm 6''$。

假设盘左瞄准 $A$ 点时读数为 $A_{左}$，盘右瞄准 A 点时读数为 $A_{右}$，那么瞄准 $A$ 方向一个测回

的平均读数应为

$$A=\frac{A_{左}+(A_{右}\pm180°)}{2}$$

因为盘左盘右观测值的中误差相等，所以

$$m_{A左}=m_{A右}=m_A$$

故 $m_{方}=m_A/\sqrt{2}$，所以瞄准一个方向进行一次观测的中误差为 $m_A=\pm8.5''$。

由于上半测回的水平角为两个方向值之差，$\beta_{半}=b-a$，即

$$m_{\beta半}=\sqrt{2}m_A\approx\pm12''$$

设上下半测回水平角的差值为

$$\Delta_{\beta半}=\beta_{上半}-\beta_{下半}$$

$$m_{\Delta\beta半}=\sqrt{2}m_{\beta半}=\pm17''$$

考虑到其他不利因素，所以将这个数值再放大一些，取 20″作为上下半测回水平角互差，取 2 倍中误差作为容许误差，所以上下半测回水平角互差应该小于 40″。

$$\Delta\beta_{半限}=2m_{\Delta\beta半}=40''$$

**【例 6-3】**全站仪三角高程测量，测得斜距 $S$=163.563 m，其中误差为 $m_s=\pm0.006$ m，测得竖直角为 $\alpha$=32°15′26″，其中误差为 $m_\alpha=\pm6''$，测距和测角的观测值是独立的，求高差计算值 $h$（即直角边）的中误差 $m_h$

**【解】** $h=S\sin\alpha$，根据中误差传播公式：$m_h=\pm\sqrt{f_1^2 m_s{}^2+f_2^2 m_\alpha{}^2}$

$$f_1=\frac{\partial h}{\partial s}=\sin\alpha=0.5337,$$

$$f_2=\frac{\partial h}{\partial\alpha}=\frac{S\cos\alpha}{\rho''}=0.000\,671$$

代入方程得

$$m_h=\pm3.2\ \mathrm{mm}$$

**【例 6-4】**一个边长为 l 的正方形，若测量一边中误差为 $m_l=\pm1$ cm，求周长的中误差？若四边都测量，且测量精度相同，均为 $m_l$，则周长中误差是多少？

**【解】**（1）$S=4l$ 故 $m_s=\pm\sqrt{4^2 m_l{}^2}=\pm4$ cm

（2）$S=l_1+l_2+l_3+l_4$，$m_s=\pm\sqrt{4}m_l=\pm2$cm

注意这两种方法测得周长的中误差并不相同，关键是要正确列出函数式。

**【例 6-5】**在 $O$ 点观测了 3 个方向，测得方向值 $l_1$、$l_2$、$l_3$，设各方向的中误差均为 $m$，求 $m_\alpha$、$m_\beta$ 和 $m_\gamma$。（画图）

**【解】**（1）$\alpha=l_2-l_1$，$m_\alpha=\sqrt{2}m$

（2）$\beta = l_3 - l_2$，$m_\beta = \sqrt{2}m$

（3）$\gamma = \alpha + \beta$，$m_\gamma = \sqrt{m_\alpha{}^2 + m_\beta{}^2} = 2m$（错误计算：因为 $\alpha$ 和 $\beta$ 并非独立的观测值，因为它们都用到了方向值 $l_2$）正确计算应为

$$\gamma = l_3 - l_1，\ m_\gamma = \sqrt{2}m$$

从这道题应该注意到中误差传播定律的前提是 $x_1$、$x_2 \cdots x_n$ 为相互独立的观测值。

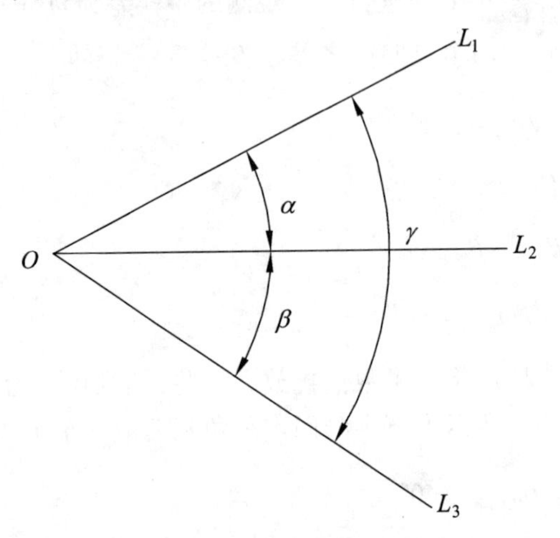


图 6-3　例 6-5 图

**【例 6-6】**设在相同观测条件下（也就是等精度观测）独立观测了 $n$ 个三角形的三个内角 $a$、$b$、$c$，内角和为$\sum i$，（i=1，2，…，$n$）则三角形的角度闭合差为 $w_i = \sum i - 180°$（$i$=1，2，…，$n$）

$w_i$ 实际上就是真误差，根据中误差的计算公式 $m = \hat{\sigma} = \pm\sqrt{\frac{[\Delta\Delta]}{n}}$，故闭合差的中误差为

$$m_w = \pm\sqrt{\frac{[ww]}{n}}$$

又因为 $\sum i = a_i + b_i + c_i$，若三个内角的测角中误差均为 $m$，则 $m_w = \sqrt{3} \cdot m$

所以　$$m = \pm\sqrt{\frac{[ww]}{3n}}$$（菲列罗公式）

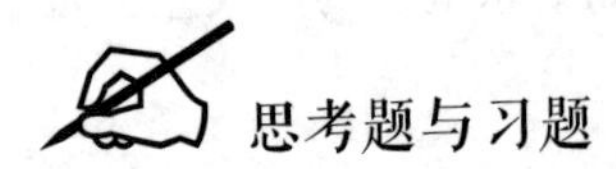

## 思考题与习题

1. 误差产生的原因是什么，误差可以避免吗?

2. 偶然误差的特性有哪些?

3. 名词解释：标准差、极限误差、相对误差。

4. 在一个平面三角形中，观测其中两个水平角 $\alpha$ 和 $\beta$，其测角中误差为±10″，计算第三个角度 $\gamma$ 及其中误差 $m$。

# 7 小地区控制测量

## 7.1 控制测量概述

在工程项目建设区域内，建立起必要精度和密度的工程控制网，并测定出控制网中控制点的平面位置和高程，作为地形测量和施工测量的依据，这项测量工作称为控制测量。

在绪论中已经指出，测量工作必须遵循“从整体到局部，先控制后碎部”的原则，故应先建立控制网，然后根据控制网进行碎部测量和测设。根据控制测量的定义，要建立工程控制网，需测定出组成控制网的控制点坐标（$X,Y,H$），因此，控制网分为平面控制网和高程控制网，同时建立平面控制网和高程控制网的控制测量也分为平面控制测量和高程控制测量，平面控制测量用于测定控制点的平面坐标（$X,Y$），高程控制测量用于测定控制点的高程 $H$ 。

控制网根据目的和用途的不同，可以分为测图控制网、施工控制网和变形观测控制网。测图控制网，即在工程建设勘测设计阶段建立测图控制网，作为各种大比例尺测图的依据；施工控制网，即在工程建设施工阶段建立施工专用控制网，作为施工放样测量的依据；变形观测控制网，即在工程建设竣工后的运营阶段建立变形观测专用控制网，作为工程建筑物变形观测的依据。

### 7.1.1 平面控制测量

平面控制网包括国家平面控制网、城市平面控制网和小地区控制网等。在全国范围内建立的平面控制网，称为国家平面控制网。它是全国各种比例尺测图的基本控制，并为确定地球的形状和大小提供研究资料。国家平面控制网是用精密测量仪器和方法依照施测精度，按一、二、三、四等四个等级建立的，采用“逐级控制、分级布设”的原则，它的低级点受高级点逐级控制。平面控制测量主要方法有三角测量、导线测量、三边测量和 GPS 全球定位系统等，本章主要介绍导线测量方法。

一等三角网一般称为一等三角锁。它是全国范围内，由沿经纬线方向纵横交叉的三角锁组成，如图 7-1 所示，是国家平面控制网的骨干，主要用于扩展低等级平面控制网，还为测量学科研究地球的形状和大小提供测量数据。二等三角网布设于一等三角锁环内，它是国家平面控制网的全面基础。三、四等三角网是对二等网的进一步加密，主用用于满足测回和各项工程建设的需要。20 世纪 80 年代后期，我国开始采用 NNSS（子午卫星系统）和 GPS 等现代卫星定位技术对国家平面网进行了加强和补充。20 世纪 90 年代以来，我国又全面应用 GPS，在全国范围内重新构建国家高精度 A 级、B 级控制网点（相当于国家一等、二等三角点的精度）。进入 21 世纪，我国又建立了 2000 国家 GPS 网，作为国家新的现代平面大地控制网。

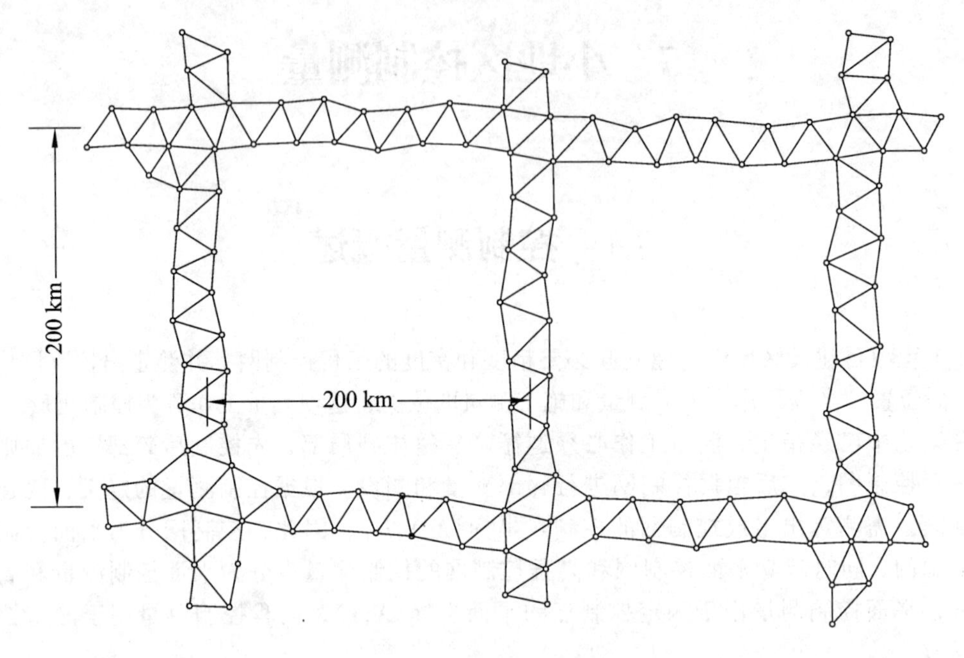


图 7-1　国家一等三角锁

城市平面控制网是在城市地区建立的控制网，它是国家平面控制网的发展和延伸，直接为城市大比例尺地形测量、城市规划、市政建设、工程测量及施工放样等提供控制点。城市平面控制网可分为二、三、四等三角网及一、二级小三角网或一、二、三级导线。城市平面控制网的布设方法主要有城市三角测量、城市导线测量和 GPS 技术等。按行业标准《城市测量规范》(GJJ/T8—2011)，其主要技术要求见表 7-1 和表 7-2。

表 7-1　城市三角网及图根三角网的主要技术要求

| 等级 | 测角中误差/(″) | 三角形最大闭合差/(″) | 平均边长/km | 起始边相对中误差 | 最弱边相对中误差 | 测回数 | | |
|---|---|---|---|---|---|---|---|---|
| | | | | | | $DJ_1$ | $DJ_2$ | $DJ_6$ |
| 二等 | ≤±1.0 | ≤±3.5 | 9 | ≤1∶300 000 | | 12 | | |
| 三等 | ≤±1.8 | ≤±7 | 5 | ≤1∶200 000（首级）<br>≤1∶120 000（加密） | ≤1∶120 000 | 6 | 9 | |
| 四等 | ≤±2.5 | ≤±9 | 2 | ≤1∶120 000（首级）<br>≤1∶80 000（加密） | ≤1∶80 000 | 4 | 6 | |
| 一级 | ≤±5.0 | ≤±15 | 1 | ≤1∶40 000 | ≤1∶45 000 | | 2 | 6 |
| 二级 | ≤±10.0 | ≤±30 | 0.5 | ≤1∶20 000 | ≤1∶20 000 | | 1 | 2 |
| 图根 | ≤±20.0 | ≤±60 | 不大于测图最大视距 1.7 倍 | ≤1∶10 000 | ≤1∶10 000 | | | 1 |

表 7-2　城市导线及图根导线的主要技术要求

| 等级 | 闭合环或附合导线长度/km | 平均边长/m | 测距中误差/mm | 测角中误差/（″） | 导线全长相对闭合差 | 测回数 | | | 方位角闭合差/（″） |
|---|---|---|---|---|---|---|---|---|---|
| | | | | | | $DJ_1$ | $DJ_2$ | $DJ_6$ | |
| 三等 | 15 | 3 000 | ≤±18 | ≤±1.5 | ≤1/60 000 | 8 | 12 | | $\leqslant\pm3\sqrt{n}$ |
| 四等 | 10 | 1 600 | ≤±18 | ≤±2.5 | ≤1/40 000 | 4 | 6 | | $\leqslant\pm5\sqrt{n}$ |
| 一级 | 3.6 | 300 | ≤±15 | ≤±5 | ≤1/14 000 | | 2 | 4 | $\leqslant\pm10\sqrt{n}$ |
| 二级 | 2.4 | 200 | ≤±15 | ≤±8 | ≤1/10 000 | | 1 | 3 | $\leqslant\pm16\sqrt{n}$ |
| 三级 | 1.5 | 120 | ≤±15 | ≤±12 | ≤1/6 000 | | 1 | 2 | $\leqslant\pm24\sqrt{n}$ |
| 图根 | 1.0 m | | | ≤±30 | ≤1/2 000 | | | 1 | $\leqslant\pm60\sqrt{n}$ |

小地区控制网是指面积在 15 $km^2$ 以内建立的平面控制网，它一般应与国家平面控制网相连接，若测区内或附近无高级控制点，也可建立小地区独立控制网。小地区控制网应根据测区面积的大小及精度要求，分级建立测区首级控制网和图根控制网。首级控制网一般可以布设一、二级小三角，一、二级小三边或一、二、三级导线。直接为地形测量而建立的控制网称为图根控制网，图根控制网的精度及密度要根据地形条件及测图比例尺来确定。

## 7.1.2　高程控制测量

高程控制测量是指测区内布设高程控制点（水准点），构成高程控制网，并测定高程控制网中水准点高程的工作。高程控制测量的方法主要有水准测量和三角高程测量，在丘陵或山区，通常采用三角高程测量。

国家高程控制网的建立主要采用精密水准测量的方法，其按精度分为一、二、三、四等。图 7-2 为国家水准网布设示意图，一等水准网是国家最高级的高程控制骨干，测量精度最高，主要用于扩展低等级高程控制的基础，还可以为科学研究提供依据；二等水准网为一等水准网的加密，是国家高程控制的全面基础；三、四等水准网为在二等水准网的基础上进一步加密，直接为各种测区提供必要的高程控制。

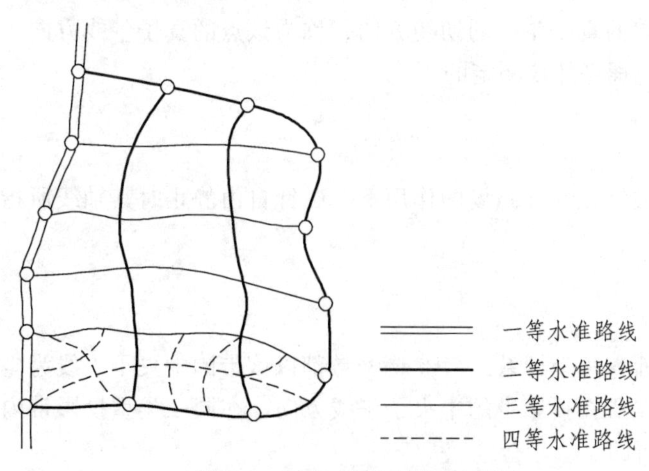


图 7-2　国家水准网布设示意图

为城市建设的需要建立的高程控制网称为城市高程控制网，通常采用二、三、四等和图根水准测量，其主要技术要求见表 7-3。用于工程的小地区高程控制网，同样应根据工程建设的需要和测区面积的大小，采用分级建立的方法构建小地区高程控制网。小地区高程控制网通常采用三、四等和图根水准测量。本章主要介绍用三、四等水准测量和三角高程测量，建立小地区高程控制网的方法。

表 7-3　城市水准测量与图根水准测量的主要技术要求

| 等级 | 每千米高程中误差/mm | 附合路线长度/km | 水准仪型号 | 水准尺 | 观测次数（附合或环形） | 往返较差或环线闭合差/mm | |
|---|---|---|---|---|---|---|---|
| | | | | | | 平地 | 山地 |
| 二等 | ±2 | | $DS_1$ | 因瓦尺 | 往返观测 | $\pm 4\sqrt{L}$ | |
| 三等 | ±6 | 45 | $DS_3$ | 双面尺 | | $\pm 12\sqrt{L}$ | $\pm 4\sqrt{n}$ |
| 四等 | ±10 | 15 | $DS_3$ | 双面尺 | 单程观测 | $\pm 20\sqrt{L}$ | $\pm 6\sqrt{n}$ |
| 图根 | ±20 | 5 | $DS_{10}$ | | | $\pm 40\sqrt{L}$ | $\pm 12\sqrt{n}$ |

## 7.2　直线定向

在测量工作中确定地面两点间的相对位置，仅知道两点间的水平距离是不够的，还需要知道两点构成的直线与标准方向之间的关系。确定地面直线与标准方向之间水平角度的工作称为直线定向。

### 7.2.1　标准方向分类

1. 真子午线方向

通过地球表面某点的真子午线的切线方向，称为该点的真子午线方向。真子午线方向是用天文测量方法或用陀螺经纬仪测定的。

2. 磁子午线方向

磁子午线方向是磁针在地球磁场的作用下，磁针自由静止时其轴线所指的方向。磁子午线方向可用罗盘仪测定。

3. 坐标纵轴方向

我国采用高斯平面直角坐标系，6°带或 3°带都以该带的中央子午线为坐标纵轴，因此坐标纵轴方向即为地面点所在投影带的中央子午线方向。在同一类型投影带内，地面各点的坐标纵轴方向是相互平行的。

## 7.2.2　直线方向的表示方法

1. 方位角

从直线起点的标准方向北端起，顺时针方向量至直线的水平夹角，称为该直线的方位角，其取值范围为 0°~360°。

如图 7-3 所示，若标准方向为真子午线方向，则对应的方位角为真方位角 $A$；若标准方向为磁子午线方向，则对应的方位角为磁方位角 $A_m$；若标准方向为坐标纵轴方向，则对应的方位角为坐标方位角 $\alpha$。由于地面各点的真北（或磁北）方向互不平行，用真（磁）方位角表示直线方向会给方位角的推算带来不便，所以在一般测量工作中，常采用坐标方位角来表示直线方向。

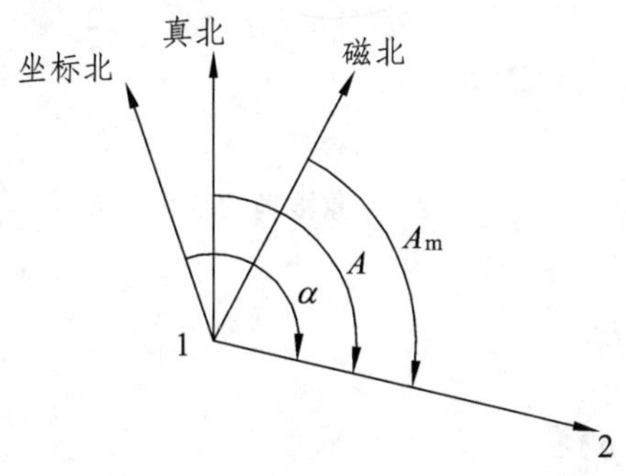


图 7-3　标准方向示意图

由于地球的南北两极与地球的南北两磁极不重合，地面上同一点的真、磁子午线方向不重合，其夹角称为磁偏角 $\delta$，磁子午线方向在真子午线方向东侧，称为东偏，$\delta$ 为正；反之称为西偏，$\delta$ 为负。地面上同一点的真子午线与坐标纵轴方向的水平夹角称为子午线收敛角 $\gamma$，当坐标纵轴方向在真子午线方向以东，称为东偏，$\gamma$ 为正。反之称为西偏，$\gamma$ 为负。如图 7-4 所示，三种方位角之间的关系如下：

$$\begin{cases} A = \alpha + \gamma \\ A = A_m + \delta \\ \alpha = A_m + \delta - \gamma \end{cases} \tag{7-1}$$

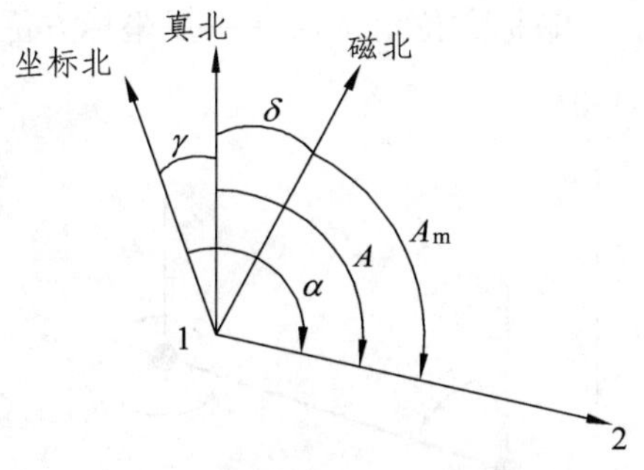


图 7-4　方位角之间关系图

2. 象限角

某直线的象限角是由直线起点的标准方向北端或南端起，沿顺时针或逆时针方向量至该直线的锐角，用 $R$ 表示，取值范围 0°~90°。用象限角表示直线的方向时，除了需要知道其数值大小，还需要知道其所在的具体象限。如图 7-5 所示，为象限角与方位角在不同象限时相互之间的关系。

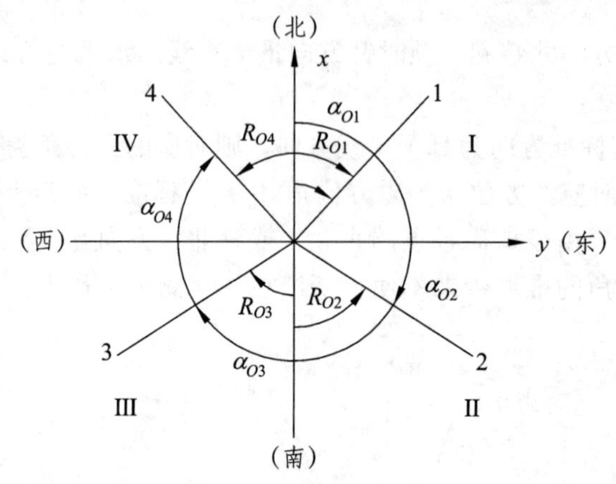


图 7-5　象限角的定义

第一象限：$\alpha_{O1} = R_{O1}$

第二象限：$\alpha_{O2} = 180° - R_{O2}$

第三象限：$\alpha_{O3} = 180° + R_{O3}$

第四象限：$\alpha_{O4} = 360° - R_{O4}$

## 7.2.3　坐标方位角的计算

### 1. 正、反坐标方位角

在测量工作中一条直线有正反两个方向，如图 7-6 所示，直线 1→2，点 1 是起点，点 2 是终点；直线 2→1，点 2 是起点，点 1 是终点。

故对于直线 1→2，$\alpha_{12}$——正坐标方位角，$\alpha_{21}$——反坐标方位角。

$$\alpha_{21} = \alpha_{12} + 180° \tag{7-2}$$

故对于直线 2-1，$\alpha_{21}$——正坐标方位角，$\alpha_{12}$——反坐标方位角。

$$\alpha_{12} = \alpha_{21} - 180° \tag{7-3}$$

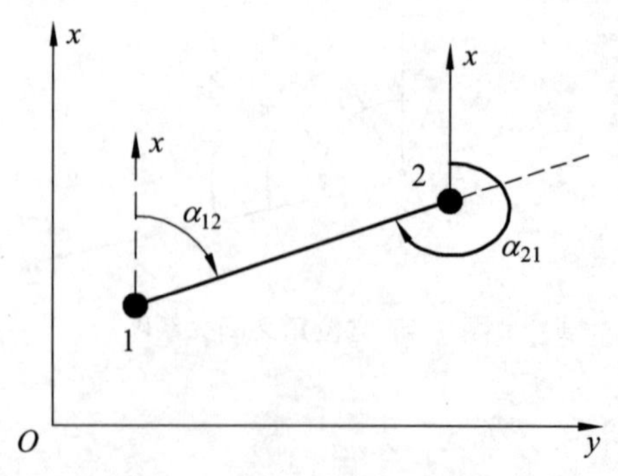


图 7-6　正、反坐标方位角

所以一条直线的正、反坐标方位角互差 180º，即

$$\alpha_{反} = \alpha_{正} \pm 180° \tag{7-4}$$

2. 坐标方位角的计算

在测量工作中并不直接测定每条直线的坐标方位角，而是通过与已知坐标方位角的直线连测得到相应的连接角（水平角 $\beta$ ），从而间接地推算出各直线的坐标方位角。如图 7-7 所示，$\alpha_{12}$已知，通过联测求得 1-2 边与 2-3 边的连接角为 $\beta_2$（右角）、2-3 边与 3-4 边的连接角为 $\beta_3$（左角），现推算 $\alpha_{23}$ 、$\alpha_{34}$ 。

由图中分析可知：

$$\alpha_{23} = \alpha_{21} - \beta_2 = \alpha_{12} + 180° - \beta_2 \tag{7-5}$$

$$\alpha_{34} = \alpha_{32} + \beta_3 = \beta_{23} + 180° + \beta_3 \tag{7-6}$$

由式（7-5）、（7-6），得到推算坐标方位角的通用公式：

$$\alpha_{前} = \alpha_{后} + 180° \pm \beta^{左}_{右} \tag{7-7}$$

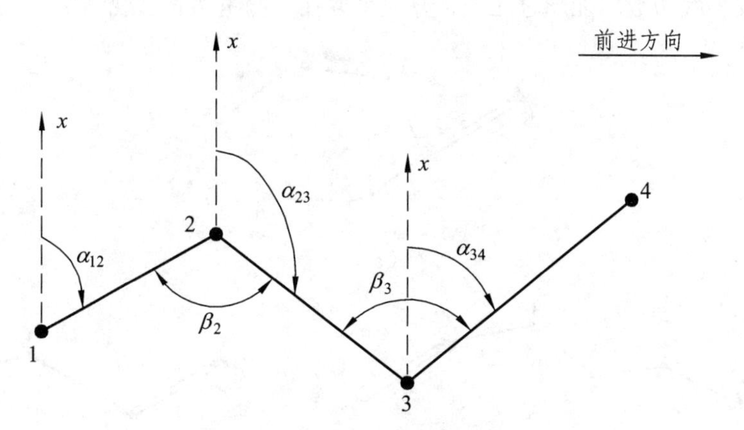


图 7-7　坐标方位角的计算

# 7.3　导线测量

## 7.3.1　导线测量概述

将测区内相邻控制点连成直线而构成的折线，称为导线。导线测量就是依次测定各导线边的长度和相邻导线边所夹的各转折角值，根据起算数据，推算各边的坐标方位角，从而求出各导线点的坐标。通常导线上的控制点包括已知控制点和待测控制点，统称为导线点。

根据测边方式的不同，导线又可分为钢尺量距导线、光电测距导线和视距导线。导线测量是一种建立小地区平面控制网和图根控制网的常用方法，由于导线测量布设灵活，要求通

视方向少，边长可以直接测定，因此对于地物分布较复杂的建筑区、视线障碍较多的隐蔽区和带状地区，多采用导线测量的方法。根据测区的不同情况和要求，导线通常可以布设成下列三种形式。

1. 闭合导线

如图 7-8（a）所示，闭合导线是指导线从上一级已知控制点 $A$ 开始，经过待测控制点 1、2、3、4，又回到起点 $A$，形成一个闭合多边形。

2. 附合导线

如图 7-8（b）所示，附合导线是指导线从上一级已知控制点 $A$ 开始，经过待测控制点 1、2、3、4 后附合到另一个上一级已知控制点 $C$，形成的图形。

3. 支导线

如图 7-8（c）所示，支导线是指导线从上一级已知控制点 $A$ 出发，既没有附合到另一个上一级已知控制点，也没有闭合到出发控制点。由于支导线没有检核条件，不容易发现错误，因此规范规定支导线边数不能超过三条，并应采取往返测量边长、观测左、右角等检核措施。

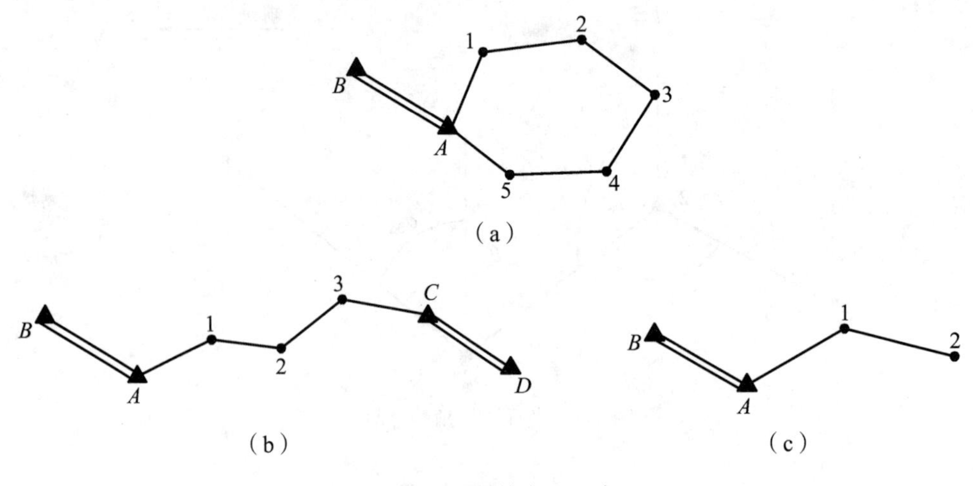


图 7-8　导线布设形式

## 7.3.2　导线测量的外业工作

导线测量的外业工作主要包括踏勘选点及建立标志、量边、测角和联测。

1. 踏勘选点及建立标志

在踏勘选点前，应调查、搜集测区已有地形图和高一级的控制点的成果资料，一般是先在中比例尺的地形图上进行控制网设计，最后到野外去踏勘，实地核对、修改、落实点位和建立标志。如果测区没有以前的地形图资料，则需详细踏勘现场，根据已知控制点的分布、地形条件及测图和施工需要等具体情况，合理拟定导线点的位置。对于面积较小的测区，也可以直接到实地选择并标定点位。选点时的注意事项，主要包括以下几点：

（1）相邻点间通视良好，地势较平坦，尽量远离障碍物，便于测角和量距。

（2）点位应选在土质坚实处，便于保存标志和安置仪器。

（3）导线点要有一定的密度，并且视野开阔，便于施测碎部。

（4）导线各边的长度应大致相等，边长最短不应短于 50 m，最长不应超过规范的规定。

导线点选定后，应根据导线的不同等级采用不同的方式在地面上把点标定出来，并沿导线走向统一编号，绘制导线草图，注明尺寸，做好标记，便于今后查找。导线点的标志分为临时性标志和永久性标志两种。临时性标志一般用于图根导线，一般采用木桩或钢钉作为埋设标记。如果导线点需要长期保存，则需要采用永久性标志，通常采用混凝土桩或石桩，在桩顶埋设一铜帽或钢筋，并在铜帽或钢筋的顶端刻“十”字作为标记。如图 7-9 所示。

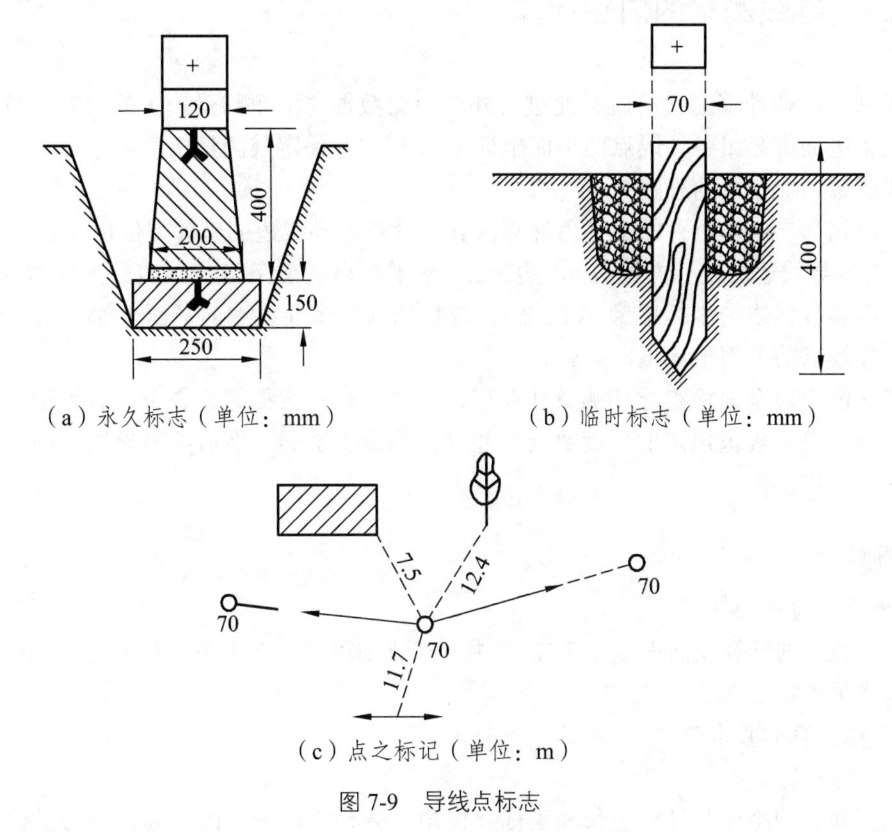


（a）永久标志（单位：mm）（b）临时标志（单位：mm）

（c）点之标记（单位：m）

图 7-9 导线点标志

2. 量边

目前导线的边长测量一般采用全站仪进行测量，直接测量各导线边的水平距离。对于图根导线或测量精度要求不高的情况，亦可以采用钢尺量距或测距仪的方法进行导线边长测量，如果采用钢尺量距的方法，要求钢尺必须经过检定，而且要进行往返丈量，最终取往返丈量的平均值作为量距成果，同时要求钢尺量距的相对误差 $K$，在平坦地区不应大于 1/3 000，在困难地区不应大于 1/1 000。

3. 测角

导线的水平角即转折角，使用经纬仪测回法进行测定。导线的转折角有左角和右角之分，左角即为位于导线前进方向左侧的角，右角即为位于导线前进方向右侧的角。在附合导线中，一般应测量导线的左角，在闭合导线中，一般应测量导线的内角，若闭合导线按逆时针方向编号，则其左角即为内角，相反若闭合导线按顺时针方向编号，则其右角即为内角。

4. 联测

导线与高级控制点连接，必须观测连接角、连接边，作为传递坐标方位角和坐标之用。如果附近无高级控制点，则应用罗盘仪施测导线起始边的磁方位角，并假定起始点的坐标作为起算数据。

### 7.3.3 导线测量的内业计算

导线测量内业计算的目的就是通过对外业观测数据（测角和量边）的误差进行必要的调整与分配，进而推算出各导线点的平面坐标（$x, y$），并评定其测量精度。

导线测量内业计算的思路为：

（1）由相邻导线边所夹的水平角观测值 $\beta$，计算各导线边的坐标方位角 $\alpha$；

（2）由各导线边的坐标方位角 $\alpha$、边长 $D$（水平距离），计算各导线边的坐标增量 $\Delta X$、$\Delta Y$；

（3）由各导线边的坐标增量 $\Delta X$、$\Delta Y$，并根据前一个导线点的平面坐标（$x, y$），计算相邻后一个导线点的平面坐标（$x, y$）。

计算之前，应全面检查导线测量外业记录，认真核查数据是否齐全，有无记错、算错，外业成果是否符合规范规定的精度要求，起算数据是否准确。然后绘制导线略图，把各项数据注于图上相应位置。

1. 内业计算的基本公式

1）坐标方位角的计算

坐标方位角的计算在前面本章第 2 节中已经详细讲述，在本节不再赘述，坐标方位角的计算公式详见本章第 2 节。

2）坐标计算的基本公式

（1）坐标正算。

根据已知点的坐标、已知边长和坐标方位角计算相邻待测点的坐标，即为坐标正算。如图 7-10 所示，已知 $A$ 点坐标（$x_A, y_A$）、$AB$ 边的坐标方位角 $\alpha_{AB}$ 和 $AB$ 边长 $D_{AB}$，现求待测点 $B$ 的坐标（$x_B, y_B$）。

如图 7-10，由

$$\begin{cases}\Delta x_{AB} = D_{AB} \times \cos\alpha_{AB} \\ \Delta y_{AB} = D_{AB} \times \sin\alpha_{AB}\end{cases} \quad (7\text{-}8)$$

得到

$$\begin{cases}x_B = x_A + \Delta x_{AB} \\ y_B = y_A + \Delta y_{AB}\end{cases} \quad (7\text{-}9)$$

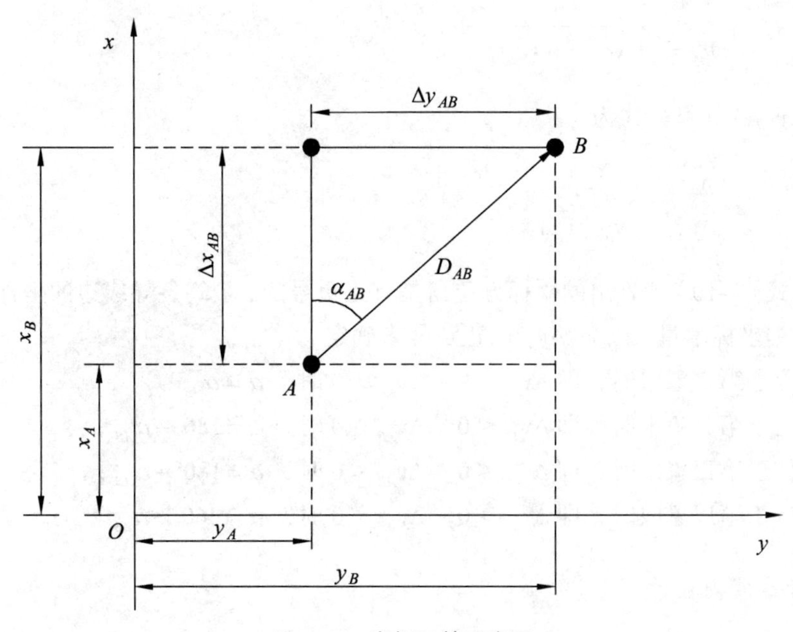


图 7-10　坐标正算示意图

（2）坐标反算。

根据相邻两个已知点的坐标，反算其坐标方位角和边长，即为坐标反算。如图 7-11 所示，已知 $A$ 点坐标（$x_A, y_A$）和点 $B$ 坐标（$x_B, y_B$），现求 $AB$ 边的坐标方位角和边长。

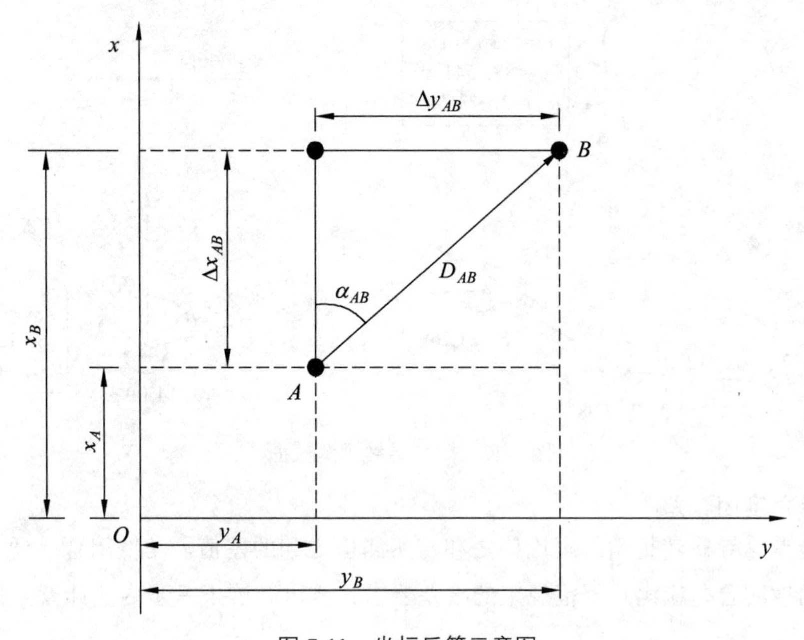


图 7-11　坐标反算示意图

由图 7-11，得到

$$\alpha_{AB} = \arctan\frac{\Delta y_{AB}}{\Delta x_{AB}} \tag{7-10}$$

$$D_{AB}=\sqrt{(\Delta x_{AB})^2+(\Delta y_{AB})^2} \tag{7-11}$$

式中 $\Delta x_{AB}$ 和 $\Delta y_{AB}$ 的计算公式为

$$\begin{cases}\Delta x_{AB}=(x_B-x_A)\\ \Delta y_{AB}=(y_B-y_A)\end{cases} \tag{7-12}$$

其中按照式（7-10）计算出的坐标方位角是有正负号的，最终各导线边的坐标方位角 $\alpha$ 的取值，还应根据坐标增量 $\Delta x_{AB}$ 和 $\Delta y_{AB}$ 的正负号来确定。

当 $AB$ 边位于第Ⅰ象限时，即 $\Delta x_{AB}>0$，$\Delta y_{AB}>0$ 时，$\alpha=\alpha_{AB}$；

当 $AB$ 边位于第Ⅱ象限时，即 $\Delta x_{AB}<0$，$\Delta y_{AB}>0$ 时，$\alpha=180°-\alpha_{AB}$；

当 $AB$ 边位于第Ⅲ象限时，即 $\Delta x_{AB}<0$，$\Delta y_{AB}<0$ 时，$\alpha=180°+\alpha_{AB}$；

当 $AB$ 边位于第Ⅳ象限时，即 $\Delta x_{AB}>0$，$\Delta y_{AB}<0$ 时，$\alpha=360°-\alpha_{AB}$。

2. 附合导线的内业计算

如图 7-12 所示，附合导线连接在高级控制点 $A$、$B$ 和 $C$、$D$ 上，其坐标均为已知。连接角为 $\beta_B$ 和 $\beta_C$，起始边 $AB$ 的坐标方位角 $\alpha_{AB}$ 和终边 $CD$ 的坐标方位角 $\alpha_{CD}$ 为已知（亦可通过坐标反算求得）。外业观测数据包括附合导线各边长 $D$ 和转折角 $\beta$。将经过检查后的外业观测数据和坐标起算数据（下划线数据）填入附合导线坐标计算表 7-4 中。

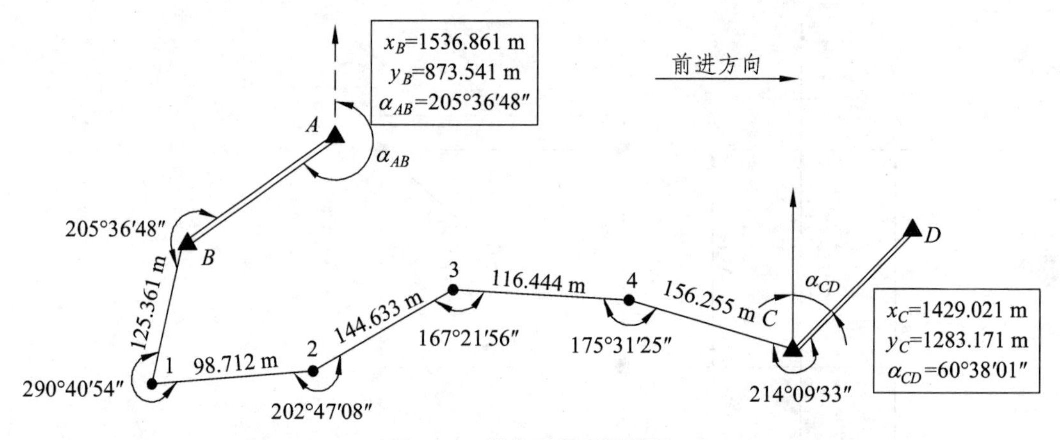


图 7-12　附合导线观测数据

（1）计算角度闭合差。

角度闭合差是导线转折角的理论值之和与实测值之和的差值。角度闭合差通常用符号 $f_\beta$ 来表示，且角度闭合差应满足规范规定的限差要求，方可开展下一步内业计算工作。

$$f_\beta=\sum\beta_{测}-\sum\beta_{理} \tag{7-13}$$

图 7-12 中，附合导线所有转折角均为右转折角，现以右转折角为例，根据导线坐标方位角的计算方法，演算附合导线转折角理论值之和 $\sum\beta_{理}$ 的计算方法与过程。

$$
\begin{aligned}
&\alpha_{B1}=\alpha_{AB}+180^\circ-\beta_B\\
&\alpha_{12}=\alpha_{B1}+180^\circ-\beta_1\\
&\alpha_{23}=\alpha_{12}+180^\circ-\beta_2\\
&\alpha_{34}=\alpha_{12}+180^\circ-\beta_3\\
&\alpha_{4C}=\alpha_{34}+180^\circ-\beta_4\\
+)\ &\alpha_{CD}=\alpha_{4C}+180^\circ-\beta_C\\
\hline
&\alpha_{CD}=\alpha_{AB}+6\times180^\circ-\sum\beta_{理}
\end{aligned}
$$

由此，可以得到观测角度为右转折角时，$\sum\beta_{理}$ 的一般计算公式为

$$\sum\beta_{理}=\alpha_{始}-\alpha_{终}+n\times180^\circ \tag{7-14}$$

同理，当观测角度为左转折角时，$\sum\beta_{理}$ 的一般计算公式为

$$\sum\beta_{理}=\alpha_{终}-\alpha_{始}+n\times180^\circ \tag{7-15}$$

由式（7-13）（7-14）和（7-15），可以得到附合导线角度闭合差计算的通用公式为

$$f_\beta=\sum\beta_{测}\pm(\alpha_{始}-\alpha_{终})-n\times180^\circ \tag{7-16}$$

若 $f_\beta\geqslant f_{\beta容}$ 时，说明外业观测角度不满足精度要求，需重新进行导线转折角测量；若 $f_\beta<f_{\beta容}$ 时，说明外业观测角度符合精度要求，可以进行角度闭合差的调整和分配。

（2）角度闭合差的分配。

角度闭合差的分配原则为首先将角度闭合差反号，然后按照转折角的个数平均分配到各转折角，即

$$V_i=-f_\beta/n \tag{7-17}$$

式中：$n$——包括连接角在内的所有转折角的总数。

若 $\sum n=-f_\beta$ 时，可以开展下一步计算工作，否则应重新复核本步骤计算过程。

（3）计算改正后的转折角 $\beta_{i改}$。

$$\beta_{i改}=\beta_{i测}+V_i \tag{7-18}$$

若 $\sum\beta_{改}=\sum\beta_{理}$ 时，说明对观测角度的误差修正计算正确，否则应重新复核本步骤计算过程。

（4）推算各导线边的坐标方位角。

$$\alpha_{前}=\alpha_{后}+180^\circ\pm\beta_{右}^{左} \tag{7-19}$$

式中 $\beta$ 应为修正后的 $\beta_{i改}$，由式（7-19）推算出的导线终边 $CD$ 的坐标方位角 $\alpha'_{CD}$ 与已知 CD 边的坐标方位角 $\alpha_{CD}$ 相同，则可以开展下一步计算工作，否则应重新复核本步骤计算过程。

（5）计算坐标增量 $\Delta_{xi}$ 和 $\Delta_{yi}$

$$\begin{cases}\Delta_{xi}=D_i\cdot\cos\alpha_i\\ \Delta_{yi}=D_i\cdot\sin\alpha_i\end{cases} \tag{7-20}$$

（6）计算坐标增量闭合差 $f_x$ 和 $f_y$。

$$\begin{cases} f_x = \sum \varDelta_{xi} - (x_{终} - x_{始}) \\ f_y = \sum \varDelta_{yi} - (y_{终} - y_{始}) \end{cases} \tag{7-21}$$

由于 $f_x$ 和 $f_y$ 的存在，导致导线不能终边 $CD$ 连接，存在导线全长闭合差 $f_D$，即

$$f_D = \sqrt{f_x^2 + f_y^2} \tag{7-22}$$

仅通过导线全长闭合差 $f_D$，无法准确衡量导线量边的测量精度，所以一般采用导线全长相对闭合差 $K$ 来衡量。导线全长相对闭合差为导线全长闭合差 $f_D$ 与导线全长 $\sum D$ 之比，并化为分子为 1 的分数来表示，即

$$K = \frac{f_D}{\sum D} = \frac{1}{\dfrac{\sum D}{f_D}} \tag{7-23}$$

若 $K \leqslant K_{容}$，则表明导线量边的精度满足要求，否则应进行重测。不同等级的导线对导线全长相对闭合差有不同的容许值 $K_{容}$，对于图根导线来言，导线全长相对闭合差容许值

$$K_{容} = \frac{1}{2\,000}$$

（7）坐标增量闭合差的分配。

坐标增量闭合差的分配原则为首先将坐标增量闭合差反号，然后按照各导线边长占导线全长的比例来进行分配，即

$$\begin{cases} v_{xi} = -\dfrac{f_x}{\sum D} \times D_i \\ v_{yi} = -\dfrac{f_y}{\sum D} \times D_i \end{cases} \tag{7-24}$$

若 $\sum v_x = -f_x$ 和 $\sum v_y = -f_y$ 时，则坐标增量闭合差的分配计算正确，否则应重新复核本步骤计算过程。

（8）计算改正后的坐标增量 $\varDelta_{xi改}$ 和 $\varDelta_{yi改}$。

$$\begin{cases} \varDelta_{xi改} = \varDelta_{xi} + v_{xi} \\ \varDelta_{yi改} = \varDelta_{yi} + v_{yi} \end{cases} \tag{7-25}$$

若 $\sum \varDelta_{xi改} = (x_{终} - x_{始})$ 和 $\sum \varDelta_{yi改} = (y_{终} - y_{始})$ 时，则坐标增量闭合差的调整与分配满足要求，否则应重新复核本步骤计算过程。

（9）计算各导线点的坐标值。

$$\begin{cases} x_i = x_{i-1} + \varDelta_{xi改} \\ y_i = y_{i-1} + \varDelta_{yi改} \end{cases} \tag{7-26}$$

若由式（7-26）推算出的导线终点坐标与导线终点坐标的已知值相同，则导线坐标计算结果正确，否则应重新复核本步骤计算过程。

表 7-4　附合导线坐标计算表

| 点号 | 观测角（右角）/（° ′ ″） | 改正数/（″） | 改正角/（° ′ ″） | 坐标方位角 $\alpha$ | 距离 $D_m$ | 增量计算值 | | 改正后增量 | | 坐标值 | |
|---|---|---|---|---|---|---|---|---|---|---|---|
| | | | | | | $\Delta x$/m | $\Delta y$/m | $\Delta x$/m | $\Delta y$/m | x/m | y/m |
| $A$ | | | | | | | | | | | |
| | | | | 236 44 28 | | | | | | | |
| $B$ | 205 36 48 | −13 | 205 36 35 | | | | | | | 1536.861 | 837.541 |
| | | | | 211 07 53 | 125.361 | +0.033<br>−107.307 | −0.016<br>−64.812 | −107.274 | −64.828 | | |
| 1 | 290 40 54 | −12 | 290 40 42 | | | | | | | 1429.587 | 772.713 |
| | | | | 100 27 11 | 98.712 | +0.026<br>−17.909 | −0.012<br>+97.074 | −17.883 | +97.062 | | |
| 2 | 202 47 08 | −13 | 202 46 55 | | | | | | | 1411.704 | 869.775 |
| | | | | 77 40 16 | 144.633 | +0.038<br>+30.882 | −0.018<br>+141.297 | +30.920 | +141.279 | | |
| 3 | 167 21 56 | −13 | 167 21 43 | | | | | | | 1442.624 | 1011.054 |
| | | | | 90 18 33 | 116.444 | +0.030<br>−0.628 | −0.015<br>+116.442 | −0.598 | +116.427 | | |
| 4 | 175 31 25 | −13 | 175 31 12 | | | | | | | 1442.026 | 1127.481 |
| | | | | 94 47 21 | 156.255 | +0.041<br>−13.046 | −0.019<br>+155.709 | −13.005 | +155.690 | | |
| $C$ | 214 09 33 | −13 | 214 09 20 | | | | | | | 1429.021 | 1283.171 |
| | | | | 60 38 01 | | | | | | | |
| $D$ | | | | | | | | | | | |
| $\Sigma$ | 1256 07 44 | −77 | 1256 06 25 | | 641.405 | −108.008 | +445.710 | | | | |
| 辅助计算 | $f_\beta=\Sigma\beta_{测}-\alpha_{始}+\alpha_{终}-n\cdot 180°=+1'77''$，$f_x=-0.168$，$f_y=+0.080$，$f_D=\sqrt{f_x^2+f_y^2}=\pm 0.186$<br>$f_{\beta容}=\pm 60''\sqrt{6}=\pm 147''$，$K=\dfrac{0.186}{641.405}=\dfrac{1}{3\,448}$，$K_{容}=\dfrac{1}{2\,000}$ | | | | | | | | | | |

3. 闭合导线的内业计算

闭合导线的内业计算方法与步骤同附合导线基本相同，由于闭合导线的布设形式不同，导致闭合导线在角度闭合差 $f_\beta$ 的计算和坐标增量闭合差 $f_x$ 和 $f_y$ 的计算公式不同，其余计算步骤与公式均相同。下面就重点介绍闭合导线的角度闭合差 $f_\beta$ 和坐标增量闭合差 $f_x$ 和 $f_y$ 的计算。

（1）计算角度闭合差。

由于在闭合导线中一般应测量导线的内角，因此闭合导线所形成的多边形的内角和的实测值与理论值之间存在一定的误差，即为闭合导线的角度闭合差。

$$f_\beta = \sum \beta_{测} - \sum \beta_{理} \tag{7-27}$$

式中，$\sum \beta_{理}$ 即为 $n$ 边形内角和的理论值，根据 $n$ 边形内角和的计算公式即可得到

$$\sum \beta_{理} = (n-2) \times 180^\circ \tag{7-28}$$

由此得到闭合导线的角度闭合差

$$f_\beta = \sum \beta_{测} - (n-2) \times 180^\circ \tag{7-29}$$

（2）计算坐标增量闭合差 $f_x$ 和 $f_y$。

根据闭合导线自身的特点，闭合导线起点和终点均为同一个已知点，因此闭合导线坐标增量闭合差 $f_x$ 和 $f_y$，即为闭合导线坐标增量计算值的代数和。

$$\begin{cases} f_x = \sum \varDelta_{xi} \\ f_y = \sum \varDelta_{yi} \end{cases} \tag{7-30}$$

如图 7-13 所示，闭合导线外业观测数据包括导线各边长 $D$ 和转折角 $\beta$ 已经标注在图中。将经过检查后的外业观测数据和坐标起算数据（下划线数据）填入在闭合导线坐标计算表 7-5 中。

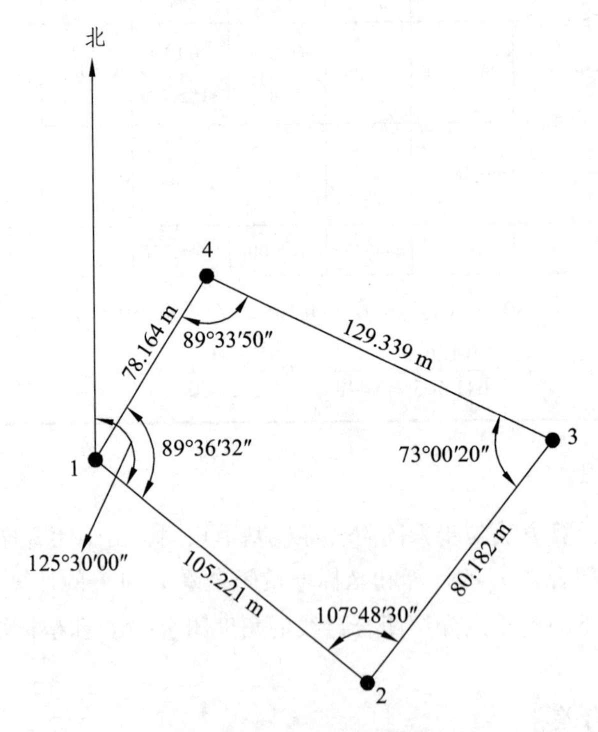


图 7-13　闭合导线观测数据

表 7-5　闭合导线坐标计算表

| 点号 | 观测角（右角）/（° ′ ″） | 改正数/（″） | 改正角/（° ′ ″） | 坐标方位角 α/（° ′ ″） | 距离 D/m | 增量计算值 | | 改正后增量 | | 坐标值 | |
|---|---|---|---|---|---|---|---|---|---|---|---|
| | | | | | | Δx/m | Δy/m | Δx/m | Δy/m | x/m | y/m |
| 1 | | | | | | | | | | 500.000 | 500.000 |
| | | | | 125 30 00 | 105.221 | −0.023<br>−61.102 | +0.019<br>+85.662 | −61.125 | +85.681 | | |
| 2 | 107 48 30 | +12 | 107 48 42 | | | | | | | 438.875 | 585.681 |
| | | | | 53 18 42 | 80.182 | −0.017<br>+47.906 | +0.014<br>+64.298 | +47.889 | +64.312 | | |
| 3 | 73 00 20 | +12 | 73 00 32 | | | | | | | 486.764 | 649.993 |
| | | | | 306 19 14 | 129.338 | −0.028<br>+76.607 | +0.023<br>−104.210 | +76.579 | −104.187 | | |
| 4 | 89 33 50 | +12 | 89 34 02 | | | | | | | 563.343 | 545.806 |
| | | | | 215 53 16 | 78.164 | −0.017<br>−63.326 | +0.014<br>−45.820 | −63.343 | −45.806 | | |
| 1 | 89 36 32 | +12 | 89 36 44 | | | | | | | 500.000 | 500.000 |
| | | | | 125 30 00 | | | | | | | |
| 2 | | | | | | | | | | | |
| Σ | 359 59 12 | +48 | 360 00 00 | | 391.905 | +0.085 | −0.070 | 0.000 | 0.000 | | |
| 辅助计算 | $f_\beta=\sum\beta_{测}-(n-2)\cdot 180°=-48''$　$f_x=+0.085$　$f_y=-0.070$　$f_x=+0.085$<br>$f_{\beta容}=\pm 60''\sqrt{4}=\pm 120''$　$K=\dfrac{0.110}{392.905}=\dfrac{1}{3\,563}$　$K_{容}=\dfrac{1}{2\,000}$ | | | | | | | | | | |

## 7.4　交会定点

交会定点是用来加密控制点的方法。进行平面控制测量时，当测区内控制点的密度不足以满足测图或工程测设需要时，可采用交会定点来对控制网进行加密。常采用的交会定点方法有角度交会法和距离交会法，角度交会法又可分为前方交会、后方交会和侧方交会。

### 7.4.1　前方交会

如图 7-14 所示，$A$ 和 $B$ 点为已知控制点，点 $P$ 为待求点，用经纬仪测定出 $\alpha$ 和 $\beta$，根据 $A$ 和 $B$ 点的坐标，通过三角形计算得出 $P$ 点的坐标（$x_P$，$y_P$），这种方法即为前方交会法。

略去推导过程，按照基本公式（余切公式），便可计算出 $P$ 点的坐标（$x_P$，$y_P$）。

（1）当 $A$、$B$、$P$ 逆时针编号，$P$ 点坐标的计算公式为

$$\begin{cases} x_P=\dfrac{x_A\cot\beta+x_B\cot\alpha+(y_B-y_A)}{\cot\alpha+\cot\beta} \\ y_P=\dfrac{y_A\cot\beta+y_B\cot\alpha-(x_B-x_A)}{\cot\alpha+\cot\beta} \end{cases} \tag{7-31}$$

（2）当 $A$、$B$、$P$ 顺时针编号，$P$ 点坐标的计算公式为

$$\begin{cases} x_P = \dfrac{x_A \cot\beta + x_B \cot\alpha - (y_B - y_A)}{\cot\alpha + \cot\beta} \\ y_P = \dfrac{y_A \cot\beta + y_B \cot\alpha + (x_B - x_A)}{\cot\alpha + \cot\beta} \end{cases} \tag{7-32}$$

为了提高精度，通常在三个已知点上进行观测，得到 $P$ 点的两组坐标，并对其点位进行较差。同时由于交会角过大或过小，都会影响 $P$ 点的坐标精度，因此通常将交会角控制在 30°～150°。

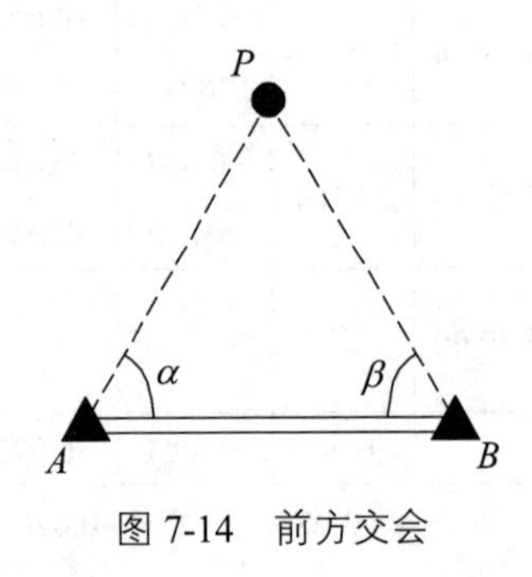


图 7-14　前方交会

## 7.4.2　后方交会

如图 7-15 所示，在待求点 $P$ 上设站，对三个已知点 $A$、$B$ 和 $C$ 进行水平角测定，得到水平角 $\alpha$ 和 $\beta$，然后根据三个已知点的坐标和两个水平角的观测值，计算出待求点 $P$ 的坐标（$x_P$，$y_P$），这种方法即为后方交会法。

根据后方交会法计算待求点 $P$ 的公式很多，本章节仅介绍其中较为简单的一组公式：

$$\begin{cases} x_P = x_B + \dfrac{a - bK}{1 + K^2} \\ y_P = y_B + K\dfrac{a - bK}{1 + K^2} \end{cases} \tag{7-33}$$

$$\begin{cases} a = (y_A - y_B)\cot\alpha + (x_A - x_B) \\ b = (x_A - x_B)\cot\alpha - (y_A - y_B) \\ c = (y_B - y_C)\cot\beta + (x_B - x_C) \\ d = (x_B - x_C)\cot\beta - (y_B - y_C) \end{cases} \tag{7-34}$$

$$K = \frac{a + c}{b + d} \tag{7-35}$$

在后方交会法中，若待求点 $P$ 位于已知点 $A$、$B$ 和 $C$ 的外接圆上时，$P$ 点在外接圆上的任意位置，$\alpha$ 和 $\beta$ 值均不变，这样便可以根据 $\alpha$ 和 $\beta$，推算得到无数多组 $P$ 点的坐标，因而致

使 $P$ 点的坐标不定解或精度较低，这样的圆被称为危险圆，如图 7-16 所示。

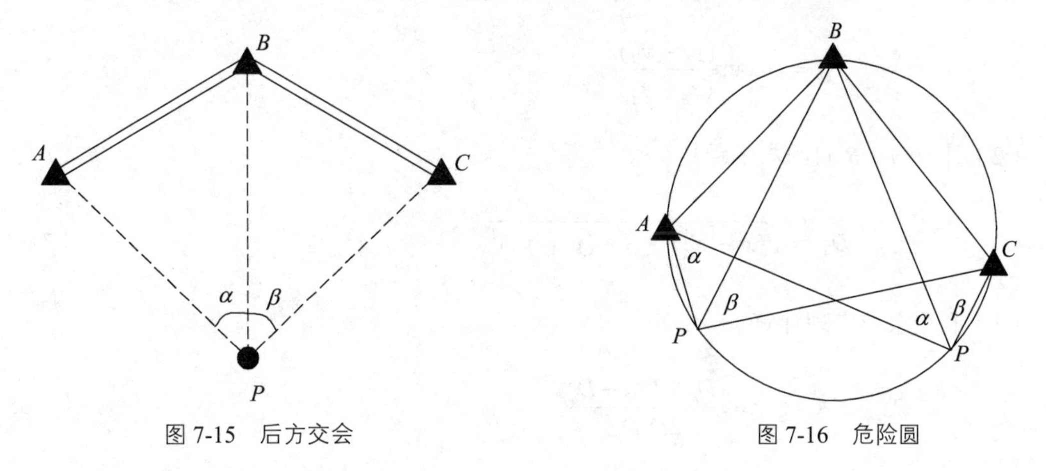


图 7-15　后方交会　　　　　　　　　　图 7-16　危险圆

## 7.4.3　侧方交会

侧方交会和前方交会的方法基本相同，如图 7-17 所示，只需要计算出 $\beta = 180^{\circ} - (\alpha + \gamma)$，再按照式（7-31）或（7-32）计算出待求点 $P$ 的坐标（ $x_P$，$y_P$ ）。

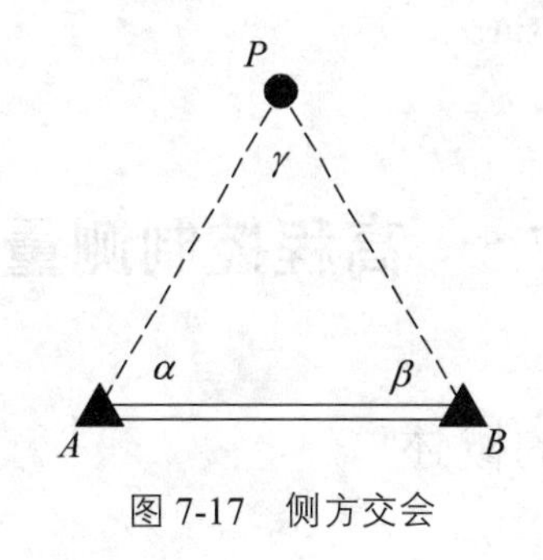


图 7-17　侧方交会

## 7.4.4　距离交会

如图 7-18 所示，$A$ 和 $B$ 点为两个已知点，$P$ 点为待求点，便可以根据已知点 $A$ 和 $B$，以及 $P$ 点到 $A$ 和 $B$ 点距离 $D_b$ 和 $D_a$，计算出待求点 $P$ 的坐标（ $x_p$，$y_P$ ），计算步骤如下：

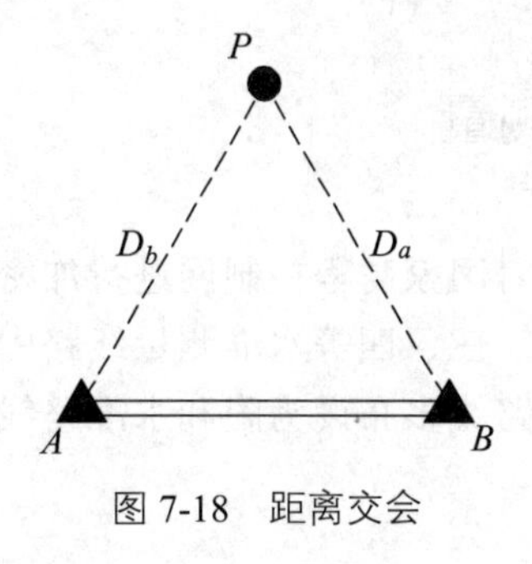


图 7-18　距离交会

（1）计算 $AB$ 边的坐标方位角

$$\alpha_{AB}=\arctan\frac{(y_B-y_A)}{(x_B-x_A)}\tag{7-36}$$

（2）计算 $A$、$B$ 间的水平距离

$$D_{AB}=\sqrt{(x_B-x_A)^2+(y_B-y_A)^2}\tag{7-37}$$

（3）利用余弦定理计算

$$\angle A=\arccos\frac{D_b^2+D_{AB}^2-D_a^2}{2D_bD_{AB}}\tag{7-38}$$

（4）计算 $AP$ 边的坐标方位角

$$\alpha_{AP}=\alpha_{AB}-\angle A\tag{7-39}$$

（5）计算 $P$ 点的坐标（$x_P$，$y_P$）：

$$\begin{cases}x_P=x_A+D_{AB}\cos\alpha_{AP}\\y_P=y_A+D_{AB}\sin\alpha_{AP}\end{cases}\tag{7-40}$$

# 7.5 高程控制测量

## 7.5.1 高程控制测量的概述

测定控制点高程的工作，即为高程控制测量。小地区高程控制测量通常采用水准测量和三角高程测量两种方法。其中水准测量一般采用三、四等水准测量及图根水准测量，水准测量适用于测量精度较高、地形起伏不大、地面较为平坦的高程控制测量；而三角高程测量适用于测量精度要求不高、地形复杂、地势起伏较大的高程控制测量。本章节主要介绍三、四等水准测量和三角高程测量的方法。

## 7.5.2 三、四等水准测量

三、四等水准测量通常用于对国家高程控制网进行加密，一般在小地区建立首级高程控制网也常采用三、四等水准测量。三、四等水准测量线路中的已知高程一般引测自国家一、二等已知水准点。三、四等水准路线多布设为附和水准路线，针对独立测区也可采用闭合水准路线，并假定起始点的高程。

1. 三、四等水准测量的主要技术要求

三、四等水准测量一般应沿道路布设，并尽量避开土质松软地段，水准点应埋设稳固、做好标记，且便于寻找、保存和引测。水准点间距一般地区为 1～3 km，工业厂区、城镇建筑区宜小于 1 km，但一个测区及周围至少应有 3 个高程控制点。三、四等水准测量的精度要求高于普通水准测量，除了对仪器的技术参数有明确规定之外，对观测程序、观测方法、视线长度和误差等都有严格的要求，依据国家标准《工程测量规范》（GB50026—2007），三、四等水准测量的主要技术要求见表 7-6 和表 7-7 所示。

表 7-6 水准测量的主要技术要求

| 等级 | 每千米高差全中误差/mm | 路线长度/km | 水准仪型号 | 水准尺 | 观测次数 | | 往返较差、附合或环线闭合差 | |
|---|---|---|---|---|---|---|---|---|
| | | | | | 与已知点联测 | 附合或环线 | 平地/mm | 山地/mm |
| 二等 | 2 | | $DS_1$ | 因瓦 | 往返各一次 | 往返各一次 | $\pm4\sqrt{L}$ | |
| 三等 | 6 | ≤50 | $DS_1$ | 因瓦 | 往返各一次 | 往一次 | $\pm12\sqrt{L}$ | $\pm4\sqrt{n}$ |
| | | | $DS_3$ | 双面 | | 往返各一次 | | |
| 四等 | 10 | ≤16 | $DS_3$ | 单面 | 往返各一次 | 往一次 | $\pm20\sqrt{L}$ | $\pm6\sqrt{n}$ |

表 7-7 水准观测的主要技术要求

| 等级 | 水准仪型号 | 视线长度/m | 前后视较差/m | 前后视累积差/m | 视线离地面最低高度/m | 基、辅分划或黑红面读数较差/mm | 基、辅分划或黑红面所测高差较差/mm |
|---|---|---|---|---|---|---|---|
| 二等 | $DS_1$ | 50 | 1 | 3 | 0.5 | 0.5 | 0.7 |
| 三等 | $DS_1$ | 100 | 3 | 6 | 0.3 | 1.0 | 1.5 |
| | $DS_3$ | 75 | | | | 2.0 | 3.0 |
| 四等 | $DS_3$ | 100 | 5 | 10 | 0.2 | 3.0 | 5.0 |

2. 三、四等水准测量的观测方法

三、四等水准测量通常采用红、黑双面水准尺进行观测，两根双面水准尺黑面的底数均为 0，红面的底数一根为 4.687 m，另一根为 4.787 m，两根双面水准尺应成对使用。三、四等水准测量的观测应在通视良好、望远镜成像清晰稳定的情况下，按照“后—前—前—后”或“黑—黑—红—红”观测顺序进行观测。在一个测站上的观测顺序如下。

（1）后视双面水准尺黑面，使圆水准器气泡居中，读取下、上丝读数，转动微倾螺旋，使符合水准气泡居中，读取中丝读数；

（2）前视双面水准尺黑面，读取下、上丝读数，转动微倾螺旋，使符合水准气泡居中，读取中丝读数；

（3）前视水准尺红面，转动微倾螺旋，使符合水准气泡居中，读取中丝读数；

（4）后视水准尺红面，转动微顿螺旋，使符合水准气泡居中，读取中丝读数。

采用这样的观测顺序，可以大大减弱仪器下沉误差的影响。四等水准测量每站观测顺序可为“后—后—前—前”。

#### 3. 三、四等水准测量的测站计算与检核

三、四等水准测量的测站计算与检核包括视距计算，同一水准尺红、黑面中丝读数的检核，计算黑面、红面的高差和计算平均高差。

（1）视距计算。

视距计算式根据前、后视的上、下丝读数来计算前、后视的视距。关于前、后视距差的要求为：三等水准测量，不得超过 3 m；四等水准测量，不得超过 5 m。关于前、后视距累积差的要求为：三等水准测量，不得超过 6 m；四等水准测量，不得超过 10 m。

（2）同一水准尺红、黑面中丝读数的检核。

同一水准尺红、黑面中丝读数之差，应等于该尺红、黑面的常数差 $K$（4.687 或 4.787）。关于常数差 $K$ 要求为：三等水准测量，不得超过 2 mm；四等水准测量，不得超过 3 mm。

（3）计算黑面、红面的高差。

利用前、后视水准尺的黑、红面中丝读数分别计算该站的高差。由于成对使用的双面水准尺尺常数 $K$ 相差 0.100 m，因此如果没有观测误差，那么黑面高差与红面高差之差应为 0.100 m，但是在实际操作过程中，由于存在观测误差，导致黑面高差与红面高差与尺常数 $K$ 之差存在误差，关于此误差要求为：三等水准测量，不得超过 3 mm，四等水准测量，不得超过 5 mm。

（4）计算平均高差。

如果黑红面高差之差满足上述（3）中的要求，那么就可以取黑红面的高差的平均值作为该测站的观测高差。

#### 4. 三、四等水准测量的成果计算

三、四等水准测量通常可以布设为单一水准路线（附和水准路线或闭合水准路线），当外业观测成果误差满足规范要求，方可进行高差闭合差的计算与调整。三、四等水准测量成果计算方法与本书第二章所介绍的普通水准测量的成果计算方法相同，可以参阅该章节内容。

### 7.5.3 三角高程测量

当两水准点间（已知水准点和待测水准点）地形起伏较大，不便于开展水准测量时，可以采用三角高程测量的方法测定两点间的高差，从而间接地得到待测水准点的高程。三角高程测量的精度较低，通常用作山区各种比例尺测图的高程控制测量。

#### 1. 三角高程测量的原理

三角高程测量的基本原理是根据测站点与目标点间的水平距离和目标视线的竖直角，来计算两点间的高差。如图 7-19 所示，已知控制点 $A$ 的高程为 $H_A$，现需要求目标控制点 $B$ 的高程 $H_B$。在点 $A$ 处安置经纬仪，在点 $B$ 处竖立观测目标，使经纬仪照准点 $B$ 的目标顶端，观测得到目标视线的竖直角 $\alpha$，并量取仪器高 $i$ 和目标高 $v$。

如果用测距仪测出 $AB$ 两点间的倾斜距离 $S$，则 $AB$ 两点间的高差为

$$h_{AB} = S \cdot \sin\alpha + i - v \tag{7-41}$$

如果已知或测出 $AB$ 两点间的水平距离 $D$，则 $AB$ 两点间的高差为

$$h_{AB} = D \cdot \tan\alpha + i - v \tag{7-42}$$

最终目标点 $B$ 的高程为

$$H_B = H_A + h_{AB} \tag{7-43}$$

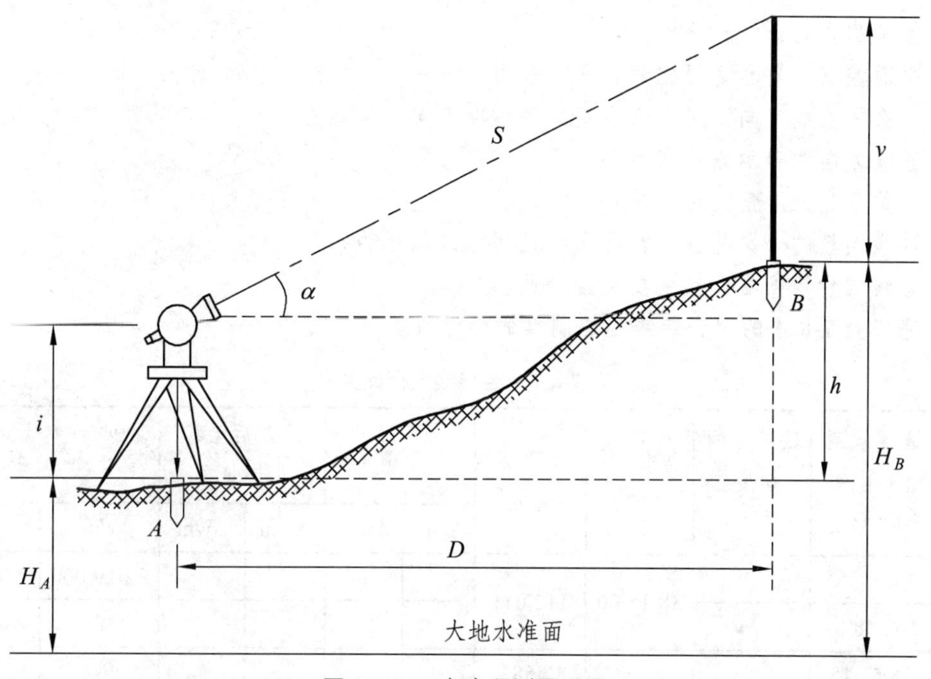


图 7-19　三角高程测量原理

2. 三角高程测量的观测与计算

在进行平面控制测量的同时可进行三角高程测量，其测量精度主要取决于水平距离 D、竖直角 $\alpha$ 、仪器高 $i$ 和目标高 $v$ 的测量精度。通常水平距离 D、仪器高 $i$ 和目标高 $v$ 由测距仪或全站仪测得，竖直角 $\alpha$ 采用盘左、盘右观测取平均值得到。

利用三角高程测量方法测定地面控制点的高程时，当两点间距离大于 300 m 时，应考虑地球曲率和大气折光对高差测量精度的影响，采用对向观测的方法可以减弱其影响。所谓对向观测即为三角高程测量应进行往（直觇）、返（返觇）观测。若三角高程测量对向观测的高差较差在限差范围之内，则取其平均值作为两点间的最终高差。

三角高程测量的观测路线应布设成闭合路线或附合路线，每两点间应采用对向观测，由它求得两点间的高差平均值，并计算闭合路线或附合路线的高差闭合差 $f_h$（单位为 m），其高差闭合差限差 $f_{h容}$ 为

$$f_{h容} = \pm 0.05\sqrt{\sum D^2} \tag{7-44}$$

式中，$D$ 为各边的水平距离，单位为 km。

若计算得到的高差闭合差 $f_h \leqslant f_{h容}$，则将高差闭合差反号按照与边长成正比例的原则，分配各高差实测值，得到修正后的高差，再利用修正后的高差从起始点（已知点）的高程开始推算各待测点的高程。

## 思考题与习题

1. 控制测量的含义及分类？
2. 平面控制测量和高程控制测量常采用的方法是什么？
3. 什么是直线定向？用于直线定向的标准方向包括哪些？
4. 直线方向的表示方法有哪些？
5. 方位角和象限角的含义是什么？
6. 导线测量的含义是什么？导线布设的方式包括哪些？
7. 导线测量的外业工作主要包括哪些？
8. 完成表 7-8 中的闭合导线各控制点的坐标值。

表 7-8 闭合导线坐标计算表

| 点号 | 角度观测值（右角）/（°′″） | 改正后的角度/（°′″） | 方位角/（°′″） | 水平距离/m | 坐标增量 | | 改正后坐标增量 | | 坐 标 | |
|---|---|---|---|---|---|---|---|---|---|---|
| | | | | | Δ$x$/m | Δ$y$/m | Δ$x$/m | Δ$y$/m | $x$/m | $y$/m |
| 1 | | | 38 15 00 | 112.011 | | | | | 2 019.000 | 2 019.000 |
| 2 | 102 48 09 | | | | | | | | | |
| 3 | 78 51 15 | | | 87.582 | | | | | | |
| 4 | 84 23 27 | | | 137.713 | | | | | | |
| 1 | 93 57 36 | | | 89.504 | | | | | | |
| 2 | | | | | | | | | | |
| Σ | | | | | | | | | | |
| 辅助计算 | | | | | | | | | | |

9. 完成表 7-9 中的附和导线各控制点的坐标值。
10. 交会定点的作用是什么？其常采用的方法有哪些？
11. 交会定点常采用的方法各自适用的范围是什么？
12. 简述三、四等水准测量的主要观测步骤？
13. 简述三角高程测量的基本原理？

表 7-9　附合导线坐标计算表

| 点号 | 角度观测值（左角）/（° ′ ″） | 改正后的角度/（° ′ ″） | 方位角/（° ′ ″） | 水平距离/m | 坐标增量 | | 改正后坐标增量 | | 坐标 | |
|---|---|---|---|---|---|---|---|---|---|---|
| | | | | | Δx/m | Δy/m | Δx/m | Δy/m | x/m | y/m |
| *A* | | | 45 00 12 | | | | | | | |
| *B* | 239 29 15 | | | | | | | | 921.320 | 102.750 |
| 1 | 157 44 39 | | | 187.621 | | | | | | |
| 2 | 204 49 51 | | | 158.792 | | | | | | |
| *C* | 149 41 15 | | | 129.333 | | | | | 857.980 | 565.300 |
| *D* | | | 76 44 48 | | | | | | | |
| ∑ | | | | | | | | | | |
| 辅助计算 | | | | | | | | | | |

# 8　大比例尺地形图测绘及应用

## 8.1　地形图的基本知识

### 8.1.1　概述

地形是地物和地貌的总称。地物是天然或人工形成的物体，如湖泊、河流、房屋、道路等，湖泊和河流为自然地物，房屋道路为人工地物。地表的高低起伏状态，如高山、丘陵、洼地等称为地貌。通过野外实地测绘，将地面上各种地物的平面位置按一定比例尺，经过综合取舍，用规定的符号缩绘在图纸上，并注上代表性的高程点，这种图称为平面图；既表示出各种地物，又用等高线表示地貌的图，称为地形图，并且地形图是按照一定的比例尺，运用规定的符号表示地物、地貌平面位置和高程的正射投影图。

大比例尺地形图按成图方法分成两大类：用测量仪器在实地测定地面点位，用符号与线划描绘的线划地形图，简称白纸成图法；在实地用全站仪或者 RTK 测定地面点的坐标，把坐标和地形信息存储在计算机中，通过计算机成图软件转化成各种比例尺的地形图，这种称为数字地形图。

如图 8-1 所示为某幅 1∶500 比例尺城市居民地地形图的部分，主要表示城市街道、房屋、道路等。

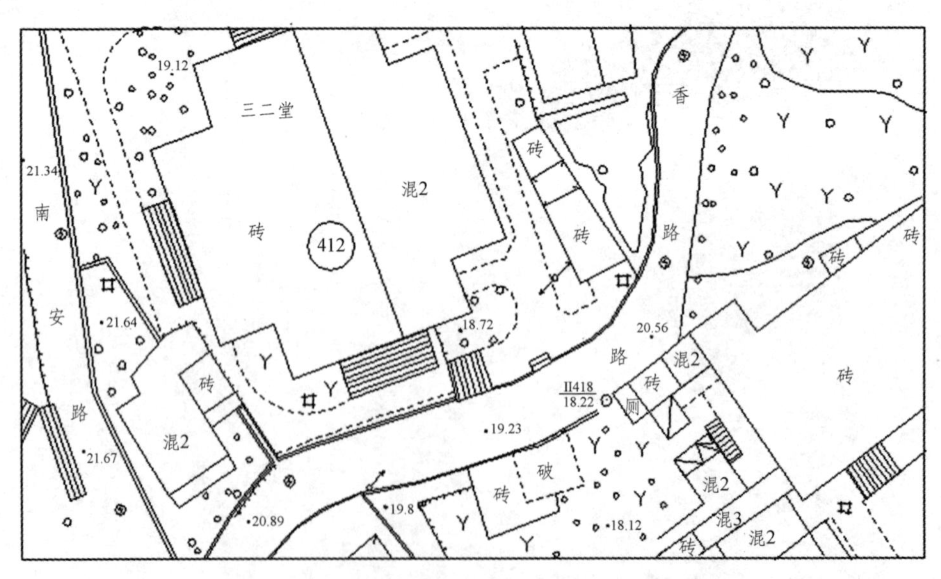


图 8-1　1∶500 比例尺城市居民地地形图示例

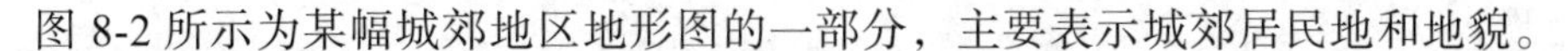

图 8-2 所示为某幅城郊地区地形图的一部分，主要表示城郊居民地和地貌。

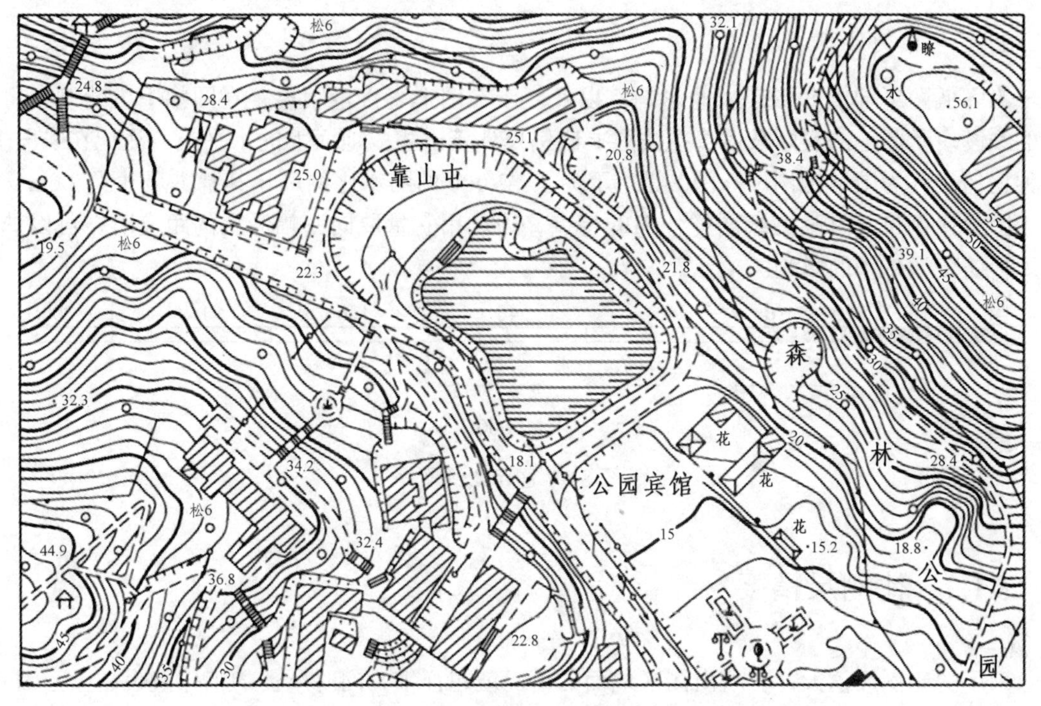


图 8-2 城郊地区地形图示例

这两张地形图反映了不同的地面状况。在城镇、市区（图 8-1）图上多显示出较多的地物，地貌反映较少；在丘陵地带及山区地，地面起伏较大，除了要在图上表示地物外，还应较详细地反映地面高低起伏的状况。如图 8-2 中有很多曲线，就是用以表示地面的起伏情况，称为等高线。

地形图包含的内容丰富，归纳起来可分为三类：数学要素，如比例尺、坐标格网等；地形要素，即各种地物、地貌；注记和整饰要素，包括各类注记、说明资料和辅助图表等。下面详细介绍地形图的比例尺、地物符号、地貌符号、图廓及图廓外注记。

## 8.1.2 地形图的比例尺

### 1. 数字比例尺

地形图上任意线段长度 $d$ 与地面上对应线段的实际水平距离 $D$ 之比，并用分子为 1 的整分数形式表示，即

$$\frac{d}{D}=\frac{1}{D/d}=\frac{1}{M}=1:M \tag{8-1}$$

式中，$M$ 称为比例尺分母。通常称 1∶500、1∶1 000、1∶2 000、1∶5 000 地形图为大比例尺；1∶1 万、1∶2.5 万、1∶5 万、1∶10 万地形图为中比例尺地形图；1∶25 万、1∶50 万、1∶100 万地形图为小比例尺地形图。从 1∶1 万到 1∶100 万这七种比例尺地形图称为我国国家基

本比例尺地形图。

2. 图示比例尺

为降低图纸伸缩变形带来的影响，以及便于在图上直接量距离，在图幅下方绘制一定长度的线段表示图上的实际长度，并按图上比例尺计算出相应地面上的水平距离注记在线段上，这种比例尺称为图示比例尺。图 8-3 所示为 1∶2 000 的图示比例尺，其基本尺寸为 2 cm。

图示比例尺具有随图纸同样伸缩的特点，因此用它量取同一幅图上的距离时，可以减弱图纸伸缩变形带来的影响。

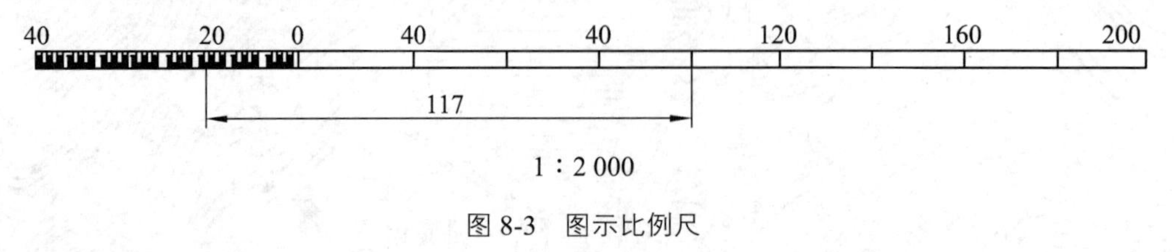


图 8-3　图示比例尺

## 8.1.3　比例尺精度

采用的比例尺越大，表示出测区地面的情况就越详细，同时所需的工作量也越大。因此，测图比例尺关系到实际需要、成图时间和测量费用。通常以工作需要作为确定测图比例尺的主要因素，即根据在图上需要表示出的最小地物有多大，点的平面位置或两点间的距离要精确到什么程度为依据。由于大多数人的眼睛能分辨的最短距离一般为 0.1 mm，因此实地丈量地物边长或丈量地物与地物间的距离，只在精确到按比例尺缩小后，相当于图上 0.1 mm 即可。因此在测量工作中将相当于图上 0.1 mm 的所代表的实地水平距离为称之为比例尺精度。表 8-1 列出了几种比例尺地形图的比例尺精度。

表 8-1　比例尺精度

| 比例尺 | 1∶500 | 1∶1 000 | 1∶2 000 | 1∶5 000 | 1∶10 000 |
|---|---|---|---|---|---|
| 比例尺精度/m | 0.05 | 0.1 | 0.2 | 0.5 | 1.0 |

根据比例尺精度概念，可知其主要有以下作用：

（1）根据比例尺精度确定测绘地形图时的量距精度；

（2）当确定测图比例尺之后，可以反过来确定测量地物时应精确到什么程度。

## 8.1.4　大比例尺地形图图式

地面的地物和地貌是用各种符号表示在图上的，这些符号总称为地形图图式。为规范管理及便于交流，地形图图式由国家标准化管理部门统一制定，是测绘和使用地形图的重要依据。表 8-2 所示为国家标准《国家基本比例尺地图图式　第 1 部分 1∶500　1∶1 000　1∶2 000 地形图图式》（GB/T 20257.1—2017）中的部分地形图图式符号。

表 8-2　常见地物、注记和地物符号

| 符号名称 | 1∶500　1∶1 000 | 1∶2 000 |
| --- | --- | --- |
| 一般房屋<br>混——房屋结构<br>3——房屋层数 | 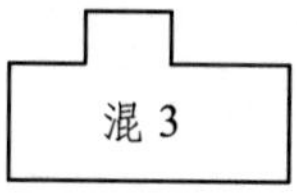 混 3 | 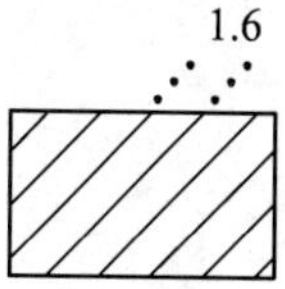 1.6 |
| 简单房屋 | 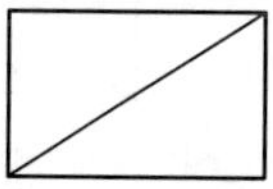 | |
| 建筑中的房屋 |  建 | |
| 破坏房屋 |  破 | |
| 棚房 | 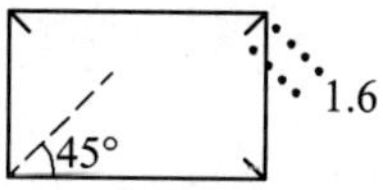 45° 1.6 | |
| 架空房屋 | 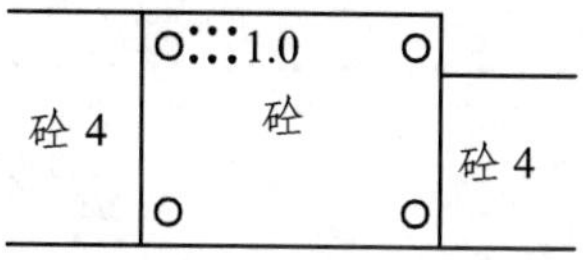 砼 4　砼　砼 4　1.0 | 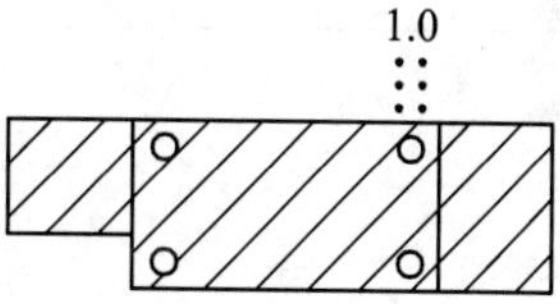 1.0 |
| 廊房 | 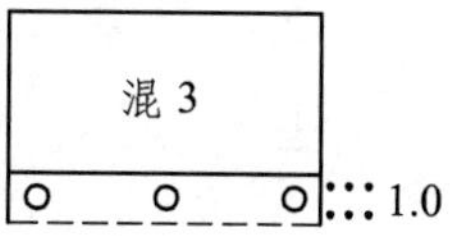 混 3　1.0 | 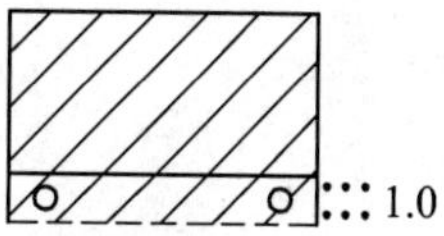 1.0 |
| 等级公路<br>2——技术等级代码<br>（G325）——国道路线编码 | 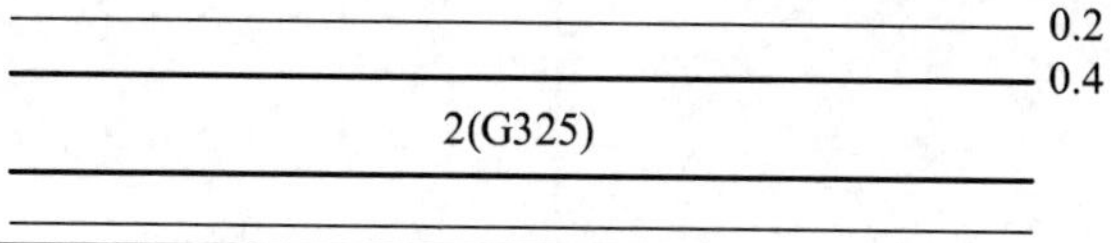 0.2　0.4　2(G325) | |
| 乡村路<br>a. 依比例尺的<br>b. 不依比例尺的 | 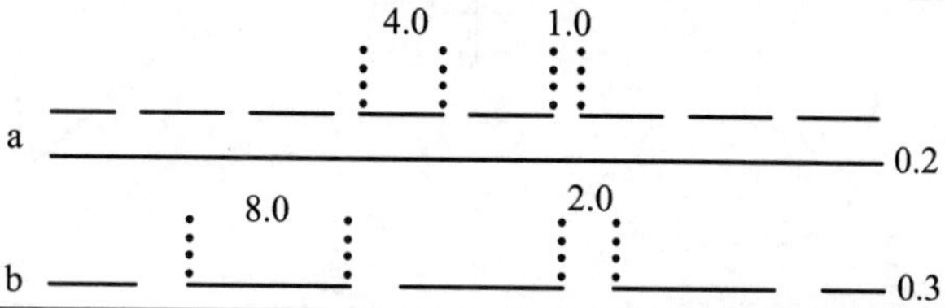 a　4.0　1.0　0.2<br>b　8.0　2.0　0.3 | |
| 小　路 | 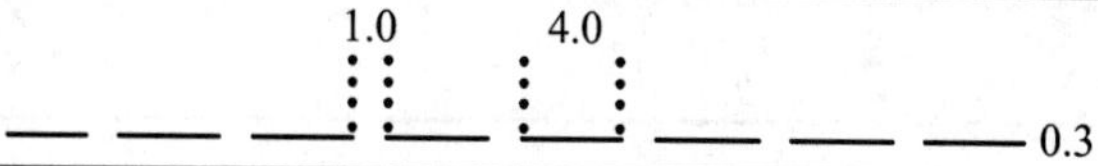 1.0　4.0　0.3 | |
| 内部道路 | 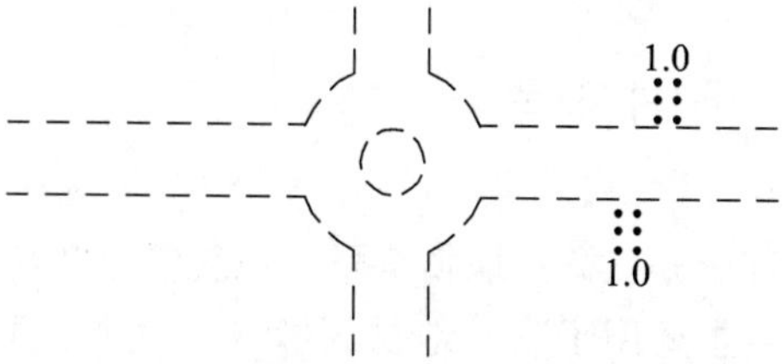 1.0　1.0 | |

续表

| 符号名称 | 1∶500　1∶1 000 | 1∶2 000 |
| --- | --- | --- |
| 阶梯路 | 1.0 | |
| 旱　地 | 1.0　2.0　10.0　10.0 | |
| 花　圃 | 1.6　1.6　10.0　10.0 | |
| 稻　田 | 0.2　3.0　1.0　10.0　10.0 | |

## 8.1.5　地物符号

地形图符号分三类：地物符号、地貌符号和注记符号。

地物符号主要用于表示地物的形状、大小、类别及其位置，根据地物的大小及描绘方法不同，可分为比例符号、非比例符号和半比例符号。

（1）比例符号。

按照比例尺能将地物轮廓缩绘在图上的符号称为比例符号，如湖泊、森林、房屋、江河、花圃等。这些符号与地面上实际地物的形状相似，并且能在图上量测地物的面积。当不能表示出其类别时，可在轮廓内加绘相应符号，以表明其地物类别。

（2）半比例符号。

长度按比例尺缩绘，而宽度不能按比例缩绘的狭长地物符号，称为半比例符号，如围墙、通信线及管道等。这种符号可以在图上量测地物的长度，但不能量测宽度。

（3）非比例符号。

当地物的轮廓很小或无轮廓，按测图比例尺缩绘后太小，但其比较重要又必须表示时，可忽略其实际尺寸，均用规定的符号表示。这类符号称为非比例符号，如井盖、钻孔、烟囱、测量控制点等。有些非比例符号随着比例尺的不同是可以相互转化的。

非比例符号不仅其形状和大小不能按比例尺描绘，而且符号的中心位置与该地物实地中心的位置关系也将随各类地物符号不同而不同。其定位点规则如图 8-4 所示。

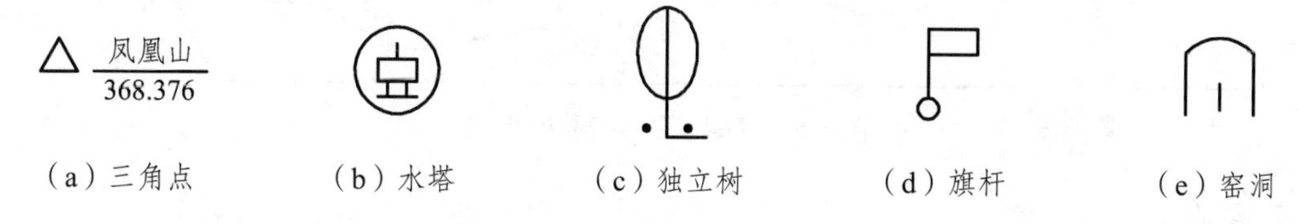


（a）三角点　（b）水塔　（c）独立树　（d）旗杆　（e）窑洞

图 8-4　非比例符号中心位置示例

正方形、三角形、圆形等几何图图形的符号（如三角点等），其几何中心即为对应地物的中心位置，见图 8-4（a）。

符号底线的中心，作为相应地物的中心位置，如水塔等，见图 8-4（b）。

底部为直角形的符号，其底部直角顶点即为地物中心的位置，如独立树等，见图 8-4（c）。

几何图形组成的符号的下方图形中心，为相应地物的中心位置，如旗杆等，见图 8-4（d）。

下方没有底线的符号的下方两端点的中心点，为对应地物的中心位置，如窑洞等，见图 8-4（e）。

### 8.1.6　地貌符号

地貌是地球表面高低起伏形态的总称。地形图上表示地貌的方法有多种，目前最常用的是等高线法。通过等高线不仅能表示地面高低起伏的形态，还可用于确定地面点的高程；对于峭壁、冲沟、梯田等特殊地形，不便用等高线表示时，则用相应符号表示。

1. 等高线的概念

等高线即地面上高程相等的相邻点连成的封闭曲线。如图 8-5 所示，假想用一系列间距相等的水平截面去截某一高地，把其截线投影到同一个水平面上，且按比例缩小描绘到图纸上，便得到等高线。等高线为高度不同的空间平面曲线，地形图上表示的仅是它们在投影面上的投影，在没有特别指明时，通常将地形图上的等高线简称为等高线。

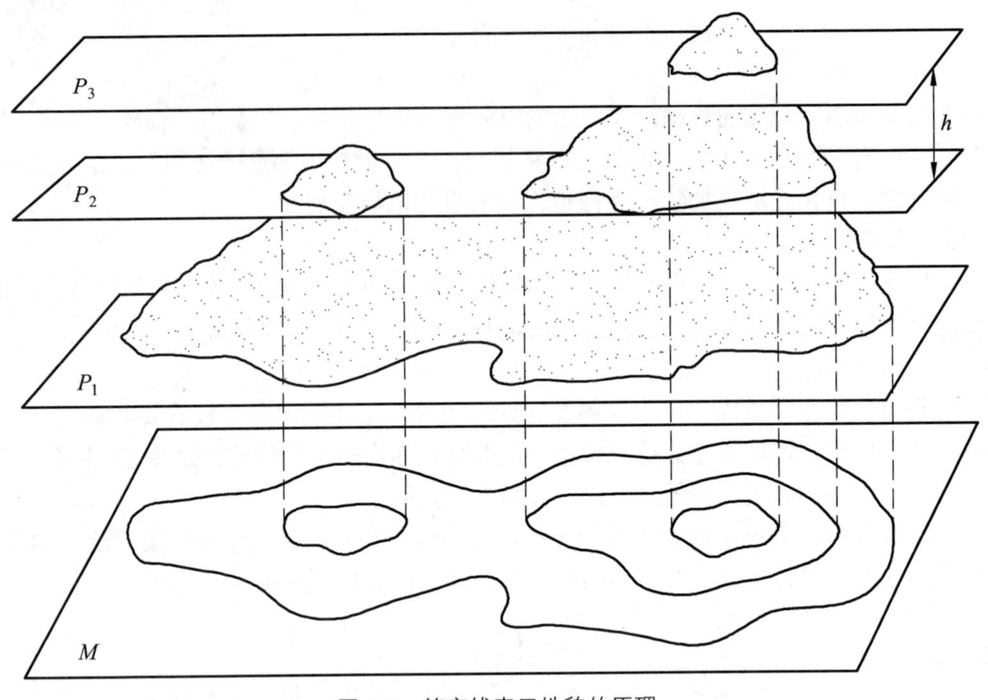


图 8-5　等高线表示地貌的原理

2. 等高距及示坡线

等高线是一定高度的水平面与地面相截的截线。水平面的宽度不同，等高线表示地面的高程也不同。我们将地形图上相邻两高程不同的等高线之间的高差，称为等高距。等高距越小则等高线越密，地貌显示就越详细；等高距越大则图上等高线越稀疏，地貌显示就越粗略。因此，需根据实际地形起伏情况、比例尺的大小和使用地形图的目的等因素选择等高距。

在测绘地形图时，应主要根据地面坡度、测图比例尺，结合国家标准《工程测量规范》（GB 50026—2007）要求选择合适的基本等高距，见表 8-3。

表 8-3　地形图的基本等高距

| 地形类别 | 比例尺 | | | |
|---|---|---|---|---|
| | 1∶500 | 1∶1 000 | 1∶2 000 | 1∶5 000 |
| 平坦地（地面倾角：$\alpha<3°$） | 0.5 | 0.5 | 1 | 2 |
| 丘陵地（地面倾角：$3°\leqslant\alpha<10°$） | 0.5 | 1 | 2 | 5 |
| 山地（地面倾角：$10°\leqslant\alpha<25°$） | 1 | 1 | 2 | 5 |
| 高山地（地面倾角：$\alpha\geqslant25°$） | 1 | 2 | 2 | 5 |

由等高线的原理可知，盆地和山头的等高线在外形上非常相似。如图 8-6（a）所表示的为盆地地貌的等高线，图 8-6（b）所表示的为山头地貌的等高线，它们之间的区别在于，山头地貌是里面的等高线高程大，盆地地貌是里面的等高线高程小。为区分这两种地貌，需在某些等高线的斜坡下降方向绘短线以表示坡向，这种短线称为示坡线。盆地的示坡线在最高、最低两条等高线上表示，如此即可明显地表示出坡度方向。山头的示坡线仅表示在高程最大的等高线上。

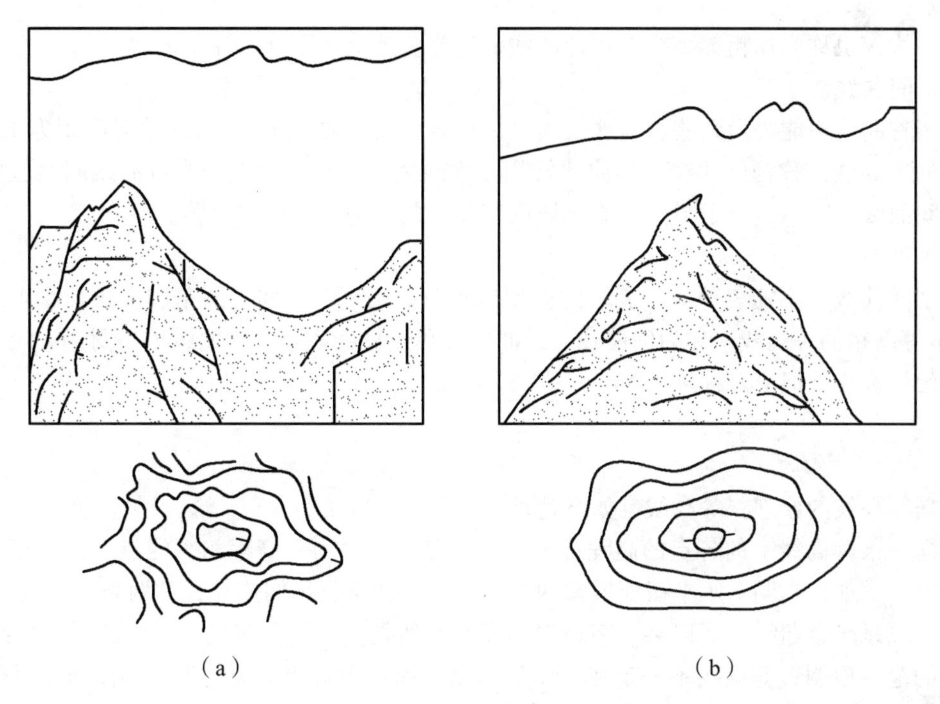


图 8-6　示坡线

3. 等高线的分类

为了更好显示地貌特征,便于识图和用图,地形图上主要采用以下四种等高线( 见图 8-7 )。

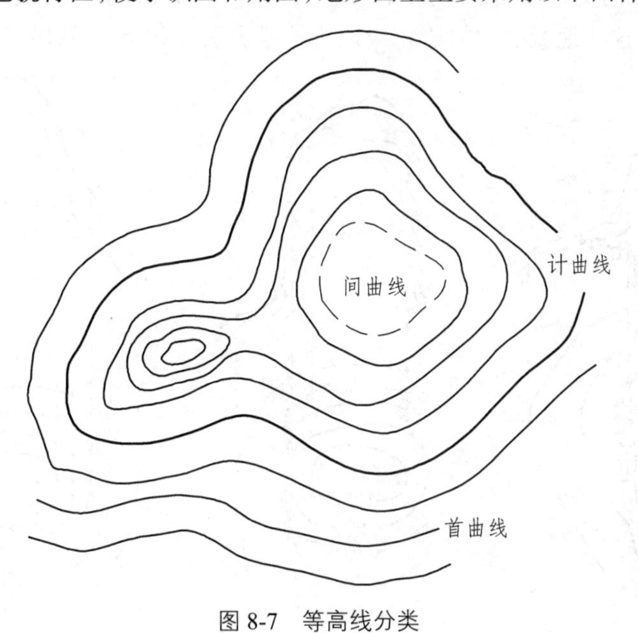


图 8-7　等高线分类

(1) 首曲线。

按规定的基本等高距描绘的等高线称为首曲线，也称为基本等高线，用细实线描绘。

(2) 计曲线。

为了识图和用图时方便等高线计数，通常将基本等高线从 0 m 起算每隔四条加粗描绘，称为计曲线，也称为加粗等高线。在计曲线的适当位置上要断开，注记高程。

（3）间曲线。

当用首曲线不能表示某些微型地貌而又因比较重要需要表示时，可加绘等高距为 1/2 基本等高距的等高线，称为间曲线。间曲线常用长虚线表示。在平地上，当首曲线间距过稀时，可加绘间曲线。间曲线可不封闭，绘至坡度变化均匀处为止，但应对称。

（4）助曲线。

当用间曲线仍不能表示应该表示的微型地貌时，还可在间曲线的基础上再加绘等高距为 1/4 基本等高距的等高线，称为助曲线。助曲线常用短虚线表示。助曲线可不封闭，绘至坡度变化均匀处为止，但应对称。

4. 等高线的特性

根据等高线的原理，等高线有如下特性：

在同一条等高线上的各点的高程都相等。但是不能说：凡高程相等的点，定位于同一条等高线上。例如，当同一水平截面横截两个山头时，便会得出同样高程的两条等高线。

等高线是闭合曲线。所以某一高程的等高线必然是一条闭合曲线。需要说明的是：① 由于图幅的范围限制，等高线不一定在本图面内闭合而被图廓线截断，但几幅图拼接后便是封闭的；② 为使图面易读，等高线应在遇到房屋、公路等地物符号及其注记处断开；③ 间曲线与助曲线可在不需示的地方中断。

除陡崖和悬崖之外，等高线既不会重合，也不会相交。由于不同高程的水平面不会相交或重合，它们与地表的交线当然也不会相交或重合。一些特殊地貌，如陡坎、陡壁、悬崖的等高线会重叠在一起，这些地貌必须加绘相应地貌符号表示。图 8-8 为悬崖和陡崖等高线示意图。

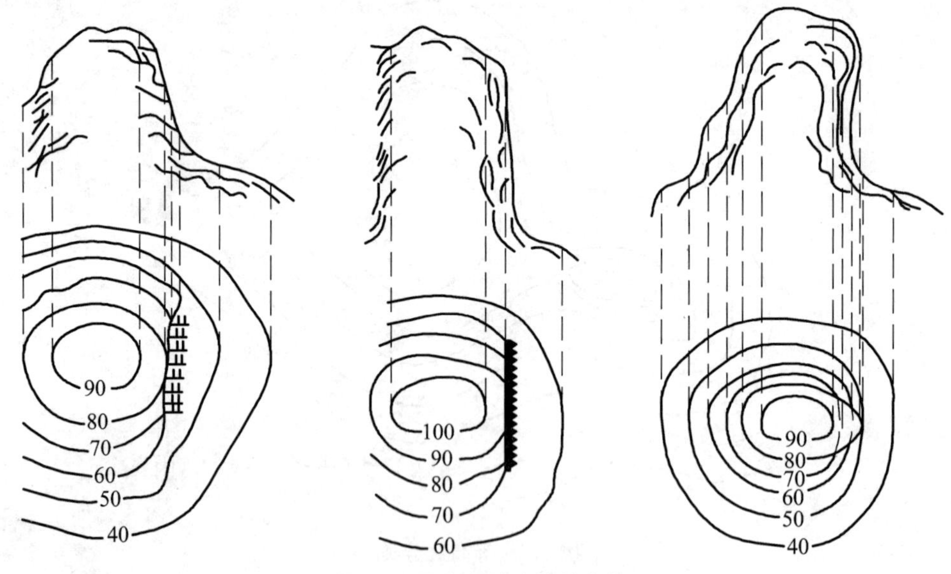


图 8-8　悬崖和陡崖的等高线

等高线平距的大小与地面坡度大小成反比。在同一等高距的情况下，地面坡度越小，等高线的平距越大，等高线越疏；反之，地面坡度越大，等高线的平距越小，等高线越密。等高线与山脊线、山谷线成正交关系，山脊等高线应凸向低处，山谷等高线应凸向高处，综合地貌的等高线表示如图 8-9 所示。

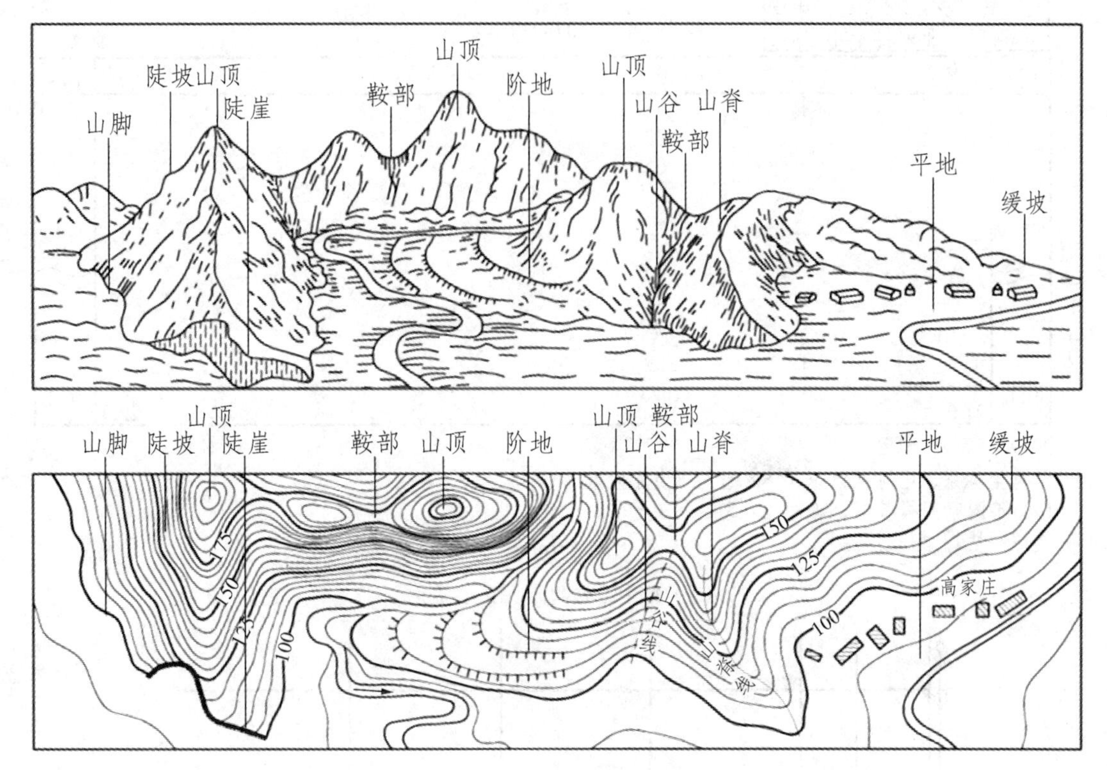


图 8-9　综合地貌的等高线

## 8.1.7　图廓及图廓外注记

图廓是一幅图的范围线。下面介绍矩形分幅和梯形分幅地形图的图廓及图廓外的注记。

1. 矩形分幅地形图的图廓

矩形分幅的地形图有内、外图廓线。内图廓线就是坐标格网线，也是图幅的边界线，在内图廓与外图廓之间四角处注记坐标值，并在内图廓线内侧每隔 10 cm 绘 5 mm 长的坐标短线表示坐标格网线的位置。在图幅内每隔 10 cm 绘以十字线，以标记坐标格网交叉点。外图廓主要起装饰作用。

图 8-10（a）所示为 1∶1 000 比例尺地形图图廓示例，北图廓上方正中为图名、图号。图名即地形图的名称，通常选择图内重要居民地名称作为图名；若该图幅内没有居民地，也可选择重要的湖泊、山峰等名称作为图名。图的左上方为图幅接图表，用来说明本幅图与相邻图幅的位置关系。中间画有斜线的一格代表本幅图所处位置，四周八格分别注明相邻图幅的图名，这样利用接图表便可迅速地进行地形图拼接。

在南图廓左下方注记测图日期、平面与高程系统、等高距、测图方法及地形图图式的版别等。在南图廓下方中央注有比例尺（数字比例尺必须有，可根据实际情况加绘图示比例尺），在南图廓右下方写明测量员、绘图员、检查员姓名，在西图廓下方注明测图单位全称。

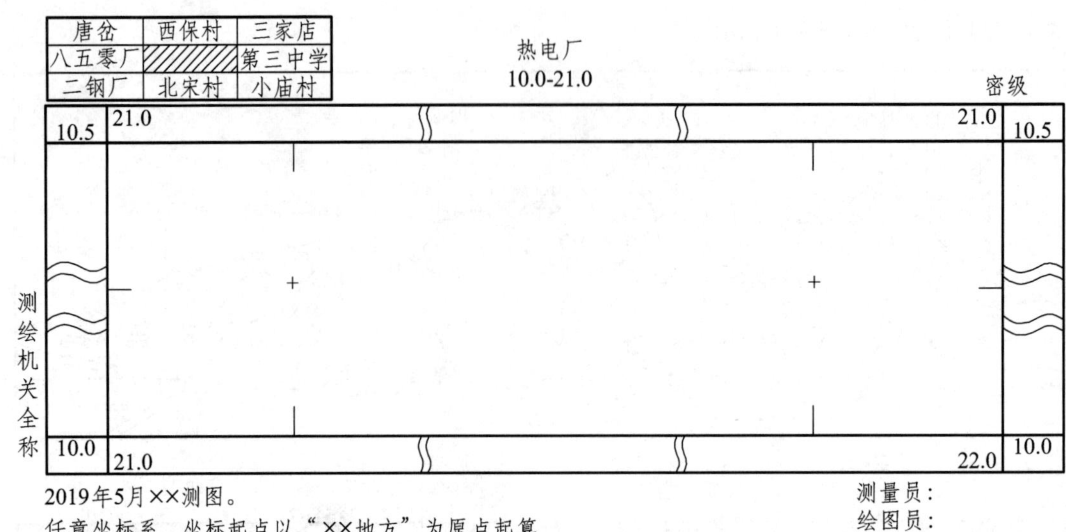


（a）矩形分幅地形图图廓示例

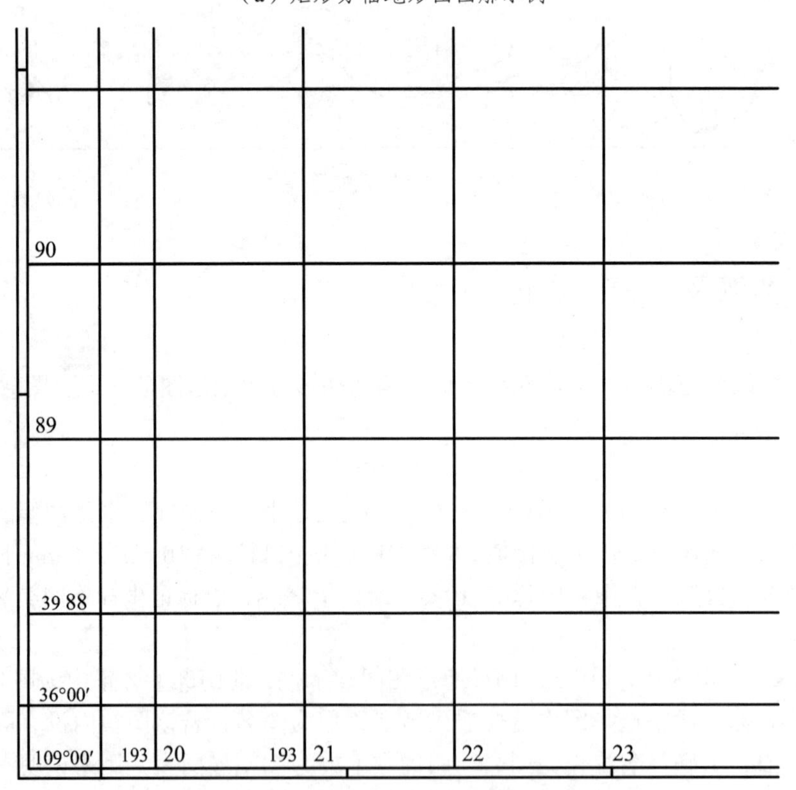


（b）1∶5万地形图图廓示例

图 8-10　地形图图廓示例

2. 梯形分幅地形图的图廓

梯形分幅地形图以经纬线进行分幅，图幅呈梯形。在图上绘有经纬线网和公里网。

在不同比例尺的梯形分幅地形图上，图廓的形式有所不同。1∶1 万～1∶10 万地形图的图廓，由内图廊、外图廓和分度带组成。内图廓是经线和纬线围成的梯形，也是该图幅的边界线。图 8-10（b）所示为 1∶5 万地形图的西南角，西图廓经线是东经 109°00′，南图廓线是北纬 36°00′。在东、西、南、北外图廓线中间分别标注了四邻图幅的图号，进一步说明与四邻图幅的相对位置。内、外图廓之间为分度带，绘有加密经纬网的分划短线，相邻两条分划线间的长度表示实地经差或纬差 1′。分度带与内图廓之间，注记以 km 为单位的平面直角坐标值，如图中 39°88′表示纵坐标为 3988 km（从赤道起算），其余 89、90 等，其千米数的千、百位都是 39，故从略；横坐标为 19 321，19 为该图幅所在的投影带号，321 表示该纵线的横坐标千米数，即位于第 19 带中央子午线以西 179 km 处（321 km−500 km=−179 km）。

北图廓上方正中为图名、图号以及省、县名，左边为图幅接合表。东图廓外上方绘有图例，在西图廓外下方注明测图单位全称。在南图廓下方中央注有数字比例尺，此外，还绘有坡度尺、三北方向图、直线比例尺以及测绘日期、测图方法、平面与高程系统、等高距和地形图图式的版别等。利用三北方向图可对图上任一方向的坐标方位角、真方位角和磁方位角进行换算，如图 8-11 所示；利用坡度尺能直接在地形图上测量地面坡度和倾角，如图 8-12 所示。

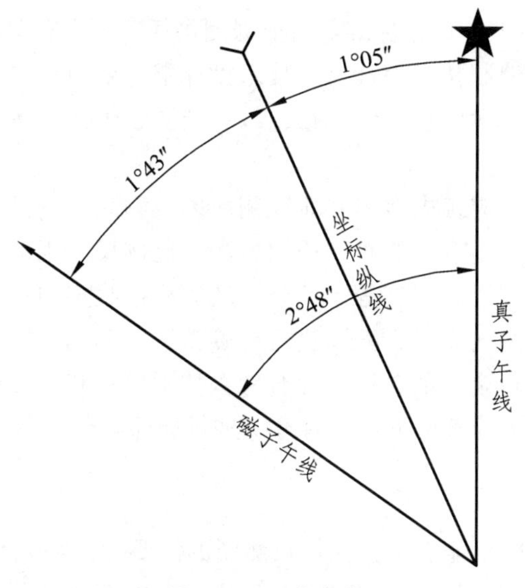


图 8-11　三北方向

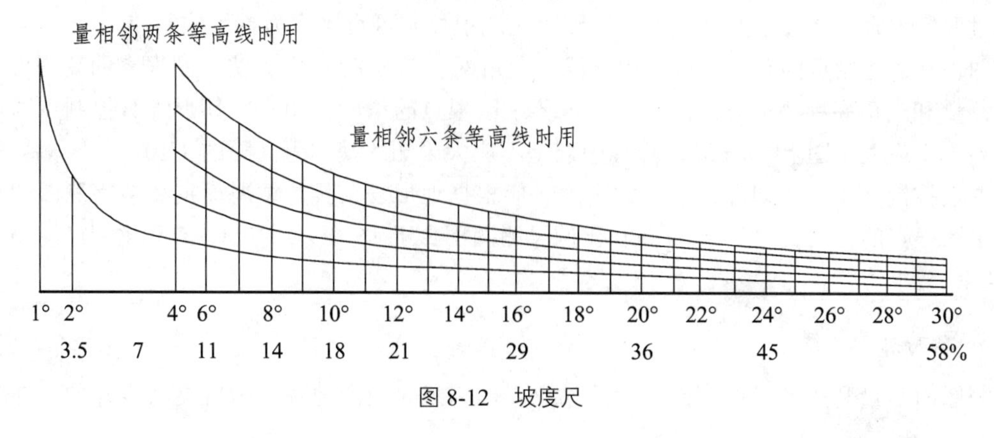


图 8-12　坡度尺

### 8.1.8 注记

注记包括地名注记和说明注记。地名注记主要包括居民地、道路、行政区划、河流、湖泊、山脉、岛礁名称等。说明注记包括文字和数字注记，主要用来补充说明对象的数量和质量属性，如房屋层数与材质、管线性质及输送物质、等高线高程、地形点高程以及河流的水深等。

## 8.2 测图前的准备工作

1. 技术设计和图纸的准备

在开始测图前，要编写技术设计书，拟订作业计划，以保证测量工作在技术上合理、可靠，做到有计划、有步骤地开展工作，保质保量地完成工序，且达到节省人力、物力和财力的目标。

大比例尺测图的作业规范和图式主要有国家标准《国家基本比例尺地图图式　第 1 部分：1∶500　1∶1 000　1∶2 000 地形图图式》（GB/T 20257.1—2017）、《工程测量规范》（GB 50026—2007）与各行业标准、地方标准等。根据测量任务书和有关的测量规范，经过现场踏勘后，依据所收集的资料编制技术设计书。技术设计书主要内容包括任务概述、测区概况、已有资料及其分析、技术方案的设计、测量组织与施测、仪器设备、质量保障、检查验收计划、安全措施、提交资料等。

在编制技术计划之前，应预先搜集并研究测区内及测区附近已有测量成果资料，注意资料的施测单位、施测年代、精度、等级、施测方法、比例尺、规范依据、平面与高程坐标系统、标石保存情况及可以利用的程度等。此外，还需根据收集的资料及现场踏勘情况，在小比例尺地图上拟订地形控制的布设方案，进行精度估算。对地形控制网的图形、施测、点的密度和平差计算等因素进行全面的分析，综合考量技术要求和经济核算，选择最优方案。实地选点时，在满足技术要求的条件下可以对方案进行局部修改。

2. 图根控制测量

测区高级控制点的密度不能满足大比例尺测图的需要时，应布置适当数量的图根控制点，简称图根点，直接用于测图使用。布设图根控制点，是在等级控制点下进行加密，要求一般不超过两次附合。在较小的独立测区测图时，图根控制可直接作为首级控制使用。

图根平面控制点的布设，可采用导线、三角网、GPS-RTK 等方法。图根点的高程可采用水准测量和三角高程测量方法测定。规范要求图根点的精度，相对于邻近等级控制点的点位中误差，不应大于图上 0.1 mm，高程中误差不应大于测图基本等高距的 1/10。

图根控制点（含已知高级点）的密度，应根据地形复杂具体情况而定。数字测图中每平方千米图根点的密度，对于 1∶1 000 比例尺测图不少于 16 个，对于 1∶500 比例尺测图不少于 64 个。

3. 测站点的测定

测图时尽量利用各级控制点作为测站点，确因地表上的地物、地貌复杂零碎的，在各级控制点测碎步点困难的，可以增设测站点。例如地形复杂地段，小沟、小山脊转弯处，房屋密集的居民地。同时，这些地方对测站点的数量要求会多一些，但切忌利用增设测站点进行大面积测图。

增设测站点是以控制点或图根点为基础，采用导线、极坐标、交会等方法测定测站点的坐标和高程。规范要求数字测图时，对于测站点的点位精度，相对附近图根点的中设差不应大于图上 0.2 mm，高程中误差不应大于测图基本等高距的 1/6。

# 8.3 大比例尺地形图测绘

## 8.3.1 地物测绘的一般原则

地物可分为居民地、道路、管线与垣墙、水系、图纸和植被等类型，见表 8-4 所示。

表 8-4　地物分类

| 地物类型 | 地物类型举例 |
| --- | --- |
| 水系 | 江河、运河、沟渠、湖泊、池塘、井、泉、堤坝、闸等及其附属建筑物 |
| 居民地 | 城市、集镇、村庄、窑洞、蒙古包以及居民地的附属建筑物 |
| 道路网 | 铁路、公路、乡村路、大车路、小路、桥梁、洒洞以及其他道路附属建筑物 |
| 独立地 | 三角点等各种测量控制点、亭、塔、碑、牌坊、气象站、独立石等 |
| 物管线与垣墙 | 输电线路、通信线路、地面与地下管道、城墙、围墙、栅栏、篱笆等 |
| 境界与界碑 | 国界、省界、县界及其界碑等 |
| 土质与植被 | 森林、果园、菜园、耕地、草地、沙地、石块地、沼泽等 |

地物的形状、大小、类别及其在图上的位置，用地物符号表示。地物在地形图上表示的原则：凡能按比例尺表示的地物，则将它们的水平投影位置的几何形状依照比例尺描绘在地形图上，如房屋、湖泊等，或将其边界位置按比例尺表示在图上，填充上相应的符号，如耕地、花圃等；若不能按比例尺表示的地物，则用规定的地物符号表示在地物的中心位置上，如水塔、井盖等；若长度能按比例尺表示，而宽度不能按比例尺表示的地物，其长度按比例尺表示，宽度以相应符号表示。地物测绘中必须根据规定的比例尺，按规范和图式的要求，进行综合取舍，将各种地物表示在地形图上。

## 8.3.2 地物测绘

1. 居民地

对居民地这一重要内容进行测绘时，应在地形图上表示出居民地的大小、形状、类型、质量和行政意义等。农村的房屋多为散列式，城市中的房屋则排列比较整齐。

测绘居民地时，根据测图比例尺的不同，综合取舍的程度也有所不同，其外部轮廓，都应准确测绘。1∶1000或更大的比例尺，各类建筑物、构筑物及主要附属设施，应按实地测绘其轮廓，其内部的主要街道和较大的空地也应区分，图上宽度小于0.5 mm的次要道路不予表示，其他碎部可综合取舍。房屋以房基角为准立镜测绘，并按建筑材料和结构分类予以注记；对于楼房，还应注记层数，1层可以省略。圆形建筑物如水塔、烟囱等，应尽量实测出中心位置测量直径。房屋和建筑物轮廓的凹凸在图上小于0.4 mm时可用直线连接。1∶2 000比例尺测图中，房屋可适当综合取舍，围墙、栅栏等可根据其永久性、规整性、重要性等综合取舍。对于散列式的居民地、独立房屋，应分别测绘。

2. 道路

道路包括公路、铁路、小路、乡村路及其他道路，这些道路均应测绘。车站及其附属建筑物、桥涵、隧道、路堑、路堤等均须表示出。在道路稠密地区，次要的人行路可适当取舍。

（1）铁路测绘应立镜于铁轨的中心线，对于1∶1 000或更大测图比例尺，依比例绘制铁路符号，标准轨距为1.435 m。铁路两旁的附属建筑物，如信号灯、扳道房、里程碑等都应按实际位置测绘。铁路线上应测绘轨顶高程，曲线部分测取内轨顶面高程。路堤、路堑应测定坡顶、坡脚的位置及高程。

铁路与公路或其他道路相交时，铁路符号不中断，将道路符号中断表示；不在同一水平面相交的道路交叉点处，则应表示出相应的桥梁、涵隧等符号。

（2）公路应测量路面位置，并测定道路中心高程。高速公路应测出收费站，两侧围建的栏杆，中央分隔带视用图需要测绘。公路、街道一般在边线上立棱镜采点，并量取路的宽度，也可以在路两边取点。当公路弯道有圆弧时，至少要取起、中、终三点观测，以圆曲线连接。

路堤、路堑均应按实地宽度绘出边界，并应在其坡顶、坡脚适当注记高程。公路路堤（堑）应分别绘出路边线与堤（堑）边线，二者重合时，可将其中之一移位0.2 mm表示。

公路、街道按路面材料划分为沥青、水泥、碎石等，以文字注记标明，路面材料改变处用地类界分离。

（3）其他道路。像大车路、乡村路和小路等，测绘时，一般在道路中心线上取点立镜；道路宽度能依比例表示时，按道路宽度的1/2在两侧绘平行线。对于宽度在图上小于0.6 mm的小路，选择路中心线立镜测定，并用半比例符号表示。

（4）桥梁测绘。铁路桥和公路桥应实测桥头、桥身和桥墩位置，桥面应测定高程，桥面上的人行道图上宽度大于1 mm的要实测。各种人行桥，图上宽度大于1 mm的，应实测桥面位置；不能依比例的，实测桥面中心线。有工厂、学校、围墙、垣栅的公园、机关等内部道路，除通行汽车的主要道路外均按内部道路绘出。

3. 独立地物

独立地物是判定方位、确定位置、指定目标的重要标志，必须准确测绘并用规定的符号表示。

4. 管线与垣栅

永久性的电力线、通信线的电杆、铁塔位置要实测。同杆上架有多种线路时，表示主要线路，并要做到各种线路走向连续、类型分明。居民地、建筑区内的电力线、通信线可不连线，但应在杆架处绘出连线方向。有变压器的，应绘出其与电杆的相应位置关系。地面上的架空的管道应实测，并注记输送物质的类型，若支架密集时可适当取合。对地下管线检修井，测出其中心位置并校类别以相应符号表示。城墙、围墙以及永久性的篱笆、铁丝网等均应实测。境界线应测绘至县及县级以上。乡与国营农、林、牧场的界线应按需要进行测绘。两级境界重合时，只绘高一级符号。

5. 植被与土质

测绘植被时，对于各种树林、苗圃、独立树、行树、散树、竹林等，需测定其边界。若边界与道路、河流、栏栅等重合时，则可不绘出地类界；若与境界、高压线等重合时，地类界移位表示。对经济林，应加以种类说明注记。要测出农村用地的范围，并区分出旱地、菜地、稻田、经济作物地等。一年几季种植不同作物的耕地，以夏季主要作物为准。田埂的宽度在图上大于 1 mm（1∶500 测图时大于 2 mm）时用双线描绘，田块内要测量和注记有代表性的高程。

6. 水系

测绘水系时，湖泊、水库、池塘、海岸、河流、溪流、井及各种水工设施均应实测。河流、沟渠、湖泊等地物，通常无特殊要求时均以岸边为界，如果要求测出水崖线、洪水位及平水位时，应按要求在调查研究的基础上进行测绘。河流的两岸形状通常不规则，在保证精度的前提下，小的弯曲以及岸边不明显的地段，可适当取舍。河流的图上宽度小于 0.5 mm，沟渠实际宽度小于 1 m（1∶500 测图时小于 0.5 m）时，不必测绘两岸，只需测出中心位置即可。为避免影响图面清晰，田间临时小渠可不必测出。湖泊的边界经人工整理、筑堤、修有建筑物的地段是明显的，测绘时要根据具体情况和用图单位的要求来确定。一般以湖岸或水崖线为准。在不明显地段测湖岸线时，可调查平水位的边界或根据农作物的种植位置等方法确定。

对于泉、井，应测注泉的出水口及井台高程，并根据需要注记井台至水面的深度；对于水渠，应测注渠边和渠底高程；对于时令河，应测注河底高程；对于堤坝，应测注顶部及坡脚高程。

### 8.3.3 几种典型地貌的测绘

地貌形态虽然千姿百态，但归纳起来，不外乎由山脊、山谷、鞍部、山地、盆地等基本地貌组成。地球表面的形态，可看作是由一些不同方向、不同倾斜面的不规则曲面组成。我们将两相邻倾斜面相交的棱线，称为地貌特征线（也称地性线），如山脊线、山谷线。在地性线上比较显著的点，有谷口点、山脚点、坡度变换点、山顶点、洼地的中心点、鞍部的最低点等，这些点称为地貌特征点。

1. 山顶

山顶是山的最高部分。山地中突出的山顶，具有很好的控制作用和方位作用，因此，山顶要根据实地形状来描绘。山顶有尖山顶、圆山顶、平山顶等形状，形状不同，其等高线的表示方法也不同，如图 8-13 所示。

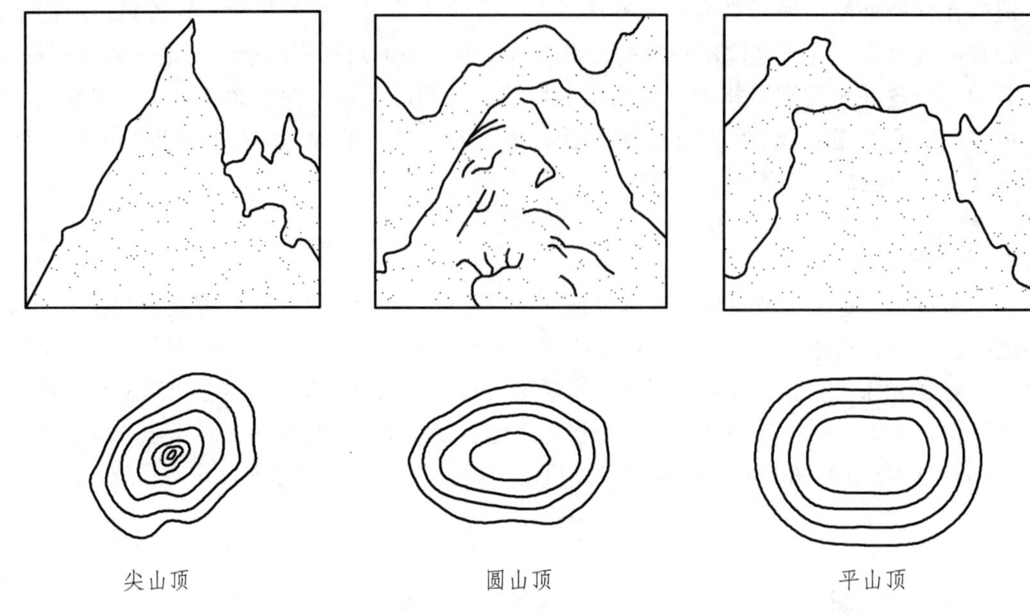


图 8-13　山顶等高线类型

尖山顶的山顶附近坡面倾斜较为一致，所以尖山顶的等高线之间的平距大小相等。测绘时，除在山顶立镜外，其周围山坡适当选择一些特征点就能够将等高线如实地反映出来。

圆山顶的顶部坡度比较平缓，然后逐渐变陡，因此等高线的平距在离山顶较远的山坡部分较小；距山顶越近，等高线平距逐渐增大，在顶部最大。测绘时，山顶最高点需要立棱镜，在山顶附近坡度变化处也需要立镜。

平山顶顶部平坦，到一定范围时坡度突然变化。因此，等高线的平距在山坡部分较小，但不是向山顶方向逐渐变化，而是到山顶突然增大。测绘时，为保障地貌的真实性，必须在山顶坡度变化处立镜。

2. 山脊

山脊是山体延伸的最高棱线。山脊的等高线向下坡方向凸出，两侧基本对称。山脊等高线的尖圆程度反映了山脊横断面的形状，山脊的坡度变化反映了山脊纵断面的起伏状况。地形图上山体表示真实与否，主要看山脊与山谷，若山脊描绘得真实、形象，那么整个山形就会比较通真。测绘山脊时要真实地表现其走向和坡度，特别是大的坡度变换点、分水线、以及山脊、山谷转折点，都应形象地表示出来。

山脊可分为尖山脊、圆山脊和台阶状山脊，它们都可通过等高线的弯曲程度表现出来。尖山脊的等高线依山脊延伸方向呈尖角状；圆山脊的等高线依山脊延伸方向呈圆弧状；台阶状山脊的等高线依山脊延伸方向呈疏密不同的方形，如图 8-14 所示。

尖山脊的山脊线比较明显。测绘时，除在山脊线上立镜外，两侧山坡也应有适当的立镜点。圆山脊的脊部有一定的宽度，测绘时需特别注意正确确定山脊线的实地位置，然后立镜。

对于台阶状山脊，应注意由脊部至两侧山坡坡度变化的位置，测绘时，应恰当地选择立镜点，才能控制山脊的宽度。不得将台阶状山脊的地貌测绘成圆山脊甚至尖山脊的地貌。

（a）尖山脊　　（b）圆山脊　　（c）台阶状山脊

图 8-14　山脊等高线

3. 山谷

山谷的等高线，其特点与山脊等高线表示相反。山谷可分为尖底谷、圆底谷和平底谷，如图 8-15 所示。尖底谷底部尖窄，谷底等高线呈尖状，下部常常有小溪流，山谷线较明显，测绘时，立尺点应选在等高线的转弯处。圆底谷的底部呈圆弧状，等高线也呈圆弧状，其山谷线不太明显，测绘时应注意山谷线的位置和谷底形成的地方。平底谷的谷底较宽、底坡平缓、两侧较陡，谷底的等高线两侧趋近于直角状，多为人工开辟耕地而形成，测绘时，立镜点应选择在山坡与谷底相交的地方，以控制山谷的宽度和走向。

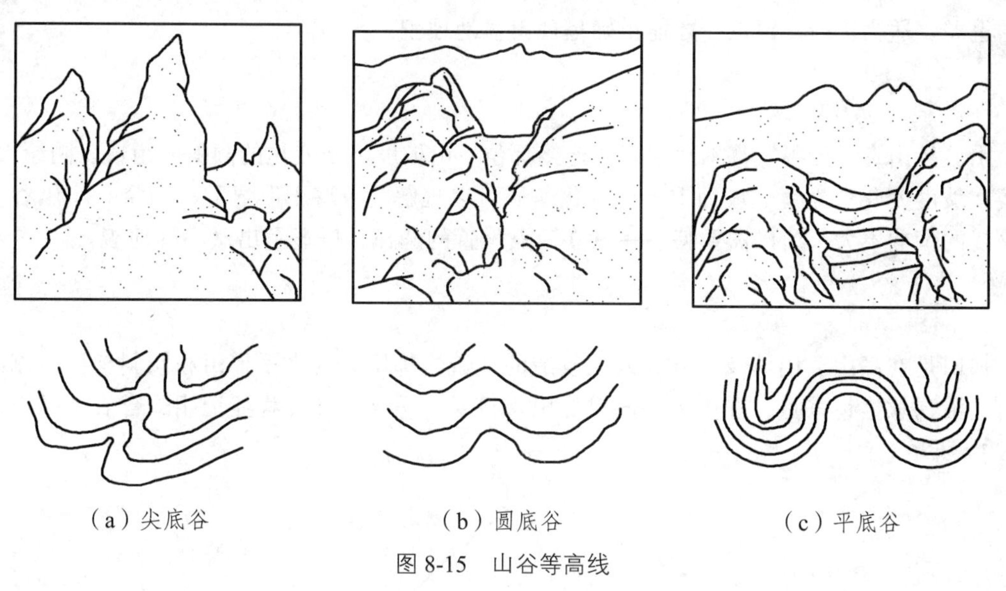

（a）尖底谷　　（b）圆底谷　　（c）平底谷

图 8-15　山谷等高线

4. 鞍部

鞍部是指两个山脊接合处呈马鞍状的地方，是山脊上一个特殊的部位，分为窄短鞍部、窄长鞍部和平宽鞍部。因其是两个山高程相等且相连的地方，所以鞍部通常是山区道路通过的地方，具有十分重要的方位作用。测绘鞍部时，应在最低处立镜，以保障等高线的形状正确；其附近的立镜点根据坡度变化情况选择。鞍部的中心位于分水线的最低位置上，鞍部有两对同高程的等高线，一对高于鞍部的山脊等高线，一对低于鞍部的山谷等高线，这两对等高线近似对称，如图 8-16 所示。

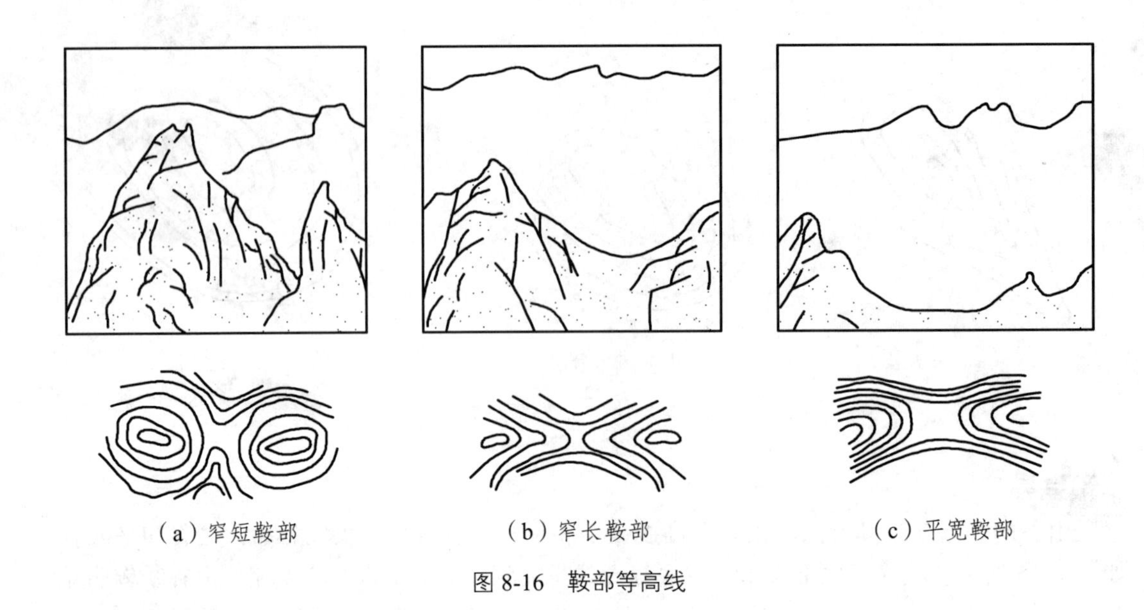


图 8-16　鞍部等高线

5. 盆地

盆地与山顶等高线相似，但其高低相反，即内圈等高线的高程低于外圈等高线。盆地为四周高、中间低的地形，测绘时除在盆底最低处立镜采点外，盆底四周及盆壁地形变化的地方，也需要适当选择立镜点，才能正确呈现出盆地地貌。

6. 山坡

山坡是山脊、山谷等基本地貌间的连接部位，由坡度不断变化的倾斜面组成。测绘山坡，需要在坡度变化处立镜。坡面上地形变化实质可以理解为一些不明显的小山脊、小山谷，其等高线的弯曲不大，所以需要特别注意立镜点位置的选择，以显示出微小的地貌。

7. 梯田

梯田是在高山、山坡及山谷经人工改造的地貌。梯田分为水平梯田和倾斜梯田。测绘梯田时，沿梯坎立镜采点，在图上一般以梯田坎符号、等高线和高程注记相配合表示梯田，如图 8-17 所示。

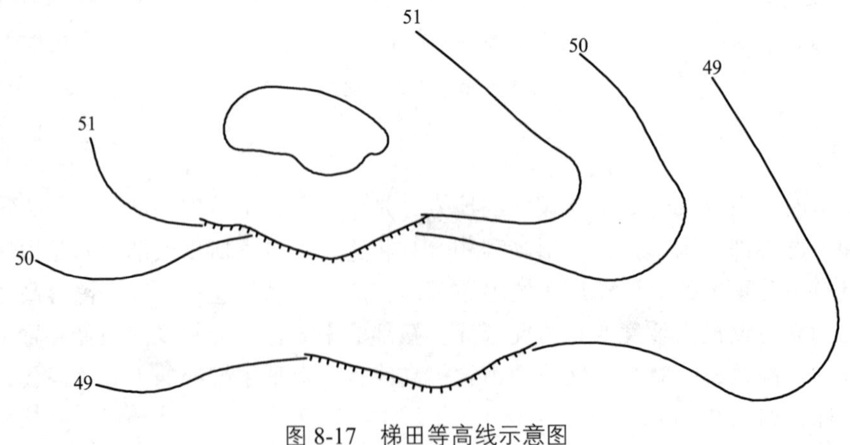


图 8-17　梯田等高线示意图

8. 特殊地貌

大多数地貌都用等高线表示，但有些特殊地貌如冲沟、雨裂、砂崩崖、土崩崖、陡崖、滑坡等不能用等高线表示。若用等高线表示，那么很多等高线在图面上会叠在一起，不便于图面美观。对于这些地貌，测绘出其轮廓，并用图式规定符号表示。

## 8.3.4 等高线的手工勾绘

传统测图中，常常以手工方式绘制等高线。其主要步骤：采集地貌特征点数据，连地性线，通常用实线连成山脊线，用虚线连成山谷线，如图 8-18 所示。然后在同一坡度的两相邻地貌特征点间按高差与平距成正比关系求出等高线通过点，即线性内插法来确定等高线通过点。最后，把高程相等的点用光滑曲线连接起来，即为等高线。等高线勾绘出来后，还要对等高线进行整饰，即按规定每隔四条基本等高线对等高线加粗，绘出一条计曲线，并注记高程。高程注记的字头应朝向高处，且不能倒置，如图 8-19 所示。在山顶、鞍部、凹地等坡向不明显处的等高线应沿坡度降低的方向绘制示坡线。

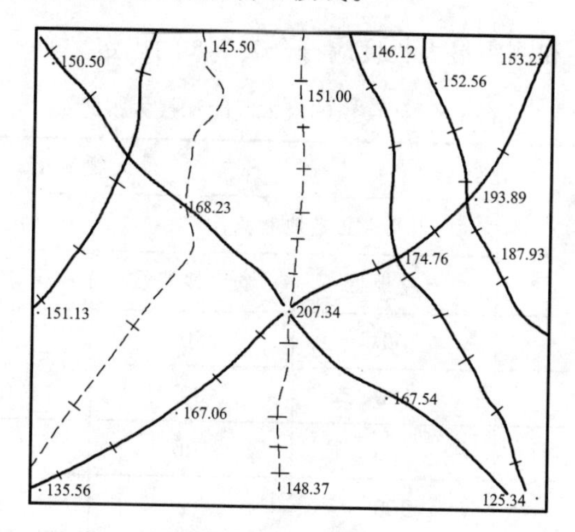


图 8-18　地性线连线

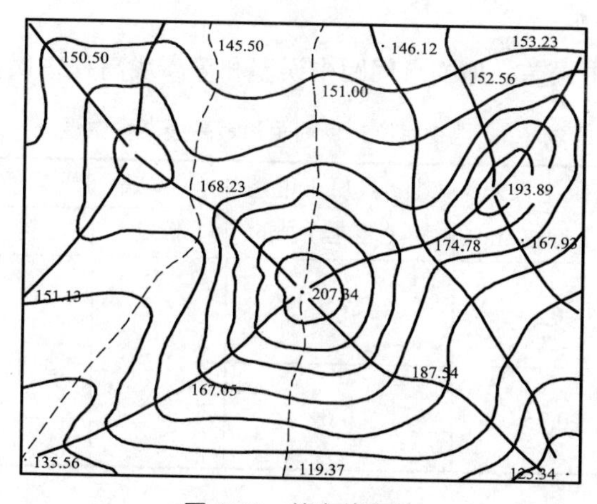


图 8-19　等高线勾绘

## 8.4 地形图测绘的技术要求

1. 仪器设置和测站检查

（1）仪器对中的偏差，不应大于图上 0.05 mm。

（2）以较远的一点定向，长边控制短边，减小误差，用其他点进行检核，采用经纬仪测绘时，其角度检测值与原角值之差不应大于 2′。每站测图过程中，应随时检查定向点方向，采用经纬仪测绘时，归零差不应大于 4′，测站观测结束前应再次用检查点检核。

（3）检查另一测站高程，其较差不应大于 1/5 基本等高距。

（4）采用半圆仪配合经纬仪测图，若定向边长在图上距离短于 10 cm，应以正北或正南方向作起始方向。

2. 最大间距和最大视距

地形点、地物点视距和测距最大长度应符合表 8-5 的规定。

表 8-5　碎部点的最大间距和最大视距

| 测图比例尺 | 地貌点最大间距/m | 最大视距/m | | | |
|---|---|---|---|---|---|
| | | 主要地物点 | | 次要地物和地貌点 | |
| | | 一般地区 | 城市建筑区 | 一般地区 | 城市建筑区 |
| 1∶500 | 15 | 60 | 50 | 100 | 70 |
| 1∶1 000 | 30 | 100 | 80 | 150 | 120 |
| 1∶2 000 | 50 | 180 | 120 | 250 | 20 |
| 1∶5 000 | 100 | 300 | | 350 | |

3. 高程中误差

图上地物点的点位中误差、地物点间距中误差和等高线高程中误差应符合表 8-6 规定。

表 8-6　地物点位、点间距和等高线高程中误差

| 地区类别 | 点位中误差（图上）/mm | 地物点间距中误差（图上）/mm | 等高线高程中误差（等高距） | | | |
|---|---|---|---|---|---|---|
| | | | 平地 | 丘陵地 | 山地 | 高山地 |
| 平地、丘陵地和城市建筑区 | 0.5 | 0.4 | 1/3 | 1/3 | 2/3 | 1 |
| 山地、高山地和施测困难的旧街坊内部 | 0.75 | 0.6 | | | | |

## 8.5　碎部点测量方法

地面测图中，测定碎部点的基本方法主要有极坐标法、方向交会法、距离交会法等。

（1）极坐标法。

在已知坐标的测站点 $M$ 上安置全站仪，在测站定向后，观测站点至碎部点的水平角、竖直角和斜距，进而计算碎部点的坐标。如图 8-20 所示的 $O$ 点，则该点的坐标为

$$\begin{cases} X = X_M + S_0 \cdot \cos\alpha_0 \\ Y = Y_M + S_0 \cdot \sin\alpha_0 \end{cases} \tag{8-2}$$

（2）前方交会法。

实际观测时，有部分碎部点不能到达，则可利用前方交会法计算碎部点的坐标。如图 8-21 所示，$A$、$B$ 为已知控制点，其坐标分别为（$X_A$，$Y_A$）和（$X_B$，$Y_B$），$M$ 为待测点，$A$、$B$ 和 $M$ 构成逆时针方向排列，则其坐标可用余切公式计算或按式（8-3）计算：

$$\begin{cases} \alpha_{AM} = \alpha_{AB} - \alpha \\ S_{AM} = S_{AB} \cdot \dfrac{\sin\beta}{\sin(\alpha+\beta)} \\ X_M = X_A + S_{AM} \cdot \cos\alpha_{AM} \\ Y_M = Y_A + S_{AM} \cdot \sin\alpha_{AM} \end{cases} \tag{8-3}$$

式中，$\alpha_{AM}$ 和 $\alpha_{AB}$——$AM$ 和 $AB$ 方向的坐标方位角；

$S_{AM}$——测站点 $A$ 到 $M$ 的距离；

$\alpha$ 和 $\beta$——观测角。

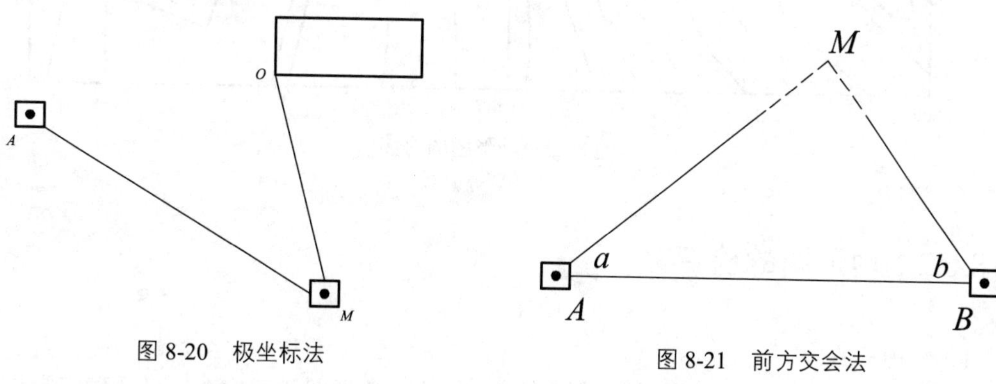


图 8-20　极坐标法

图 8-21　前方交会法

（3）距离交会法。

如果有些碎部点受到通视条件限制，不能用全站仪直接观测计算坐标，可根据周围已知点采用丈量距离的方式，应用距离交会计算碎部点坐标。

（4）碎部点高程的计算。

地形测图时通常采用三角高程测量方法测定碎部点的高程。计算碎部点高程的公式如下：

$$H = H_o + D\sin a + i - v \tag{8-4}$$

式中：$H_o$——测站点高程；

$i$——仪器高；

$v$——镜高；

$D$——斜距；

$a$——垂直角。

## 8.6 地形图的检查、拼接与整饰

### 8.6.1 地形图的拼接

如果测区面积较大，一般是将整个测区分成许多图幅分别进行测绘，当相邻图幅连接时，需保证相邻地物和地貌应完全吻合。由于测量误差和绘图误差的存在，往往不能吻合，如图8-22所示。行业标准《1∶500、1∶1 000、1∶2 000 地形图质量检验技术规程》CH/T 1020—2010 规定接图误差不应大于表 8-6 中规定的平面、高程中误差的 $2\sqrt{2}$ 倍。若符合接图限差要求，可取平均位置改正相邻图幅的地物和地貌。

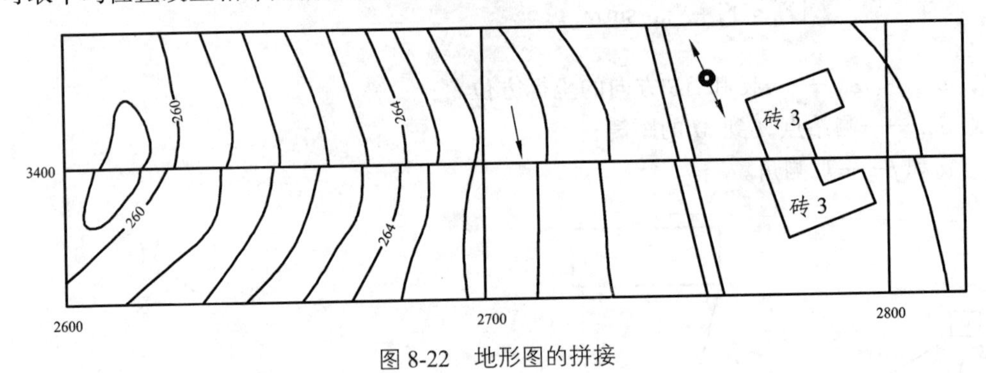


图 8-22　地形图的拼接

### 8.6.2 地形图的检查

（1）室内检查。

室内检查首先对控制测量资料作详细检查，然后对地形图进行检查，最后确定野外检查的重点内容和检查路线。

（2）野外检查。

根据室内检查的结果，按预定路线进行检查。对于室内检查和巡视检查中发现的重大问题，到野外设站用仪器检查，有问题的及时进行修改。主要检查有误漏测、测错、绘错的地方，野外检查又称之为野外调绘。

### 8.6.3 地形图的整饰

地形图的整饰按照先图内后图外，先地物后地貌的顺序，根据规定的图式符号进行整饰，使图面整洁有序。图内整饰还包括坐标格网和图廓等全部内容。图外整饰包括图名图号、接图表、比例尺、施测单位测绘者、测绘日期、平面坐标和高程系统等。

## 8.7 地形图的应用

随着经济、社会的发展和人民日益增长的物质水平，修建的工程项目越来越多，规模越来越大，内容也越来越复杂，主要有城市建设、工业建设、铁路建设、桥梁与隧道建设、矿山建设、水利工程建设、公路建设、港口码头工程建设等。一般的工程建设根据其建设过程大致可分为规划设计、建筑施工和运营管理三个阶段。在工程建设的规划设计阶段，需要对地形地质和水文地质条件等充分了解，为此要进行勘察工作。勘察工作最重要的就是进行地形图的测绘，为工程建设的规划设计提供设计依据。

地形图有很多实际的应用，利用地形图可以很容易地获取各种地形信息，如量测确定图上一点的坐标，量测两点间的距离，量测某一方向的方位角、确定点的高程、两点间的坡度、计算面积、汇水面积、绘制断面图、计算土石方等。下面就对这些应用逐一进行介绍。

1. 在图上确定某一点的坐标

地形图内图廓的四角注有实地坐标值。如图 8-23 所示，在图上量测 $D$ 点的坐标，可在其所在方格，过点分别作平行于 $x$ 轴和 $y$ 轴的直线 $eg$ 和 $fh$，按地形图比例尺量取 $af$ 和 $ae$ 的长度，则

$$\begin{cases} x_p = x_a + af \\ y_p = y_a + ae \end{cases} \tag{8-5}$$

式中：$x_a$，$y_a$——$D$ 点所在方格西南角点的坐标。

2. 在图上确定两点间的水平距离

分别量取两点的坐标值，然后根据坐标反算得到两点间的距离。若量测距离的精度要求不高时，可以用图示比例尺直接在图上量取两点间的距离。

3. 在图上确定某一直线的坐标方位角

分别量取直线两端点的平面直角坐标，再用坐标反算公式求出该直线的坐标方位角。量测精度要求不高时，可用量角器直接在图上量测直线的坐标方位角。

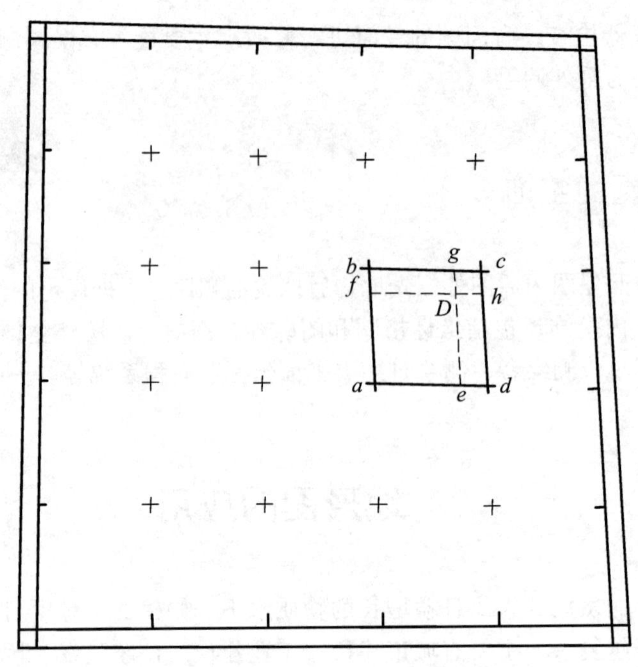


图 8-23　确定图上一点的坐标

4. 确定地面点的高程和两点间的坡度

如图 8-24 所示，$Q$ 点正好在等高线上，则其高程与所在的等高线高程相同，为 23 m。

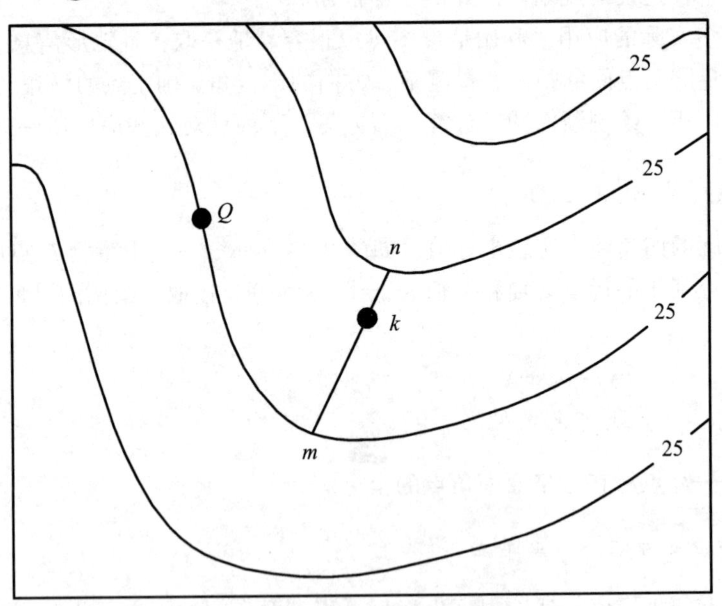


图 8-24　确定地面点的高程

如果所求点不在等高线上，如 $k$ 点，则过 $k$ 点作一条大致垂直于相邻等高线的线段 $mn$，量取 $mn$ 的长度 $d$，再量取 $mk$ 的长度 $d_1$，$k$ 点的高程 $H_k$ 可按比例内插求得，即

$$H_k = H_m + \frac{d_1}{d} \cdot h \tag{8-6}$$

式中：$H_m$——$m$ 点的高程；

$h$——等高距。

在地形图上求得相邻两点间的水平距离 $D$ 和高差 $h$ 后，可计算两点间的坡度。坡度是指直线两端点间高差与其平距之比，以 $i$ 表示，即

$$i = \tan\alpha = \frac{h}{D} = \frac{h}{d \cdot M} \tag{8-7}$$

式中：$d$——图上直线的长度；

$h$——直线两端点间的高差；

$D$——该直线的实地水平距离；

$M$——比例尺分母。

坡度 $i$ 一般用百分率（%）或千分率（‰）表示，上坡为正，下坡为负。如果两点通过数条等高线且等高线平距不等，则所求坡度为两点间的平均坡度。

5. 面积量算

量算面积是地形图应用的一项重要内容。量算面积的方法很多，这里以坐标解析法量算面积为例。坐标解析法量算面积是一种根据图块边界轮廓点的坐标来计算面积的方法。

如图 8-25 所示，设 $CDE\cdots N$ 为任意多边形，$CDE\cdots N$ 按顺时针方向排列，在测量坐标系中，其顶点坐标分别为（$x_1$，$y_1$），（$x_2$，$y_2$），⋯，（$x_n$，$y_n$），则多边形面积为

$$\begin{aligned} P = &\frac{1}{2}(x_1 + x_2)(y_2 - y_1) + \frac{1}{2}(x_2 + x_3)(y_3 - y_2) + \\ &\frac{1}{2}(x_3 + x_4)(y_4 - y_3) + \cdots + \frac{1}{2}(x_n + x_1)(y_1 - y_n) \end{aligned} \tag{8-8}$$

化简得

$$P = \frac{1}{2}\sum_{i=1}^{n}(x_i + x_{i+1})(y_{i+1} - y_i) \text{ 或 } P = \frac{1}{2}\sum_{i=1}^{i}(x_i y_{i+1} - x_{i+1} y_i) \tag{8-9}$$

式中：$n$——多边形顶点个数。$x_{n+1} = x_1$，$y_{n+1} = y_1$。

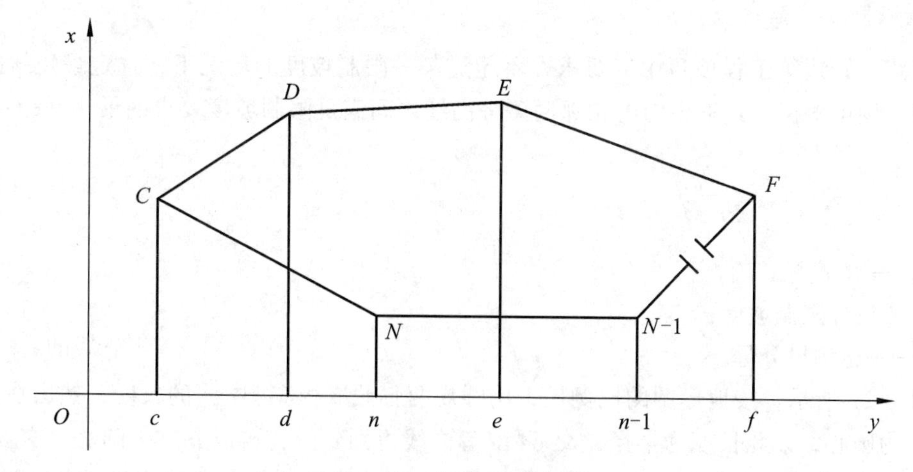


图 8-25　多边形面积计算

若为曲线围成的图形，可沿曲线边界逐点采集轮廓点的坐标，再用坐标解析法计算面积。

6. 绘制断面图

工程设计时，想要知道某一方向的地面起伏情况时，可根据此方向直线与等高线交点的平距和高程绘制断面图。具体方法如下：

如图 8-26（a）所示，欲沿 *PQ* 方向绘制断面图，首先在图上作 *PQ* 直线，找出与各等高线相交点 *a*，*b*，*c*，…，*i*。如图 8-26（b）所示，在绘图纸上绘制水平线 *PQ* 作为横轴，表示水平距离；过 *P* 点作 *PQ* 的垂线作为纵轴，表示高程。然后在地形图上自 *P* 点分别量取至 *a*，*b*，*c*，…，*Q* 各点的距离；并在图 8-26（b）上自 *P* 点沿 *PQ* 方向截出相应的 *a*，*b*，*c*，…，*Q* 各点。再在地形图上利用内插法读取各点高程，在图 8-26（b）上以各点高程作为纵坐标，向上画出相应的垂线，得到各交点在断面图上的位置，用光滑曲线连接这些点，即得 *PQ* 方向的断面图。

为明显地表示地面的起伏变化，高程比例尺通常为水平距离比例尺的 10 ~ 20 倍。为了正确地反映地面的起伏形状，方向线与山脊线和山谷线的交点必须在断面图上表示。这样绘制的断面曲线更符合实际地貌。

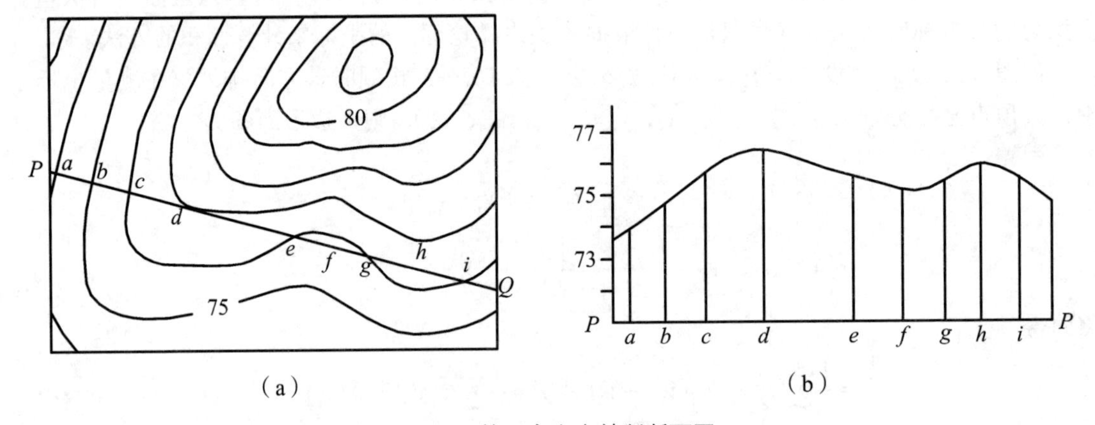


图 8-26　按一定方向绘制断面围

7. 按限制坡度选线

在道路、管线等工程项目中，要求在不超过某一限制坡度的情况下，选定最短线路或等坡度线路。则可根据下式求出图上相邻两条等高线之间满足限制坡度要求的最小平距：

$$d_{\min}=\frac{h_0}{i\cdot M} \tag{8-10}$$

式中：$h_0$——等高距；

$i$——设计限制坡度；

$M$——比例尺分母。

如图 8-27 所示，按地形图的比例尺，用圆规两脚截取相应于 $d_{\min}$ 的长度，然后在地形图上以 *A* 点为圆心，以此长度为半径，交 64 m 等高线得到 *a* 点；再以 *a* 点为圆心，交 65 m 等高线得到 *b*；以此类推，直到 *B* 点。然后将相邻点连接，便得到符合限制坡度要求的路线。同样的道理，可在地形图上沿另一方向定出路线 $A—a'—b'—\cdots—B$，作为比较。

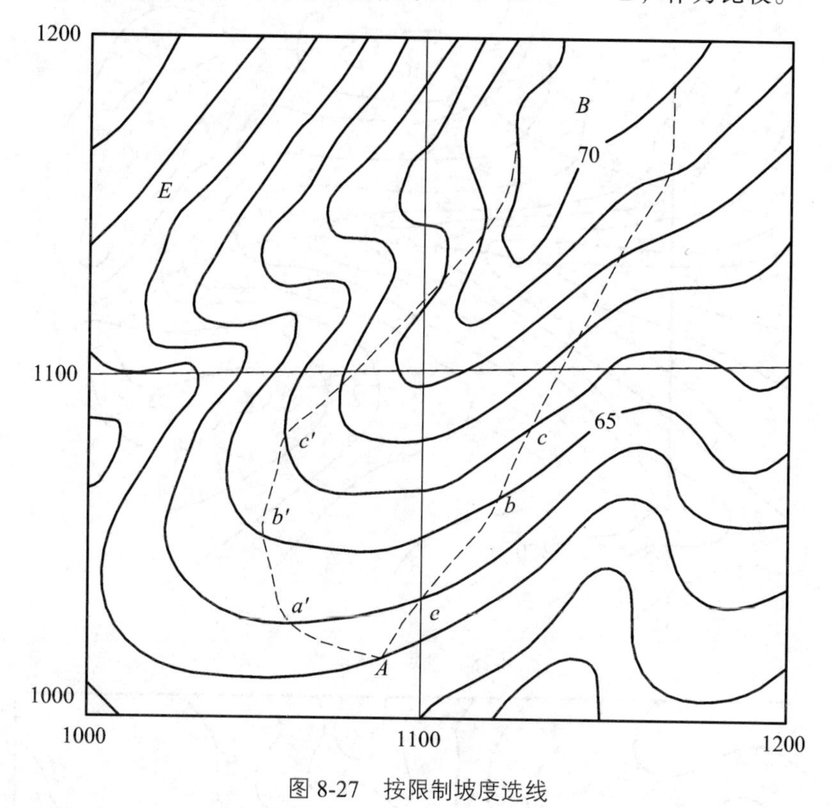


图 8-27　按限制坡度选线

8. 确定汇水面积

在水利建设和桥涵设计中，水库水坝的蓄水位与桥涵孔径的大小等，都需要根据汇集于这一地区的水流量来确定的。其中汇集水流量的区域面积称为汇水面积。雨水、雪水是以山脊线（分水线）为界流向两侧的，因此汇水面积的边界线是由一系列的山脊线连接而成。得到该范围的面积即得出汇水面积。

图 8-28 所示 $P$ 处为修筑公路时需经过的山谷，要在 $P$ 处建造一个涵洞以排水。涵洞孔径的大小应根据流经该处的水量来决定，而这水量又与汇水面积有关，从图中不难看出，由分水线 $AB$、$BC$、$CD$、$DE$ 及道路 $EA$ 所围成的面积即为要求汇水面积。各分水线处处都与等高线垂直，且经过一系列的山头和鞍部。

9. 根据等高线平整场地

在工程建设中，经常需要将地面整理成水平或倾斜的平面。假设要把图 8-29 所示的地区整理成高程为 211.7 m 的水平地面，确定填挖边界线的方法是：在 211 m 与 212 m 两条等高线间，以 7∶3 的比例内插出 211.7 m 的等高线。图上 211.7 m 高程的等高线即为填挖分界线。在这条等高线上的各点处不填不挖；不在这条等高线上的各点处就需要填或挖。图 8-29 上 214 m 等高线上各点处要挖深 2.3 m，在 208 m 等高线上各点处要填高 3.7 m。

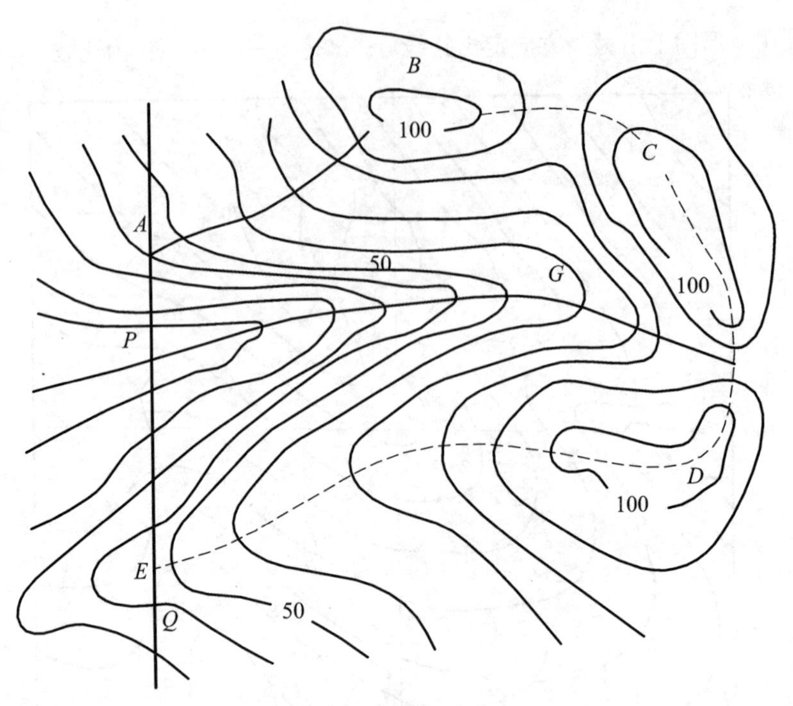


图 8-28　确定汇水面积

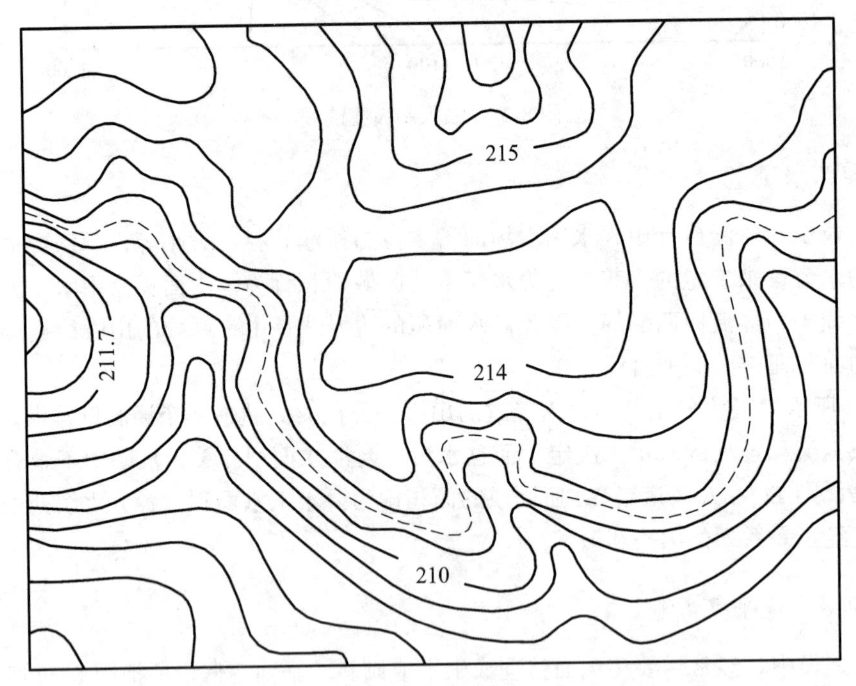


图 8-29　整理成水平面

10. 土石方量计算

在各种工程建设中，经常要进行土石方量计算，其实质是体积计算问题。因各种建筑工程类型不同，地形复杂程度不同，所以体积的形体也是复杂多样的。下面介绍方量计算中常用的等高线法、断面法和方格网法。

1）根据等高线计算体积

在地形图上，可利用图上封闭的等高线来计算体积，如水库库容、山丘体积等。图 8-30 所示为一山丘，欲计算 90 m 高程以上的土方量。首先量算各等高线围成的面积，各层的体积可分别按台体和锥体的公式计算。将各层体积相加，即得总的体积。

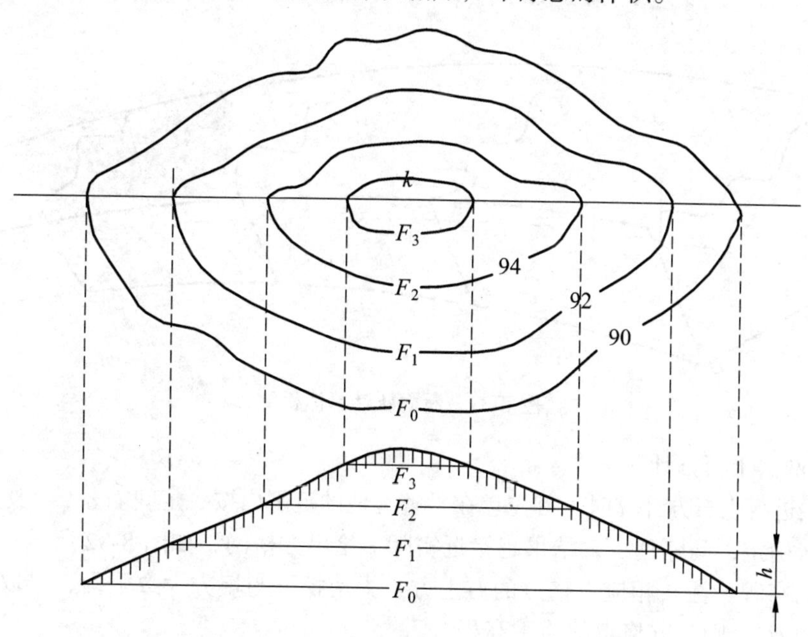


图 8-30　按等高线量算体积

设 $F_0$、$F_1$、$F_2$、$F_3$ 为各等高线围成的面积，$h$ 为等高距，$h_k$ 为最上一条等高线至山顶的高度，则

$$
\begin{aligned}
V_1 &= \frac{1}{2}(F_0 + F_1)h \\
V_2 &= \frac{1}{2}(F_1 + F_2)\mathrm{h} \\
V_3 &= \frac{1}{2}(F_2 + F_3)h \\
V_4 &= \frac{1}{3}F_3 h_k \\
V &= \sum_{i=1}^{n} V_i
\end{aligned}
\qquad (8\text{-}10)
$$

2）带状土工建筑物土石方量算

对于一些像渠道、路基、堤坝等带状建筑物的开挖或填土等，可采用断面法。根据实际纵断面线的起伏情况，将坡度基本一致地划分为若干段，各段的长度为 $d_i$。过各分段点作横断面图，如图 8-31 所示，量算各横断面的面积为 $S_i$，则第 $i$ 段的体积为

$$V_i=\frac{1}{2}d_i(S_{i-1}+S_i) \tag{8-11}$$

则总体积为

$$V=\frac{1}{2}\sum_{i=1}^{n}d_i(S_{i-1}+S_i) \tag{8-12}$$

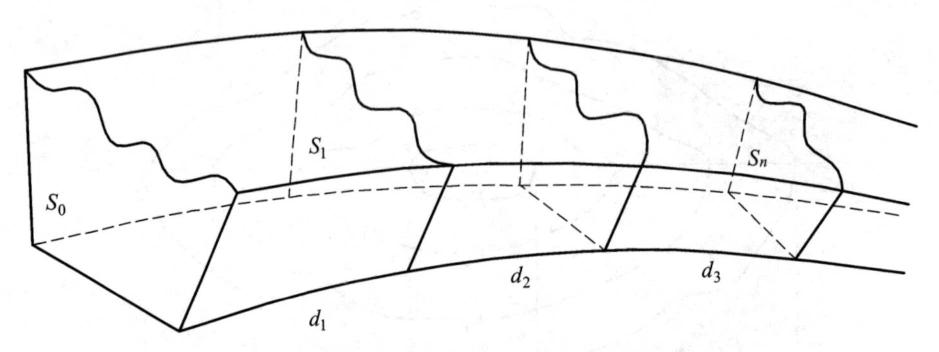


图 8-31 断面法计算体积

3）方格网法土石方计算

方格网法进行土石方计算时，首先，在平整土地的范围内按一定间隔 $d$（一般为 5～20 m，根据地表起伏确定，间隔越小，结果越接近实际）绘出方格网，如图 8-32 所示；然后，量算方格点的地面高程，注在相应方格点的右上方。为使挖方与填方大致平衡，可取各方格点高程为设计高程 $H_0$，则各方格点的施工高程

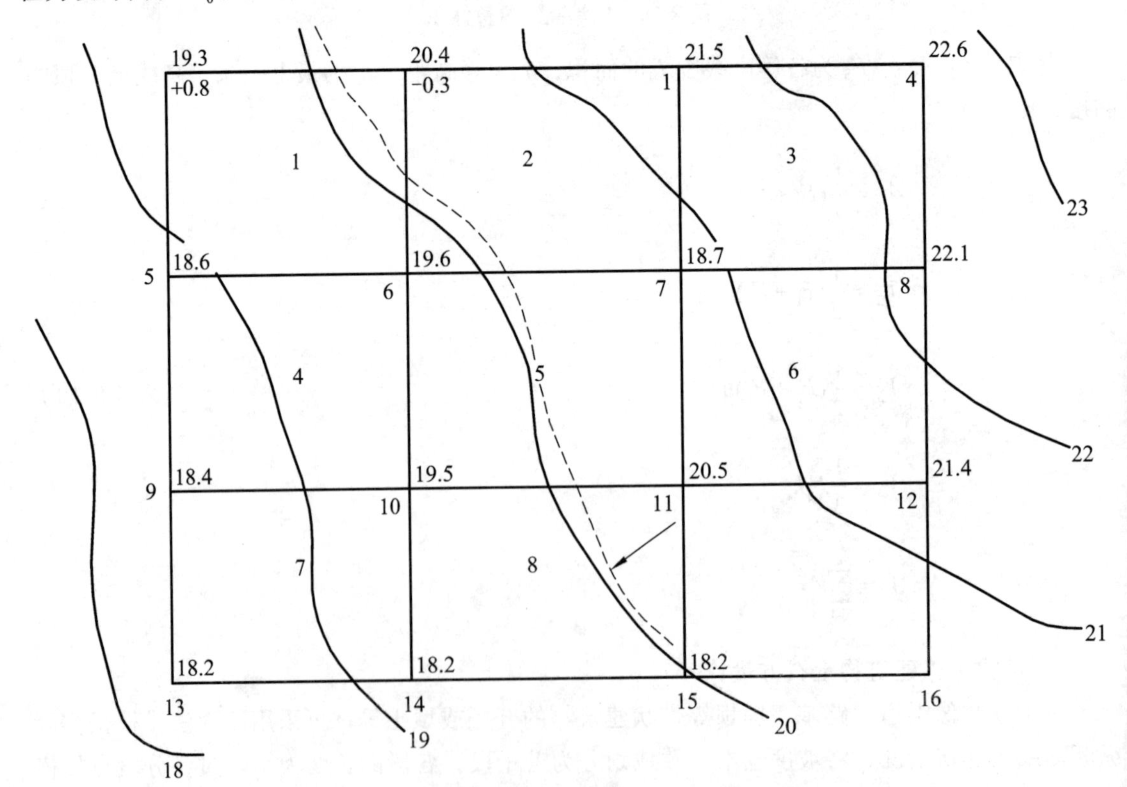


图 8-32 方格法计算填挖土石方

$$h_i = H_0 - H_i$$

将施工高程注在地面高程的下面，负号表示挖土，正号表示填土。

在图上按设计高程确定填挖边界线，根据方格四个角点的施工高程符号不同，可选择以下四种情况之一计算各方格的填挖方量。

（1）四个角点均为填方或均为挖方，此时有

$$V = \frac{h_a + h_b + h_c + h_d}{4} \cdot d^2 \tag{8-13}$$

（2）相邻两个角点为填方，另外相邻两个角点为挖方，如图 8-33（a）所示，则

$$\begin{cases} V_{挖} = \dfrac{d^2}{4}\left(\dfrac{h_a^2}{h_a + h_b} + \dfrac{h_c^2}{h_c + h_d}\right) \\ V_{填} = \dfrac{d^2}{4}\left(\dfrac{h_b^2}{h_a + h_b} + \dfrac{h_d^2}{h_c + h_d}\right) \end{cases} \tag{8-14}$$

（3）三个角点为挖方，一个角点为填方，如图 8-33（b）所示，则

$$\begin{cases} V_{挖} = \dfrac{2h_b + 2h_c + h_d - h_a}{6} \cdot d^2 \\ V_{填} = \dfrac{h_a^3}{6(h_a + h_b)(h_a + h_c)} \cdot d^2 \end{cases} \tag{8-15}$$

三个角点为填方，一个角点为挖方，与上式类似。

（4）相对两个角点为连通的填方，另外相对两个角点为独立的挖方，如图 8-33（c）所示，则

$$\begin{cases} V_{挖} = \dfrac{2h_b + 2h_d - h_a - h_c}{6} \cdot d^2 \\ V_{填} = \left\{\dfrac{h_b^3}{(h_b + h_a)(h_b + h_d)} + \dfrac{h_c^3}{(h_c + h_a)(h_c + h_d)}\right\} \cdot \dfrac{d^2}{6} \end{cases} \tag{8-16}$$

若相对两个角点为连通的挖方，另外相对两个角点为独立的填方，与上式类似。

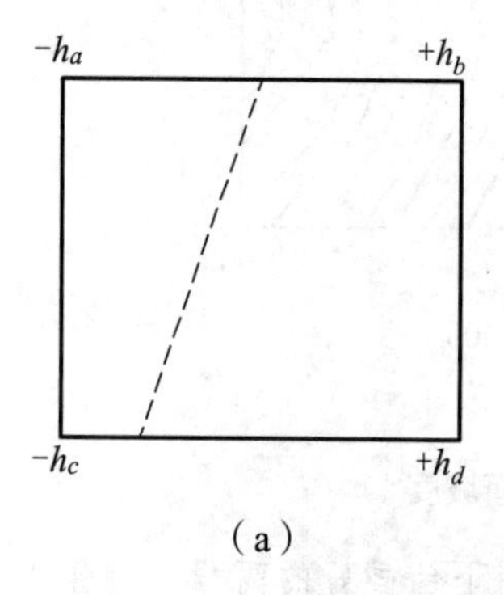


（a）

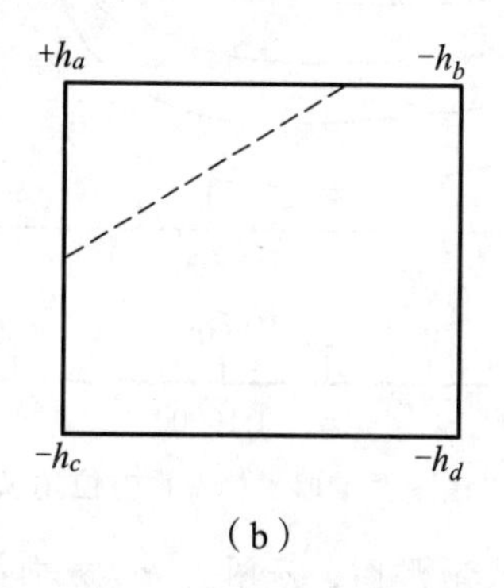


（b）

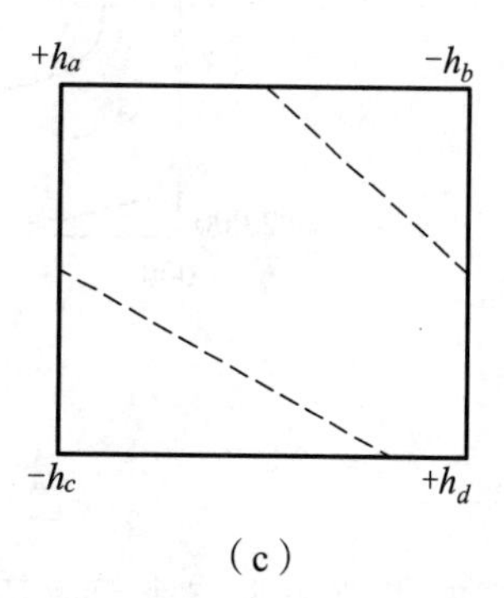


（c）

图 8-33　方格法计算填挖方方格类型

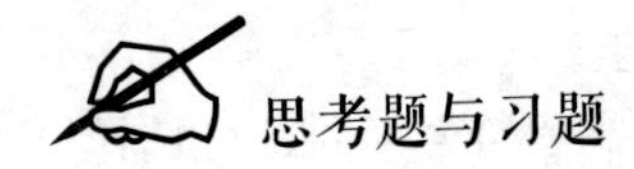

## 思考题与习题

1. 什么是比例尺精度？它主要有什么用途？

2. 等高线是怎样定义的，有哪些类型，有哪些特性？

3. 简述用全站仪测绘地形图时在一个测站上的工作步骤。

4. 地物和地貌的概念分别是什么？举例说明常见的自然地物和人工地物。

5. 地形图的应用主要有哪些？

6. 设图 8-34 为 1∶10 000 的等高线地形图，印有图示比例尺，用以从图上量取长度。根据地形图回答以下三个问题：

（1）求 $PQ$ 两点的坐标及 $PQ$ 连线的方位角。

（2）求 $M$ 点的高程及 $PM$ 连线的坡度。

（3）从 $P$ 点到 $Q$ 点定出一条地面坡度 $i$=6.5%的路线。

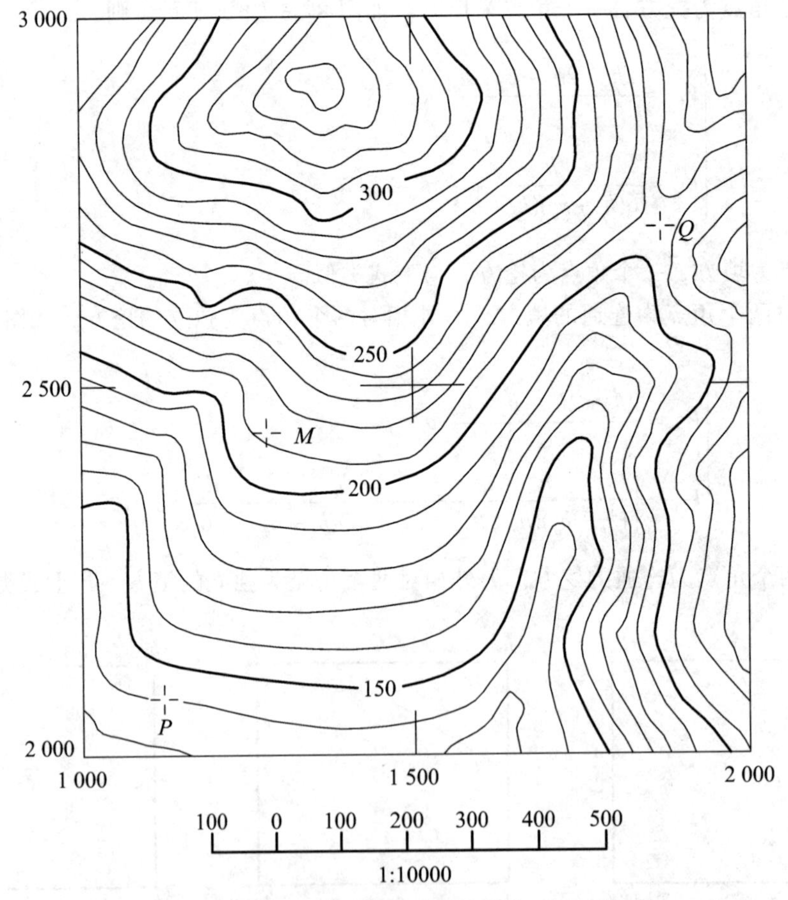


图 8-34　在图上量取坐标高程方位角及地面坡度

7. 根据图 8-35 所示的等高线地形图，沿图上 $PQ$ 方向按图下已画好的高程比例作出其地形断面图（水平比例尺与地形图一致）。

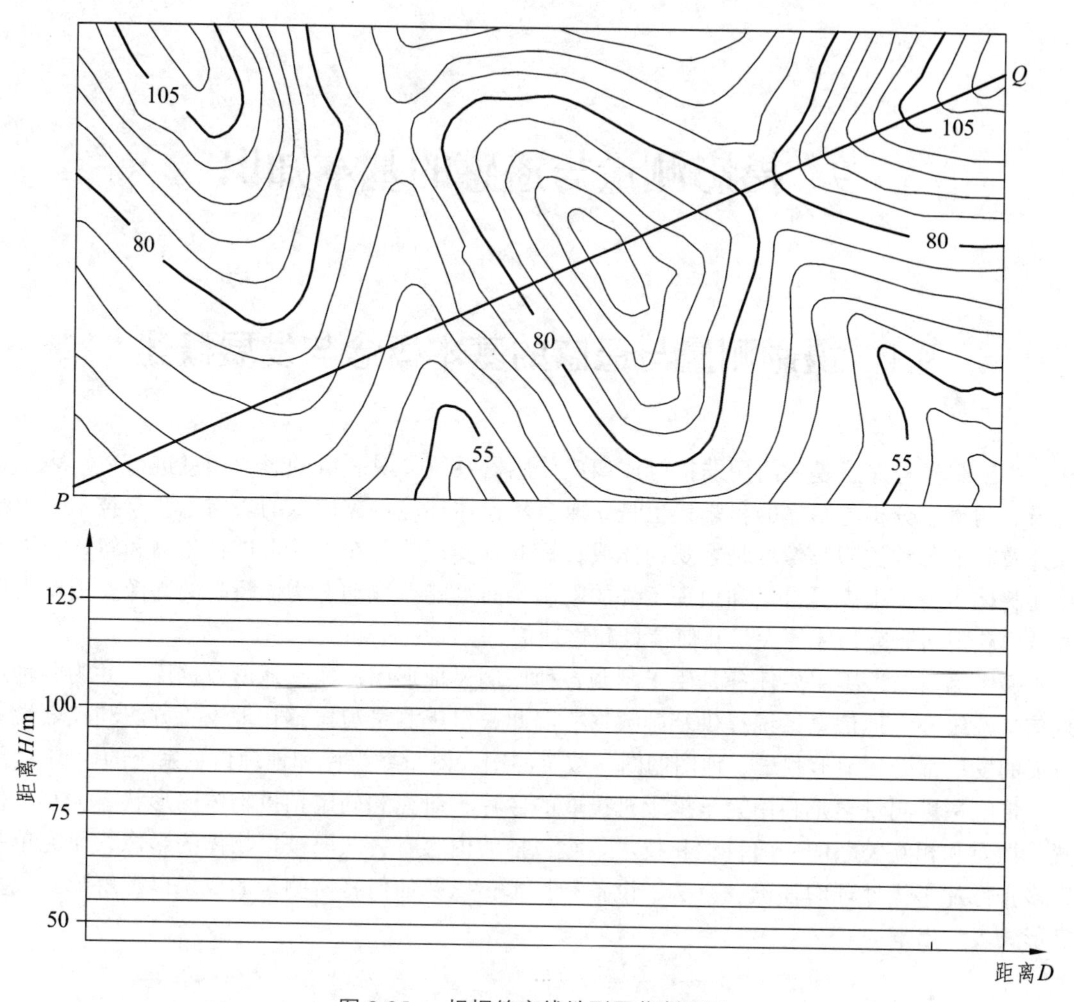


图 8-35　根据等高线地形图作断面图

# 9 摄影测量与遥感的基本知识

## 9.1 摄影测量与遥感的基本概念与发展概述

摄影测量与遥感是一门用非接触成像或传感器系统，对获取的影像信息进行数字表达与记录、测量、分析与解译的科学；也是获取自然物体环境可靠信息的一门工艺与技术。由于像片及其他各种类型影像均是客观物体或目标的真实反映，在像片上进行量测和解译，无需接触物体本身，很少受自然和地理条件的限制，而且能获取动态物体瞬间的影像，因此人们能从中获得所研究物体的大量几何信息和物理信息。

摄影测量与遥感主要任务是用于测制各种比例尺地形团、建立地形效据库，并为各种地理信息系统和土地信息系统提供基础数据。因此，摄影测量与遥感在理论、方法和仪器设备方面的发展都受到地形测量、地图制图、数字测图、测量数据库和地理信息系统的影响。

传统摄影测量学是利用光学摄影机摄取的像片，研究和确定拍摄物体的形状、大小、位置、性质和相互关系的一门科学和技术。它包括的内容有：获取被摄物体的影像，研究单张和多张像片影像处理的理论、方法、设备和技术，以及如何将所测量的成果以图解形式或数字形式表示出来。

### 9.1.1 摄影测量学发展的三个阶段

数字摄影测量（1970—现在）基于摄影测量的基本原理，通过对所获取的数字或数字化影像进行处理，自动（或半自动）提取被摄对象用数字方式表达的几何与物理信息，从而获得各种形式的数字产品和目视化产品。摄影测量从诞生到现在有百余年的历史，经历了从模拟摄影测量、解析摄影测量到数字摄影测量的一个相当长的发展阶段。

1. 模拟法摄影测量

模拟法摄影测量（1851—1970）其基本原理是利用光学或机械投影方法实现摄影过程的反转，用两个或多个投影器，模拟摄影机摄影时的位置和姿态，构成与实际地形表面成比例的几何模型，通过对该模型的量测得到地形图和各种专题图。模拟摄影测量是用光学机械的方法模拟摄影时的几何关系，通过对航空摄影过程的几何反转，内像片重建一个缩小的所摄物体的几何模型，对几何模型进行量测便可得出所需的图形。模拟摄影测量是直观的一种摄影测量，也是延续时间最久的一种摄影方法。自从 1859 年法国陆军上校劳赛达特在巴黎试验用像片测量地形图获得成功，从而诞生了摄影测量。除最初的手工量测外，模拟摄影测量主要致力于研究模拟解算的理论方法与光学设备研究。

2. 解析法摄影测量

解析法摄影测量（1950—1980）是以电子计算机为主要手段，通过对摄影像片的量测和解析计算方法的交会方式，来研究和确定被摄物体的形状、大小、位置、性质及其相互关系，并提供各种摄影测量产品的一门科学。解析摄影测量是伴随电子计算机的出现而发展起来的。它始于 20 世纪 50 代末，完成于 20 世纪 80 年代。解析摄影测量虽是依据像点与相应地面点间的数学关系，用电子计算机解算像点与相应地面点的坐标和进行测图解算的技术。在解析摄影测量中利用少量的野外控制点加密测图用的控制点或其他用途的更加密集控制点的工作，叫作解析空中三角测量。电子计算机实施解算和控制进行测图则称之为解析测图，相应的仪器系统称为解析测图仪。解析空中三角测量俗称电算加密。电算加密和解析测图仪的出现，是摄影测量进入解析摄影测量阶段的重要标志。

3. 数字摄影测量

数字摄影测量则是以数字影像为基础，用电子计算机进行分析和处理，确定被摄物体的形状、大小、空间位置及其性质的技术，它具有全数字的特点。数字影像的获取方式有两种：一是由数字式遥感器在摄影时直接获取，二是通过对像片的数字化扫描获取。数字摄影测量的发展起源于摄影测量自动化的实践，即利用相关技术，实现真正的自动化测图。最早涉及摄影测量自动化的研究可追溯到 1930 年，但并未付诸实施。直到 1950 年，由美国工程兵研究发展实验室与 Bausch and Lomb 光学仪器公司合作研制了第一台自动化摄影测量测图仪。美国于 20 世纪 60 年代初，研制成功 DAMC 系统全数字自动化测图系统。武汉测绘科技大学王之卓教授于 1978 年提出了发展全数字自动化测图系统的设想与方案，并于 1985 年完成了全数字自动化测图软件系统 WUDAMS。因此，数字摄影测量是摄影测量自动化的必然产物。图 9-1 表示了摄影测量不同方法的发展历程。

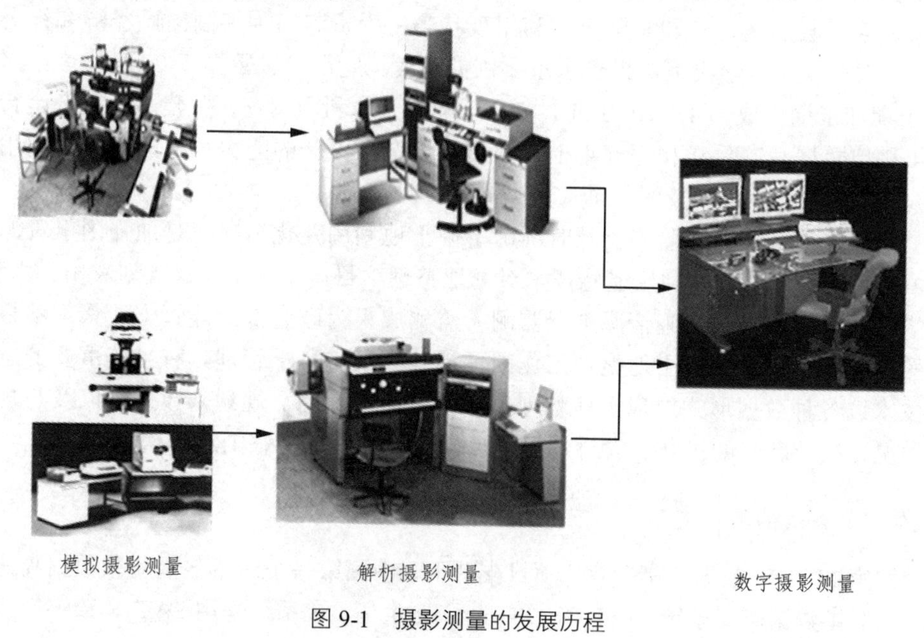


图 9-1　摄影测量的发展历程

### 9.1.2 摄影测量与遥感技术的主要应用

1. 在农业中的应用

摄影测量与遥感技术已在农业领域得到了广泛的应用，主要体现在以下两个方面：

（1）农作物长势监测和估产：遥感技术具有客观、及时的特点，可以在短期内连续获取大范围的地面信息，用于农情监测具有得天独厚的优势。20 多年，近农作物遥感监测一直是遥感应用的一个重要主题。从“七五”利用气象卫星数据进行北方十一省市小麦估产起步，经过“八五”重点产粮区主要农作物估产研究，到“九五”建立全国遥感估产系统，我国的遥感技术在农业领域的应用不断向实用化迈进。目前已经具有对全国冬小麦、春小麦、早稻、晚稻、双季稻、玉米和大豆等农作物的估产及其长势监测的能力，在作物收割前 2 ~ 4 周提供作物播种面积和总产数据，10 天提供一次每次作物长势监测结果。这些信息为国家掌握粮食生产、粮食储运、粮食调配和粮食安全提供了及时、准确的服务。

（2）精准农业：北京市农林科学院通过农业定量遥感反演农学参数，监测作物长势、养分、水分、墒情等，预测作物产量品质，结合作物生长模型技术，开发出了基于遥感的精准农业水分处方决策技术，研究成果填补了我国在该领域的空白。

2. 在资源环境领域的应用

（1）全国土地利用遥感调查与制图：我国十分重视遥感技术在国土资源调查中的应用，先后组织相关部门完成了全国土地利用遥感调查与制图工作。在 20 世纪 80 年代初期采用卫星数据编制了全国 818 幅 1∶25 万土地利用图，完成全国土地面积精确量算，全国 1∶400 万地势卫星影像图，全国 1∶200 万土地利用卫星影像图，全国 1∶100 万土地利用卫星影像图。20 世纪 80 年代中期我国又应用遥感技术与野外调绘相结合完成了全国土地利用详查，查清了我国土地权属、类型、数量、质量、分布及利用状况，取得了全面、翔实、准确的从每一个地块到村、乡、县、地、省和全国土地利用现状第一手资料，为编制国民经济和社会发展计划，制定有关政策、科学决策等提供了重要依据。我国应用卫星数据于 20 世纪 80 年代中期、90 年代中期和末期完成了 1∶10 万和 1∶25 万全国土地利用调查，并建立了业务运行系统，具有每年耕地数据动态更新和每五年土地利用数据全面更新的能力。我国已成功利用高分辨率遥感数据完成第二次全国土地详查工作。

（2）全国土地资源动态监测：及时准确掌握土地利用变化情况，是加强国土资源管理、切实保护耕地的必要前提。利用遥感技术对土地整理项目区土地平整，规划农田，水利设施、道路的修建及修缮状况等实施情况进行监测，监测成果为政府部门监管土地整理项目提供了第一手的详实资料，对国家土地整理工作的可持续开展与科学管理具有十分重要的意义。通过遥感技术以各种数据形式展现土地整理工作区中原有道路、规划未建道路以及与规划一致道路的情况，以及新建的机井、农桥、居民点、工矿和土地平整图斑等信息。

3. 在气象领域的典型应用

在“国家 MODIS 数据共享平台”项目支持下，中国第一个海量卫星遥感数据高速共享平台——风云卫星数据广播系统（FENGYUNCast）诞生了。该系统采用 DVB-S 数字视频广播技术，按照数据获取、汇集、预处理、广播服务的自动业务流程，将数据近实时地向亚太地区用户广播，提供“一站式”多颗卫星遥感资料广播服务。该系统也产生广泛的国际影响，承担了亚太地区分发地球观测数据的重任。全球地球观测数据共享系统是地球综合观测系统十年执行计划的一项核心成果，而风云卫星数据广播系统是其重要组成部分。世界各国的用户不必重复建设耗资巨大的遥感卫星地面接收站，仅采用类似于卫星电视接收设备一样的系统就可以方便地接收到通过通信卫星转发的遥感卫星数据。风云卫星数据广播系统用户将来还可以通过通信卫星方便快捷地获取大气温度、湿度、地表温度等常规地面观测数据。

4. 在工程建设中的应用

随着摄影测量与遥感技术的不断发展，传感器空间分辨率和光谱探测能力不断提高，迅速发展的雷达干涉测量、高分辨率卫星遥感、高光谱遥感等新技术为铁路建设中应用摄影测量与遥感技术注入了新的活力。此外，随着摄影测量与遥感的进一步发展，特别是与 GPS、GIS 技术的集成应用，将为我国工程建设提供动态基础信息和科学决策依据。

在工程建设中，摄影测量与遥感作为一种先进的勘测技术手段，在提高选线质量和勘测资料质量，提高勘测设计效率，改善勘测工作条件，节省基建投资等方面，具有明显的经济效益和社会效益，是工程勘测设计和现代化管理的重要内容。

5. 在防灾减灾中的应用

在“5・12”汶川大地震中，遥感技术在抗震救灾中发挥了关键作用，为领导迅速了解灾情、科学指挥救灾及制定灾后重建规划提供了重要依据。

“5・12”汶川大地震发生后，灾区通信、交通严重受损，卫星遥感和航空遥感技术成为快速获取灾情的最佳途径。我国科技人员利用光学和雷达遥感、航空遥感技术对灾区进行了连续、动态监测，开展了灾区房屋倒塌、道路交通等基础设施损毁，泥石流、滑坡、堰塞湖等次生灾害解译分析工作，研发了抗震救灾综合服务地理信息平台，整合了震前、震后遥感影像，灾区三维数字高程模型，居民地、交通、水系等基础地理信息数据，堰塞湖等地质灾害专题信息，以及人口等社会经济信息，为各级抗震救灾指挥部门和救灾人员提供了及时准确的灾情信息。

在监测地震次生灾害的同时，科技人员还利用遥感数据，对抗震救灾情况和灾害影响进行综合评估。同时，利用遥感数据及灾情监测与评估结果，为国家和地方制定灾后重建总体规划和实施方案提供宏观信息支持。

尤其值得一提的是，国家测绘局在灾情发生后立即调集航摄飞机赶赴灾区一线，实施航摄。此次航摄采用了三种不同的航空遥感飞行平台和传感器：一种是搭载了数码航摄仪的中型通用航空飞机，主要在中高空作业，可以透过云层空隙获取大区域影像；一种是超轻型直升机，可乘坐一至两人，搭载了分辨率优于 0.2 m 的航空数码相机及惯性导航系统和卫星导航系统，具有定点起降、近地面航摄、分辨率高等特点；还有一种是无人机，体积小巧，机动灵活，通过地面遥控快速采集影像，不需要专用跑道起降，受天气和空域管制的影响较小，主要用于局部监测，反映灾害情况。这些都是我国开发的具有自主知识产权的新技术，三者互为补充，各自发挥所长。执行灾区航摄任务的航空飞机搭载了由我国著名遥感专家刘先林院士研制的具有自主知识产权的数码航空摄影仪。这台数码航摄仪技术含量相当高，获取图像后即可在前方快速处理，正常情况下拍摄分辨率在 0.1 ~ 0.2 m 之间，最高可达 0.05 m，即使阴天也能在云层下摄影。这台仪器还配有动态定位装置，不需要布设大量的野外基准站，实现了数据获取处理一体化。

# 9.2 摄影测量的基本原理与方法

## 9.2.1 投影基本原理

投影是指在画法几何中，采用一组假想的光线将物体的形状投射到一个面上的技术（在该面上得到的图形也称为投影）。投影光线称为投影线，主要分为三种类型：假想的投射光线组如是平行线组，这种投影称为平行投影；当平行的投影线且与投影面垂直时，这种投影称为“正投影”或“正射投影”；投影的光线组通过一个点的投影为中心投影。

航摄像片是地面景物的摄影构像，这种影像是由地面上各点发出的光线通过航空摄影机物镜投射到底片感光层上所形成的。这些光线会聚于物镜前节点 $S_1$（图 9-2），而从后节点 $S_2$ 投射到底片平面上。当物镜没有像差时，从后节点出发的投射光线的方向保持不变。为了几何作图的方便，可把后节点连同像片一起平移到使后节点与前节点重合，当作一个点看待，并称它为投影中心。航摄像片上的地面构像就可认为是由地面各点指向投影中心的直线投射光线所形成的。这样所得到的影像属于中心投影。

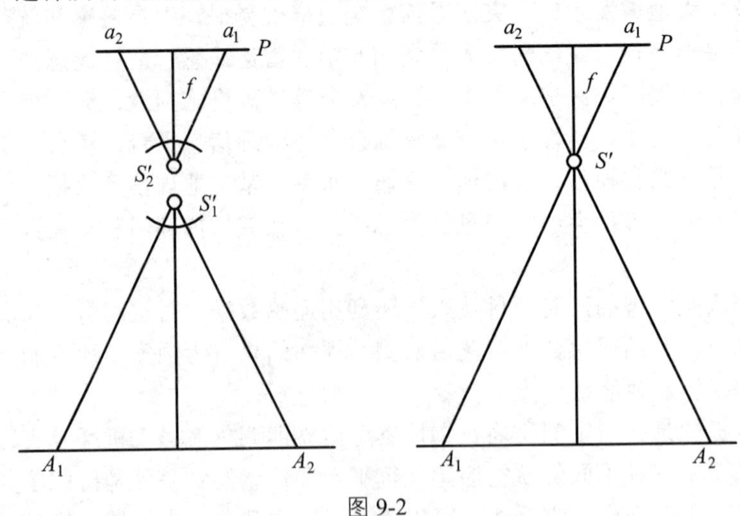


图 9-2

当成像面位于投影中心与地面之间时，称为正片位置；而当投影中心位于成像面与地面之间时的成像面称为负片位置（图 9-2）。正片位置和负片位置是处在投影中心两侧各像点一一对称的位置，几何特性保持不变，所以摄影测量仪器的结构以及今后讨论有关问题时，既可采用负片位置，也可采用正片位置。中心投影（透视构像）的基本特性如下：点中心投影仍为点，但构像上点在物空间与之对应的就不一定是一个点，也可能是一条空间直线。直线中心投影一般是直线，除非该直线与投射光重合，其构像为点；但构像上一条直线，在物空间与之相对应的就不一定是一条直线。

摄影测量生产的主要产品包括四种基本模式：数字栅格地图（DRG）、数字正射影像图（DOM）、数字高程模型（DEM）、数字线划图（DLG），简称4D产品。

（1）数字栅格地图（DRG）：以栅格数据格式存储和表示的地图图型数据。该产品可以作为背景图，用于其他专题数据的参照和修测其他与地理信息相关的信息；可用于DLG的数据采集、评价和更新；也可与DOM、DEM等数据集成使用，从而提取、更新地图数据和派生出新的信息。

（2）数字正射影像图（DOM）：利用数字高程模型，对经扫描处理后的数字化的航空像片，逐像元进行辐射纠正、微分纠正和镶嵌，按图幅范围裁切生成的影像数据，带有千米格网、内外图廓整饰和注记的平面图。它同时具有地图的几何精度和影像特征。可作为背景控制信息、评价其他数据的精度、现势性和完整性，可从中提取自然和人文信息，还可用于地形图的更新。

（3）数字高程模型（DEM）：在高斯投影平面上，规则或不规则格网点的平面坐标（$X$、$Y$）及其高程（$Z$）的数据集。为控制地表形态，可采集离散高程点数据。该产品可以派生出等高线、坡度图等信息，可与其他专题信息数据叠加，用于与地形相关的分析应用，同时它还是生产数字正射影像图的基础数据。

（4）数字线划图（DLG）：基础要素信息的矢量格式数据集，其中保存着要素的空间关系和相关的属性信息。数字线划图较全面地描述地表目标。为缩短数据采集和产品提供的周期，数字线划图可满足各种空间分析要求，可随机地进行数据选取和显示，与其他信息叠加，可进行空间分析、决策。

### 9.2.2 摄影测量采用的坐标系

摄影测量课题的解求主要靠代数的方法来研究中心投影的几何问题。这就要用坐标值来表示像点和地面点，因此首先要选择适当的坐标系。

1. 像平面坐标系

像平面坐标系用以表示像点在像平面上的位置。通常以像主点为坐标原点，并采用右手坐标系，以相对框标的连线作为$x$、$y$轴，其中$x$轴是接近航线方向的。当像主点不与框标连线交点重合，其在框标坐标系中的坐标为$x_0$、$y_0$，则量测出的像点$x$、$y$坐标，换算到以像主点为坐标原点的坐标为$x-x_0$、$y-y_0$。$x_0$、$y_0$是微小值，在一般情况下不予考虑。

2. 像空间坐标系

为了便于进行空间坐标的变换，需要建立起描述像点在像空间的坐标系。以投影中心$S$为坐标原点，$x$、$y$轴与像平面上所选定的$x$、$y$轴平行，$z$轴与摄影方向$S_o$重合，形成像空间右手直角坐标系$S$-$xyz$，如图9-3所示。在这个坐标系中，每个像点的$z$坐标都等于$-f$，即像

点的像空间坐标为 $x$、$y$、$-f$。像空间坐标系是随着像片所处的空间位置而定，因此每张像片的像空间坐标系是各自独立的。

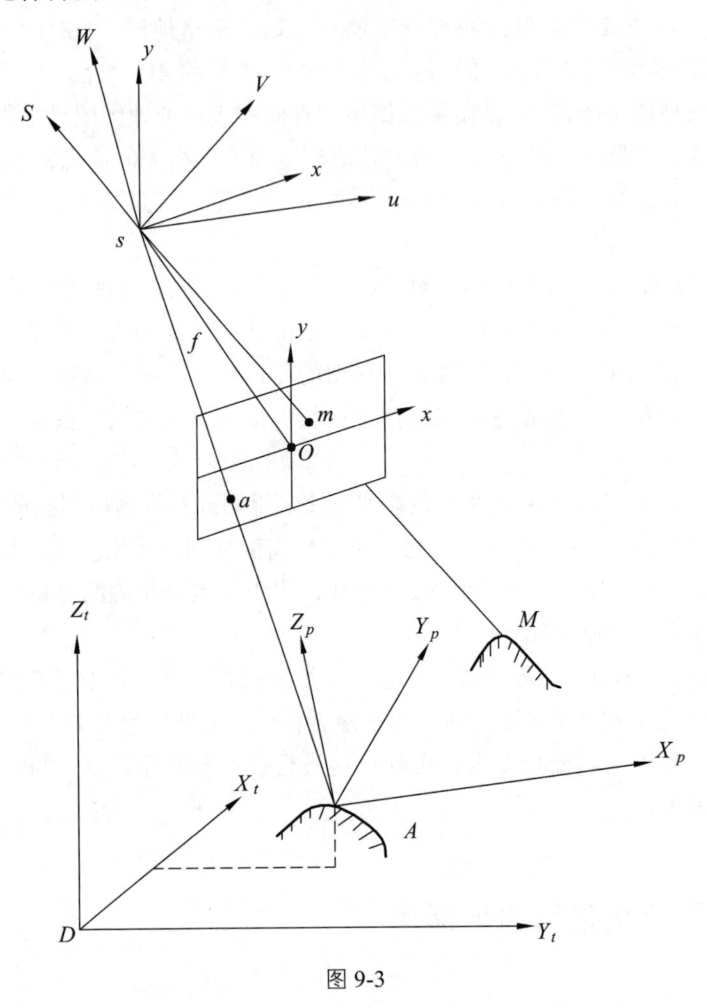


图 9-3

3. 像空间辅助坐标系

在立体摄影测量中，考虑到相邻像片或航线中各像片之间的联系，建立起与像空间坐标系共原点的像空间辅助直角坐标系 $S\text{-}uvw$ 轴系的选择视需要与可能而定。例如取一对像片的左方像片像空间坐标系作为像空间辅助坐标系，然后可建立与左方像空间辅助坐标系平行的右方像空间辅助坐标系。对一条航线来讲，所建立各摄影站的像空间辅助坐标系都是互相平行的。计算出的像空间辅助坐标系中的像点坐标 $u$、$v$、$w$ 只是一种过渡性的坐标，像空间辅助坐标系也只是一种过渡性的坐标系。

4. 物方空间坐标系

描述物点（包括地面控制点和地面模型点）在物方空间位置所建立的空间直角坐标系。

一般地讲，可以地面上任意点 $A$ 为坐标原点，坐标轴系与像空间辅助坐标轴系相平行，也是一种空间右手直角坐标系，如图 9-3 中的 $A-X_PY_PZ_P$。这也是一种过渡性的坐标系，也称摄影测量坐标系。随着摄影测量课题解求方法的不同，还有其他过渡性坐标系，这里不一一列举。摄影测量坐标系这一名称，在不同的书刊中含义也不完全相同。

5. 地面坐标系

地面坐标指地图投影坐标系，也就是国家测图所采用的高斯-克吕格三度带或六度带投影的平面直角坐标系和高程系，两者组成的空间直角坐标系是左手坐标系。

在今后要叙述的解析空中三角测量中，大体上讲都要根据量出的像点坐标通过几种过渡性坐标系依次进行坐标变换，最后求出加密点的地面坐标。

### 9.2.3 航摄像片的内、外方位元素

摄影测量的主要课题是根据像点解求地面点的空间位置（平面坐标和高程），这就需要知道摄影物镜（投影中心）与像片面的相对位置，以及知道或解求出摄影瞬间摄影机的空间位置。

1. 内方位元素

内方位元素是指确定物镜后节点和像片面相对位置的数据，包括像主点在像片框标坐标系中的 $x_0$ 坐标、$y_0$ 和像片主距 $f$，如图 9-4。摄影时地面上诸点与投影中心之间形成的摄影光束可由像片上各相应像点和投影中心之间的关系来确定。在摄影测量作业中，当恢复了像片的内方位元素，诸像点与投影中心之间形成的投影光束就与摄影时的摄影光束完全相似，即恢复了摄影时的光束（形状）。像片的内方位元素通常是已知的，在航空摄影机的鉴定表中均有记载。

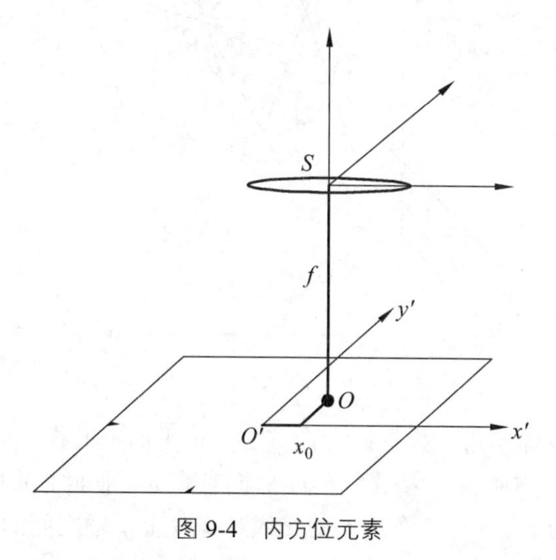


图 9-4　内方位元素

2. 外方位元素

外方位元素：确定摄影摄影机或像片的空间位置和姿态的参数，即摄影光束空间位置和姿态的数据。在恢复内方位元素的基础上，知道投影中心在所取空间直角坐标系中的坐标 $X_S$、

$Y_S$、$Z_S$，摄影方向（摄影机轴）相对空间坐标轴的两个角度和像片绕摄影机轴旋转的一个角度，就可以确定摄影光束的空间位置。每张像片有六个外方位元素，前三个称线元素，后三个称角元素。

外方位三个角元素可看作是摄影机轴从起始的铅垂方向绕空间坐标轴按某种次序连续三次旋转所形成的。先绕第一轴旋转一个角度，其余两轴的空间方位随同变化；再绕变动后的第二轴旋转一个角度，两次旋转的结果达到恢复摄影机轴的空间方位；最后绕经过两次变动后的第三轴（与摄影方向重合）旋转一个角度，亦即像片在其本身平面内绕其中心旋转一个角度。

所谓第一轴是绕它旋转第一个角度的轴，也称为主轴，它的空间方位是不变的。第二轴随之绕主轴旋转，空间方位要变动的，也称为副轴。结合不同的摄影测量仪器的结构，有以 $v$ 轴、$u$ 轴或 $w$ 轴为主轴的三种转角系统来表达像片外方位元素。以 $v$ 轴为主轴的 $\varphi$、$\omega$、$\kappa$ 转角系统为例，以投影中心 $S$ 为原点，建立像方空间辅助坐标系 $S\text{-}uvw$，与物方空间右手直角坐标系 $D\text{-}XYZ$ 轴系相平行，见图 9-5。

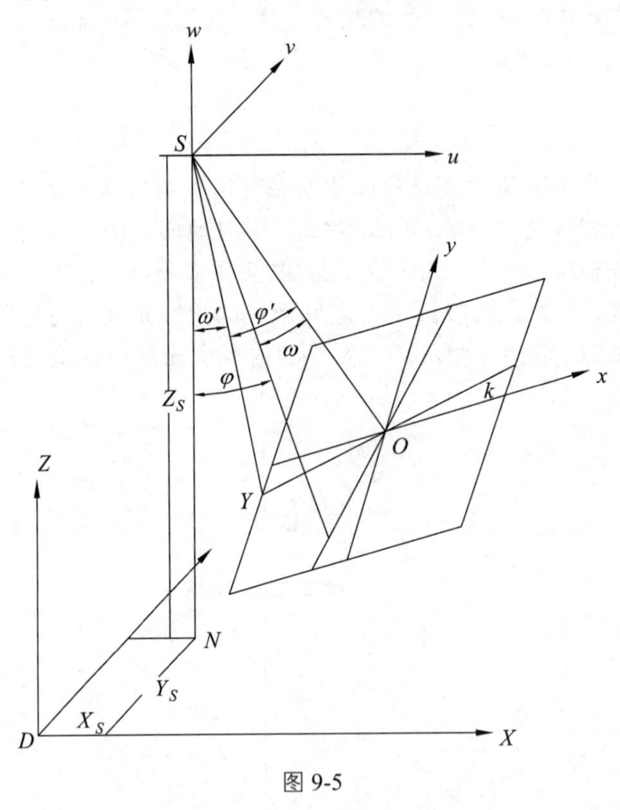


图 9-5

$\varphi$ 表示航向倾角，也称偏角。为摄影方向 $S_o$ 在 $uw$ 平面上的投影同 $w$ 轴之间的夹角。

$\omega$ 表示旁向倾角，也称倾角。为摄影方向 $S_o$ 同它在 $uw$ 平面上的投影之间的夹角。

$\kappa$ 表示像片旋角。为 $S_{vo}$ 平面在像片上的交线与像片上 $y$ 轴之间的夹角。

$\varphi$ 角可理解为绕主轴（$v$ 轴）旋转形成的一个角度；$\omega$ 是绕副轴（$u$ 轴绕主轴旋转 $\varphi$ 角后的 $u'$轴）旋转所形成的角度；$\kappa$ 角是绕第三轴（经过前两次旋转，两次变动后的 $w$ 轴，即与 $S_o$ 重合）旋转的角度，亦即像片在它本身平面内绕其中心点的旋转。

转角的正负号，国际上规定绕轴逆时针方向旋转（从旋转轴的正向的一端面对着坐标原点看）为正，反之为负。我国习惯上规定 $\varphi$ 角顺时针方向旋转为正，面 $\omega$、$\kappa$ 角还是逆时针方向旋转为正。类似还有以 $u$ 轴为主轴的 $\omega'$、$\varphi'$、$\kappa'$转角系统，以 $w$ 轴为主轴的 $A$、$\alpha$、$\kappa$ 转角系统。

外方位角元素是相对于泛指的空间右手直角坐标系来定义的。一般来讲，坐标系的 $w$ 轴是位于铅垂方向的。对于双像测图（立体测图）是取 $v$ 轴或 $u$ 轴为主轴的转角系统，而且 $u$ 轴方向与航线方向一致或接近，使得形成的像片旋角 $\kappa$ 都将是小角度。在实际作业中，大多数情况下，常常要通过过渡性坐标系的中间变换过程，投影光束相对于过渡性坐标系的空间方位元素所用的转角版本号，今后还将以同样符号 $\varphi$、$\omega$、$\kappa$ 或 $\varphi'$、$\omega'$、$\kappa'$ 表示。

### 9.2.4　共线条件方程

设像空间辅助坐标系 $S\text{-}uvw$ 的 $w$ 轴是铅垂的，而 $u$、$v$ 轴与物方坐标系的 $X$、$Y$ 轴分别相互平行（图 9-6）。地面点 $A$ 在所取地面空间直角坐标系中的坐标分别为 $X_S$、$Y_S$、$Z_S$ 和 $X$、$Y$、$Z$，则地面点 $A$ 在像空间辅助坐标系中的坐标为 $X-X_S$、$Y-Y_S$、$Z-Z_S$，而相应的像点 $a$ 在像空间辅助坐标系中的坐标为 $u$、$v$、$w$。由于 $Sa$ 和 $SA$ 是共线的，从相似三角形关系得

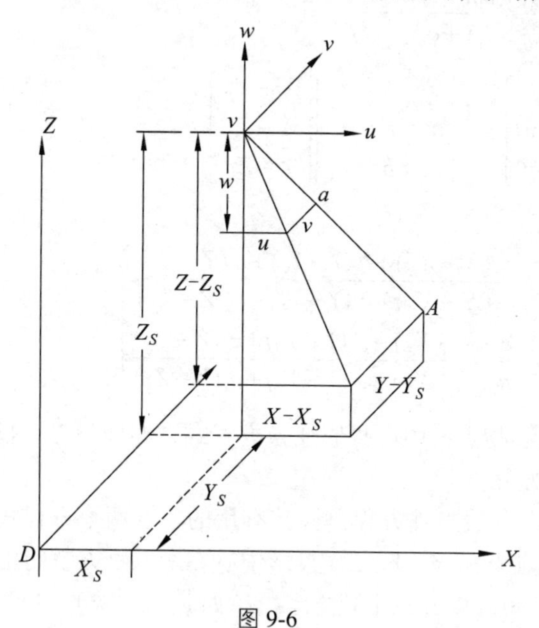


图 9-6

$$\frac{u}{X-X_S}=\frac{v}{Y-Y_S}=\frac{w}{Z-Z_S}=\frac{1}{\lambda}$$

式中 $\lambda$ 为比例因子。以矩阵表示为 $\begin{bmatrix} X-X_S \\ Y-Y_S \\ Z-Z_S \end{bmatrix}=\lambda\begin{bmatrix} u \\ v \\ w \end{bmatrix}$

将像点的像空间坐标为像空间辅助坐标的关系式代入上式，则

$$\begin{bmatrix} X-X_S \\ Y-Y_S \\ Z-Z_S \end{bmatrix} = \lambda \begin{bmatrix} a_1 & a_2 & a_3 \\ b_1 & b_2 & b_3 \\ c_1 & c_2 & c_3 \end{bmatrix} \begin{bmatrix} x \\ y \\ -f \end{bmatrix} = \lambda R \begin{bmatrix} x \\ y \\ -f \end{bmatrix} \tag{9-1}$$

或

$$\begin{bmatrix} X \\ Y \\ Z \end{bmatrix} = \lambda R \begin{bmatrix} x \\ y \\ -f \end{bmatrix} + \begin{bmatrix} X_S \\ Y_S \\ Z_S \end{bmatrix} \tag{9-2}$$

将式（9-1）展开：

$$\begin{cases} X-X_S = \lambda(a_1x+a_2y-a_3f) \\ Y-Y_S = \lambda(b_1x+b_2y-a_3f) \\ Z-Z_S = \lambda(c_1x+c_2y-c_3f) \end{cases} \tag{9-3}$$

用第三式除第一、二式（去掉 $\lambda$）得

$$\begin{aligned} \frac{X-X_S}{Z-Z_S} &= \frac{a_1x+a_2y-a_3f}{c_1x+c_2y-c_3f} \\ \frac{Y-Y_S}{Z-Z_S} &= \frac{b_1x+b_2y-b_3f}{c_1x+c_2y-c_3f} \end{aligned} \tag{9-4}$$

式（9-1）的逆变换为 $\begin{bmatrix} x \\ y \\ -f \end{bmatrix} = \frac{1}{\lambda} \begin{bmatrix} a_1 & b_1 & c_1 \\ a_2 & b_2 & c_2 \\ a_3 & b_3 & c_3 \end{bmatrix} \begin{bmatrix} X-X_S \\ Y-Y_S \\ Z-Z_S \end{bmatrix}$

从而得

$$\left.\begin{aligned} x &= -f\frac{a_1(X-X_S)+b_1(Y-Y_S)+c_1(Z-Z_S)}{a_3(X-X_S)+b_3(Y-Y_S)+c_3(Z-Z_S)} \\ y &= -f\frac{a_2(X-X_S)+b_2(Y-Y_S)+c_2(Z-Z_S)}{a_3(X-X_S)+b_3(Y-Y_S)+c_3(Z-Z_S)} \end{aligned}\right\} \tag{9-5}$$

式（9-5）表示像点和物点的中心投影变换方程式，亦即物点、投影中心和相应像点的共线条件，也称共线条件方程。

在解析摄影测量中，共线条件方程是极其有用的。这两个方程式中包含十二个数值：像点坐标 $x$、$y$，相应地面点坐标 $X$、$Y$、$Z$，投影中心在所取物方空间坐标系中的坐标 $X_S$、$Y_S$、$Z_S$，摄影机主距 $f$ 和旋转矩阵中的三个独立参数（如 $\varphi$、$\omega$、$\kappa$）。

## 9.2.5 单张航摄像片解析

航摄影像是航空摄影测量的原始资料。像片解析就是用数学分析的方法，研究被摄景物在航摄像片上的成像规律，像片上影像与所摄物体之间的数学关系，从而建立像点与物点的坐标关系式。像片解析是摄影测量的理论基础。

为了由像点反求物点，必须知道摄影时摄影物镜或投影中心、像片与地面三者之间的相关位置。而确定它们之间相关位置的参数称为像片的方位元素，像片的方位元素分为内方位元素和外方为元素两部分。内元素 3 个：确定摄影物镜后节点与像片之间相互位置关系的参数（$x_o$，$y_o$，$f$），可恢复摄影光束。外方位元素 6 个：3 个直线元素描述摄影中心在地面空间直角坐标系中的位置（$X_s$、$Y_s$、$Z_s$），3 个角元素描述像片在摄影瞬间的空间姿态（航向倾角 $\varphi$、像片旋角 $\kappa$、旁向倾角 $\omega$）。利用航摄像片上三个以上像点坐标和对应地面点坐标，计算像片外方位元素的工作，称为单张像片的空间后方交会。根据计算的结果，就可以将航摄像片按中心投影规律获取的摄影比例尺转换成以测图比例尺表示的正射投影地形图。

### 9.2.6 双像解析摄影测量

单张像片只能研究物体的平面位置，而在两个不同摄站对同一地区摄取具有重叠的一个立体像对，则可构成立体模型来解求地面物体的空间位置。按照立体像对与被摄物体的几何关系，以数学计算方式，通过计算机解求被摄物体的三维空间坐标，称为双像解析摄影测量。它是研究立体像对与被摄物体之间的数学关系，以及如何计算被摄物体的三维空间位置。

根据摄得的立体像对的内在几何特性，按物点、摄站点与像点构成的几何关系，用数学计算方式求解物点的三维空间坐标的方法有三种：

用单张像片的空间后方交会与立体像对的前方交会方式求解物点的三维空间坐标。这种方法是以像片对内已有足够数量的地面控制点坐标为基础的。其计算分两步走，即先根据地面控制点坐标，按共线条件方程解求像片的外方位元素，然后再依据求得的两像片的外方位元素，按照前方交会公式计算像对内其他所有地面点的三维坐标，从而建立数字立体模型。

用相对定向和绝对定向方法求解地面点的三维空间坐标。此法是用具有一定相互重叠的两张相片，先采取恢复摄影瞬间两像片的相对位置和方位，使同名光线达到对对相交，建立起与地面相似的几何模型，然后再将立体模型进行平移、旋转和缩放的绝对定向，把立体模型的模型点坐标纳入到规定的坐标系中，并规化为规定的比例尺，以确定立体像对内所有地面点的三维坐标。

采用光束法求解地面点三维坐标。这种方法是把待求的地面点与已知地面点坐标，按照共线条件方程，用连接点条件和控制点条件同时列出误差方程式，统一进行平差计算，以求得地面点的三维坐标。此法理论上较为严密，它是把前两种方法的两个计算步骤合为一体同时解算。

#### 1. 相对定向元素

相对定向元素是确定像对两张像片相对位置的元素。相对定向元素随着所取像空间辅助坐标系的不同而有所不同。基本上有两种形式：

保持投影基线不动，取它作为像空间辅助坐标系的 $X$ 轴，以左方投影中心 $S$ 作为坐标原点，通过原点与左方主核面相垂直的方向线作为 $Y$ 轴，如图 9-7 所示。相对于这样一个像空间辅助坐标系而言，方位元素有五个：$\varphi_1$、$\kappa_1$、$\varphi_2$、$\kappa_2$、$\omega_2$，并称它们为单独像对的相对定向元素。

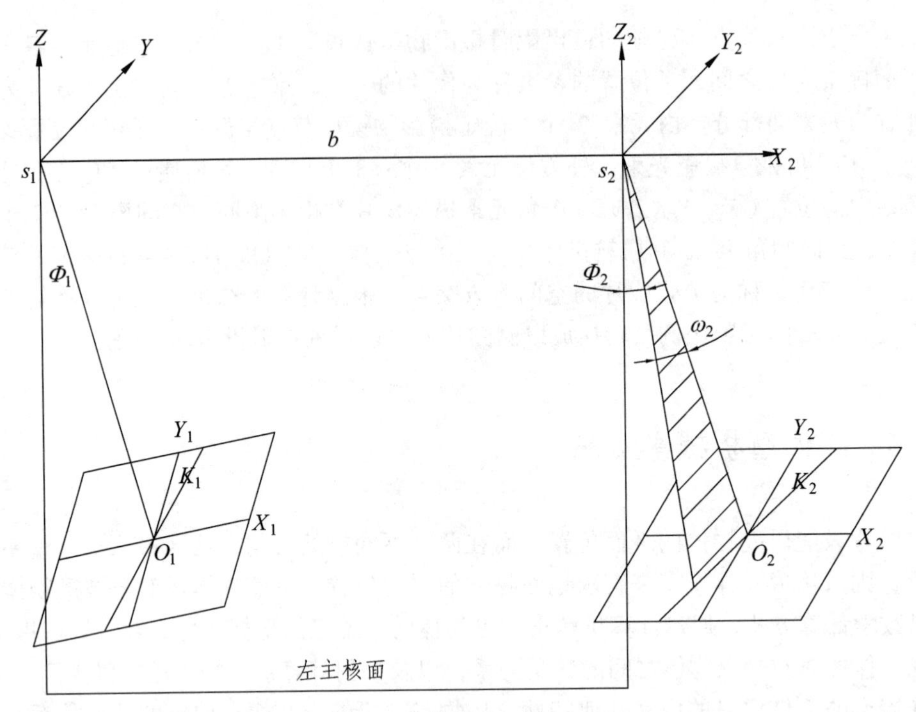

图 9-7

在某些类型的模拟测图仪上，可将相邻像对连续地进行相对定向，建立起航带模型。如，在一航线中的第一个像对（像片 1、2）完成相对定向后，接着进行第二个像对（像片 2、3）的相对定向。这时要保持第二张像片（第二个投影器）不动，并且取与第一个像对所取的像空间辅助坐标系平行的 $S_2$-$X_2Y_2Z_2$，作为第二个像对的像空间辅助坐标系，如图 9-4 所示。第三张像片相对于所取像空间辅助坐标系的五个方位元素：$b_y$、$b_z$、$\varphi$、$\omega$、$\kappa$ 称为连续像对的相对定向元素。$b_y$、$b_z$ 是连续像对右投影中心 $S_{i+1}$ 相对于左投影中心 $S_i$ 的两个基线分量，随着基线分量 $b_x$ 的大小而变化；$\varphi_{i+1}$、$\omega_{i+1}$、$\kappa_{i+1}$ 则是相对于航带统一的像空间辅助坐标系的像对相对定向角元素。

相对定向目的只是恢复两张像片的相对位置，达到同名射线对对相交，这要通过投影器的运动来安置五个相对定向元素来完成，至于这几个元素的数值是无需知道的，也不是绝对的，对同一个像对而言，五个相对定向元素的数值随着所取像空间辅助坐标系的不同而有所不同。还应指出，相对定向的角元素与以前所定义的外方位角元素是不相同的，但习惯上采用相同的符号。

2. 绝对定向元素

绝对定向元素是确定相对定向所建立的几何模型的比例尺和恢复模型空间方位的元素。相对定向所建立的几何模型的比例尺是任意的，要改变投影基线 $b$ 的长度，使之符合测图比例尺；然后把两像片看成一个整体，连同建立的模型在空间进行平移和旋转，间接地恢复左像片的外方位元素：$X_S$、$Y_S$、$Z_S$、$\varphi$、$\omega$、$\kappa$，同时右像片的外方位元素也就恢复了。模型的平移是通过图底的平移和高程分划尺上读数的安置来完成的；模型的旋转一般是绕仪器的 $Y$ 轴和 $X$ 轴分别旋转 $\Phi$ 和 $\Omega$ 角度以及图底旋转 $K$ 来完成的。因而可归纳为七个绝对定向元素：$X_S$、

$Y_S$、$Z_S$、$\Phi$、$\Omega$、$K$ 和 $b$。一般来讲，每个像对有十二个外方位元素，可分成两组：五个相对定向元素和七个绝对定向元素。

### 9.2.7 解析空中三角测量

单张影像的空间后交，一张影像需要 4 个外业控制点。通过相对定向、绝对定向，一个像对需要 4 个外业控制点。为了尽量减少野外测量工作，由单张影像拼接成航带，多条航带拼接成区域，在区域周边及内部，布设少量控制点，采用空中三角测量与区域平差，确定整个区域内所有影像的方位元素。

这些控制点的地面坐标虽可全部在野外实测求得，但这只是在极有利的条件和必需的情况下才采用这种全野外的布点方案。在绝大多数的情况下，为了减少外业的工作量，在野外只测定少量必要的地面控制点，而采取在室内利用像片之间内在的相互联系的几何特性，用摄影测量的方法进行增补。例如，在一条航带或若干条航带的区域内，先将相邻像片建立的单元模型或航带内诸像片建立的航带模型，根据实地量测的少量地面控制点进行定向，使之纳入到统一的地面坐标系中，从而求出测图时所需要的控制点的地面坐标。这种在室内应用摄影测量方法借助少量地面控制点求得测图时所需控制点地面坐标的工作，习惯上称为地面控制点的摄影测量加密。

所谓解析空中三角测量是将建立的投影光束、单元模型或航带模型以至区域模型的数学模型，根据少量地面控制点，按最小二乘法原理进行平差计算，解求出各加密点的地面坐标。

解析方法可以对于物理因素引起的像点系统误差用计算方法加以逐点改正。这就可以提高加密成果的精度，相应地可加大野外控制点间的跨度，以减少野外的工作量。作业流程如图 9-8。

## 9.3 遥感原理简介

### 9.3.1 遥感主要原理

遥感是在不直接接触的情况下，对目标物或自然现象远距离感知的一门探测技术。具体地讲是指在高空和外层空间的各种平台上，运用各种传感器获取反映地表特征的各种数据，通过传输、变换和处理，提取有用的信息，实现研究地物空间形状、位置、性质及其与环境的相互关系的一门现代应用技术科学。

遥感技术是 20 世纪 60 年代兴起并迅速发展起来的一门综合性探测技术。它是在航空摄影测量的基础上，随着空间技术、电子计算机技术等当代科技的迅速发展，以及地学、生物学等学科发展的需要，发展形成的一门新兴技术学科。从以飞机为主要运载工具的航空遥感，发展到以人造地球卫星、宇宙飞船和航天飞机为运载工具的航天遥感，大大地扩展了人们的观察视野及观测领域，形成了对地球资源和环境进行探测和监测的立体观测体系，使地理学的研究和应用进入到一个新阶段。

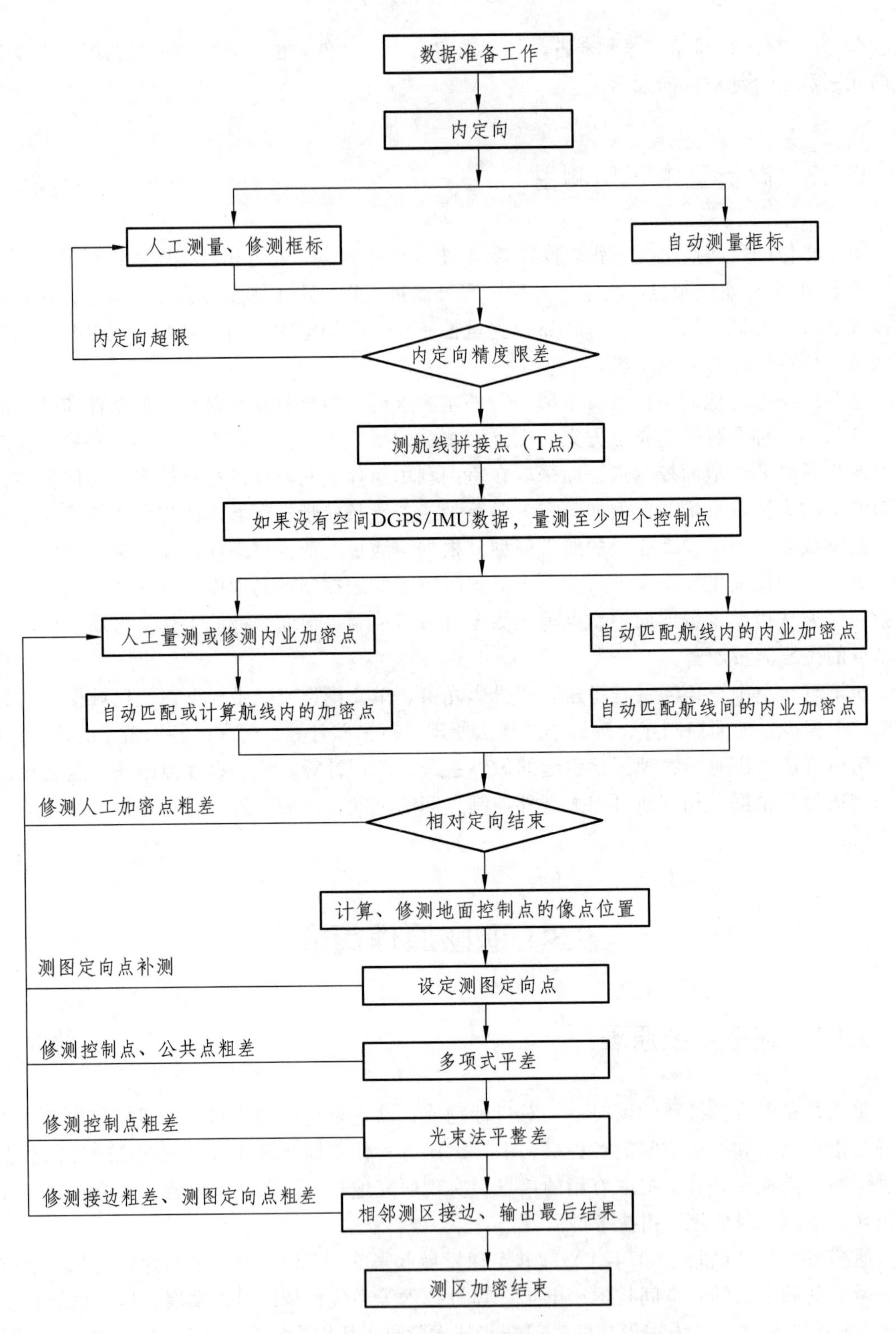


图 9-8　自动数字空中三角测量系统作业流程图

获取其反射、辐射或散射的电磁波信息（如电场、磁场、电磁波、地震波等信息），并进行提取、判定、加工处理、分析与应用的一门科学和技术。遥感系统的组成如图 9-9。

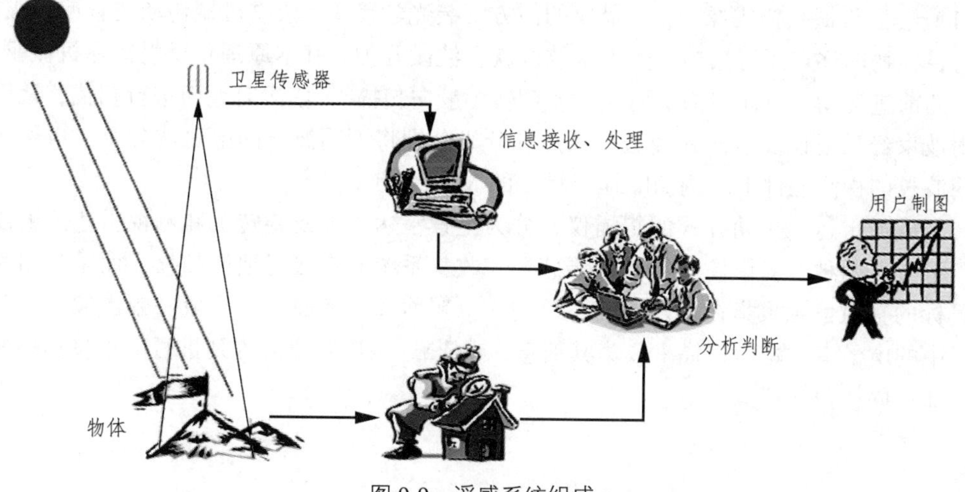


图 9-9　遥感系统组成

## 9.3.2　传感器

### 1. 传感器组成

（1）收集系统：收集来自目标的辐射，送往检测系统。在紫外线、可见光、红外波段中，收集系统的主要元件是透镜或反射镜，在微波中是微波天线。

（2）检测系统（探测系统）：将波谱转化为其他形成的能，如电流、电压、化学能等。其核心是感光胶片或光电敏感元件、固体敏感元件、微波检波器等。

### 2. 传感器分类

（1）摄影成像：得到的像片信息量大，分辨率高；但由于受感光乳剂的限制，工作波段为 0.29 ~ 1.40 μm，即近紫外、可见光、近红外短波段，而且只能在晴朗的白天工作。

（2）分幅式摄影机：一次曝光得到目标物一幅像片，航空摄影焦距一般在 150 mm 左右，航天摄影机一般大于 300 mm。

（3）全景摄影机（扫描摄影机）：依结构和工作方式分为缝隙式摄影机（航带摄影机）——通过焦平面前方设置的与飞行方向垂直的狭缝快门获取横向的狭带影像；镜头转动式——镜头的物镜转动，或棱镜镜头转动。全景摄影机焦距可超过 600 mm，主要用于军事侦察。

（4）多光谱摄影：同时获得可见光和近红外范围内多个波段的影像。分为多相机组合型——每架相机配置不同的胶片和滤光片；多镜头组合型——同一架相机上配置多个镜头，配以不同波长的滤光片；光束分离型——用一个镜头，通过二向反射镜或光栅分光，将不同波段在各焦平面上记录影像；数码摄影机——记录介质是光敏电子器件，如 CCD（Charge Coupled Device）工作波段为紫外、可见光、红外和微波波段。

3. 成像方式

收集系统直接对目标面扫描，如光学/机械扫描成像、成像雷达等。

（1）光学/机械扫描成像：在扫描仪的前方安装光学镜头，依靠机械传动装置使镜头摆动，形成对目标物的逐点逐行扫描。分为单波段就多波段两种。基本原理：反射镜在机械驱动下，随平台的前进运动（航向扫描）而摆动或旋转（舷向扫描），依次对地面进行扫描，地面物体的辐射波束经反射镜反射，并经透镜聚焦和分光分别将不同波长的电磁波分开，再聚焦到感受不同波长的探测元件上。例如陆地卫星上的 MSS 和 TM。

（2）成像雷达：主动方式的扫描仪，分为全景雷达（天线旋转）和侧视雷达（天线固定指向侧下方）两种。对影像面扫描的传感器：收集系统不直接对地面扫描，而是先用光学系统将目标的辐射信息聚集在机内检测系统的一个靶面或光敏面上，形成一幅影像，然后利用摄像管中的电子束对靶面扫描来收集其信息，或依靠 CCD 组成的阵列进行电子自扫描来获取信息。如：固体扫描仪。

## 9.3.3 数字图像与模拟图象

1. 数字图像与模拟图像

（1）模拟图像：灰度和位置连续变化；可用连续函数来描述。

$$I = F(x, y)$$

特点：光照位置（$x$，$y$）和光照强度 $I$ 均为连续变化的。

（2）数字图像：由一系列灰度值不连续的、按行列有规律地排列的有限的像元组成的图像，能被计算机存储和处理。

$$I = f(l,\ c)$$

特点：灰度 $l$ 以及像元位置 $c$（列）和 $l$（行）为有限的、离散的数值。可用矩阵或数组来描述像素或像元的属性：空间位置和灰度。

$$\boldsymbol{I} = \boldsymbol{I}[m, n] = \begin{bmatrix} i_{0,0} & i_{0,1} & \cdots & i_{0,N-1} \\ i_{1,0} & i_{1,1} & \cdots & i_{1,N-1} \\ \vdots & \vdots & & \vdots \\ i_{M-1,0} & i_{M-1,1} & \cdots & i_{M-1,N-1} \end{bmatrix} \tag{9-6}$$

2. 模拟图像到数字图像的转化

模拟图像到数字图像的转化（A/D 转换），即图像数字化，包括采样和量化两个过程：

（1）采样：将空间上连续的图像变换成离散点的操作称为采样，即位置离散化，将模拟图像按纵横两方向分割为若干个形状、大小相同的像元，即等间隔取样成离散值，各像元的位置其所在的行和列表示，一幅图象可以表示成一个矩阵；采样间隔和采样孔径的大小是两个很重要的参数。采样周期为相邻两个像元中心的间距。

一般地，采样间隔越大，所得图像像素数越少，空间分辨率低，质量差，严重时出现像素呈块状的国际棋盘效应；采样间隔越小，所得图像像素数越多，空间分辨率高，图像质量好，但数据量大。

（2）量化：经采样图像被分割成空间上离散的像素，但其灰度是连续的，还不能用计算机进行处理。将像素灰度转换成离散的数值的过程叫量化，即灰度的离散化。

量化参数为灰度等级，即一幅数字图像中不同灰度值的个数称为灰度级数，用 $G$ 表示。一般来讲，$G$ 就是表示图像像素灰度值所需的比特位数。一幅大小为 $M\times N$、灰度级为 $G$ 的图像所需的存储空间，即图像的数据量，为：$M\times N\times G$（bit）。

量化等级越多，所得图像层次越丰富，灰度分辨率高，图像质量好，但数据量大；量化等级越少，图像层次欠丰富，灰度分辨率低，会出现假轮廓现象，图像质量变差，但数据量小。

但在极少数情况下对固定图像大小，减少灰度级能改善质量，产生这种情况的最可能原因是减少灰度级一般会增加图像的对比度。例如对细节比较丰富的图像数字化。

黑白图像：是指图像的每个像素只能是黑或白，没有中间的过渡，故又称为二值图像。二值图像的像素值为 0 或 1。

例如：

$$I=\begin{bmatrix}1 & 0 & 0\\0 & 0 & 1\\1 & 1 & 0\end{bmatrix} \qquad I=\begin{bmatrix}0 & 150 & 200\\120 & 50 & 180\\250 & 220 & 100\end{bmatrix}$$

灰度图像：灰度图像是指每个像素由一个量化的灰度值来描述的图像。它不包含彩色信息。

彩色图像：彩色图像是指每个像素由 R、G、B 三原色像素构成的图像，其中 R、B、G 是由不同的灰度级来描述的。

$$B=\begin{bmatrix}0 & 80 & 160\\0 & 0 & 240\\255 & 255 & 255\end{bmatrix} G=\begin{bmatrix}0 & 160 & 80\\255 & 255 & 160\\0 & 255 & 0\end{bmatrix} R=\begin{bmatrix}255 & 240 & 240\\255 & 0 & 80\\255 & 0 & 0\end{bmatrix} \qquad (9\text{-}7)$$

### 9.3.4 遥感数字图像的特征和表示方法

1. 遥感数字图像的特征

（1）遥感图像的空间分辨率（Spatial Resolution）：指像素所代表的地面范围的大小，或地面物体能分辨的最小单元。对于摄影成像的图像来说，地面分辨率取决于胶片的分辨率和摄影镜头的分辨率所构成的系统分辨率，以及摄影机焦距和航高。

（2）遥感图像的光谱分辨率（Spectral Resolution）：波谱分辨率是指传感器在接收目标辐射的波谱时能分辨的最小波长间隔。间隔越小，分辨率越高。传感器的波段选择必须考虑目标的光谱特征值，包括波段数、波长和波段宽度。

（3）遥感图像的辐射分辨率（Radiometric Resolution）：辐射分辨率是指传感器接收波谱信号时，能分辨的最小辐射度差。在遥感图像上表现为每一像元的辐射量化级。

（4）遥感图像的时间分辨率（Temporal Resolution）：时间分辨率指对同一地点进行采样

的时间间隔，即采样的时间频率，也称重访周期。时间分辨率对动态监测很重要。

2. 遥感数字图像的表示方法

遥感数字图像是以二维数组来表示的遥感图像，按照波段数量分为：

（1）单波段数字图像：SPOT 的全色波段。

（2）多波段数字图像：TM 的 7 个波段数据。

多波段数字图像的三种数据格式：

（1）BSQ 格式（Band Sequential）：波段顺序排列，如表 9-1。

（2）BIP 格式（Band Interleaved by Pixel）：波段按象元交叉排列，如表 9-2。

（3）BIL 格式（Band Interleaved by Line）：波段按行交叉排列，如表 9-3。

表 9-1 BSQ 格式

| | | | | | |
|---|---|---|---|---|---|
| 波段 1 | （1，1） | （1，2） | （1，3） | （1，4） | （1，5） |
| | （2，1） | （2，2） | （2，3） | （2，4） | （2，5） |
| | … | | | | |
| 波段 2 | （1，1） | （1，2） | （1，3） | （1，4） | （1，5） |
| | （2，1） | （2，2） | （2，3） | （2，4） | （2，5） |
| | … | | | | |
| 波段 3 | （1，1） | （1，2） | （1，3） | （1，4） | （1，5） |
| | （2，1） | （2，2） | （2，3） | （2，4） | （2，5） |
| | … | | | | |

表 9-2 BIP 格式

| | BAND1 | BAND2 | BAND3 | BAND1 | BAND2 | BAND3 | |
|---|---|---|---|---|---|---|---|
| 第 1 行 | （1，1） | （1，1） | （1，1） | （1，2） | （1，2） | （1，2） | … |
| 第 2 行 | （2，1） | （2，1） | （2，1） | （2，2） | （2，2） | （2，2） | … |
| ⋮ | … | | | | | | … |
| 第 *N* 行 | （*N*，1） | （*N*，1） | （*N*，1） | （*N*，2） | （*N*，2） | （*N*，2） | … |

表 9-3 BIL 格式

| | | | | | |
|---|---|---|---|---|---|
| 波段 1 | （1，1） | （1，2） | （1，3） | （1，4） | （1，5） |
| 波段 2 | （1，1） | （1，2） | （1，3） | （1，4） | （1，5） |
| 波段 3 | （1，1） | （1，2） | （1，3） | （1，4） | （1，5） |
| 波段 1 | （2，1） | （2，2） | （2，3） | （2，4） | （2，5） |
| 波段 2 | （2，1） | （2，2） | （2，3） | （2，4） | （2，5） |
| 波段 3 | （2，1） | （2，2） | （2，3） | （2，4） | （2，5） |
| | … | | | | |
| | （*N*，1） | （*N*，2） | （*N*，3） | （*N*，4） | （*N*，5） |
| | … | | | | |

## 9.3.5 高光谱遥感

### 1. 多光谱与高光谱

（1）多光谱（Multispectral）：光谱分辨率在 $10^{-1}$ μm 数量级范围内，传感器在可见光和近红外范围内仅有工作几个波段，波段间隔较宽，一般在 60 ~ 200 nm，波谱上不连续。

特点：不完全覆盖整个可见光至红外的光谱范围，难以真实地反映地表物质的光谱反射特征的细微差异，更无法用光谱维的空间信息来直接识别地物的类别，特别是地物的组成、成分等。如美国的陆地卫星 TM 和法国的 SPOT 等。

（2）高光谱（Hyperspectral）：光谱分辨率在 $10^{-2}$ μm 数量级范围内，且波段的连续性强，在可见光到近红外光谱区光谱通道多达数十个甚至上百个，波段宽度通常小于 10 nm。

特点：可以得到每个象元连续的反射光谱曲线，能够对目标成像又可以测定目标物的波谱特性，可以极大地提高地物类型的识别能力，并反演一些定量的地物参数，如植物的理化特性。可以广泛地应用于地质调查、植被研究、大气、水文、环境与灾害、土壤调查等领域中。

### 2. 成像光谱技术

成像光谱技术是目前高光谱技术的核心技术，它将成像技术和光谱技术结合在一起，在对对象进行光谱特征成像的同时，对每个象元经色散分光形成几十个甚至上百个窄波段以进行连续的光谱覆盖，获得的图像同时包含丰富的空间、辐射和光谱三重信息。

成像光谱仪的工作原理：由完成二维空间成像的前光学系统和完成光谱第三维扫描的光谱仪组成，两者通过视场光栏连接，前光学系统把地物象元的光能量汇聚到光栏上，并和视场光栏一起决定系统的空间分辨率。光谱仪把进入视场光栏的光能量按需要的波长色散分光，完成地物光谱的第三维扫描。

特点：高光谱分辨率、图谱合一，目前世界上一些发达国家都在研制成像光谱卫星。

### 3. MODIS（Moderate Resolution Imaging Spectroradiometer）

美国 EOS 计划中的成像光谱仪，是 Terra 卫星（以前叫 EOS AM-1）所带的 5 个传感器之一，每 1 ~ 2 天可以覆盖全球一次，具有对全球观测的能力。有 36 个谱段，按不同的应用目的（陆地、海色、大气水蒸气、大气温度等）分为 11 个大类，波谱范围从 0.4 μm 到 14.4 μm 空间分辨率：250 m（band 1-2），500 m（band 3-7），1 000 m（band 8-36）。除 Terra 外，Aqua（原名 EOS-PM）也装有 MODIS 传感器。Terra 上午 10：30 由北向南（降轨）过赤道；Aqua 下午 1：30 由南向北（升轨）过赤道数据政策是免费的。由 NASA 主要研制的 EO-1 高光谱卫星，星上搭载了先进陆地成像仪 ALL 和高光谱成像仪 Hyperi μm，光谱范围在 0.4 ~ 2.5 μm，共有 486 个波段，空间分辨率为 30 m。此外还有 Orbview-4、NEMO、ASTER，欧洲航天局的 MERIS 和澳大利亚的 ARIES 卫星等，标志着成像光谱技术已经达到了实用化阶段。

## 9.3.6 微波遥感与成像

微波遥感：指通过传感器获取从目标地物发射或反射的微波辐射，经过判读处理来认识地物的技术。

### 1. 微波遥感的特点

（1）能全天候、全天时工作；

（2）对冰、雪、森林、土壤等具有一定穿透力；

（3）对海洋遥感具有特殊意义；

（4）可以探测地表温度；

（5）天线方向可调整，可增多所获地表特性，如调整方向产生阴影，突出地貌的形态特征合敏感地形的细节；

（6）分辨率较低，但特性明显；

（7）可采用多种频率、多种极化方式、多个视角工作，获取目标的空间关系、形状尺寸、表面粗糙度、对称性等方面的信息；

（8）缺点是容易产生盲区，阴影大，地类影像特征不如其他遥感图像，图像有特有的畸变，校正过程复杂。

### 2. 微波传感器的工作原理

雷达 Radar（Radio Direction and Range）：微波传感器的统称，为“无线电探测和测距”的缩写。以主动式传感器为例，主要由收发定时转换开关、天线、发射机、脉冲发生器、接收机、显示器等组成。多用于测定目标的位置、方向、距离和运动目标的速度以及识别目标物。

工作原理（以主动方式为例）：雷达通电后，脉冲发生器发出特定频率和振幅的矩形脉冲，通过调制发射机发出微波震荡；收发定时器转换开关以一定的时间间隔从天线向目标发出离散的微波波束，然后用同一天线接收目标地物反射的回波信号，由接收机调解后送至显示器，显示出目标的回波影像，也可进行转换，形成胶片影像或数字影像。

微波传感器的工作原理（以主动方式为例）：由于目标至天线的距离不同，接收到回波信号的时间不同，根据接收时间的先后可确定不同目标物的空间位置；回波信号的强弱则取决于目标对微波的反射强度，用于确定目标物的性质。

### 3. 微波传感器的类型

（1）被动传感器：通过传感器，接收来自目标地物发射的微波，而达到探测目的遥感方式，称被动微波遥感。

（2）微波辐射计（固定视场、扫描式）：用于海洋、大气、降水等观测。

（3）主动传感器：通过向目标物发射微波并接收其后向散射信号来实现对地观测遥感方式。

（4）微波散射计：土壤水分、地表面粗糙度、植被密度、海冰、海浪等。

（5）雷达高度计：海面形状、海流、潮汐等。

（6）侧视雷达（真实孔径、合成孔径）：地表影像、地形地质、海冰等监测。天线不是安装在平台的正下方，而是与平台的运动方向形成角度，朝向一侧或两侧倾斜安装，接收回波信号。

侧视雷达的分辨力可分为：

① 距离分辨力（垂直于飞行的方向）：

$$R_r = \frac{c\tau}{2\cos\alpha} \tag{9-8}$$

式中：$\tau$——脉冲宽度；

$\alpha$——俯角（连接目标和天线的直线与水平面之间的夹角），俯角越大，距离分辨力越低；俯角越小，距离分辨力越大。

要提高距离分辨力，必须降低脉冲宽度。但脉冲宽度过低则反射功率下降，实际应用采用脉冲压缩的方法。

② 方位分辨力（平行于飞行方向）：

$$R_\alpha = H \times \frac{\lambda}{d} \times \cot\alpha \tag{9-9}$$

式中：$H$——航高；

$\alpha$——俯角；

$d$——天线孔径。

要提高方位分辨力，只有加大天线孔径、缩短探测距离和工作波长。在飞机或卫星上设置的天线尺寸是有限的，故增大天线孔径提高方位分辨率很难实现，通常采用合成孔径雷达的方法。合成孔径雷达采用若干小孔径天线组成阵列，经过合成得到结果。真实孔径雷达和合成孔径雷达的区别：在距离向上相同，采用脉冲压缩提高分辨率，在方位向上，合成孔径雷达通过合成孔径达到提高分辨率的目的，合成孔径雷达的方位分辨率与距离无关。

4. 微波遥感的波段

微波遥感的波段详见表 9-4。

表 9-4　微波遥感的波段

| 波　段 | 波长 $\lambda$/cm | 频率/MHz |
|---|---|---|
| Ka | 0.8—1.1 | 40 000—26 500 |
| K | 1.1—1.7 | 26 500—18 000 |
| Ku | 1.7—2.4 | 18 000—12 500 |
| X | 2.4—3.8 | 12 500—8 000 |
| C | 3.8—7.5 | 8 000—4 000 |
| S | 7.5—15 | 4 000—2 000 |
| L | 15—30 | 2 000—1 000 |
| P | 30—100 | 1000—300 |

5. 典型的微波遥感

ERS-1/2：分别于 1991 年 7 月 17 日和 1995 年 4 月 21 日发射，C 波段 SAR，25 m 分辨率，推动了干涉 SAR 技术及其应用的发展。ERS-1 于 2000 年 3 月停止工作。

SeaSat：第一颗 SAR 民用遥感卫星，L 波段 SAR，1978 年 6 月发射，1978 年 10 月停止工作。

JERS：L 波段，SAR，1992 年 2 月 11 号发射，1998 年 10 月结束运行。

RADARSAT-1：第一颗以商业化运行的微波遥感卫星，加拿大太空署负责卫星在轨运行，

RSI 公司负责全球范围数据商业分发。C 波段，多种成像模式，10 ~ 100 m 分辨率。成功、全面地推动了星载 SAR 应用。

加拿大 Radarsat 系列卫星：加拿大在对地观测方面，独辟蹊径，将目标瞄准在雷达卫星。1980 年列入计划，1989 年开始研制 Radarsat-1，1995 年发射入轨。Radarsat 运行在太阳同步轨道上，其传感器为合成孔径雷达（SAR），多谱段扫描仪、先进甚高分辨力辐射计和非成像的散射计。Radarsat SAR 工作非常灵活，用户可选择入射角、分辨率和幅宽。其入射角可选 20° ~ 50°，分辨率可选 10 ~ 100 m，幅宽可选 45 ~ 500 km。其特点是工作不受时间和气候条件的限制，能够全天时，全天候的工作。

# 9.4 航空摄影测量

航空摄影一般可分为四种类型，即单镜头框幅摄影、多镜头框幅摄影、全景摄影和多波段摄影。目前在航空摄影中应用最多的是单镜头框幅摄影。航空摄影测量是利用飞机对地面拍摄像片，再利用摄影测量学原理及立体测图仪，将像片组成立体模型，以从事各种地图测绘及地物判读的工作。摄影测量工作一般可分为二大类：一为量测地物之空间关系，如：坐标、高程、距离等，最后可得地形图、平面图、影像图以及三维地面模型。二是像片判读，主要是对影像进行性质分析与判断，如：分析土壤分类、作物种类等。

航空遥感是以飞机、气球等飞行于大气层中的飞行器作为遥感平台的遥感。航空遥感的扫描方式中，近年来有热红外扫描和侧视雷达。倾斜摄影是在低空飞机上安置 4 个以上向不同方向倾斜的相机、获取城市建筑物的多面体侧面纹理，同时构建立体模型。此技术非常适应当前繁华城市建设规划、经济社会管理、民众生活服务和安全防务的需要。航空摄影测图主要流程如图 9-10 所示。

## 9.4.1 航摄摄影平台及摄影仪

目前国内常用的航摄仪有：RC-20、RC-30、LMK-1000 等。航摄飞机有：双水獭、运 5、奖状（国内）等。数字航摄摄影机有：LeicaADS40、ULTRACAM、DMC、SWDC-4 等。

航空摄影的发展方向为数字化、无胶片、定点摄影，真彩色、全色及高光谱航摄仪带相移补偿（自动测定 V/H）带有惯导和高精度差分 GPS 的航摄系统现代航空摄影——基于 IMU/DGPS 的航空摄影。

## 9.4.2 航摄计划与航摄设计

根据测图需要，拟定航摄任务，由航摄委托单位和航摄执行单位共同商定有关具体事项，制订航摄计划，签订航摄合同，航摄合同的主要技术内容应包括：航摄地区和摄影面积；测图方法、测图比例尺和摄影比例尺；航线敷设类型、技术参数和航摄附属仪器参数；航摄胶片型号及对其他感光材料性能的要求；需提供的航摄成果的名称和数量；执行航摄任务的季节和期限特殊的技术要求等。

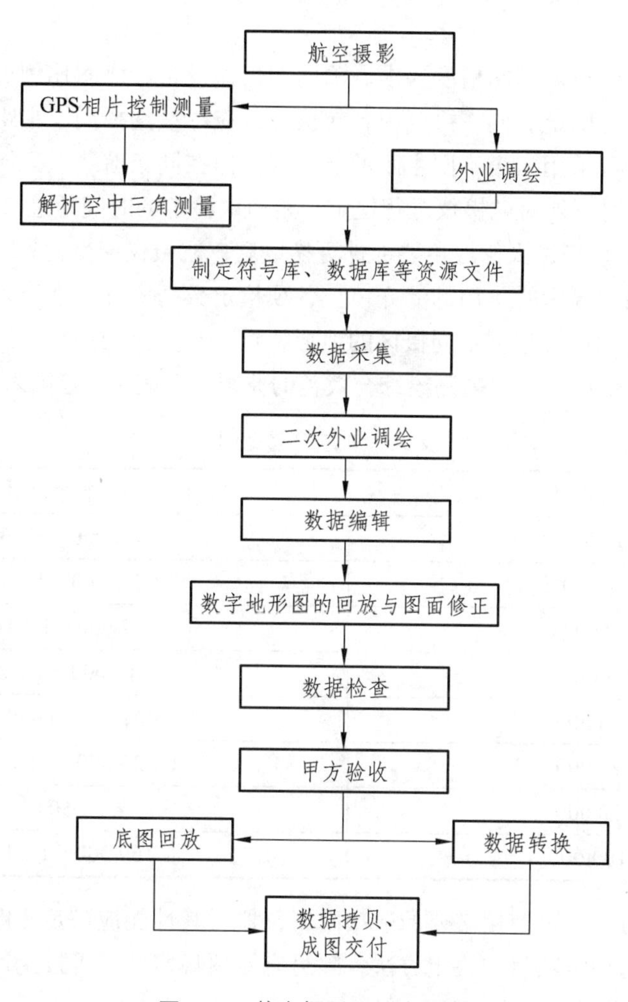


图 9-10　航空摄影测量流程图

（1）航摄季节和航摄时间选择应遵循以下原则：航摄季节应选择摄区最有利的气象条件；应尽量避免或减少地表植被和其他覆盖物（如积雪、洪水、扬沙等）对摄影和测图的不利影响，确保航摄像片能够真实地显现地面细部选择航摄时间，既要确保具有足够的光照度，又要避免过大的阴影。一般根据摄区的太阳高度角和阴影倍数确定。

（2）航摄分区的划分应遵循以下原则：分区界线应与图廓线相一致。分区内的地形高差不得大于四分之一相对航高（以分区的平均高度平面为基准面的航高）。在地形高差符合以上规定，且能够确保航线的直线性的前提下，分区应尽量划大。当地面高差突变，地形特征差别显著或有特殊要求时，可以破图廓划分航摄分区。

（3）航线敷设应遵循以下原则：航线按东西向直线飞行。特定条件下可按照地形走向作南北向飞行或沿线路、河流、海岸、境界等任意方向飞行。常规摄影航线应与图廓线平行敷设。水域、海区航摄时，航线敷设要尽可能避免像主点落水；要确保所有岛屿达到完整覆盖，并能构成立体像对。荒漠、高山区荫蔽地区等和测图控制作业特别困难的地区，可以敷设构架航线。构架航线根据测图控制布点设计的要求设置。

### 9.4.3 航摄仪的选择和检定

航摄仪的选择主要根据测图精度要求、测图的仪器设备、测图比例尺、测图方法以及现有航摄设备等综合考虑确定。同一摄区内各航摄分区应尽量选择同一主距的航摄仪。对于面积较大的摄区，最多可采用三个不同主距的航摄仪，但在同条航线上只能采用同一主距的航摄仪。在下列之一情况下须对航摄仪进行检定：距前次检定的时间超过 2 年；快门曝光次数超过 2 万次时；航摄仪经过大修或主要部件更换以后；航摄仪产生剧烈震动以后。检定时，航摄仪物镜应戴上黑白摄影时常用的滤光镜。各项检定数据应准确地记入航摄仪履历簿和航摄鉴定表中。航摄比例尺应根据不同摄区的地形特点，在确保测图精度的前提下，本着有利于缩短成图周期、降低成本、提高测绘综合效益的原则在下表 9-5 范围内选择。

表 9-5　航空摄影比例尺

| 成图比例尺 | 航摄比例尺 |
|---|---|
| 1∶500 | 1∶2 000～1∶3 500 |
| 1∶1 000 | 1∶3 500～1∶7 000 |
| 1∶2 000 | 1∶7 000～1∶14 000 |
| 1∶5 000 | 1∶10 000～1∶20 000 |
| 1∶10 000 | 1∶20 000、1∶25 000、1∶32 000 |
| 1∶25 000 | 1∶25 000～ 1∶60 000 |
| 1∶50 000 | 1∶50 000 |
| 1∶100 000 | 1∶60 000～1∶100 000 |

如果测图单位需要，可使用必要的航摄附属仪器。其性能应满足测图单位提出的技术要求。所用附属仪器的检定项目和检定方法，除另有专项规定外，可按生产厂方提供的使用规定执行。

### 9.4.4 试飞、试摄

在正式作业前，以下情况应进行试飞或试摄：新改装的航摄飞机，应进行试飞；新购进、检修后和油封喉重新启用的航摄仪，应进行试摄；新编成的航摄机组，应组织试飞；试摄地形或气象条件复杂的摄区，应组织视察飞行。

### 9.4.5 航摄质量验收

（1）飞行质量要求。

航向重叠度一般应为 60%～65%，个别最大不得大于 75%，最小不得小于 56%。旁向重叠度一般应为 30%～35%，个别最小不得小于 13%。像片倾斜角一般不大于 2°，最大不超过 3°。像片旋偏角一般不大于 6°，最大不超过 8°（且不得连续 3 片）。航线弯曲度不大于 3%。此外，对航高差，测区、分区、图廓覆盖保证、按图符中心线敷设航线的飞行质量、构架航线、漏洞补摄、记录资料填写都有相关要求。

（2）摄影质量要求。

航摄底片的构像质量应满足下列要求：灰雾密度（$D_0$）不大于 0.2；最小密度（$D_{min}$）不小于 $D_0$+0.2；最大密度（$D_{max}$）为 1.2～1.6；反差（$\Delta D$）为 0.6～1.4（对于沙漠、森林等地密度反差最小为 0.5），最佳值为 1.0。此外，对曝光瞬间造成的像点最大位移和因胶片未压平引起的像点位移误差都有明确要求。目视影像应清晰、层次丰富、反差适中、色调柔和；能辨认出与摄影比例尺相适应的细小地物影像；应能建立清晰的立体模型。底片上不应有云、云影、划痕、静电斑、折伤、脱胶等缺陷。底片定影和水洗必须充分，框标影像和其他记录影像必须清晰、齐全。各类附属仪器仪表记录资料应满足测图单位提出的具体要求，彩色、彩色红外摄影应正确选择滤光镜，确保曝光量正常，底片密度和反差适中、影像清晰、色彩丰富、颜色饱和、色彩平衡良好，彩色红外摄影红外特征明显，相邻底片上相同地物的彩色基调基本一致。检查时，一般在每条航线上抽取 3～4 张底片，用密度计直接量测底片的密度值，获取一系列灰雾、最小和最大密度值，然后取平均值得到 $D_0$、$D_{min}$、$D_{max}$、$\Delta D$。密度计的量测孔径为 1.0 mm，且注意不要选择个别的或特殊的反光点进行量测。

验收程序：航摄执行单位首先要按航摄规范和航摄合同规定对全部航摄成果资料逐项进行认真检查，并详细填写检查记录手簿，之后根据航摄资料移交书和摄区合同规定，将全部成果资料整理齐全后，移交给航摄委托单位代表验收，航摄委托单位代表依据规范和摄区合同规定对全部成果资料验收合格后，双方在移交书上签字并办理移交手续。

### 9.4.6 无人机简介

无人驾驶飞机简称“无人机”，英文缩写为“UAV”（Unmanned Air Vehicles），是包括固定翼无人机、无人直升机、无人飞艇在内的一系列无人驾驶的空中飞行机械的总称，如图 9-11。微型无人机低空摄影测量的平台框图和运营系统结构，如图 9-12。

无人机以其机动灵活、可无须机场起降，可在阴天云下获取光学影像，可低空获取甚高分辨率（厘米级）影像，可远距离长航时飞行，可在复杂环境下作复杂航线飞行，可实现指定区域指定时间的日常巡查飞行等一系列优点，成为当代卫星遥感和有人驾驶飞机航空遥感的一种有效补充技术手段。无人机低空遥感重点是市县级和重点工程现场的精细遥感，分辨率在 0.05～0.50 m，相对应于 1∶500 至 1∶5 000 测绘。除现在普及的正射影像图、线划图产品外，还很需发展以倾斜摄影制作的城市景观三维模型，以适应现代经济社会发展及民众生活的需要。特别值得注意的是，从近几年实践看，对于救灾应急事件处理，无人飞行器低空遥感具有更良好的及时性和灵活适应性。

无人机常用的航摄仪器有：常用相机有正直相机和倾斜相机。

（1）正直相机：sony 系列（A5000，A6000，A7，RX1），哈苏系列，飞思相机。

（2）倾斜相机：五镜头，四镜头，三镜头，双镜头，单镜头如图 9-13。

（a）民用小型无人机

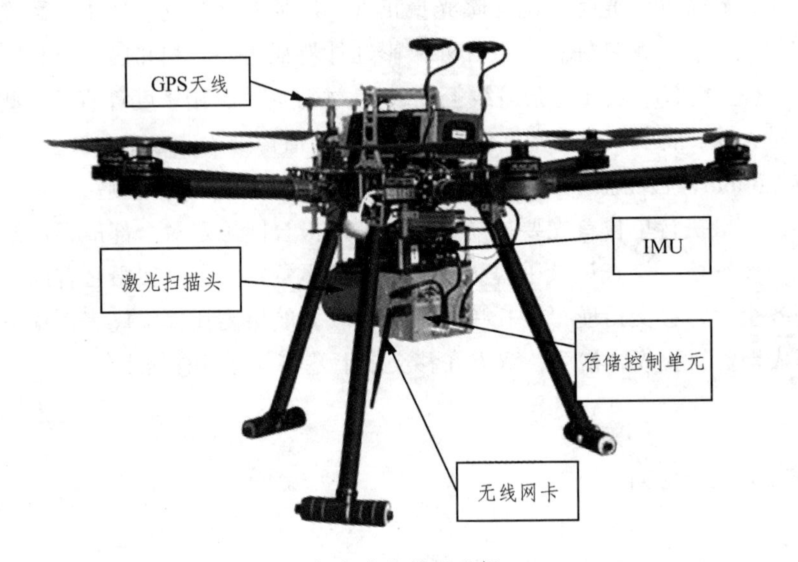


（b）多旋翼无人机

（c）固定翼航空摄影无人机

图 9-11　常用无人机

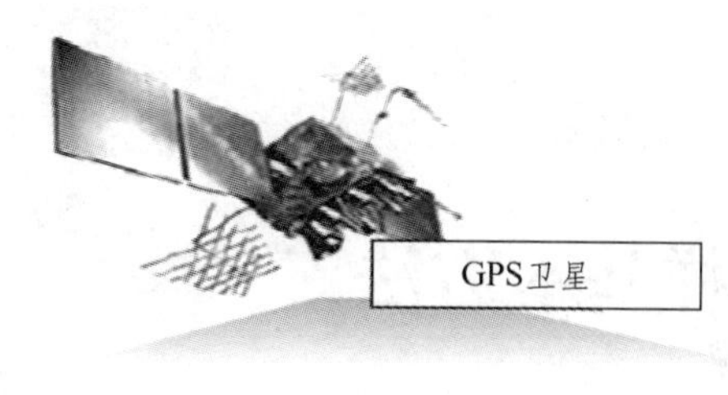


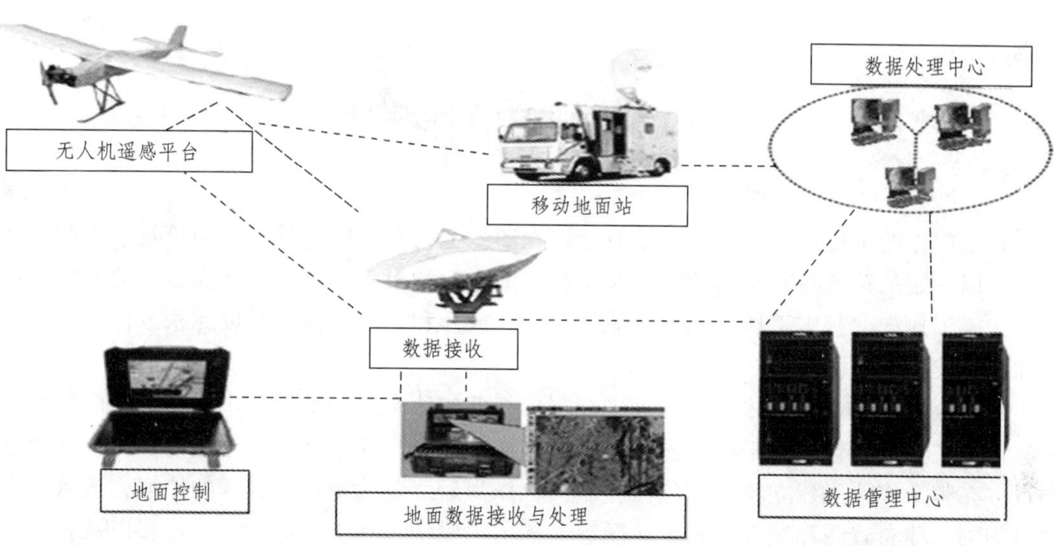


图 9-12　微型无人机低空摄影测量的平台框图和运营系统结构图

图 9-13　倾斜摄影仪器

## 思考题与习题

1. 摄影测量中的像点到地面的转换经历了哪些坐标系统。
2. 遥感影像获取的过程有哪些?

# 10 施工放样基本方法

## 10.1 施工放样概述

施工放样的主要任务是将实地没有的，在图纸上设计好的建筑物或构筑物，按照设计的要求，以一定的精度将其平面位置和高程在实地上标定出来，并依此作为施工的依据，指导施工。施工放样的基本工作包括角度放样、距离放样和高程放样，并以此来放样点的平面位置和已知坡度。

施工放样遵循“从整体到局部，先控制后细部，从高级到低级和步步检核”的原则。施工测量的主要工作包括施工控制测量和施工放样。首先，要依据勘察设计单位提供的测量控制点，在整个作业区建立统一的施工控制网，作为后续建筑物定位放样的依据；然后，根据建筑物的总体布置图和细部结构设计图等，找出主要轴线和主要点的设计位置以及各部件之间的几何关系；最后，再结合施工现场的具体情况、控制点的分布和现有的仪器设备等，确定具体的放样方法。施工测量贯穿于整个施工过程。修建一些大型的重要建筑物，还需要进行变形观测，用以及时发现和解决潜在的问题，保障施工和建筑物的安全；同时也可以用于鉴定工程质量和验证工程设计、施工是否合理。此外，在施工期间，特别是基坑开挖期间，还需要测绘大比例尺地形图，为土石方估算、景观设计等提供必要的基础图纸资料。

施工测量的精度要求比测绘地形图的精度要求更高、更复杂。其精度主要包括施工控制网的精度、建筑物轴线放样的精度和建筑物细部放样的精度。施工控制网的精度主要根据建筑物的定位精度和控制范围的大小决定，对于定位精度要求较高和施工现场较大时，则施工控制网也需要具有较高的精度。建筑物轴线放样的精度指的是建筑物定位轴线的位置对控制网、周围建筑物或建筑红线的精度。建筑物轴线放样的精度要求一般不高。建筑物细部放样的精度是指建筑物内部各轴线对定位轴线的精度，其精度的高低主要根据建筑物的大小、材料、性质、用途及施工方法等因素确定。根据一般实际经验，高层建筑筑物的放样精度要高于低层建筑物；钢结构建筑物的放样精度要高于钢筋混凝土结构建筑物；工业建筑的放样精度要高于民用建筑；吊装施工方法对放样精度的要高于现场浇灌施工方法；永久性建筑物的放样精度要高于临时性建筑物。

施工测量的精度要遵循我国现行标准，如《混凝土结构工程施工及验收规范》（GB 50204—2015）等。对于有特殊要求的一些工程项目，还应遵循设计方对限差的要求，以确定放样的精度。

# 10.2　施工控制测量

## 10.2.1　平面控制测量

施工平面控制网的布设，通常要根据总平面设计以及施工地区现场的地形条件来确定。对于起伏较大的山岭地区，如水利枢纽，及跨越江河的工程，如大桥，过去一般采用三角测量，或边角测量的方法建立平面控制网；对于地形平坦但放样比较困难的地区，如扩建或改建的工业场地，多采用导线网；对于设计建筑物多为矩形且布置规则和密集的工业场地，可将施工控制网布设为规则的矩形格网，即建筑方格网。现阶段，随着 GPS 技术的普及，施工平面控制网大多采用 GPS 网。对于高精度的施工控制网，或者现场条件不够理想时，则将 GPS 网同导线网或者边角网相结合，优势互补。

施工平面控制网有如下特点：

（1）控制的范围较小，控制点的密度较大，而精度要求较高。

施工控制测量的控制范围通常比较小，对于大型的水利枢纽工程，其控制面积也不过十几平方公里；而对于中小型水利枢纽工程，通常不超过几平方千米；一般的工业和民用建设场地，大多在 1 $km^2$ 以内。因建筑物分布错综复杂，间距较小，故控制点密度要求较大，否则无法满足施工放样的需求。施工控制网的主要作用是用于放样建筑物的轴线，这些轴线的位置是后面放样建筑物细部的依据，因此对施工控制网的精度要求较高，通常对其偏差都有一定的限制，如厂房主轴线定位的精度为 2 cm；4 km 以下的山岭隧道，相向开挖时两中线的最大横向偏差不得超过 10 cm 等。

（2）使用比较频繁。

在一般的施工过程中，控制点经常是直接用于施工放样，使用很频繁。因此要求控制点具有较高的稳定性，且使用的方便性，同时点位在施工期间需保存良好。为此通常在控制点上设置观测墩或采用顶面带有金属标板的混凝土桩，以简化放样工作。

（3）受施工影响大。

现代化施工过程大多采用交叉作业，施工场地的人员和机械错综复杂，各建筑物的施工高度有时比较悬殊，施工工艺工具交织，因此，施工控制网的布设应作为整个工程施工设计的一部分。选点埋石时必须考虑施工场地的布置情况以及施工的程序和方法等。具体来讲，点的位置要分布合理，密度适宜，所布设的点位应呈现在施工设计的总平面图上。

（4）控制网的坐标系与施工坐标系一致。

施工坐标系是指以建筑物的主要轴线为坐标轴而建立起来的局部直角坐标系统。在设计总平面图上，建筑物的平面位置通常以施工坐标系的坐标表示。例如：工业建设场地以主要车间或主要生产设备的轴线为坐标轴；水利枢纽工程用大坝轴线为坐标轴；隧道用中心线或其切线作为坐标轴；来建立施工直角坐标系。因此，为了控制效果，布设施工控制网时应尽可能将这些轴线作为控制网的一边，建立控制网。此外，施工控制网与测图控制网发生联系时，应进行联系测量，以完成坐标转换。

（5）投影面应与工程的平均高程面一致。

施工控制网因其控制范围较小，通常无需考虑地球曲率影响，因此不需要投影到平均海水面或参考椭球面上。实际操作时，对工业建筑场地，一般是将施工控制网投影到测区的平均高程面上，或者投影到定线放样精度要求最高的平面上，如保证设备、构建的安装精度时；隧道控制网应投影至隧道平均高程面上，桥梁控制网则要求化算到桥墩顶的高程面上。

（6）分级布网，次级网精度可高于首级网。

一项工程通常包含各种建筑物、构筑物、铁路和公路等，各个子项目对放样的精度要求不同，各项目轴线之间的几何联系要求与细部相对于各自轴线的要求来讲，精度要低得多。因此，施工控制网一般采用两级布网，先建立首级控制网，用来放样各建筑物的主要轴线；再根据各个工程项目放样的具体要求建立次级控制网，次级控制网的精度并不一定比首级低，例如一些工业建筑场地的安装控制网。

### 10.2.2 高程控制测量

施工高程控制网，通常也是两级布设，即首级高程控制网和加密网。首级高程控制网通常采用三等水准测量施测，精度要求高的可以采用二等布设；加密高程控制网则用四等水准测量，精度要求高的可以采用三等布设。高程控制网点布设时，点位应离建筑物有一定距离，应布设在距建筑物、构筑物不小于 25 m，距回填土边缘不小于 15 m 的地方。加密网点一般为临时水准点，布设在建筑物近旁的不同高度上，以便于指导施工，如直接在岩石露头上画记号作为临时水准点，或者钉木桩。这些水准点一开始也可以作为沉陷的监测点使用，当建筑物沉陷基本停止后，可作为临时水准点使用。

起伏较大的山岭地区，如水利枢纽工程，平面和高程控制网通常单独布设；对于平坦地区，如民用建筑和工业场地，平面控制点通常兼作高程控制点。

## 10.3 距离的放样

施工测量的主要任务是放样，即根据已知控制点或已有建筑物特征点与待放样点之间的角度、距离和高差等几何关系，采用测绘仪器和工具将图纸上设计好的物体标定出来。因此，放样的三项基本工作便是对已知的水平距离、水平角和高程的放样。

放样水平距离是从地面一已知点开始，沿已知方向放样出给定的水平距离以定出第二个端点。根据地形情况和精度要求不同，距离放样可选用不同的方法和工具。精度要求不高时，可采用钢尺或皮尺放样；精度要求较高时，通常全站仪或测距仪放样。

1. 用钢尺放样水平距离

（1）常规方法。

如图 10-1 所示，在地面上由已知点 $B$ 开始，沿给定方向，用钢尺量出已知水平距离 $d$，

确定 $C'$点。为校核和提高放样精度，可在起点 $B$ 处改变读数，同样的方法定出 $C''$点。由于量距存在误差，$C'$与 $C''$两点通常不重合，在允许范围内时，取两点的中点 $C$ 作为最终位置。

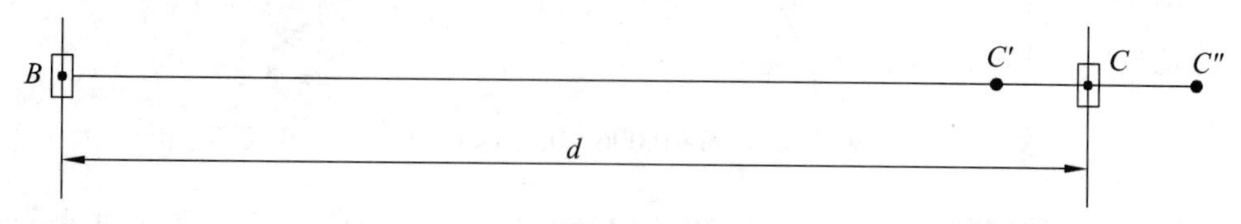


图 10-1　钢尺放样水平距离

（2）精确方法。

若水平距离的放样精度要求较高时，在按采用上述的一般方法之后，还需加上尺长、温度和高差三项改正，但改正数的符号与精确量距时的符号相反。即

$$S = D - \Delta_l - \Delta_t - \Delta_h$$

式中：$S$——实地放样的距离。

$D$——待放样的水平距离。

$\Delta_l$——尺长改正数，$\Delta_l = \dfrac{\Delta l}{l_0} \cdot D$，$l_0$ 和 $\Delta l$ 分别是所用钢尺的名义长度和尺长改正常数。

$\Delta_t$——温度改正数，$\Delta_t = \alpha \cdot D \cdot (t - t_0)$，$\alpha$ 为钢尺的线膨胀系数（$\alpha = 1.25 \times 10^{-5}$）；$t$——放样时的温度；$t_0$——钢尺的标准温度，一般为 20 °C。

$\Delta_h$——倾斜改正数，$\Delta_h = \dfrac{h^2}{2D}$，$h$ 为线段两端点的高差。

如图 10-2 所示，欲放样水平距高 $AB$，所使用钢尺的尺长方程式为

$$l_t = 30.000\ \text{m} + 0.003\ \text{m} + 1.2 \times 10^{-5} \times 30\ (t - 20\ °\text{C})\ \text{m}$$

**【例 10-1】**放样时的温度为 5 °C，$B$、$C$ 两点之间的高差为 1.2 m，试求计算放样时在实地应量出的长度为多少？

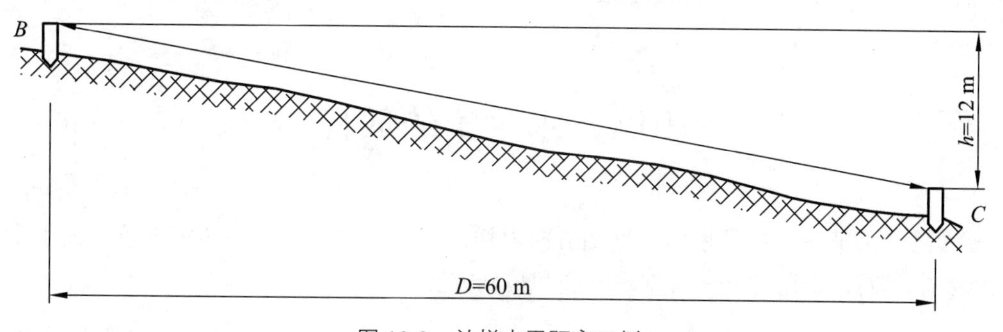


图 10-2　放样水平距离示例

**【解】**根据精确量距公式算出 3 项改正：

尺长改正　$$\Delta_l = \frac{\Delta l}{l_0} \cdot D = \frac{0.003}{30} \cdot 60\ (\text{m}) = 0.006\ (\text{m})$$

温度改正　$$\Delta_t = \alpha \cdot D \cdot (t - t_0) = 60 \times 1.2 \times 10^{-5} \times (5 - 20)\ (\text{m}) = -0.011\ (\text{m})$$

倾斜改正 $\Delta_h = \dfrac{h^2}{2D} = \dfrac{1.2^2}{2\times 60}\,(\text{m}) = 0.012\,(\text{m})$

那么，实地放样水平距离为

$$S = D - \Delta_l - \Delta_t - \Delta_h = 60 - 0.006 + 0.011 + 0.012\,(\text{m}) = 60.017\,(\text{m})$$

放样时，自线段的起点 $B$ 沿给定的 $BC$ 方向量出 $S$，定差在允许定出终点 $C$ 即得设计的水平距离 $D$。为了检核，通常需再放样一次，若两次放样之差在允许范围内，则取平均位置作为终点 $C$ 的最后位置。

2. 用光电测距仪方样水平距离

采用光电测距仪放样水平距离的方法与用钢尺大致相同。如图 10-3 所示，将光电测距仪安置于 $B$ 点，棱镜沿 $BC$ 方向移动，使仪器显示的距离大致等于待放样距离 $D$，定出 $C'$点，再计算出 $D'$与需要放样的水平距离 $D$ 之间的改正数 $\Delta D = D - D'$。根据 $\Delta D$ 的符号在实地沿已知方向用钢尺由 $C'$点量 $\Delta D$ 定出 $C$ 点，$BC$ 即为放样的水平距离 $D$。

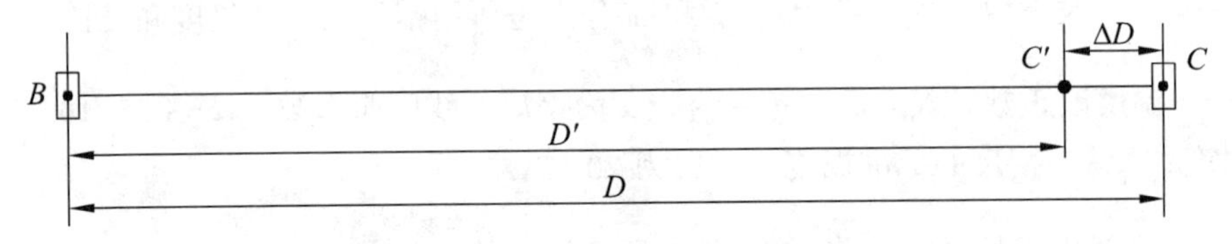


图 10-3 光电测距仪放样距离

若精度要求较高，利用棱镜多次测量 $BC$ 的水平距离，取其平均值作为 $BC$ 的实际距离 $D'$，再根据 $\Delta D = D - D'$ 进行改正，直至达到要求为止。

由于钢尺量距受地形条件影响较大，特别是距离较长时，量距工作量大、效率低，难以保障量距精度，而全站仪或测距仪放样具有适应性强、速度快、精度高、不受平坦地势限制等优点，在工程施工放样应用比较广泛。

## 10.4 水平角的放样

放样已知水平角，就是根据一已知方向放样出另一方向，使其夹角等于给定的水平角。按精度要求不同，采用的方法有常规方法和精确方法。

1. 常规方法

当放样水平角精度要求不高时，可采用常规方法，采用盘左、盘右取平均值的方法，也称为盘左盘右分中法。如图 10-4 所示，$OA$ 为已知方向，若放样水平角 $\beta$，在 $O$ 点安置经纬仪或者全站仪，以盘左瞄准 $A$ 点，配置水平度盘读数为 0。转动照准部使水平度盘读数恰好为 $\beta$ 值，在视线方向定出 $C_1$点。然后用盘右位置，重复上述步骤定出 $C_2$点，取 $C_1$和 $C_2$的中点 $C$，则$\angle AOC$ 即为要放样的 $\beta$ 角。

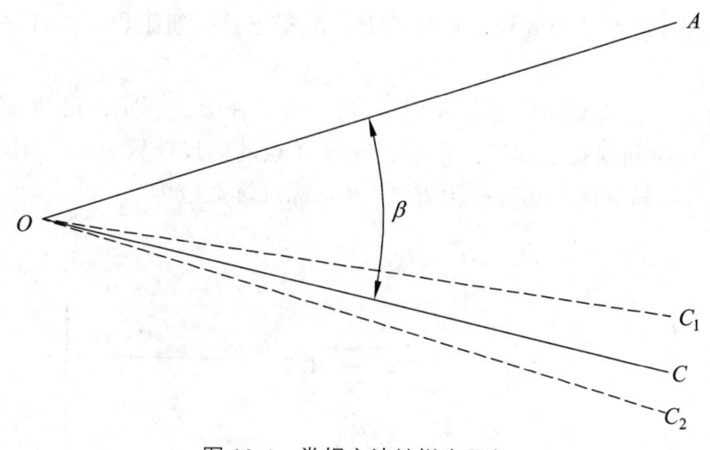


图 10-4　常规方法放样水平角

2. 精确方法

若精度要求较高时，可采用精确方法放样水平角。如图 10-5 所示，在 $O$ 点安置经纬仪或者全站仪，按照上述方法放样水平角 $\angle POB'$，定出 $B'$点。接着较精确地测量 $\angle POB'$的角值，采用多个测回取平均值的方法，设平均角值为 $\beta'$，测量出 $OB'$的距离。按下式计算 $B'$点处 $OB'$线段的垂距

$$B'B = \frac{\Delta\rho''}{\rho''} \cdot OB' = \frac{\beta - \beta'}{206\,265''} \cdot OB' \tag{10-1}$$

然后，从 $B'$点沿 $OB'$的垂直方向调整垂距 $B'B$，$\angle POB$ 即为 $\beta$ 角。如图 10-5 所示，若 $\Delta\beta>0$ 时，则从 $B'$点往内调整 $B'B$ 至 $B$ 点；若 $\Delta\beta<0$ 时，则从 $B'$点往外调整 $B'B$ 至 $B$ 点。

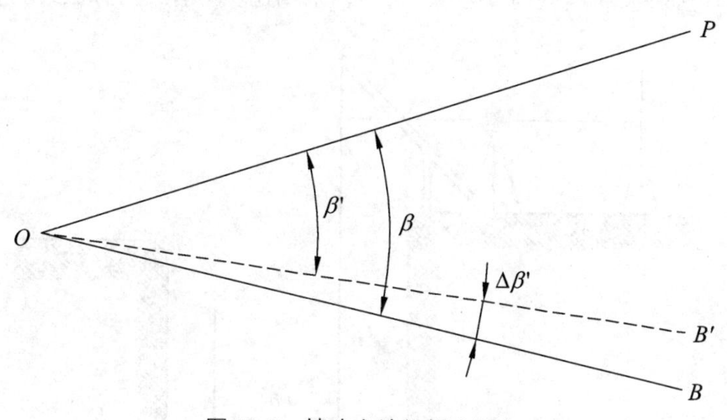


图 10-5　精确方法放样水平角

# 10.5　高程的放样

放样高程，就是根据已知点的高程，通过水准测量，把设计高程标定在固定的位置上。高程位置的标定措施可根据工程要求及现场条件确定，土石方工程一般用木桩标定放样高程

的位置，在木桩侧面画水平线或标定在桩顶上；混凝土及砌筑工程可用红漆作记号，标定在面的侧壁或模板上。

如图 10-6 所示，已知高程点 $A$ 的高程为 $H_A$，需要在 $B$ 点标定出已知高程为 $H_B$ 的位置，首先在 $A$ 点和 $B$ 点中间安置水准仪，精平后读取 $A$ 点的标尺读数为 $c$，则仪器的视线高程为 $H_i = H_A + c$，由图可知放样已知高程为 $H_B$ 的 $B$ 点标尺读数应为

$$d = H_A + c - H_B = H_i - H_B \tag{10-2}$$

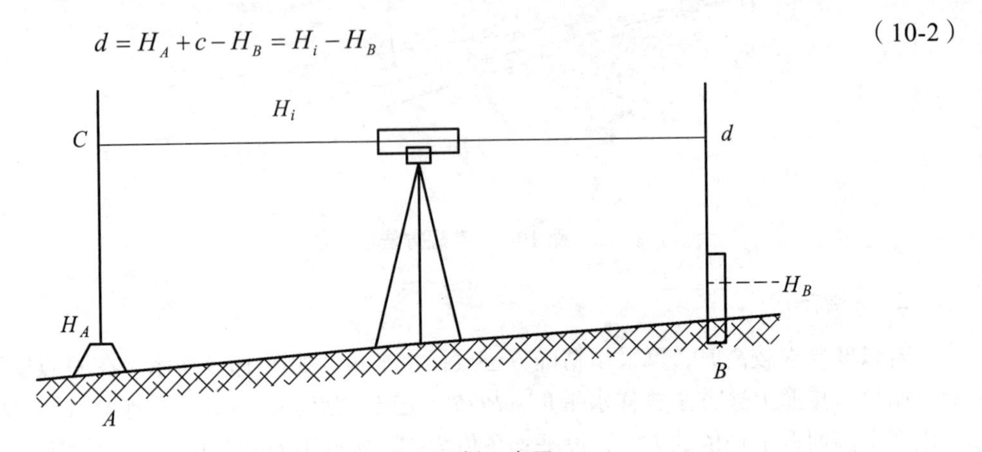


图 10-6　高程放样示意图

然后将水准尺紧靠 $B$ 点木桩的侧面上下移动，直到尺上读数为 $d$ 时，则此时水准尺所在位置即为设计高程 $H_B$ 的位置。

在建筑设计和施工中，通常将建筑物的室内设计地坪高程用±0 高程表示，建筑物的基础、门窗等高程都以±0 为依据进行放样。因此，先要在施工现场放样出室内地坪高程的位置。

当待放样点与已知水准点的高差较大时，可以采用悬挂钢尺的方法进行高程传递。

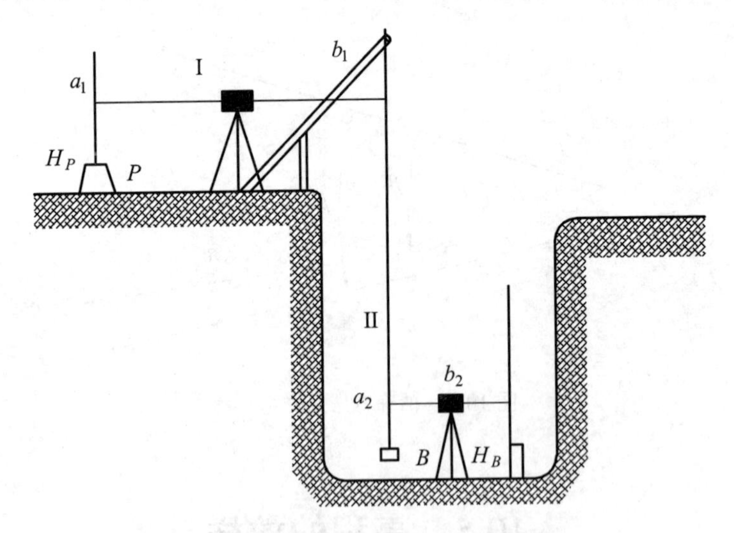


图 10-7　深基坑的高程放样图

如图 10-7 所示，当基坑开挖较深时，可将钢尺悬挂在支架上，零端向下并挂重物，使得尺面竖直。$P$ 点为已知高程为 $H_P$ 的水准点，欲在 $B$ 点定出高程为 $H_B$ 的位置，其中 $H_B$ 应根据放样时基坑实际开挖深度选择，通常取 $H_B$ 比基底设计高程高出 1 m 左右。放样时最好用两台

水准仪同时观测，在地面和待放样点位附近安置水准仪，分别在标尺和钢尺上读数 $a_1$ 、$b_1$ 和 $a_2$ 则 $B$ 点处水准尺的应该读数为

$$b_2 = H_P + a_1 - (b_1 - a_2) - H_B \tag{10-3}$$

上下移动 $B$ 处的水准尺，直到水准仪在尺上的读数恰好为 $b_2$ 时，则此时水准尺所在位置即为设计高程 $H_B$ 的位置。为了控制基坑开挖深度，一般需要在基坑四周定出若干个高程均为 $H_B$ 的点位。如果 $H_B$ 比基底设计高程高出一个定值 $\Delta H$，施工人员就可用长度为 $\Delta H$ 的木条方便地检查基底高程是否达到了设计值；若在基础砌筑中，还可用于基础顶面高程设置。

同样，图 10-8 所示情形也可以采用类似方法放样高建筑物的高程，则计算出前视读数

$$b_2 = H_B + a_1 - (a_2 - b_1) - H_C \tag{10-4}$$

然后根据 $b_2$ 放样出设计高程的位置。

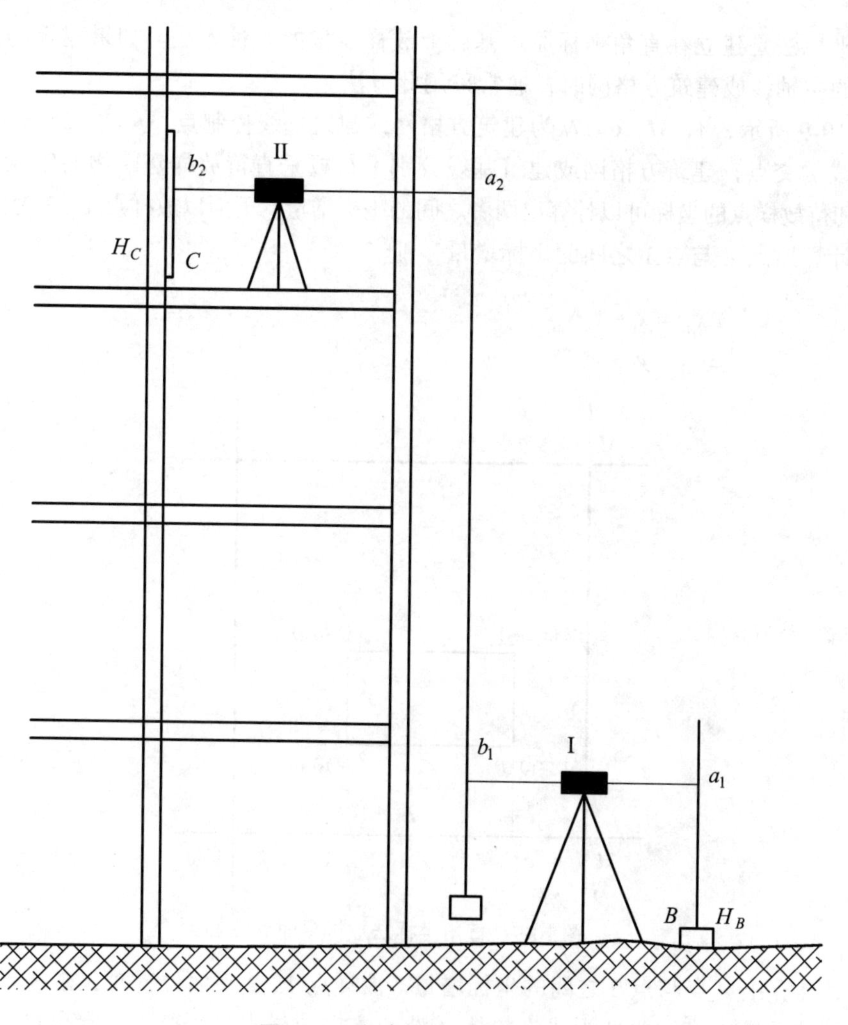


图 10-8 高建筑物的高程放样

当放样的精度要求较高时，对使用钢尺还应加入温度、拉力、尺长、钢尺自身质量等改正。

## 10.6　平面位置放样

点的平面位置放样是根据已布设好的控制点的坐标和待放样的坐标，反算出控制点和待放样点之间的水平距离和水平角，再采用上述放样方法标定出设计点位。根据控制点的分布情况、所用的仪器设备、放样场地地形条件及放样点精度要求等条件，通常有以下几种放样方法。

### 10.6.1　直角坐标法放样

直角坐标法是建立在直角坐标原理基础上放样点位的一种方法。如果建筑场地已建立起相互垂直的主轴线或建筑方格网时，通常采用此方法。

如图 10-9 所示，$A$、$M$、$C$、$N$ 为建筑方格网或建筑基线控制点，点 1、2、3、4 为待放样建筑物轴线的交点，建筑方格网或建筑基线分别平行或垂直待放样建筑物的轴线，根据控制点的坐标和待放样点的坐标可以计算出两者之间的坐标增量。下面以放样点 1、2 为例进行说明。

首先计算出点 $A$ 与点 1 之间的坐标增量，即

$$\begin{cases} \Delta x_{A1} = x_1 - x_A \\ \Delta y_{A1} = y_1 - y_A \end{cases} \tag{10-5}$$

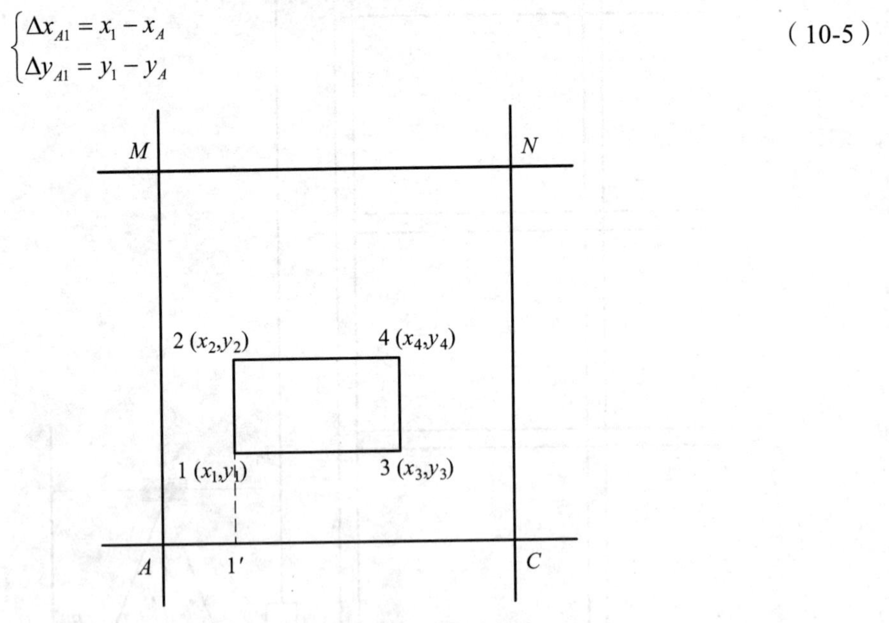


图 10-9　直角坐标法放样平面点位

同理，计算出 $A$ 点与点 2 之间的坐标增量。放样点 1、2 平面位置时，在 $A$ 点安置经纬仪或者全站仪，照准 $C$ 点，沿此视线方向从 $A$ 沿 $C$ 方向放样水平距离 $\Delta y_{A1}$ 定出点 1′。再点 1′安置经纬仪，盘左照准 $C$ 点（或 $A$ 点，通常采用长边定向减小误差），转 90°定出视线方向，沿此方向分别放样出水平距离 $\Delta x_{A1}$ 和 $\Delta x_{12}$ 定 1、2 两点。同样的操作，以盘右位置再定出 1、2

两点，取 1、2 两点盘左和盘右的中点为所求点最终位置。类似的方法也可以放样出点 3、4 的位置。为检核放样点位是否正确，还需进行检核。检核时，在已放样的点上架设经纬仪，检测各个角度和各条边长是否符合设计要求，误差在允许范围内即可，否则需重新放样。

### 10.6.2 极坐标法放样

极坐标法是通过水平角和水平距离来放样点平面位置的方法。如图 10-10 所示，$A(x_A,\ y_A)$、$B(x_B,\ y_B)$为已知控制点，$P(x_p,\ y_p)$为待放样点。根据已知点坐标和放样点坐标，反算出放样数据 $D_{AP}$ 和 $\beta$

$$\begin{cases} D_{AP}=\sqrt{(x_p-x_A)^2(y_p-y_A)^2} \\ \beta=a_{AB}-a_{AP} \end{cases} \tag{10-6}$$

式中，$a_{AB}=\arctan\dfrac{y_B-y_A}{x_B-x_A}$，$a_{AP}=\arctan\dfrac{y_P-y_A}{x_P-x_A}$。

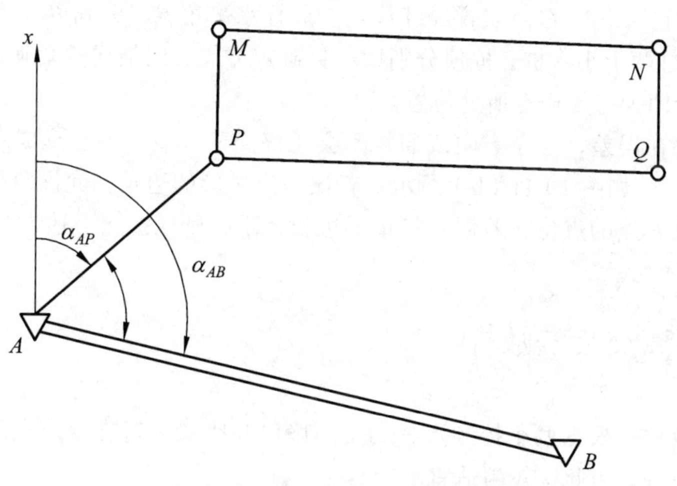


图 10-10 极坐标法放样平面点位

放样时，将经纬仪安置在 $A$ 点，$B$ 点后视，度盘置为零，按盘左盘右分中法放样水平角 $\beta$，定出 $AP$ 方向，沿此方向放样水平距离 $D_{AP}$，则可以定出设计点位 $P$ 点。

检核时，可以采用 $A$ 点测站点来放样 $P$ 点，其方法同上，在地面上标定 $P$ 点，结果在误差允许范围内即可，否则需重新放样。如果待放样点精度要求较高，可以利用前面所讲的精确方法来放样水平角和水平距离。

### 10.6.3 角度交会法放样

角度交会法是在两个已知控制点上分别安置经纬仪或者全站仪，依据反算出的水平角放样相应的方向，再根据两个方向从而交会定出点位的一种方法。这种方法主要适用于放样点离控制点较远或量距离有困难的情况。

如图 10-11（a）所示，$A$、$B$、$C$ 为已知平面控制点，$P$ 为待放样点，首先根据已知数据反算公出 $a_{AB}$、$a_{AP}$、$a_{BP}$、$a_{CB}$ 和 $a_{CP}$，并求出水平角 $\beta_1$、$\beta_2$、$\beta_3$

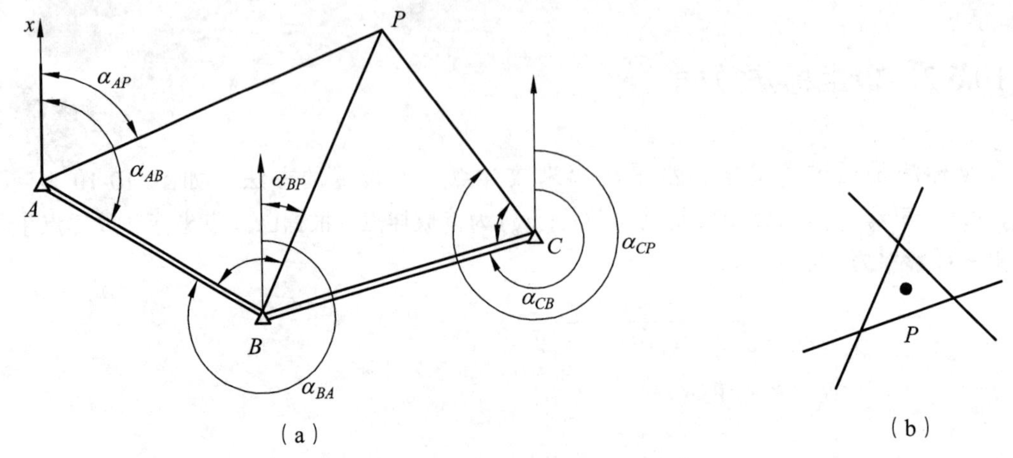


图 10-11　角度交会法放样平面点位

放样时，分别在 $A$、$B$、$C$ 点安置经纬仪或者放样水平角 $\beta_1$、$\beta_2$ 和 $\beta_3$。在 $P$ 点附近沿 $AP$、$BP$、$CP$ 方向线各打两个小木桩，桩顶分别用小钉确定方向，用细线拉紧确定出方向线，三条方向线相交的位置即为待放样点所处位置。

因放样过程存在误差，三条方向线通常不会正好交于一点，而是形成一个小的三角形，称为“误差三角形”，如图 10-11（b）所示。若误差三角形的边长在允许范围内时，可取误差三角形的重心作为 $P$ 点的点位；若误差三角形边长超限，则应按照上述方法重新交会放点。

## 10.6.4　距离交会法放样

距离交会法放样即根据两个控制点，利用两段已知距离进行交会定点的方法。当建筑场地平坦且量距方便时，用此法较为适宜。

如图 10-12 所示，$A$、$B$ 为控制点，点 1 为待放样点。首先，根据控制点和待放样点的坐标反算出放样数据 $D_A$ 和 $D_B$，然后，用钢尺从 $A$、$B$ 两点分别放样两段水平距离 $D_A$ 和 $D_B$，其交点即为所求点 1 的位置。

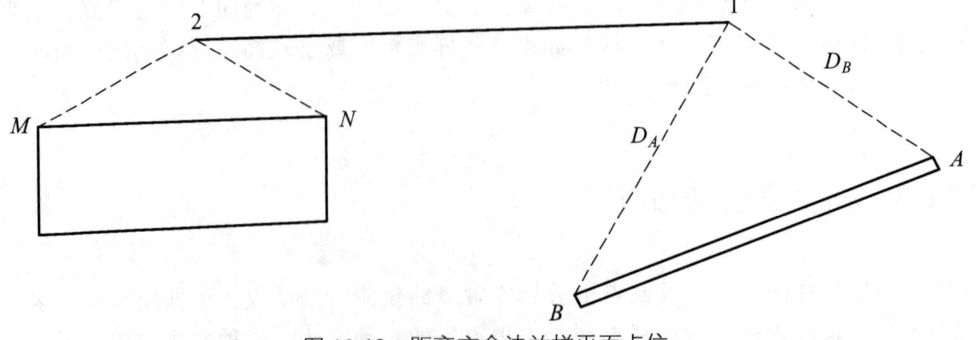


图 10-12　距离交会法放样平面点位

同样，点 2 的位置可由点 $M$、$N$ 交会出。检核时，可以实地丈量 1、2 两点之间的水平距离，并与 1、2 两点设计坐标反算出的水平距离进行比较，满足要求即可，否则重新按此法进行放样。

### 10.6.5 全站仪坐标放样法

全站仪不仅放样精度高、速度快，而且仪器可以计算放样数据，从而直接放样点的位置，同时，在施工放样中受天气和地形条件的影响较小，广泛应用于实践生产中。

全站仪坐标放样法，就是根据控制点和待放样点的坐标定出点位的一种方法。首先，将仪器安置在控制点上，选择放样模式，设置测站，定向；然后，输入测站点和放样点的坐标，一人持棱镜立在待放样点附近，照准棱镜，按坐标放样功能键，仪器自动解算立镜点的坐标，同时全站仪显示棱镜位置与放样点的坐标差。根据坐标差值，移动棱镜位置，直到坐标差值等于零，此时，棱镜位置即为放样点的位置。为了能够发现错误，在每个放样点的位置确定以后，可以再次测量其坐标做比较。

### 10.6.6 GPS 坐标放样法

在 RTK 作业模式下，基准站接收机设置在具有已知坐标的参考点上（或任意点上），连续接收所有可视 GPS 卫星信号，并将测站的坐标、观测值、卫星跟踪状态及接收机工作状态信息通过数据链一起传送给移动站。移动站不仅通过数据链接收来自基准站的数据，还要采集 GPS 观测数据，并在系统内组成差分观测值进行实时处理；同时，通过输入测区投影参数和联测区内已有的测量控制点求得的坐标转换参数，实时得到移动站的三维坐标及精度值。目前，该技术广泛应用于施工测量。其放样步骤如下：

1. 基准站位置的选定

基准站位置选址时应注意以下几点：

（1）基准站设置除满足 GPS 静态观测的条件外，还应设在地势较高、四周比较开阔的地方，以利于数据链的发射，同时还应远离无线电干扰。

（2）基准站数据链电台发射天线必须具有一定的高度，以便于有一定覆盖范围（用网络模式时不考虑）。

（3）远离 GPS 信号反射物（如大面积水域、大型建筑物等），减小多路径效应的影响。

2. 转换参数的求取

RTK 测量的坐标为 WGS-84 坐标成果，而在实际工作中需要的是国家坐标系或工程坐标系。具体作业时，应选择 3 个或 3 个以上测量控制点，求取整个测区的转换参数。因此，在 RTK 测量过程中，转换参数对 RTK 测量成果的影响非常明显，如果转换参数误差较大，则其成果的误差仍然是很大的。

3. 点位放样

在 GPS 电子手簿中选择放样模式，将移动站置于放样点位的附近，该 GPS 移动站即可快速测量该点的实时的三维坐标。同时，电子手簿中的放样程序按极坐标算法解算出该点与待放样点的距离和方位，并把 GPS 移动站与待放样点的距离和方位显示在电子手簿屏幕上，放样时即可根据手簿屏幕的箭头方向和距离提示进行实地点位放样。

### 10.6.7 自由设站法

自由设站法主要用于在施工放样场地内增设控制点，然后可以靠近待放样的点，从而就近用极坐标法放样设计的点位。增设控制点的位置可自由选择，但要能与已知点通视，并便于场地内待放样点的放样。增设控制点的坐标可以用后方交会或距离交会等方法确定。

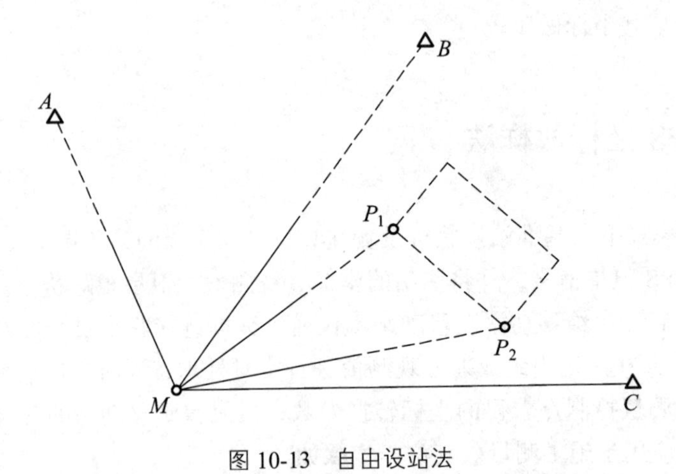


图 10-13 自由设站法

如图 10-13 所示，$A$、$B$、$C$ 为建筑场地外原有控制点，$M$ 为自由设站点，$P_1$、$P_2$ 为待放样的点。先测定 $M$ 点的坐标，然后用后方交会法定点时，在 $M$ 点安置经纬仪，对 $A$、$B$、$C$ 三点观测方向值。若采用距离交会法定点时，亦在 $M$ 点安置测距仪，对 $A$、$B$、$C$ 三点（或至少其中两点）测定水平距离。

根据 $M$ 和 $P_1$、$P_2$ 点的坐标，计算以 $M$ 为测站的放样数据。以 $A$、$B$、$C$ 三点中的任一点为后视点，放样设计点位 $P_1$ 和 $P_2$。

## 10.7 坡度的放样

在交通线路工程、排水管道施工和敷设地下管线等项工作中经常会涉及坡度放样问题。

放样已知坡度，就是在地面上定出一条直线，使其坡度值等于设计的坡度。放样坡度可选用下列两种方法进行：

1. 水平视线法

如图 10-14 所示，$M$、$N$ 为设计坡度线的两端点，$M$ 点设计高程为 $H_M$，为施工方便，每隔距离 $d$ 需设定一木桩，并要求在木桩上标定设计坡度为 $i$ 的坡度线。

施测前，先沿 $MN$ 方向根据距离 $d_1$ 打下木桩标定出点 1、2、3…的位置，并按照公式：

$$H_{i设} = H_M + i \times d_i \tag{10-7}$$

计算出 1、2、3…各点在坡度线上的高程。式中 $d_i$ 分别指 $M$ 点至 1、2、3…点的水平距离。计算各点高程时，注意坡度 $i$ 的正、负取值。

放样时，安置水准仪于已知水准点附近，按高程放样的方法，算出各桩点在水准尺上的读数 $b_i = H_{视} - H_{i设}$，然后依次放样出各桩点的高程位置，则各高程位置的连线即为设计坡度线。

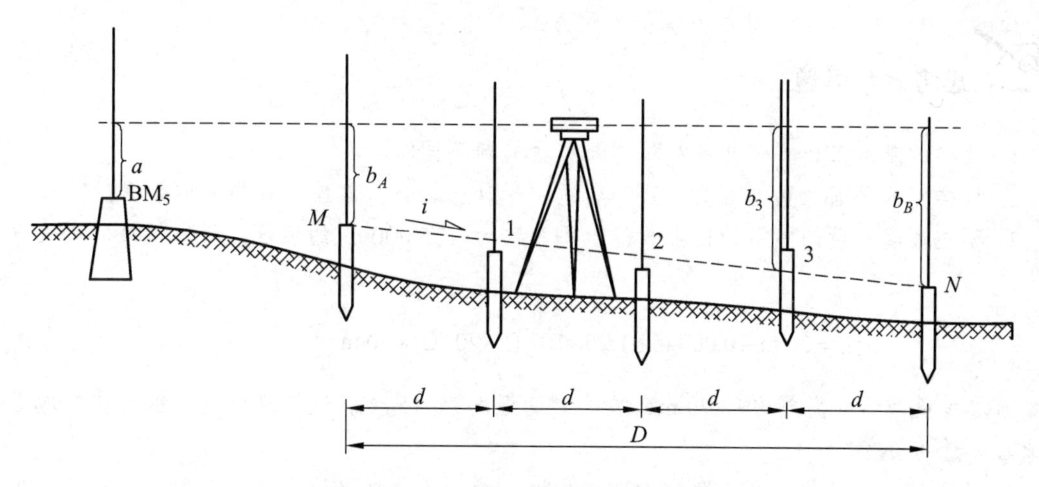


图 10-14　水平视线法放样已知坡度线

2. 倾斜视线法

倾斜视线法是根据视线与设计坡度线平行时，其竖直距离处处相等的原理，以确定设计坡度线上各点高程位置的一种方法，这种方法主要适用于坡度较大，并且设计坡度与地面自然坡度较一致的地段。

如图 10-15 所示，放样时先采用高程放样的方法将坡度线两端点设计高程放样出来，并标定在地面的木桩上，然后将水准仪安置在 $M$ 点上并量取仪器高 $h$。安置仪器时，使一个螺旋在 $MN$ 方向上，另两个脚螺旋的连线大致与 $MN$ 线垂直，再旋转 $MN$ 方向的脚螺旋和微倾螺旋，使视线在 $N$ 尺上的读数为仪器高 $h$，此时视线与设计坡度线平行，当各桩号 1、2、3…点的尺上读数也为 $h$ 时，则各尺底的连线便设计坡度线上，采用经纬仪方法与之类似。

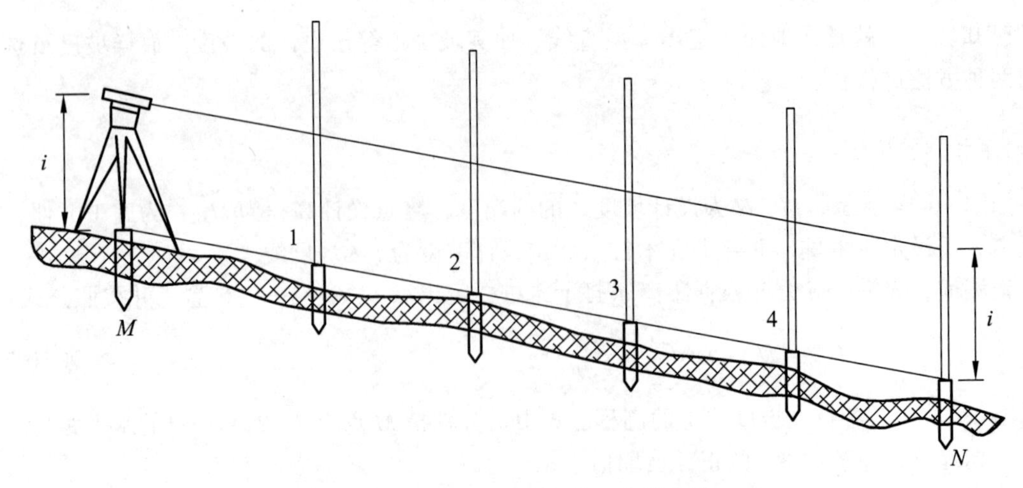


图 10-15　倾斜视线法放样已知坡度线

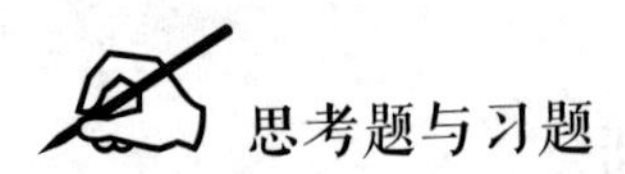

## 思考题与习题

1. 放样的基本工作有哪几项？放样与测量有何不同？

2. 放样点的平面位置有哪些方法？各适用于什么场合？各需要哪些放样数据？

3. 要在坡度一致的倾斜地面上放样水平距离为 125.000 m 的线段，所用钢尺的尺长方程式为

$$l_t = 30\ \text{m} - 0.007\ \text{m} + 1.25 \times 10^{-5}(t - 20\ ^\circ\text{C}) \times 30\ \text{m}$$

预先测定线段两端的高差为+3.70 m，放样时的温度为 15 °C。试计算用这把钢尺在实地沿倾斜地面应量的长度。

4. 欲在地面上放样一个直角∠*AOB*，先用一般方法放样出该直角，在用多个测回测得其平均角值为 90°00′48″，又知 *OB* 的长度为 160.000 m。在垂直于 *OB* 的方向上，*B* 点应该向何方向移动多少距离才能得到 90°的角？

5. 建筑场地上水准点 *A* 的高程为 138.616 m，欲在待建房屋近旁的电杆上放样出±0 的高程，±0 的设计高程为 139.100 m。设水准仪在水准点 *A* 所立水准尺的读数为 1.046 m，试说明放样的方法。

6. *A*、*B* 为建筑场地已有的控制点，已知 $a_{AB} = 300°04'$，*A* 点的坐标为（$X_P = 14.24\ \text{m}$，$Y_A = 86.73\ \text{m}$），*P* 为待放样点，其设计坐标为（$X_P = 42.32\ \text{m}$，$Y_P = 85.04\ \text{m}$）。试用极坐标法计算从 *A* 点放样 *P* 点所需的数据。

7. 试着讨论一下怎样用光学的自动安平水准仪放样一个指定的坡度。

# 11　道路施工测量

道路工程测量的主要内容有中线测量、曲线测设、纵横断面测量、施工测量等。道路工程测量的目的是为设计提供必要的基础资料、为施工提供依据，在道路工程建设中起着重要的作用。

## 11.1　道路施工测量概述

道路工程是指以道路为对象而进行的规划、设计、施工、养护与管理工作的全过程及其所从事的工程实体。道路工程在勘测设计、施工建设、竣工各阶段及其运营过程中所进行的测量工作，称为道路工程测量。

道路工程测量的主要任务是为工程项目方案选择、立项决策、施工图设计等提供地形图、断面图及相关数据资料；按照设计要求提供点、线、面指导施工进行施工测量以及编制竣工图的竣工测量；保证施工安全性、提高施工质量、加强运营管理，需对工程进行施工监测和变形测量。

道路工程测量涵盖的内容较多，包括带状地形图测绘、中线测量、曲线测设、纵横断面测量、土石方工程测量计算、施工测量等内容。主要体现在以下工作：

（1）为道路工程项目所在区域提供大小比例尺地形图、平面图、纵横断面图、道路沿线水文地质及控制点等相关数据；

（2）根据工程要求在地形图上规划若干线路走向、进行方案比选、编制可行性研究报告、拟订设计方案；

（3）根据设计方案在工程项目所在地进行线路基本走向的标定，沿线路基本走向进行平面及高程控制测量，必要时根据工程建设需要测绘出比例尺恰当的带状地形图或平面图，为初步设计提供数据；

（4）根据批准的方案进行实地定线，进行中线测量、纵横断面测量，绘制纵横断面图，为施工图设计提供数据；

（5）根据详细施工图进行施工测量及监测，指导现场施工，竣工后进行竣工测量，编制竣工图；

（6）对运营阶段的特殊工程进行变形观测，以保证安全。

本章主要介绍道路中线测量、曲线测设、纵横断面测量及施工测量的基本内容。

## 11.2　道路中线测量

道路的平面线型由直线及曲线组成。在踏勘选线、拟订好路线方案后，将直线、曲线的中心线（中线）标定在实地上并测出其里程所进行的测量工作称为道路中线测量。换句话说，就是通过测角、量距等测量手段把路线中心的平面位置在地面上表示出来。其主要内容有交点（JD）与转点（ZD）测设、距离测量、转角测量、曲线测设、中桩测设等，如图 11-1 所示。

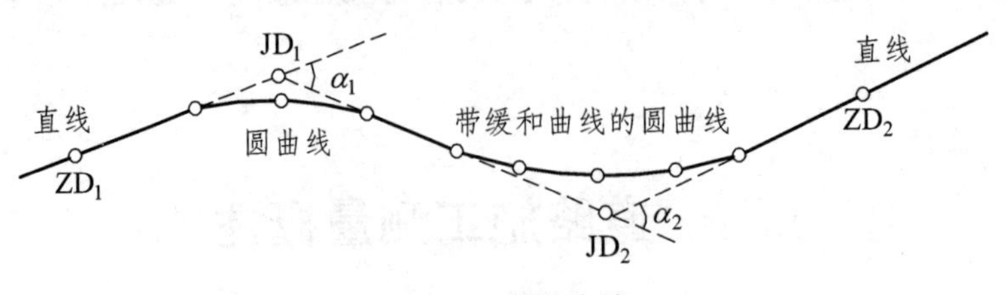


图 11-1　道路中线

### 11.2.1　交点的测设

交点是道路路线的转折点，也就是道路中线两相邻直线段延长线的交点，用 JD 进行表示。交点与线路的起、终点确定了线路的位置和走向，因此是布设线路、详细测设直线和曲线的控制点。

交点需根据道路等级及地形等情况来进行确定。对于低等级公路，通常在现场直接进行标定。对于高等级公路或地形复杂地段则需要先进行纸上定线，然后根据以下方法进行交点的测设。

1. 穿线交点法

穿线交点法适用于地形不太复杂、定测中线距初测导线不远的情况。包括放点、穿线、交点三个步骤。

（1）放点。放点的作用是通过导线、导线点确定中线上临时点的位置。如图 11-2 所示，1、2、3、4 为中线附近的导线点。在图上量出各点到中线的支距 $l_i$，然后在现场以相应的导线点为垂足，用经纬仪和卷尺按支距法测设临时点 $P_i$，也可按极坐标法测设临时点 $P_i$。如图 11-3 所示，1、2 为中线附近的导线点。首先在图上用量角器和比例尺分别量测出水平角 $\beta_i$ 和支距 $l_i$，然后在现场导线点设站，用经纬仪和钢尺按极坐标法定出各临时点位置。

（2）穿线。放点以后，各中线上临时点应在同一直线，但由于误差的影响，实际工作中各临时点往往不会完全在一条直线上。这时可将经纬仪安置在已放出的某一临时点上，照准大部分临时点所靠近的直线方向，此时该方向即为直线方向，然后将临时点调整到该方向上，这个工作就叫穿线。

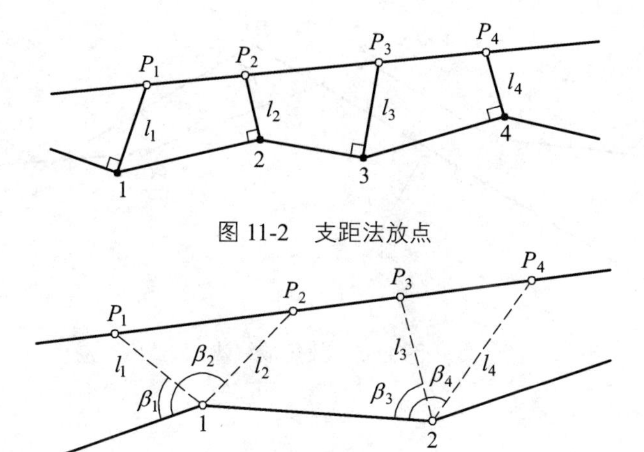


图 11-2　支距法放点

图 11-3　极坐标法放点

（3）交点。通过放点、穿线两个步骤将相邻两直线测设于实地后，即可延长直线交会定下交点位置，这个步骤称为交点。如图 11-4 所示，将经纬仪安置在 $ZD_2$，后视 $ZD_1$，倒镜后沿视线方向在 JD 概略位置前后各打下一个骑马桩（木桩），采用盘左盘右分中法，定出 $a$、$b$ 两点；仪器移至 $ZD_3$，后视 $ZD_4$，按上述方法定出 $c$、$d$ 两点。沿 $a$、$b$ 和 $c$、$d$ 挂上细线，在两线交点处打下木桩，并钉上小钉，即为交点 JD。

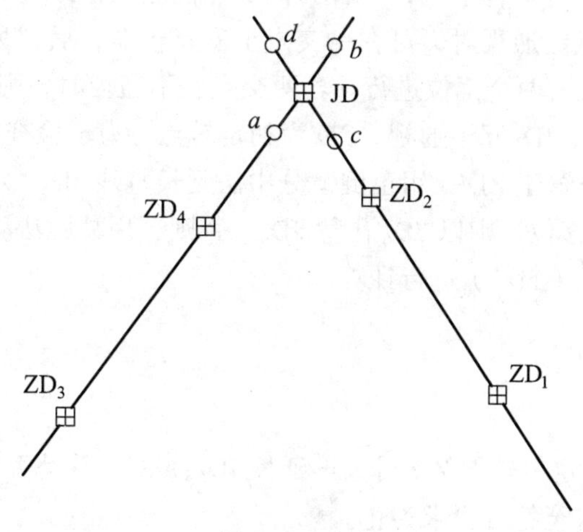


图 11-4　交点

2. 拨角放线法

根据图上定线或航测定线，在图上量出各交点的坐标，通过坐标反算，可求出中线交点间的距离和转角。然后到现场用经纬仪拨角并量出边长，即可定出交点的实地位置。如图 11-5 所示，安置仪器于初测导线的 $C_1$ 点，根据反算资料拨出 $\beta_1$ 角，沿视线方向量出距离 $s_1$，定出交点 $JD_1$；然后安置仪器于 $JD_1$，拨转角 $\beta_2$ 角，沿视线方向量出距离 $s_2$，定出交点 $JD_2$。按上述方法可出得 $JD_3$ 等其他交点。这种方法比较方便，工作效率较高，但也容易累计放线误差。因此在实际工作当中，一般连续放出若干点后，应与初测导线联测。在 $JD_3$ 点与 $C_6$ 点联测，并根据实际情况进行适当调整。在测设中，拨角应采用盘左意右两个盘位进行，以便校核，最后取其平均值方向作为放线的方向。

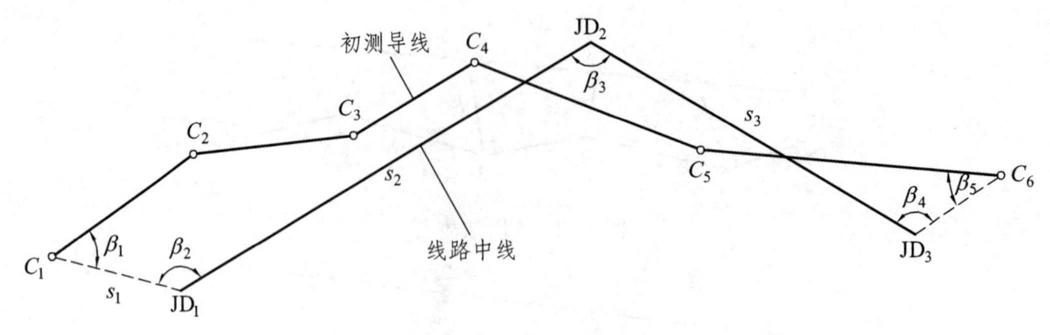


图 11-5　拨角放线法

## 11.2.2　转点的测设

当相邻的交点距离较远或互不通视时，需在中间加设内分点，以便于量距、测角及定线，这种点称为转点，用 ZD 进行表示。

1. 在交点间设转点

交点间设转点时一般有两种情况，一种为两交点能通视但距离较远，另一种为两交点不能通视的情况。当两交点能通视时，可在一交点上安置仪器，后视另一个交点，在视线方向上设置转点，采用盘左盘右两个镜位进行。若两交点互不通视时，则需按以下方法设置转点。

如图 11-6 所示，$JD_5$、$JD_6$互不通视，ZD′为初定转点。为了检查初定转点 ZD′是否在两交点连线上，可将经纬仪安置于 ZD′，用正倒镜分中法延长直线 $JD_5$、ZD′至 $JD_6'$，设 $JD_6'$至 $JD_6$的偏距为 $f$，若 $JD_6$允许移位，则以 $JD_6'$代替 $JD_6$。否则，用视距法测定距离 $a$、$b$，则 ZD′应横向移动的距离 $e$ 可按式（11-1）进行计算。

$$e=\frac{a}{a+b}f \tag{11-1}$$

将 ZD′横移至距离 $e$ 定出转点 ZD 后，再延长 $JD_5$、ZD，看是否与 $JD_6$重合或偏差在限差内。否则应反复操作，直至符合要求为止。

2. 在两交点延长线上设转点

如图 11-7 所示，$JD_8$、$JD_9$互不通视，ZD′为两交点延长线上的初定转点。将经纬仪安置于 ZD′，照准 $JD_8$，用正倒镜分中法定出 $JD_9'$。设 $JD_9'$至 $JD_9$的偏距为 $f$，若 $JD_9$可以变动，则以 $JD_9'$替换 $JD_9$。否则，用视距法测定距离 $a$、$b$，则 ZD′应横向移动的距离 $e$ 按式（11-2）进行计算。

$$e=\frac{a}{a-b}f \tag{11-2}$$

将 ZD′横移 $e$ 值至 ZD，再将仪器置于 ZD，按上述方法检验施测，直至符合要求为止。

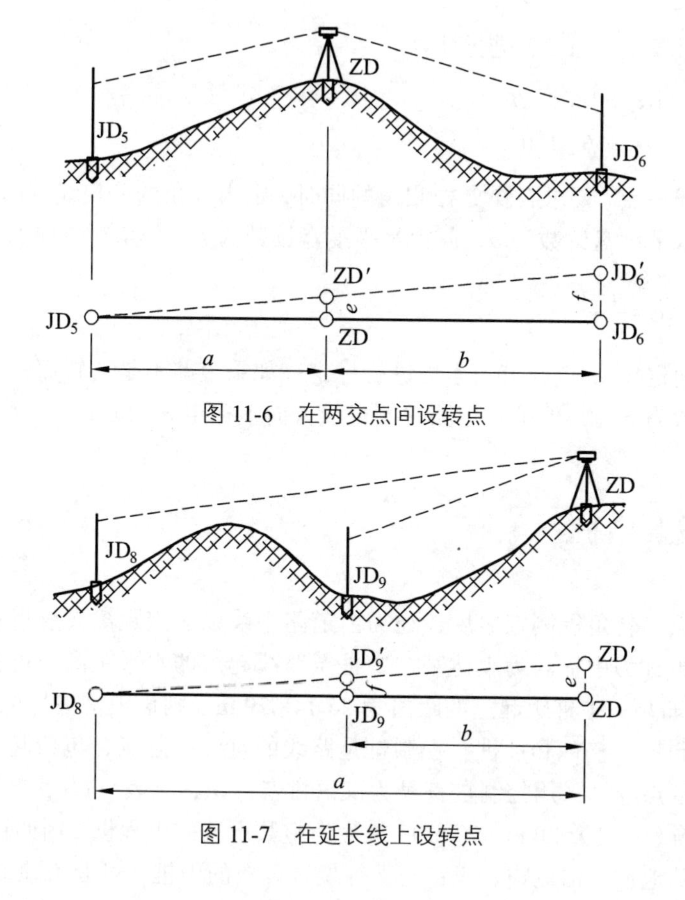


图 11-6　在两交点间设转点



图 11-7　在延长线上设转点

## 11.2.3　转角的测定

道路在交点处将改变方向，此时必须设置曲线，为了设置曲线就需要测量转折角。转折角是道路从一个方向偏转到另一个方向时，偏转后的方向与原来方向间的夹角，用 $\alpha$ 进行表示。转角根据道路走向的变化可分为左角和右角。当道路偏转后的方向位于原方向的左侧时，称为左转角，即左角，用 $\alpha_z$ 表示；当道路偏转后的方向位于原方向的右侧时，称为右转角，即右角，用 $\alpha_y$ 表示。

如图 11-8 所示，当 $\beta$＜180°时，道路右转，其转角为右转角；当 $\beta$＞180°时，道路左转，其转角为左转角。

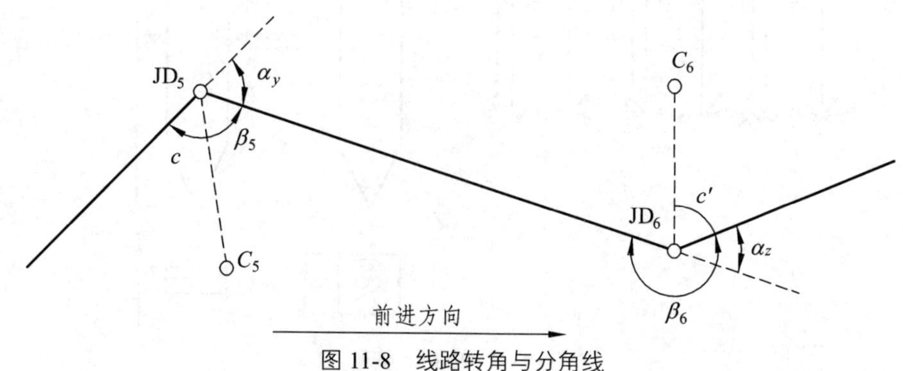


图 11-8　线路转角与分角线

转角的大小可按式（11-3）进行计算。

$$\begin{cases}\alpha_y = 180° - \beta \\ \alpha_z = \beta - 180°\end{cases} \tag{11-3}$$

为了设置曲线中点，要求在交点处测角的同时，定出 $\beta$ 角的分角线方向。如图 11-8 所示，假设观测时后视水平度盘读数为 $a$，前视水平度盘读数为 $b$，分角线方向的读数为 $c$，则

$$c = \frac{a+b}{2} \tag{11-4}$$

之后在分角线方向定出 $c$ 点并钉上木桩进行标定。如果道路不是右转而是左转，则在分角线水平度盘设置读数为 $c$ 后，倒镜在道路左侧视线方向上标定 $c$，以便后续测设曲线中点。

## 11.2.4 设置中桩

当路线的交点、转角等测定之后，还需沿道路中线以一定距离设置里程桩来标定中线位置及里程，因此被称为中桩。为表达某一中桩至路线起点的水平距离，可在桩上注明桩号，如图 11-9 所示。如某一中桩距起点的距离为 35 148.79 m，则该中桩桩号记为 K35+148.79。

中桩分为控制桩、整桩和加桩。控制桩是路线的重要控制点，包括起点、终点、转点、曲线主点、桥隧端点等，采用控制桩符号为汉语拼音标识，见表 11-1。整桩是由路线的起点开始，按规定间隔（一般为 20 m、50 m）、桩号为整数设置的里程桩，例如百米桩、千米桩等。加桩则是某些特殊地形、构筑物、线路交叉等位置设置的中桩，可分为地形加桩、地物加桩、曲线加桩及关系加桩等。地形加桩指于道路中线地面纵坡变化处、地面横坡有显著变化处及地质不良段的起讫点等位置设置的中桩。地物加桩为拟建桥涵、管道、防护工程等人工构筑物处，以及与其他线路等交叉处设置的中桩。曲线加桩是指除曲线主点以外的设置的中桩。关系加桩是指表示曲线起点、终点、里程断链处、JD、ZD 等处设置的中桩。

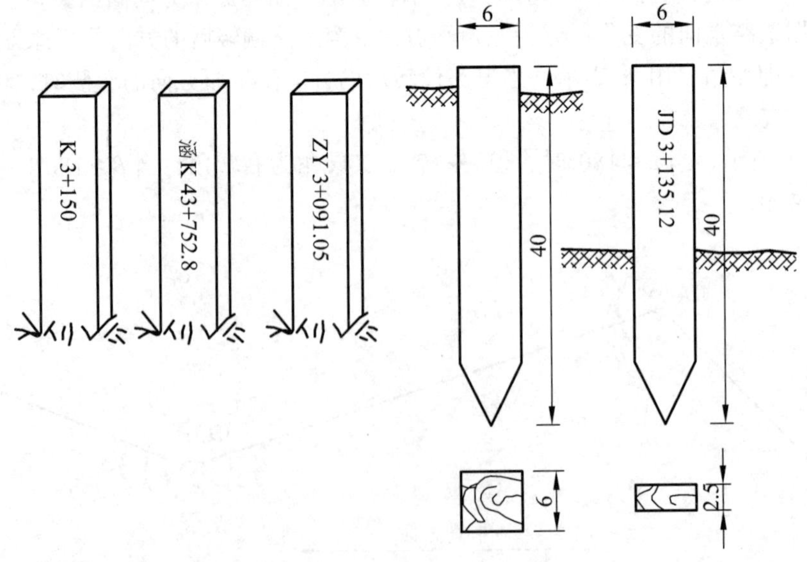


图 11-9　中桩及桩号

表 11-1　线路标志点名称

| 标志名称 | 简称 | 缩写 | 标志名称 | 简称 | 缩写 |
|---|---|---|---|---|---|
| 交点 |  | JD | 公切点 |  | GQ |
| 转点 |  | ZD | 第一缓和曲线起点 |  | ZH |
| 圆曲线起点 | 直圆点 | ZY | 第一缓和曲线终点 |  | HY |
| 圆曲线中点 | 曲中点 | QZ | 第二缓和曲线起点 |  | YH |
| 圆曲线终点 | 圆直点 | YZ | 第二缓和曲线终点 |  | HZ |

设置中桩时，由道路起点开始，用经纬仪进行定线，用测距仪、全站仪或钢尺、皮尺等进行距离测量。钉桩时，控制桩均打下边长为 6 cm 的方桩，桩顶距地面约为 2 cm，顶面钉一小钉表示点位，并在方桩一侧约 20 cm 处用写明桩名和桩号的板桩设置指示桩。其他中桩则一律用板桩钉在点位上，高出地面 15 cm 左右，将字面朝向线路起点并漏出桩号。

## 11.3　道路曲线的测设

在道路从一个方向转向另一个方向时，为了保证行车的安全与平顺，交点处必须要设置曲线用以连接相邻的两直线。因此，道路的平面线型是由直线和曲线构成的。曲线的形式一般可分为圆曲线、复曲线、缓和曲线、回头曲线等，它们统称为平曲线，如图 11-10 所示。

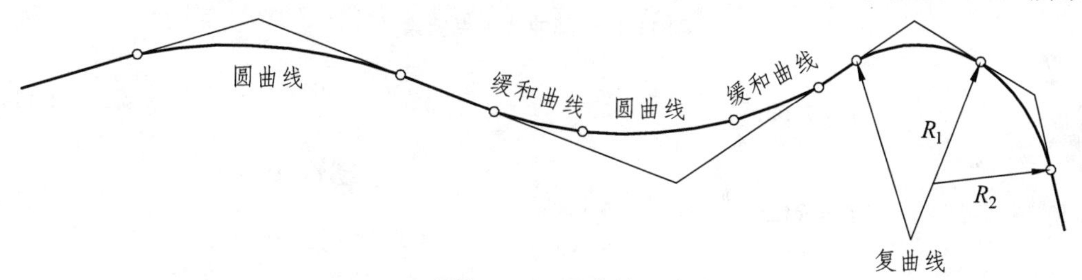


图 11-10　平曲线

圆曲线又称单曲线，一般是具有一定曲率半径的圆弧，半径单一；复曲线为同一段曲线具有两个及其以上半径的同向曲线；缓和曲线为直线与圆曲线的过渡曲线，其曲率半径逐渐变化，以消除离心力对车辆产生的不利作用，保证行车安全和舒适性。当路线起、终点位于同一很陡的山坡面，为了克服高差过大，一方面要顺山坡逐步展线，另一方面又需一次或多次地将路线折回到原来的方向，形成“之字形”路线，这种顺地势反复盘旋而上的展线，往往会遇到路线平面转折角大于 90°或是接近 180°，按通常设置平曲线方法，曲线长度会过短，纵坡会过大，为了克服这种情况，在转角顶点外侧设置的曲线称为回头曲线。

平曲线的最主要形式是圆曲线和缓和曲线，本节主要介绍这两种曲线的测设方法。

### 11.3.1　圆曲线测设

圆曲线的测设一般分为两步，先测设曲线主点，即曲线起点（ZY）、曲线中点（QZ）、曲线终点（YZ），然后在主线点间加密并按一定桩距施测加桩，即为详细测设。

1. 主点测设

（1）曲线要素计算。

如图 11-11 所示，设交点 JD 的转角为 $\alpha$，曲线半径为 $R$，则曲线的要素可按式（11-5）~式（11-8）进行计算：

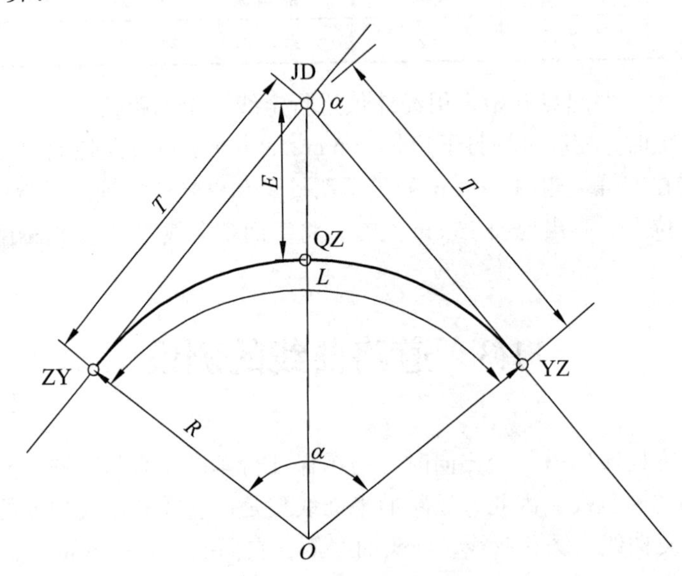


图 11-11　圆曲线主点要素

切线长　　$T = R\tan\dfrac{\alpha}{2}$　　（11-5）

曲线长　　$L = R\tan\dfrac{\pi}{180^{\circ}}\alpha$　　（11-6）

外矢距　　$E = R\left(\sec\dfrac{\alpha}{2} - 1\right)$　　（11-7）

切曲差　　$D = 2T - L$　　（11-8）

以上各式中，$T$、$E$ 用于主点设置，$T$、$D$、$L$ 用于里程计算。

（2）主点桩号（里程）计算。

圆曲线的各主点桩号是根据交点的桩号进行计算的。计算方式如下：

ZY 里程=JD 里程−$T$

YZ 里程=ZY 里程+$L$

QZ 里程=YZ 里程−$L/2$

JD 里程=QZ 里程+$D/2$（校核）

（3）主点测设。

将经纬仪置于 JD 上，望远镜照准后一方向线的 JD 或 ZD，量取切线长 $T$，根据上述计算方法得出起点 ZY，插一测钎，然后量取 ZY 至最近一个直线桩的距离。如果两桩号之差等于这段距离或差值在限值内，即可用木桩在测钎处打下 ZY 桩。按照此方法亦可得出终点 YZ，打下 YZ 桩。最后沿着分角线方向量取 $E$，即可得出曲线中点 QZ。测设时应注意校核。

2. 圆曲线的详细测设

一般情况下，在地势平坦、曲线长度小于 40 m 时，测设三个主点即能满足要求。但地势变化较大或是曲线长度较长时，还需要测设一定桩距的细部点，这个工作称为圆曲线的详细测设。圆曲线详细测设的桩距一般为 20 m。按桩距在曲线上设桩时，通常有两种方法，即整桩号法和整桩距法。整桩号法是将靠近 ZY 的第一个桩号凑整成桩距倍数的整桩号，然后按桩距连续设桩；整桩距法是分别从曲线 ZY 和 YZ 开始，以桩距连续向曲线中点 QZ 设桩。一般采用整桩号法进行测量。

对于圆曲线详细测设的方法很多，应根据地形地貌、设计要求、测设精度等灵活选用。这里仅介绍常用的切线支距法和偏角法。

1）切线支距法

切线支距法的核心思想是以曲线起点 ZY 或终点 YZ 为坐标原点，以两端的切线方向为 $x$ 轴、过原点的曲线半径方向为 $y$ 轴，根据曲线上各点的坐标（$x$，$y$）来进行测设，因此又被称为直角坐标法。

如图 11-12 所示，设 $l_i$ 为待测点至原点间的弧长，$\varphi_i$ 为 $l_i$ 所对的圆心角，$R$ 为曲线半径。图中可看出，待定点 $P_i$ 的坐标为

$$
\begin{aligned}
x_i &= R\sin\varphi_i \\
y_i &= R(1-\cos\varphi_i)
\end{aligned}
\qquad (11\text{-}9)
$$

式中 $\varphi_i = \dfrac{l_i}{R}\dfrac{180°}{\pi}$（$i$=1，2，⋯，$n$）

在进行曲线测设时，坐标值 $x$、$y$ 可根据 $R$、$l$ 为引数在《切线支距表》（通常由设计单位提供）中查的，也可按上式进行计算。为了避免支距过大，测设时一般采用由 ZY、YZ 点向 QZ 点分别旋测的方法，以图 11-12 为例，具体的施测步骤如下：

（1）从 ZY（或 YZ）点开始，用钢尺沿着切线方向量取 $P_i$ 的纵坐标 $x_i$，得到垂足 $N_i$。

（2）在垂足点 $N_i$ 上用经纬仪定出直角方向，量出横坐标 $y_i$，得到曲线点 $P_i$。

（3）曲线的细部点测设完毕后，要将用切线支距测设的 QZ 点与主点测设的 QZ 点进行比较，若差值在限差范围内，则曲线测设是合格的，否则应查明误差大的原因并进行纠正。

切线支距法适用于平坦开阔地区，偏角不大的曲线，具有误差不累计的优点，当偏角较大时，可采用辅助切线支距法进行测设。

2）偏角法

偏角法是类似于极坐标放样的一种方法，如图 11-13 所示，这种方法以曲线的 ZY（或 YZ）

至曲线上任一待定点 $P_i$ 的弦线与切线间的弦切角 $\Delta_i$（称为偏角）及相邻桩间的弦长 $C_i$ 用边角交会的方式测设 $P_i$，根据几何学原理，偏角 $\Delta_i$ 等于相应弧（弦）所对圆心角 $\varphi_i$ 的一半，即

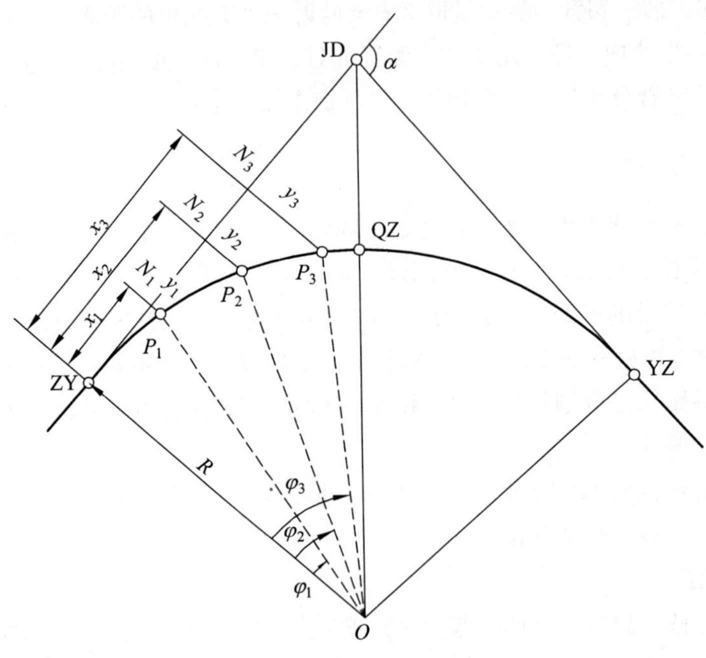


图 11-12　切线支距法

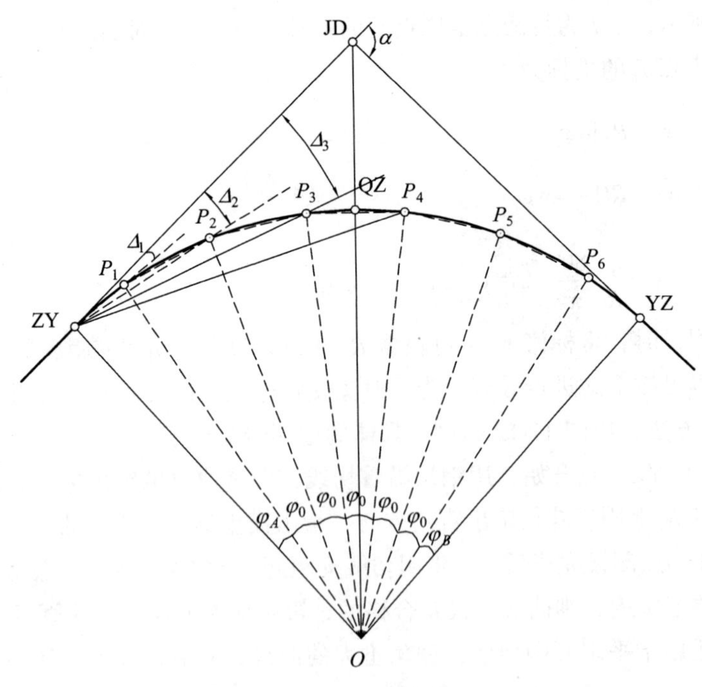


图 11-13　偏角法

$$\Delta_i = \frac{\varphi_i}{2} = \frac{l_i}{2R}\rho \tag{11-10}$$

弦长 $$C_i = 2R\sin\frac{\phi_i}{2} = 2R\sin\Delta_i \quad (11\text{-}11)$$

弦弧差 $$\delta_i = l_i - C_i = 2\frac{l_i^3}{24R^2} \quad (11\text{-}12)$$

上述测设数据 $\Delta_i$、$C_i$、$\delta_i$ 均可根据 $R$、$\alpha$ 从《曲线测设用表》（通常由设计单位提供）中查取。

具体测设步骤如下：

（1）安置经纬仪于 ZY 点照准 JD 点，安置水平盘使读数为 0°0′00″；

（2）顺时针方向旋转照准部至水平盘读数为 $\Delta_1$，从 ZY 点沿经纬仪所指方向测设长度 $C_1$，得到 $P_1$ 点位置，用木桩标出，按此方法继续标出 $P_n$ 点；

（3）也可顺时针方向旋转照准部至水平盘读数为 $\Delta_2$，从 $P_1$ 点用钢尺测设弦长 $C_2$ 与经纬仪所指的方向相交，得到 $P_2$ 点的位置，用木桩标出，按此方法直至测设到 $P_n$ 点；

（4）测设至 YZ 点后需要进行检核，闭合差不应超过：

半径方向（横向）：±0.1 m

切线方向（纵向）：±$L$/1 000（$L$ 为曲线长）

在进行曲线详细测设时，可由 ZY 点测设至 YZ 点。为避免过长的距离测设，通常采用对称式，即分别以 ZY 点和 YZ 点为起点向 QZ 点进行。所以在测设数据计算和测设过程中，$\Delta_i$ 分为正拨和反拨。当曲线在切线的右侧时，$\Delta_i$ 应顺时针方向拨角，称为正拨；当曲线在切线的左侧时，$\Delta_i$ 应逆时针方向拨角，称为反拨。

## 11.3.2 缓和曲线测设

### 1. 基本公式

根据缓和曲线的定义可知，缓和曲线起点处的半径 $R_0$=∞，终点处的 $R_0$=$R$，其特性是曲线上任一点的半径与该点至起点的曲线长 $l$ 成反比：

$$c = R_0 l = R l_0 \quad (11\text{-}13)$$

式中 $c$ 称为曲线半径变化率，为常数；$l_0$ 为缓和曲线全长。这两个数值均与行车速度相关，我国公路工程采用 $c=0.035V^3$，$V$ 为车辆平均车速，单位为 km/h。相应的缓和曲线长度为

$$l_0 \geqslant 0.035V^3 / R \quad (11\text{-}14)$$

行业标准《公路路线设计规范》（JTG D20—2017）对不同道路等级的 $l_0$ 的最小值有具体规定。测设 $l_0$ 时可从《曲线测设用表》中查取。

具有缓和曲线的圆曲线如图 11-14 所示，其主点如下：

直缓点 ZH：直线与缓和曲线的连接点。

缓圆点 HY：缓和曲线和圆曲线的连接点。

曲中点 QZ：曲线的重点。

圆缓点 YH：圆曲线和缓和曲线的连接点。

缓直点 HZ：缓和曲线与直线的连接点。

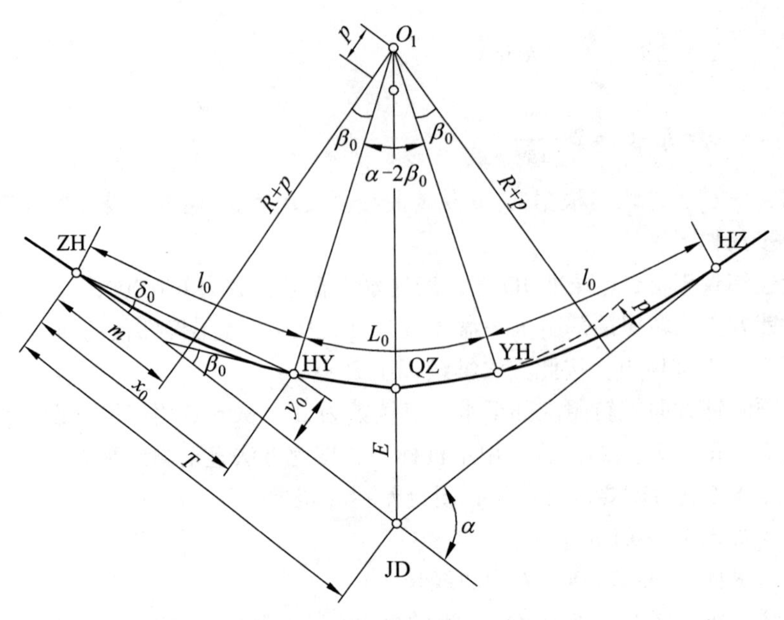


图 11-14　缓和曲线和主点要素

2. 切线角公式

缓和曲线上任一点 $P$ 处的切线与过起点切线的交角 $\beta$ 称为切线角，如图 11-15 所示。

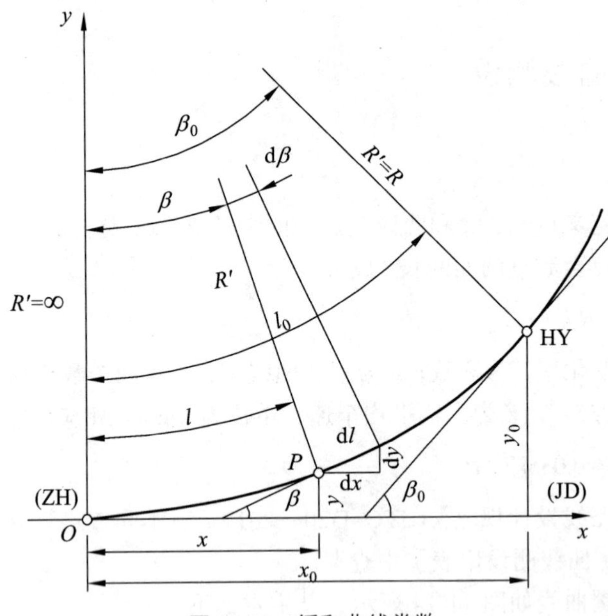


图 11-15　缓和曲线常数

切线角与 $P$ 点弧长所对应的中心角是相等的，在 $P$ 处取一微分段 $\mathrm{d}l$，所对应的中心角为 $\mathrm{d}\beta$，则有

$$\mathrm{d}\beta=\frac{\mathrm{d}l}{R_0}=\frac{l}{c}\mathrm{d}l$$

积分可得

$$\beta = \frac{l^2}{2c} = \frac{l^2}{2Rl_0} \tag{11-15}$$

当 $l=l_0$ 时，$\beta=\beta_0$ 时，上式则变为

$$\beta_0 = \frac{l_0}{2R} \tag{11-16}$$

3. 参数方程

如图 11-16 所示，将 ZH 点设为坐标原点，过 ZH 点的切线为 $x$ 轴，半径的方向为 $y$ 轴，任意一处 $P$ 点的坐标为（$x$，$y$），那么微分弧段 d$l$ 在坐标轴上的投影为

$$\mathrm{d}x = \mathrm{d}l\cos\beta$$

$$\mathrm{d}y = \mathrm{d}l\sin\beta$$

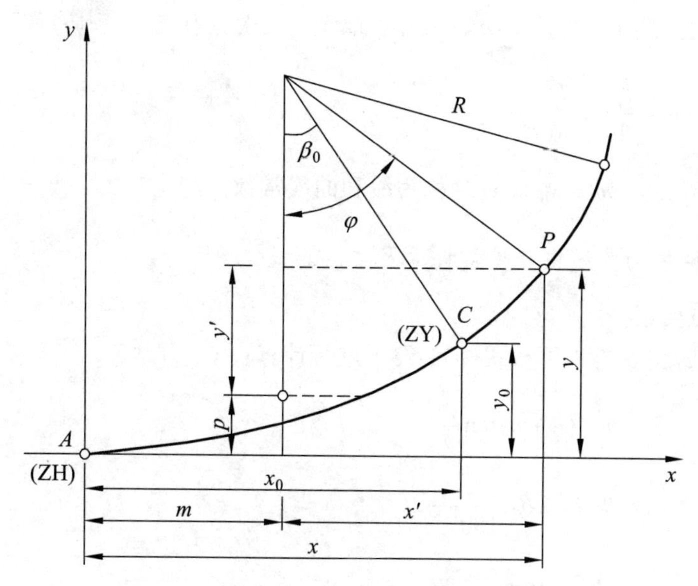


图 11-16　切线支距法测设缓和曲线

将式中 cos$\beta$、sin$\beta$ 按照幂级数展开，顾及式（11-15），积分后略去高次项可得

$$\left.\begin{aligned} x &= l - \frac{l^5}{40R^2l_0} \\ y &= \frac{l^3}{6R^2l_0} \end{aligned}\right\} \tag{11-17}$$

当 $l=l_0$ 时，HY 点的直角坐标为

$$\left.\begin{aligned} x_0 &= l_0 - \frac{l_0^{\,3}}{40R^2} \\ y_0 &= \frac{l_0^{\,2}}{6R} \end{aligned}\right\} \tag{11-18}$$

4. $p$、$m$ 值的计算

为了使缓和曲线与直线衔接，在直线与曲线间加入缓和曲线时需要将圆曲线内移一段距离，称为内移值，用 $p$ 进行表示。由图 11-14 可知

$$p = y_0 - R(1-\cos\beta_0) \tag{11-19}$$

将 $\cos\beta_0$ 按幂级数展开，并将 $\beta_0$、$y_0$ 值代入可得

$$p = \frac{l_0^2}{6R} - \frac{l_0^2}{8R} = \frac{l_0^2}{24R} = \frac{1}{4}y_0 \tag{11-20}$$

在直线及圆曲线之间加入缓和曲线后，切线会增长一段距离，称为切垂距，用 $m$ 进行表示：

$$m = x_0 - R\sin\beta_0 \tag{11-21}$$

将 $\beta_0$、$x_0$ 值代入上式，$\sin\beta_0$ 按幂级数展开，取至 $l_0$ 三次方有

$$m = \frac{l_0}{2} - \frac{l_0^3}{240R^2} \tag{11-22}$$

我们将以上 $\beta_0$、$p$、$m$、$x_0$、$y_0$ 统称为缓和曲线常数。

5. 具有缓和曲线的曲线主点要素计算及主点测设

（1）计算主点要素。

根据图 11-14，主点要素可按式（11-23）进行计算：

$$\begin{aligned}
&\text{切线长} \quad T = m + (R+p)\tan\frac{\alpha}{2} \\
&\text{曲线长} \quad L = R(\alpha - 2\beta_0)\frac{\pi}{180^\circ} + 2l_0 \\
&\text{外矢距} \quad E = (R+p)\sec\frac{\alpha}{2} - R \\
&\text{切曲差} \quad D = 2T - L
\end{aligned} \tag{11-23}$$

上式中，$L = L_y + 2l_0$，$L_y$ 为插入缓和曲线后的圆曲线长度；如果定了 $R$、$l_0$、$\alpha$ 的取值后就可根据以上式子计算出曲线要素。

（2）主点里程计算与测设。

直缓点　　ZH 里程=JD 里程−$T$

缓圆点　　HY 里程=ZH 里程+$l_0$

曲中点　　QZ 里程=HY 里程+（$L/2-l_0$）

圆缓点　　YH 里程=QZ 里程+（$L/2-l_0$）

缓直点　　HZ 里程=YH 里程+$l_0$

计算检核　　HZ 里程=JD 里程+$T-D$

（3）主点测设。

ZH、HZ、QZ 的测设方法同圆曲线主点测设方法。HY 和 YH 点则根据缓和曲线终点坐标（$x_0$、$y_0$）采取极坐标法或者切线支距法进行测设。

6. 具有缓和曲线的曲线详细测设－切线支距法

切线支距法是将 ZH 点或 HZ 点作为坐标原点，以切线为 $x$ 轴，过原点的半径为 $y$ 轴，如图 11-15 所示，缓和曲线段上各点的坐标可按式（11-24）进行计算。

$$\begin{aligned} x &= l - \frac{l^5}{40R^2 l_0} \\ y &= \frac{l^3}{6R^2 l_0} \end{aligned} \tag{11-24}$$

设置缓和曲线的圆曲线是以缓和曲线起点作为坐标原点，因此在求解圆曲线上各点坐标时，需要先求出原来圆曲线起点为原点的坐标 $x'$、$y'$，在此基础上加上 $p$、$m$ 的值，即

$$\begin{aligned} x &= x' + m = R\sin\varphi + m \\ y &= y' + p = R(1-\cos\varphi) + p \end{aligned} \tag{11-25}$$

式中

$$\varphi = \frac{l_i - l_0}{R}\frac{180^\circ}{\pi} + \beta_0$$

式中：$l_i$——曲线点 $P_i$ 的曲线长。

曲线上各点的测设方法与前文介绍的圆曲线切线支距法相同，按该部分内容进行测设即可。

# 11.4 道路的纵、横断面测量

道路纵断面图是采用直角坐标，以横坐标表示里程桩号，纵坐标表示高程，为了明显地反映沿着中线地面起伏形状的图像；道路横断面图是经过线路中线上的某一点，并垂直于线路中线方向的表示地面起伏的剖面图。

## 11.4.1 纵断面图的测绘

道路纵断面图测量又称为路线水准测量，通过测定道路中线上各个里程桩的地面高程绘制出路线纵断面图，用以路线坡度设计、土方量计算等后续工作的开展。

1. 设置水准点

沿道路中心一侧或两侧，应根据需要和用途设置永久性或临时性的水准点。在不受施工影响的地方，每隔 2 km 埋设永久性的水准点作为全线的高程控制点。永久性水准点应与附近

的国家水准点进行联测。

在永久性水准点间，每隔 300 ~ 500 m 埋设临时水准点，作为纵、横断面水准测量和施工高程测量的依据。在沿线进行水准测量时，也应尽量与附近国家水准点进行联测，从而获得检核条件。

2. 中平测量

根据设置好的水准点采用附合水准路线测定各个中桩地面高程的工作称为中平测量。如图 11-17 所示，1、2、3…为道路中桩，*A*、*B* 点为之前设置好的水准点，Ⅰ、Ⅱ为测站。*A*-4-*B* 即为附合水准路线，用四等或等外水准进行测量，以检核纵断面水准测量。

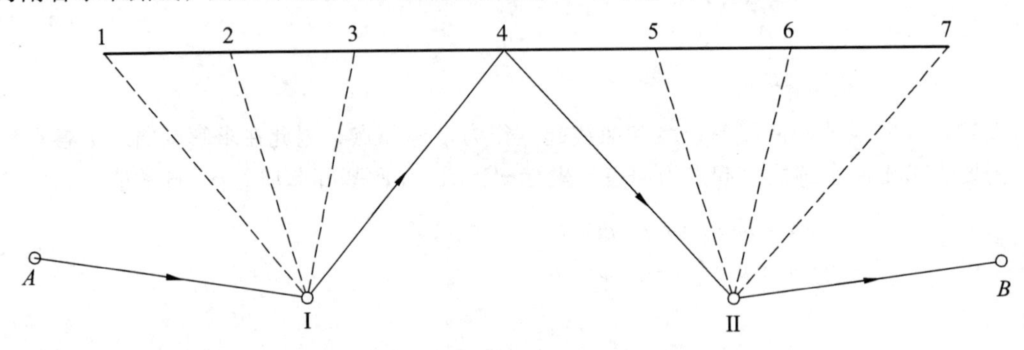


图 11-17　中桩地面高程测量

图中 1、2、3 和 5、6、7 分别作为Ⅰ、Ⅱ站的插前视，因为插前视不起传递高程的作用，所以读到厘米即可。纵断面水准测量的记录及计算如表 11-2 所示。

表 11-2　线路标志点名称

| 测站 | 点名 | 水准标尺读书 | | | 高　差 | | 仪器视线高程/m | 高程/m |
|---|---|---|---|---|---|---|---|---|
| | | 后视 | 前视 | 插前视 | + | − | | |
| Ⅰ | *A* | 2.204 | | | | | 159.004 | 156.800 |
| | 1 | | | 1.58 | | | | 157.42 |
| | 2 | | | 1.69 | | | | 157.31 |
| | 3 | | | 1.79 | | | | 157.21 |
| | 4 | | 1.895 | | 0.309 | | | 157.109 |
| Ⅱ | 4 | 1.931 | | | | | 159.04 | 157.109 |
| | 5 | | | 1.54 | | | | 157.50 |
| | 6 | | | 1.32 | | | | 157.72 |
| | 7 | | | 1.29 | | | | 157.75 |
| | *B* | | 1.2 | | 0.731 | | | 157.840 |

表中 4 号点的高程采用高差法求得，1、2、3、5、6、7 高程采用仪高法求得。例如，1 号点高程等于 *A* 点高程加上Ⅰ站上在 *A* 点上标尺读数，减去 1 号点插前视读数，即

$$H_1 = 156.800\ \text{m} + 2.204\ \text{m} - 1.58\ \text{m} = 157.42\ \text{m}$$

其他各点按此方法即可求得。

3. 绘制纵断面图

纵断面图主要用来表示道路中线方向的地面高低状况及纵坡设计方案的线状图，主要用来反映路线纵坡大小、填挖高度以及有关构筑物立面布局等，是纵断面设计及施工的重要资料。

如图 11-18 所示，图的上部分从左到右有两条贯穿全图的线，其中高差变化相对更大的那条线表示拟建道路中线的实际地面线，图中以里程作为横坐标，高程作为纵坐标。为了明显反映地面起伏变化，纵轴比例尺一般为横轴比例尺的 10 ~ 20 倍。另一条高差变化相对更小的线则为道路纵坡的设计线。图上部分除了地面线及纵坡线以外，还有水准点信息、桥涵、路线交叉等有关内容及说明。

图的下部分表格中，注记有关测量和纵坡设计的资料，主要包括以下内容：

（1）坡度。从左往右向上斜的线表示上坡，往下斜表示下坡。线上的数字表示坡度，线下的数字表示坡的长度。

（2）填挖高度。用数字表示，正值表示挖方，负值表示填方。

（3）路面设计高程。就是道路中线里程桩的设计高程。

（4）地面高程。所测得的实际地面高程。

（5）里程桩。按照里程比例尺标注的百米桩和千米桩。

（6）道路形状。表示道路中线平面的示意图，曲线部分用折线进行表示，往上凸表示道路右转，往下凸表示道路左转，并注明曲线相关的元素值。

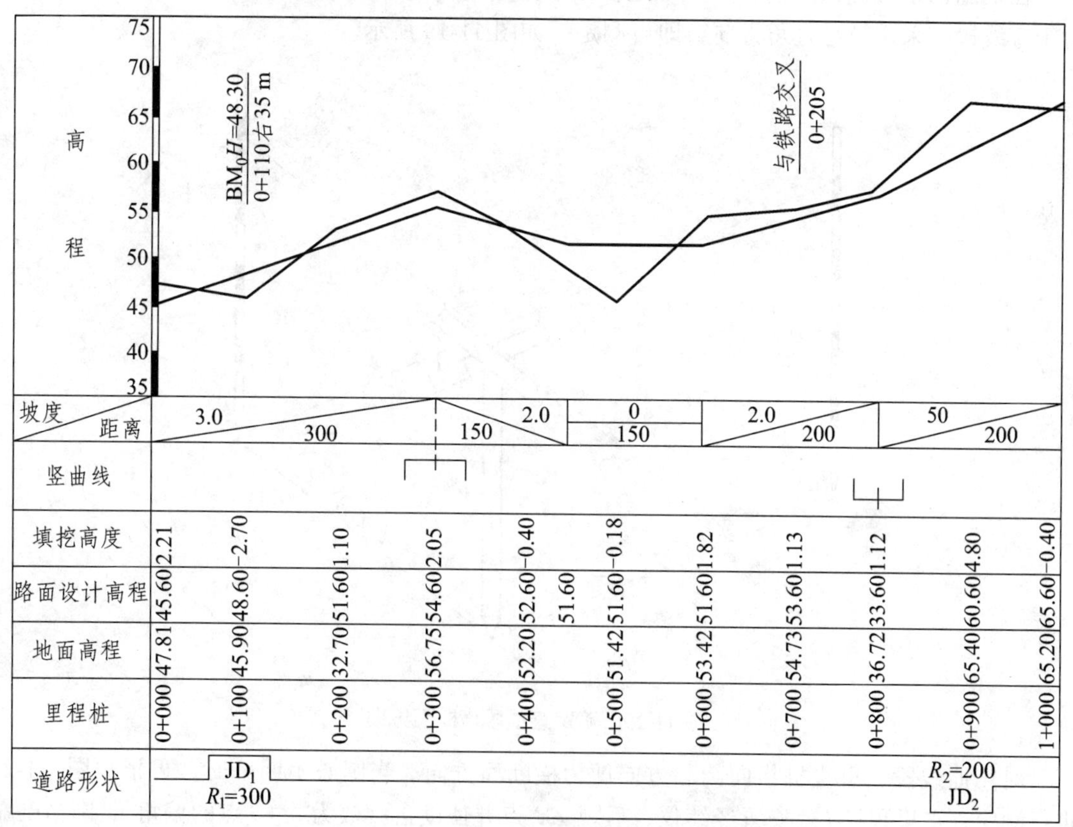


图 11-18　纵断面图

纵断面图的绘制是在毫米方格纸上进行的。大致绘制步骤如下：

（1）按照选定的比例尺制表，填写直线、曲线、里程、地面高程等相关资料数据。

（2）绘制地面线。在合适的位置选择地面起始高程位置，然后依次展绘各个中桩的点位，最后用直线连接各点。

（3）绘制纵坡设计线。根据计算出的道路中线各里程桩设计高程，依次在图上展绘各个点位，最后用直线连接各点。

（4）计算填挖高度。同一桩号的设计高程与实际地面高程之差称为填挖高度，可根据有关资料计算得出，将计算值填入表格内。

（5）根据纵断面设计成果，在图上注记水准点或桥涵等相关构造物。

## 11.4.2 横断面图的测绘

横断面的测绘主要是测定垂直于道路中线方向两侧地面的起伏变化状况，特别是垂直于中线里程桩两侧各 15 ~ 50 m 之内的地面特征点的高程，绘制出横断面图，以此作为路基路面设计、土石方量计算、支护构筑物设计等工作的依据。

1. 测定横断面方向

在横断面水准测量之前，应先确定横断面的方向，包括直线段和曲线段的横断面方向。对于直线段，采用简易直角方向架即可测定，如图 11-19 所示。

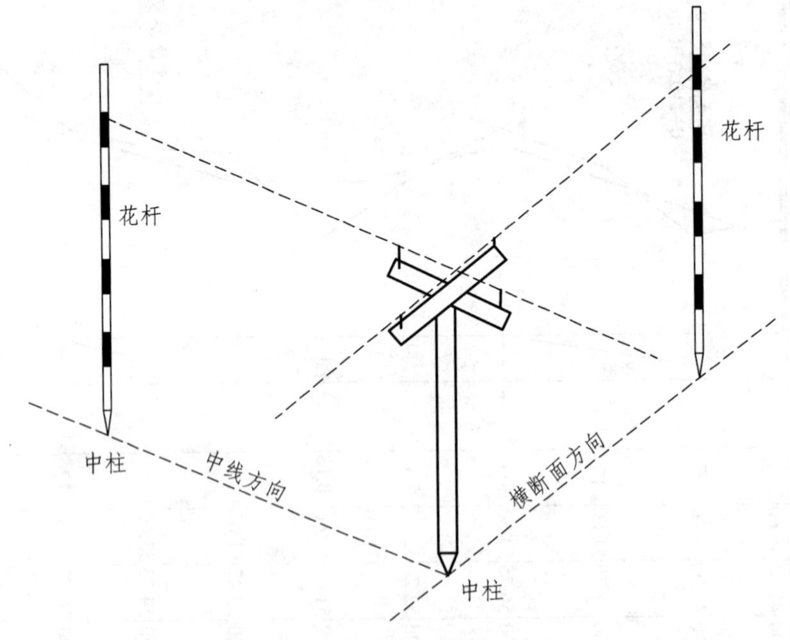


图 11-19 确定直线段横断面方向

对于曲线段，里程桩指向圆心方向即为横断面方向。当圆心不明确时，可根据图 11-20 进行测定，在里程桩 $i$ 处安置经纬仪，后视 ZY 点并使度盘读数为 $\delta_i$（$i$ 点的偏角），则当度盘读数为 90 时的视线方向即为横断面方向。

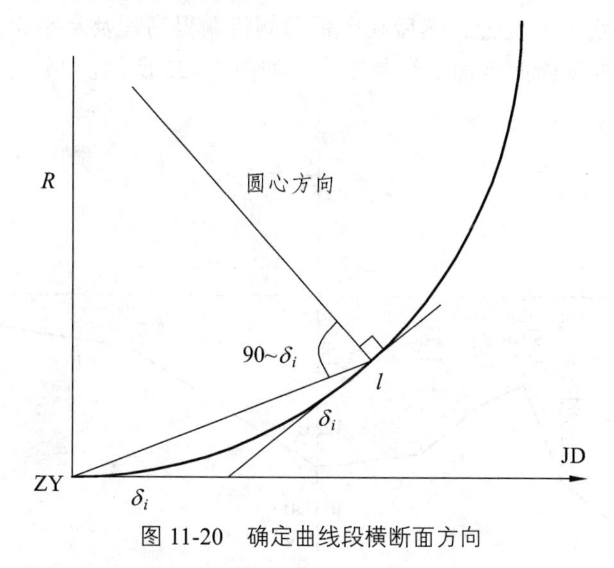


图 11-20　确定曲线段横断面方向

2. 测量横断面图

横断面上道路中心点的地面高程已在纵断面测量时测定出，其他各测点的高程可根据该点与相对中心点的高差测出，常用下述两种方法进行测定：

（1）标杆皮尺法。

此方法多用于山地地区。如图 11-21 所示，①、②为横断面方向上所选定的特征点，将标杆立于①点桩上，从中桩地面将皮尺拉平，量出至①点的水平距离及高差（高差在标杆上进行读数），按此方法继续施测其他点。

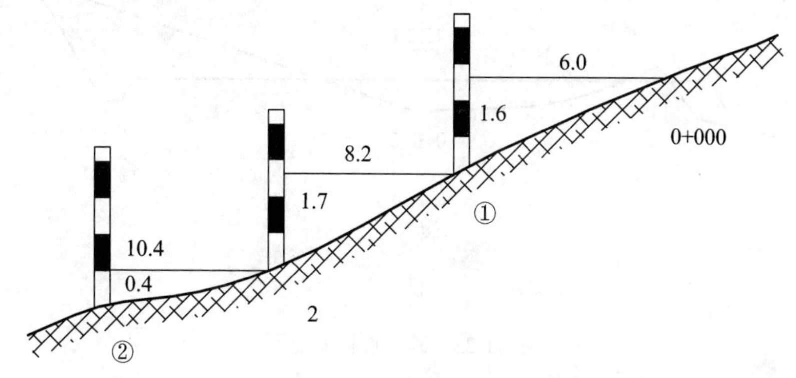


图 11-21　标杆皮尺法

（2）水准仪法。

此方法适用于对精度要求较高和地面相对平坦的地区。首先，安置水准仪，后视中桩标尺，求得视线高程。然后，以中线两侧地面测点为前视测出高程，视线高程减去各点前视读数即可获得各测点高程。这个过程中同时需要用皮尺量出各个测点到道路中心点的距离。

3. 绘制横断面图

根据实测到的各测点间的水平距离与高差绘制横断面图，一般在方格厘米纸上进行绘制。

与纵断面图不同的是，横断面图中距离及高程采用同一比例尺，一般为1∶100或1∶200。绘图时，先在图纸上标定中桩位置，然后在中桩两侧将测得高程及水平距离的测点绘在图上，并用直线相连接，完成横断面地面的绘制工作。如图11-22所示。

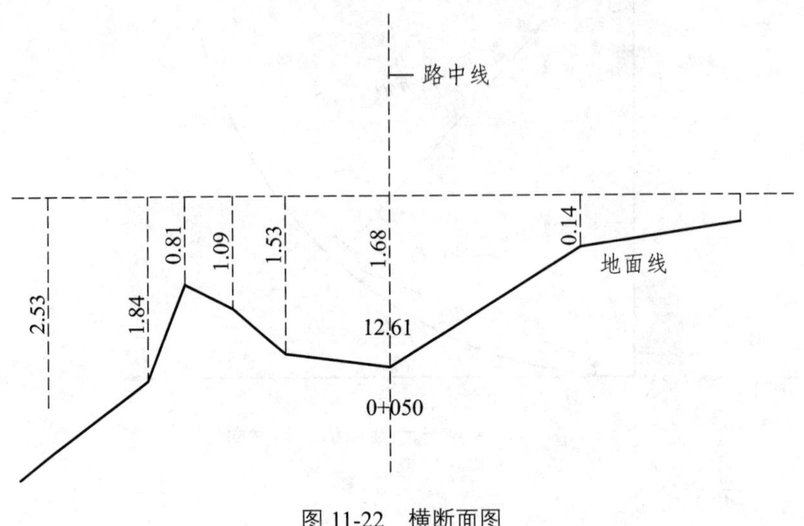


图11-22 横断面图

绘制出横断面地面线之后进行“戴帽子”，即将路基横断面设计线绘制在横断面图上，如图11-23所示。所有横断面图都应遵循从下到上，从左到右的顺序进行绘制。

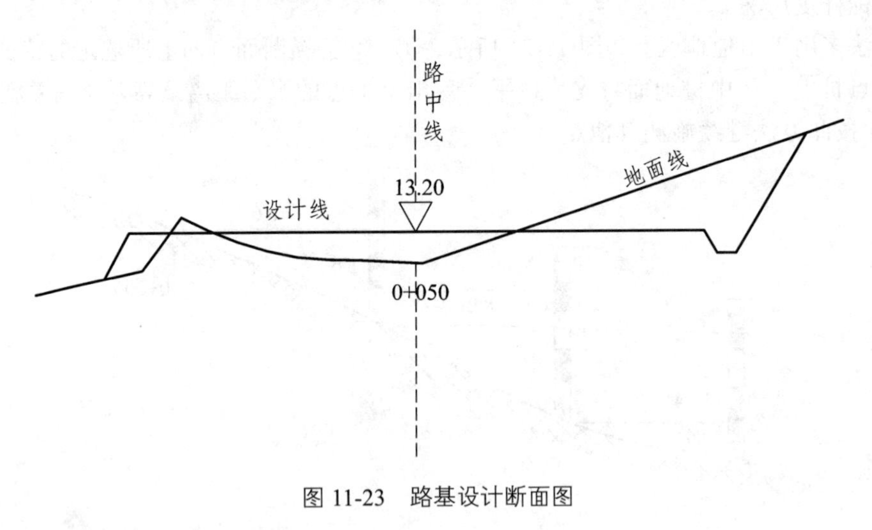


图11-23 路基设计断面图

# 11.5 道路施工测量

道路施工测量就是将设计图纸中的各项元素按规定的精度要求准确无误地测设于实地，以作为道路施工的依据。主要工作内容：施工准备测量、路基测设、纵坡测设、土方量计算等。

## 11.5.1 施工准备测量

一般情况下，自线路勘测工作完毕到开始施工这段时间往往比较长，难免会有部分已测设好的桩点丢失或者被损坏。同时为了检核设计数据的准确性，需要在施工前对桩点进行恢复，并对设计提供的数据进行复核。这部分工作可采用全站仪中线测量的方法完成：在施工放样时，将全站仪置于平面控制点上，直接按照逐桩坐标表中的中桩坐标进行测设即可。

在路基施工过程中，中桩会被埋点或者挖掉，所以需要在不受施工影响、便于引测及易于保存桩位的地方设桩，这种桩称为施工控制桩，并以此作为道路中线及中线高程的控制依据。该桩的测设方法主要为平行线法及延长线法。

1. 平行线法

此方法是在道路路基设计宽度以外测设两排平行于道路中线的施工控制桩。如图 11-24 所示，控制桩间距一般和中桩相同，一般取 20 m。

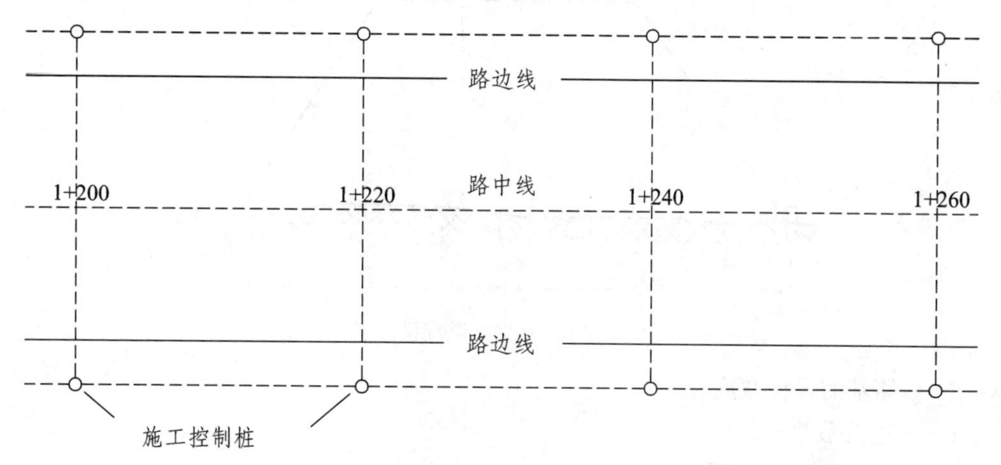


图 11-24　平行线法

2. 延长线法

此方法是在道路拐弯处中线延长线上及曲线中点至交点的延长线上测设施工控制桩，如图 11-25 所示。

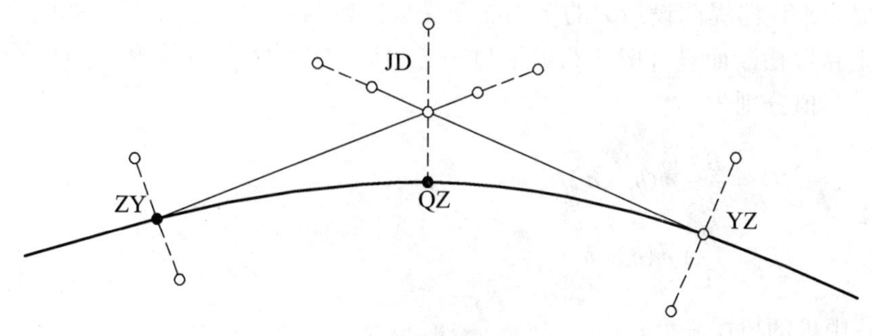


图 11-25　延长线法

## 11.5.2 路基测设

路基分为路堤和路堑，前者为填方形成高于原地面的路基，后者为挖方形成低于原地面的路基。路基测设，主要是根据横断面设计图测设路基边坡与地面的交点（路基边桩），也就是测设路基的坡脚、坡顶等位置，以此作为填挖边界线的依据。主要有平地上路堤测设、斜坡上路堤测设、平地上路堑测设及斜坡上路堑测设这四种情况。

1. 平地上路堤测设

如图 11-26 所示，该图为平地上路堤横断面设计图，则路堤下口边桩到中桩的水平距离为

$$D = \frac{B}{2} + mh \tag{11-26}$$

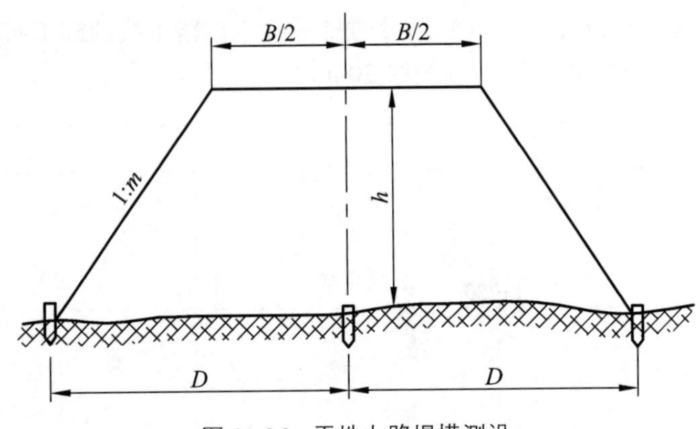


图 11-26 平地上路堤横测设

式中：$B$——路基的设计宽度；

$m$——边坡系数；

$h$——路基中桩填土的高度。

测设时，由中桩向两侧各量出 $D$，得到坡脚点，再由中桩向两侧各量出 $B/2$，得到坡顶点，将这四个点连接起来即可得到填土边界线。

2. 斜坡上路堤测设

斜坡路堤和平地路堤测设最大的区别在于受坡度影响后 $D$ 值的不同。如图 11-27 所示，该图为斜坡上路堤横断面设计图，路堤下口左边桩到中桩的水平距离和右边桩到中桩的水平距离不一样，其值分别为

$$\begin{aligned} D_s &= \frac{B}{2} + m(h_z - h_s) \\ D_x &= \frac{B}{2} + m(h_z + h_x) \end{aligned} \tag{11-27}$$

式中：$h_z$——中桩的填挖高度；

$h_s$、$h_x$——斜坡上、下侧边桩与中桩的高差；

$B$——路基的设计宽度；

$m$——边坡系数。

测设方法与平地上路堤测设类似，先量出坡脚点，再量出坡顶点，将这四个点连接起来即可得到填土边界线。

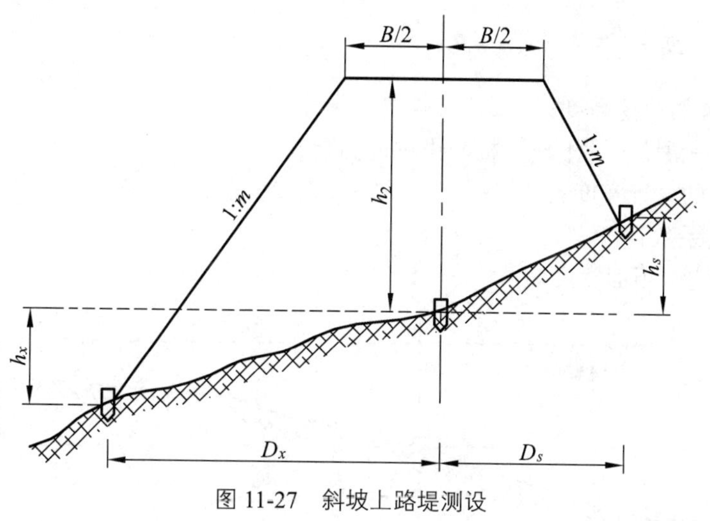


图 11-27　斜坡上路堤测设

3. 平地上路堑测设

如图 11-28 所示，该图为平地上路堑横断面设计图，则路堑边桩到中桩的水平距离为

$$D=\frac{B}{2}+s+mh \tag{11-28}$$

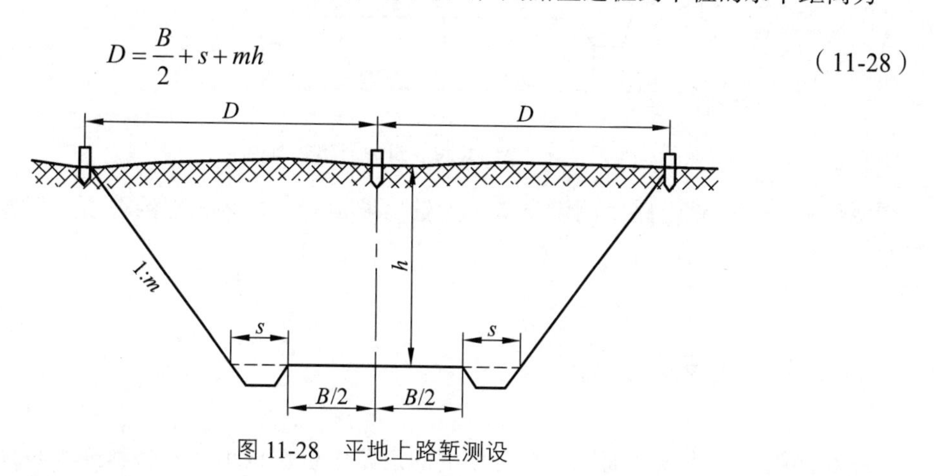


图 11-28　平地上路堑测设

式中：$B$——路基的设计宽度；

$m$——边坡系数；

$h$——路基中桩挖方的高度；

$s$——路堑边沟顶面的宽度。

测设时，由中桩向两侧各量出 $D$，得到坡顶点，再将相邻的坡顶点相连接，即可得到开挖边界线。

4. 斜坡上路堑测设

斜坡路堑和平地路堑测设最大的区别在于受坡度影响后 $D$ 值的不同。如图 11-29 所示，

该图为斜坡上路堑横断面设计图，路堑坡顶左边桩到中桩的水平距离和右边桩到中桩的水平距离不一样，其值分别为

$$
\begin{aligned}
D_s &= \frac{B}{2} + s + m(h_z + h_s) \\
D_x &= \frac{B}{2} + s + m(h_z - h_x)
\end{aligned}
\tag{11-29}
$$

式中：$h_z$——中桩的填挖高度；

$h_s$、$h_x$——斜坡上、下侧边桩与中桩的高差；

$B$——路基的设计宽度；

$m$——边坡系数；

$s$——路堑边沟顶面宽度。

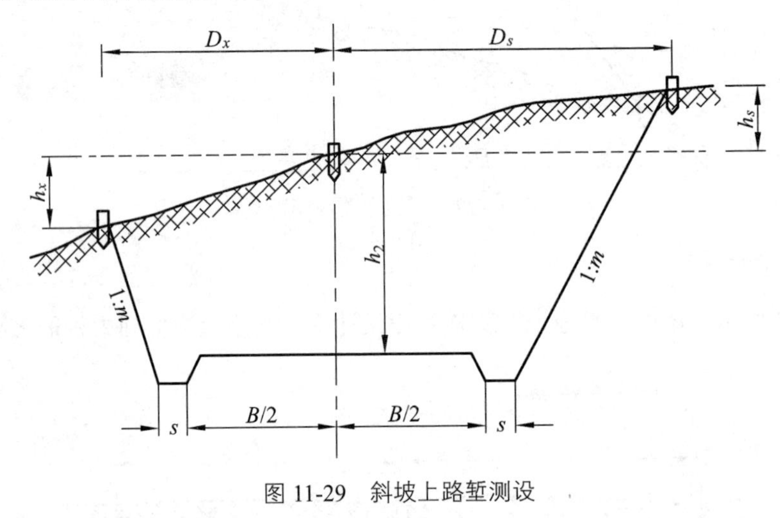


图 11-29　斜坡上路堑测设

测设方法与平地上路堑测设类似，先量出坡顶点，再将相邻的坡顶点相连接，即可得到开挖边界线。

### 11.5.3　纵坡测设

纵坡测设就是将纵断面图中具有坡度的道路中桩测设出，并将其高程与该桩处道路设计高程的差值（填挖高度）标注在桩上，为施工提供依据。具体做法：在施工现场，将水准仪置于桩上，后视就近水准点或转点得到仪器高程，减去桩顶中视读数得到该桩处高程，然后求出该高程与该桩的设计高程之差，即得到该桩从桩顶起算的填挖高度，将其标注在桩上。另外，也可直接将纵断面中得出的填挖高度标注在桩上。

### 11.5.4　土方量计算

土方量指道路路基施工时根据路基设计高度与实际地面高度之差所填、挖的土石方量，

土方量计算包括填、挖土石方量的总和。常用的方法有平均断面法和棱台法。此处仅介绍平均断面法。

平均断面法是以相邻的两个横断面之间土体为计算单位，分别求出两个横断面的断面面积和两断面之间的距离，然后根据相应公式进行求得。如图 11-30 所示，$A_1$ 和 $A_2$ 为相邻横断面的断面面积，$L$ 为两个断面之间的距离，则这两个断面间的土方量可近似地计算为

$$V = \frac{1}{2}(A_1 + A_2)L \tag{11-30}$$

式中：$A_1$ 和 $A_2$ 可在路基横断面设计图上用求积仪或解析法等方法求得，$L$ 可从道路中线里程桩间距得出。此方法适合地形复杂起伏变化较大，或地狭长、挖填深度较大且不规则的地段，但计算量大。

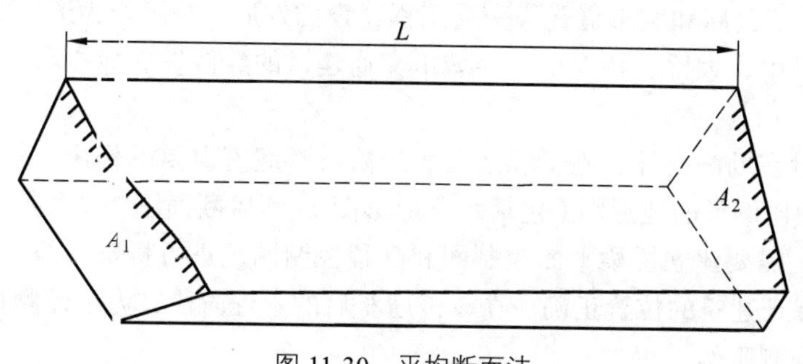


图 11-30　平均断面法

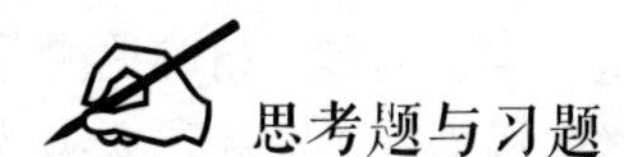

## 思考题与习题

1. 道路中线测量的内容是什么？如何测设？
2. 如何设置和表示里程桩？
3. 如何用切线支距法对圆曲线进行详细测设？
4. 试述如何测绘路线纵、横断面图。
5. 路基测设有哪几种基本情况，分别如何进行测设？
6. 试述如何使用平均断面法计算土方量。

# 12 桥涵施工测量

## 12.1 桥涵施工测量概述

随着我国铁路、公路和城市道路等交通工程建设的发展，桥涵作为道路的重要组成部分，特别在现代化建设中，大桥、特大桥成为城市交通建设的经济发展标志和时代象征，地位越来越重要。

桥梁工程测量在勘测设计、施工和运营管理阶段都起着重要的作用。在桥梁勘测设计阶段，需要测绘各种比例尺的地形图（包括水下地形图）、河床断面图，以及其他测绘相关资料。在桥梁施工阶段，需要建立桥梁平面控制网和高程控制网，进行桥墩、桥台定位和梁的架设等施工测量，以保证建筑的位置正确。在竣工通车后的管理阶段，为了监测桥梁的安全运营，需定期进行变形观测工作。

桥梁按其轴线长度分类特大桥（＞500 m）、大桥（100 ~ 500 m）、中桥（30 ~ 100 m）和小桥（▯ 30 m）四类。

桥梁施工测量的方法和精度要求随桥梁轴线长度、桥梁结构而定，主要内容是精确地测定墩台中心位置，桥轴线测量以及对构造物各细部构造的定位和放样。根据施工需要建立满足精度要求的施工控制网（平面、高程），并进行平差计算；补充施工需要的桥涵中线桩和水准点；测定墩（台）纵横向中线及基础桩的位置等，以确保桥梁走向、跨距、高程等符合规范和设计要求。

## 12.2 涵洞施工测量

涵洞是公路上广泛使用的人工构筑物，进行涵洞的施工测量，利用路线勘测时建立的控制点就可进行，不需另外建立施工控制网。

涵洞施工测量首先要放出涵洞的轴线位置，即根据设计图纸上涵洞的里程，放出涵洞轴线与路线中线的交点，并根据涵洞轴线与路线中线的夹角，放出涵洞的轴线方向。当涵洞位于直线型路段上时，依据涵洞所在的里程，自附近测设的里程桩沿路线方向量出相应的距离，即得涵洞轴线与路线中线的交点。若涵洞位于曲线上，则采用曲线测设的方法定出涵洞与路线中线的交点。依地形条件，涵洞分为正交涵洞和斜交涵洞两种，正交涵洞的轴线与路线中线（或其切线）垂直；斜交涵洞的轴线与路线中线（或其切线）不垂直，而成斜交角 $\Phi$，$\Phi$ 角与 90°之差称为斜度 $\theta$，如图 12-1 所示。

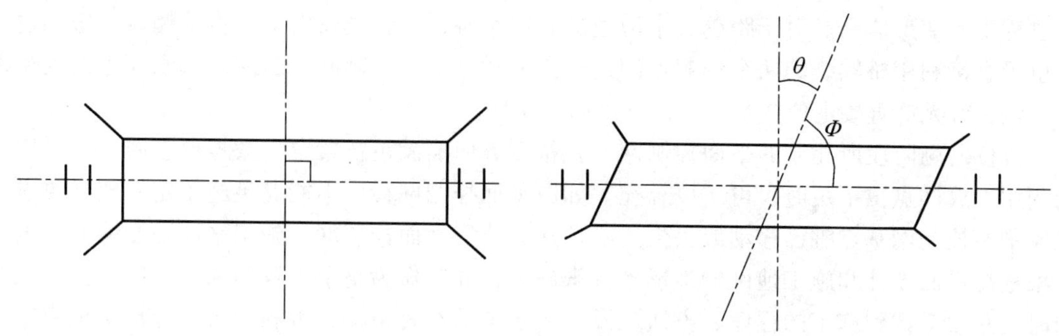

图 12-1　正交涵洞和斜交涵洞

当定出涵洞轴线与路线中线的交点后，将经纬仪安置在涵洞轴线与路线中线的交点处，测设出已知的夹角 90°（正交涵洞）或（90°− $\theta$ ）（斜交涵洞），即可定出涵洞轴线，涵洞轴线通常用大木桩标定在地面上，在涵洞入口和出口处各 2 个，且应置于施工范围以外，以免施工中被破坏。自涵洞轴线与路线中线的交点处沿涵洞轴线方向量出上、下游的涵长，即得涵洞口的位置，涵洞口要用小木桩标志出来。

涵洞基础及基坑边线根据涵洞轴线设定，在基础轮廓线的每一个转折处都要用木桩标定。为了开挖基础，还应定出基坑的开挖边界线。因为在开挖基础时可能有一些桩被挖掉，所以需要时可在距基础边界线 1.0 ~ 1.5 m 处设立轴线控制桩，然后将基础及基坑的边界线投测到轴线控制桩上，再用小钉标出。在基坑挖好后，再根据轴线控制桩上的标志将基础边线投放到坑底，作为砌筑基础的根据。

基础建成后，进行管节安装或涵身砌筑过程中各个细部的放样，仍应以洞轴线为基准进行。这样，基础的误差不会影响到涵身的定位。

涵洞细部的高程放样，一般是利用附近已有的水准点用水准测量的方法进行。

涵洞施工测量的精度要比桥梁施工测量的精度低。在平面放样时，主要保证涵洞轴线与公路轴线保持设计的角度，即控制涵洞的长度；在高程控制放样时，主要控制洞底与上、下游的衔接，保证水流顺畅。对人行通道或机动车通道，保证洞底纵坡与设计图纸一致，不得积水。

## 12.3　桥梁控制网的形式

在桥梁施工中，为了保证所有墩台平面位置以规定的精度，按照设计平面位置放样和修建，使预制梁安全架设，必须进行桥梁施工控制测量。桥梁施工控制测量包括平面控制测量和高程控制测量。

### 12.3.1　平面控制测量

1. 施工平面控制网的布设

建立平面控制网的目的是测定桥轴线长度并进行墩、台位置的放样；同时，也可用于施工过程中的变形监测。对于跨越无水河道的直线小桥，桥轴线长度可以直接测定，墩、台位置也可直接利用桥轴线的两个控制点测设，无需建立平面控制网。但跨越有水河道的大型桥梁，墩、台无法直接定位，则必须建立平面控制网。

桥位勘测阶段所建立的平面控制网，在精度方面能满足桥梁定线放样要求时，应予以复测利用。放样点位不足时，可予以补充。如原平面控制网精度不能满足施工定线放样要求，或原平面控制网基点桩已移动或丢失，必须建立施工平面控制网。施工平面控制网的布设，应根据总平面设计和施工地区的地形条件来确定，并应作为整个工程施工设计的一部分。布网时，必须考虑到施工的程序、方法以及施工场地的布置情况，可利用桥址地形图拟定布网方案。

桥梁平面控制网的布设形式有：三角网、边角网、精密导线网、GPS 网等。常用的三角网布设形式如图 12-2 所示，根据桥梁跨越的河宽、设计要求、仪器设备及地形条件等具体情况而定。

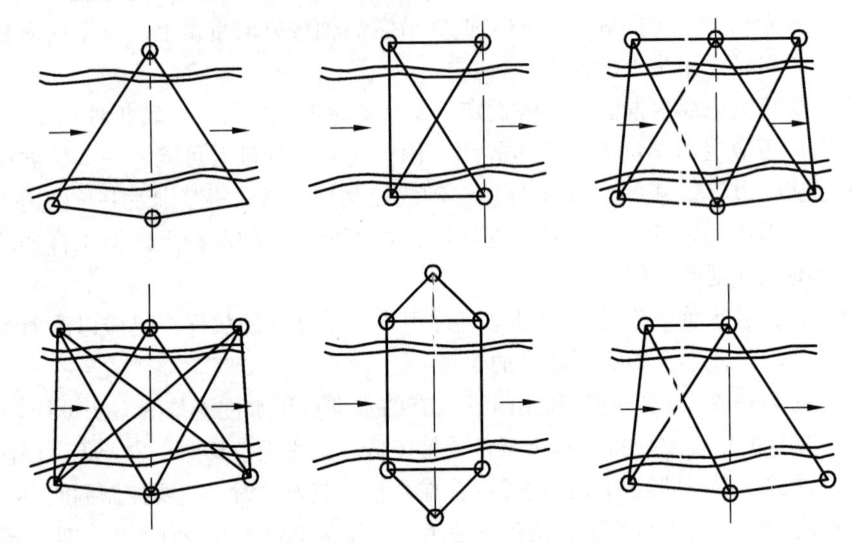

图 12-2　常用三角网布设形式

选择控制点时，应尽可能使桥的轴线作为三角网的一条边，以利于提高桥轴线的精度。如不可能，也应将桥轴线的两个端点纳入网内，以间接求算桥轴线长度。对于控制点的布设要求，还应遵循以下几个原则：

（1）构成三角网的各点，应便于采用前方交会法进行墩台放样，并使各点间能互相通视。

（2）桥轴线应作为三角网的一边。两岸中线上应各设一个三角点，使之与桥台相距不远，以便于计算桥梁轴线的长度，并利于墩台放样。

（3）三角点不可设置在可能被河水淹没、存储材料区、地下水位升降易使之移位处、车辆来往频繁及地势过低须建高塔架方能通视处。

（4）三角网的图形主要根据跨河桥位中线的长度而定，在满足精度的前提下，图形应力求简单，平差计算方便，并具有足够的强度。

（5）单三角形内的任一夹角应大于 30°，小于 120°。

（6）基线位置的选择，应满足相应测距方法对地形等因素的要求，一般应设在土质坚实、地形平坦且便于准确丈量的地方，如有纵坡宜在 1/12～1/10，与桥轴线的交角宜小于 90°或接近垂直。当采用电磁波测距仪测距时，其基线宜选在地面覆盖物相同的地段，且基线上不应有树枝、电线等障碍物，应避开高压线等电磁场的干扰。

（7）基线长度一般不小于桥轴线长度的 0.7 倍，困难地段也不应小于 0.5 倍。

2. 桥梁平面控制网的技术要求

桥梁平面控制测量等级应根据表 12-1 确定。桥梁三角控制网的技术要求，应符合表 12-2 的规定。

表 12-1　桥梁平面控制测量等级

| 多跨桥梁总长/m | 单跨桥长/m | 控制测量等级 |
|---|---|---|
| $L \geqslant 3\,000$ | $L \geqslant 500$ | 二等三角 |
| $2000 \leqslant L < 3\,000$ | $300 \leqslant L < 500$ | 三等三角 |
| $1000 \leqslant L < 2\,000$ | $150 \leqslant L < 300$ | 四等三角 |
| $500 \leqslant L < 1\,000$ | $L < 150$ | 一级小三角 |
| $L < 500$ | | 二级小三角 |

表 12-2　桥梁三角控制网的技术要求

| 控制测量等级 | 平均边长/km | 测角中误差/″ | 起始边边长相对中误差 | 三角形闭合差/″ | 测回数 | | |
|---|---|---|---|---|---|---|---|
| | | | | | $DJ_1$ | $DJ_2$ | $DJ_6$ |
| 二等 | 3.0 | ≤±1.0 | ≤1/250 000 | ≤3.5 | ≥12 | — | — |
| 三等 | 2.0 | ≤±1.8 | ≤1/150 000 | ≤7.0 | ≥6 | ≥9 | — |
| 四等 | 1.0 | ≤±2.5 | ≤1/100 000 | ≤9.0 | ≥4 | ≥6 | — |
| 一级 | 0.5 | ≤±5.0 | ≤1/40 000 | ≤15.0 | — | ≥3 | ≥4 |
| 二级 | 0.3 | ≤±10.0 | ≤1/20 000 | ≤30.0 | — | ≥1 | ≥3 |

桥梁平面控制网坐标系和投影面的选择常采用独立坐标系，其坐标轴采用平行或垂直桥轴线方向，坐标原点选在工地以外的西南角上。对于曲线桥梁，坐标轴可选为平行或垂直于一岸轴线点（控制点）的切线。桥梁控制网选择桥墩顶平面作为投影面。

### 13.3.2　高程控制测量

桥梁高程控制测量有两个作用：一是统一本桥高程基准面；二是在桥址附近设立基本高程控制点和施工高程控制点，作为施工阶段高程放样以及桥梁营运阶段沉陷观测的依据。常用方法是水准测量和三角高程测量。布设水准点可由国家水准点引入，经复测后使用。桥梁高程控制网所采用的高程基准应与公路路线的高程基准相一致，一般应采用国家高程基准。

基本水准点是桥梁高程的基本控制点。为了获取可靠的高程起算数据，江河两岸的基本水准点应与桥址附近的国家高等级水准点进行联测。通过跨河水准测量将两岸高程联系起来，以此可检校两岸国家水准点有无变动，并从中选取稳固可靠、精度较高的国家水准点作为桥梁高程控制网的高程起算点。基本水准点在桥梁施工期间用于墩，台的高程放样，在桥梁建成后作为检测桥梁墩、台沉陷变形的依据，因此需永久保留。基本水准点应选在地质条件好、地基稳定、使用方便、在施工中不易破坏的地方。一般在正桥两岸桥头附近都应设置基本水准点，每岸至少应设置一个。如果引桥长大于 1 km 时，还应在引桥起、终点及其他合适位置设立。由于桥梁各墩、台在施工中一般是由两岸较为靠近的水准点引测高程，为了确保两岸水准点高程的相对精度，应进行精密跨河水准测量。为了满足桥梁墩、台施工高程放样的要求，应在基点的基础上设立若干施工水准点。施工水准点只用于施工阶段，要尽量靠近施工地点，测量等级可略低于基本水准点。根据地形条件，使用期限和精度要求，埋设不同类型的标识。如果地面覆盖层较浅，可埋设普通混凝土、钢管标识或直接设置在岩石上的岩石标识，当地面覆盖层较厚且覆盖物较疏松时，则应埋设深层标识，如管柱标识、钻孔桩标识以及基岩标识等。无论采用何种类型的标识，均应在标识上嵌入不易被锈蚀的铜质或不锈钢凸形标志。标识埋设后不能立即用于水准测量，应有 10 天以上的稳定期，之后才能进行观测。

对于中小桥和涵洞工程，由于工期短，桥型简单且精度要求低于大桥，可以在桥位附近的建筑物上设立水准点，或者采用埋设大木桩作为施工辅助水准点，也可利用路线水准点，但必须加强复核，确保精度符合要求。

所有水准点，包括基本水准点和施工水准点，都应定期进行测量、检验其稳定性，以保证桥梁墩台及其他施工高程放样测量的精度。在水准点标识埋设初期，检测的时间间隔宜短些，随着标识逐渐稳定，时间间隔可适当放长。

## 12.4　桥梁墩台定位测量

在桥梁墩、台的施工测量中，首要的是测设出墩、台的中心位置，这是墩台施工放样的基础。其测设数据是根据控制点坐标和设计的墩、台中心位置计算出来的。

### 12.4.1　直线桥的墩、台中心测设

直线桥的墩、台中心位置都位于桥轴线的方向上，如图 12-3 所示。设计中已规定了桥轴线控制桩 *A*、*B* 及各墩台中心的里程，由相邻两点的里程相减，即可求得其间的距离。墩台定位的方法，可视河宽、河深及墩台位置等具体情况而定，根据现场条件可采用全站仪定位法、直接测距法或交会法测设出墩、台中心的位置。

1. 全站仪定位法

用全站仪进行桥梁墩、台定位，简便、快速、精确，只要在墩、台中心处可以安置反射棱镜，而且仪器与棱镜能够通视，即使其间有水流障碍亦可采用。

测设时最好将仪器置于桥轴线的一个控制桩上，瞄准另一控制桩，此时望远镜所指方向为桥轴线方向。在此方向上移动棱镜，通过放样模式，定出各墩台中心位置。这样测设可有效地控制横向误差。如在桥轴线控制桩上测设有障碍，也可将仪器置于任何一个控制点上，利用墩台中心的坐标进行测设。但为确保测设点位的准确，测后应将仪器迁至另一控制点上，

再按上述程序重新测设一次，以进行校核。只有当两次测设的位置满足限差要求才能停止。值得注意的是，在测设前应将所使用的棱镜常数和当地的气象、温度和气压参数输入仪器，而全站仪会自动对所测距离进行修正。

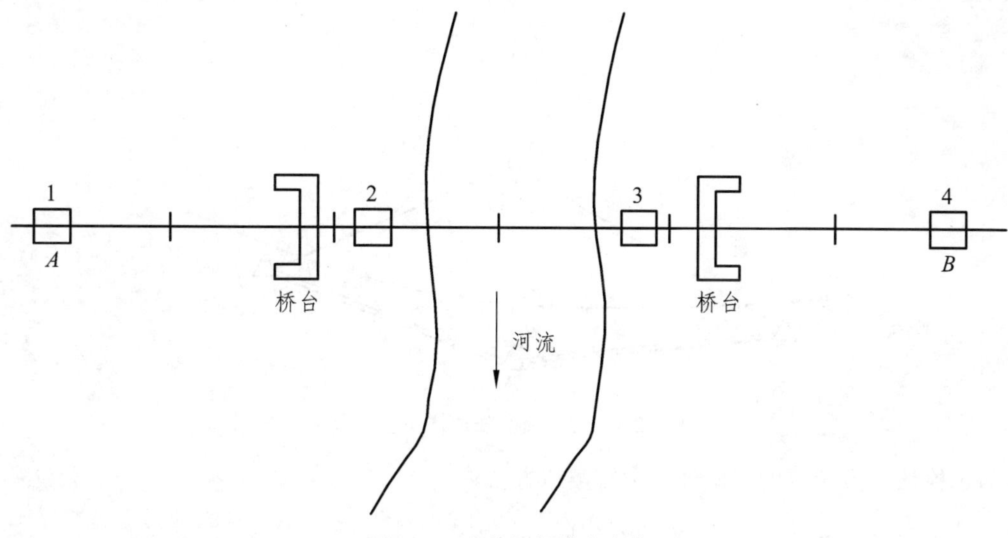


图 12-3　直线桥梁墩台定位

2. 直接测距法

当桥梁墩台位于无水河滩上，或水面较窄，根据计算出的距离，从桥轴线的一个端点开始，用检定过的钢尺逐段测设出墩、台中心，并附合于桥轴线的另一个端点上。如在限差范围之内，则依据各段距离的长短按比例调整已测设出的距离。在调整好的位置上钉一个小钉，即为测设的点位。如用光电测距仪测设，则在桥轴线起点或终点架设仪器，并照准另一个端点。在桥轴线方向上设置反光镜，并前后移动，直至测出的距离与设计距离相符，则该点即为要测设的墩、台中心位置。为了减少移动反光镜的次数，在测出的距离与设计距离相差不多时，可用小钢尺测出其差数，以定出墩、台中心的位置。

3. 方向交会法

当桥墩位于水中，无法丈量距离及安置反光镜时，则采用角度交会法。从理论上讲，由两个方向即可交会出桥墩中心的位置，用方向交会测设桥梁墩台中心的方法如图 12-4 所示。控制点 $A$、$C$、$D$ 的坐标已知，桥墩中心 $P$ 的设计坐标也已知。设桥墩中心 $P$ 至桥轴线控制点 $A$ 的距离为 $l$，基线长 $d_1$、$d_2$ 及角度 $\theta_1$、$\theta_2$ 在三角网观测中已测定。

以下为推导计算交会角 $\alpha$ 和 $\beta$ 的公式。由 $P$ 向基线 $AC$ 作辅助垂线，则有

$$\alpha = \arctan\left(\frac{l\sin\theta_1}{d_1 - l\cos\theta_1}\right) \tag{12-1}$$

同理，有

$$\beta = \arctan\left(\frac{l\sin\theta_2}{d_2 - l\cos\theta_2}\right) \tag{12-2}$$

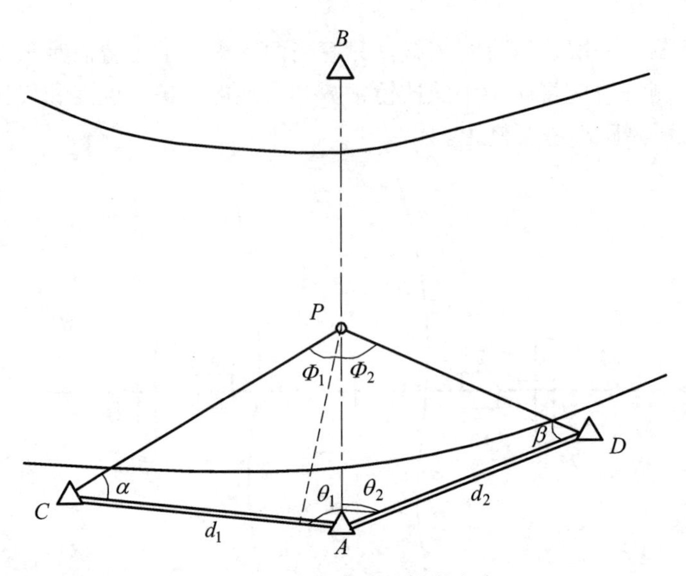

图 12-4　方向交会法放样墩台中心

为了检核 $P$ 点位置的正确性，可按类似方法求出

$$\Phi_1 = \arctan\left(\frac{d_1 \sin\theta_1}{l - d_1 \cos\theta_1}\right) \tag{12-3}$$

$$\Phi_2 = \arctan\left(\frac{d_2 \sin\theta_2}{l - d_2 \cos\theta_2}\right) \tag{12-4}$$

则计算检核式为

$$\alpha + \theta_1 + \Phi_1 = 180° \tag{12-5}$$

$$\beta + \theta_2 + \Phi_2 = 180° \tag{12-6}$$

为了检核精度及避免错误，通常都用三个方向交会，即同时利用桥轴线 $AB$ 的方向。实际测设时，在 $C$、$A$、$D$ 三点各安置一台经纬仪，$A$ 站的仪器瞄准 $B$ 点，确定桥轴线方向。$D$、$C$ 两站的仪器后视 $A$ 点，并分别测设 $\beta$ 和 $\alpha$，以正倒镜分中法定出交会方向。由于测量误差的影响，三个方向不交于一点，而形成如图 12-5 所示的三角形，这个三角形称为示误三角形。示误三角形的最大边长，在建筑墩、台下部时不应大于 25 mm，上部时不应大于 15 mm。如果在限差范围内，则将交会点 $P_3$ 投影至桥轴线上，作为墩中心的点位。

为了保证墩位的精度，交会角应接近于 90°，但由于各个桥墩位置有远有近，因此交会时不能将仪器始终固定在两个控制点上，而有必要对控制点进行选择。为了获得适当的交会角，不一定要在同岸交会，而应充分利用两岸的控制点，选择最为有利的观测条件。必要时也可在控制网上增设插点，以满足测设要求。

在桥墩的施工过程中，随着工程的进展，需要反复多次地交会桥墩中心的位置。为了简化工作，可把交会的方向延长到对岸，并用觇牌进行固定，如图 12-6 所示。在以后的交会中，就不必重新测设角度，可用仪器直接瞄准对岸的觇牌。为避免混淆，应在相应的觇牌上标明墩的编号。

当桥墩筑出水面以后，即可在墩上架设反光镜，利用光电测距仪，以直接测距法定出墩中心的位置。

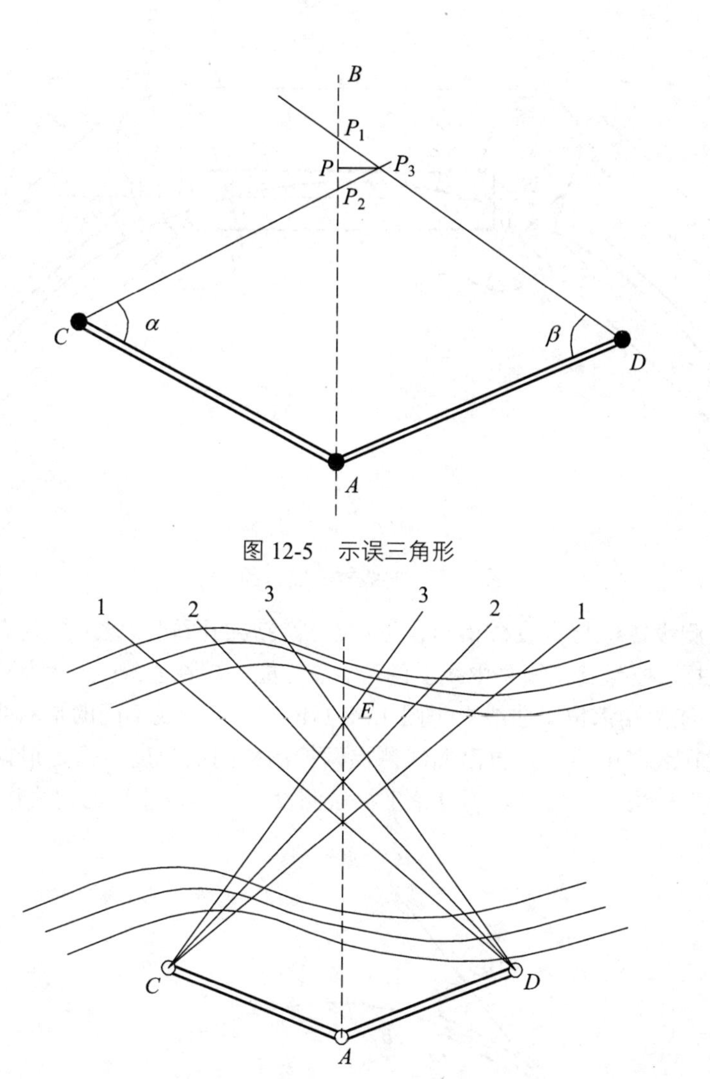


图 12-5　示误三角形

图 12-6　固定觇牌交会墩台中心

## 12.4.2　曲线桥的墩、台中心测设

在直线桥上，桥梁和线路的中线都是直的，两者完全重合。但在曲线桥上则不然，曲线桥的中线是曲线，而每跨桥梁却是直的，所以桥梁中线与线路中线基本构成了符合的折线，这种折线称为桥梁工作线，如图 12-7 所示。墩、台中心即位于折线的交点上，曲线桥的墩、台中心测设，就是测设工作线的交点。

设计桥梁时，为使列车运行时梁的两侧受力均匀，桥梁工作线应尽量接近线路中线，所以梁的布置应使工作线的转折点向线路中线外侧移动一段距离 $E$，这段距离称为“桥墩偏距”。偏距 $E$ 一般是以梁长为弦线的中矢的一半。相邻梁跨工作线构成的偏角 $\alpha$ 称为“桥梁偏角”。每段折线的长度 $L$ 称为“桥墩中心距”。$E$、$\alpha$、$L$ 在设计图中都已经给出，根据给出的 $E$、$\alpha$、$L$ 即可测设墩位。

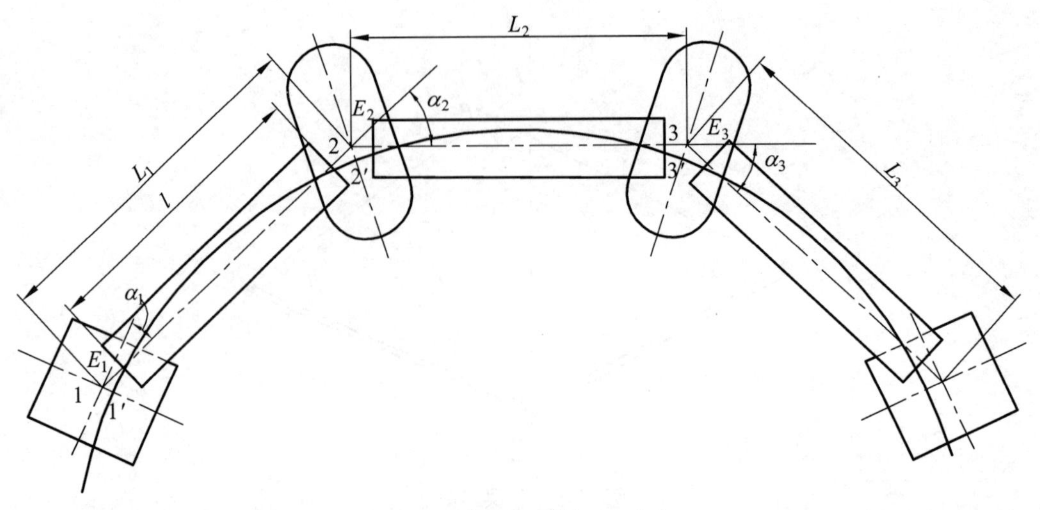


图 12-7　曲线桥的墩、台定位

在曲线桥上测设墩位与直线桥相同，也要在桥轴线的两端测设出控制点，以作为墩、台测设和检核的依据。控制点在线路中线上的位置，可能一端在直线上，而另一端在曲线上［图 12-8（a）］，也可能两端都位于曲线上［图 12-8（b）］。与直线不同的是曲线上的桥轴线控制桩不能预先设置在线路中线上，再沿曲线测出两控制桩间的长度，而是根据曲线长度，以要求的精度用直角坐标法测设出来。用直角坐标法测设时，是以曲线的切线作为 $x$ 轴。

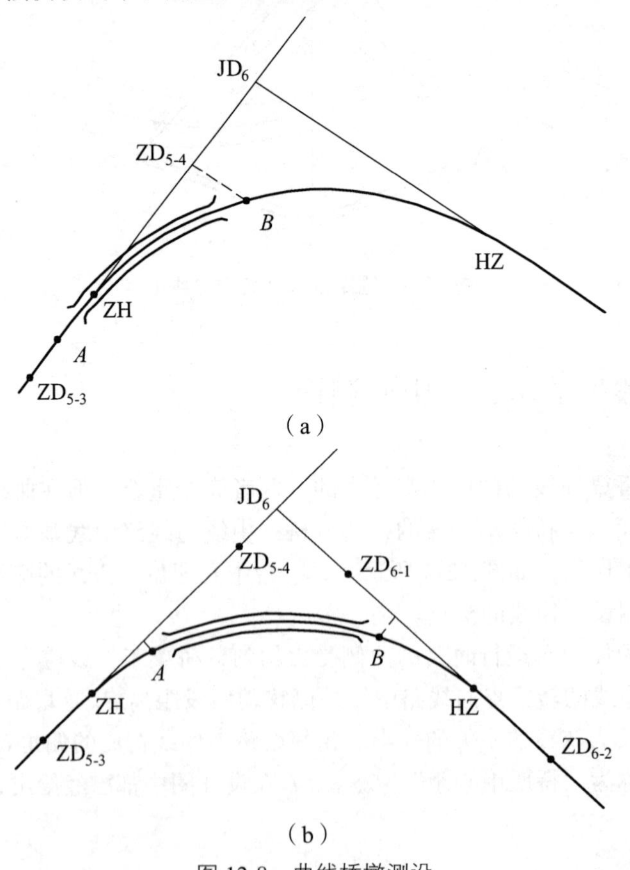


图 12-8　曲线桥墩测设

为保证测设桥轴线的精度，则必须以更高的精度测量切线的长度，同时也要精密地测出转向角 $\alpha$。

测设控制桩时，如果一端在直线上，而另一端在曲线上［图 12-8（a）］，则先在切线方向上设出 $A$ 点，测出 $A$ 至转点 $ZD_{5\text{-}3}$ 的距离，则可求得 $A$ 点的里程。测设 $B$ 点时，应先在桥台以外适宜的距离处，选择 $B$ 点的里程，求出它与 ZH（或 HZ）点里程之差，即得曲线长度，据此，可算出 $B$ 点在曲线坐标系内的 $x$、$y$ 值。ZH 及 $A$ 的里程都是已知的，则 $A$ 至 ZH 的距离可以求出。这段距离与 $B$ 点的 $x$ 坐标之和，即为 $A$ 点至 $B$ 点在切线上的垂足 $ZD_{5\text{-}4}$ 的距离。从 $A$ 沿切线方向精密地测设出 $ZD_{5\text{-}4}$，再在该点垂直于切线的方向上设出 $y$，即得 $B$ 点的位置。

在测设出桥轴线的控制点以后，即可据以进行墩、台中心的测设。根据条件，也是采用直接测距法或交会法。

（1）直接测距法。

在墩、台中心处可以架设仪器时，宜采用这种方法。由于墩中心距 $L$ 及桥梁偏角 $\alpha$ 是已知的，可以从控制点开始，逐个测设出角度及距离，即直接定出各墩、台中心的位置，最后再符合到另外一个控制点上，以检核测设精度。这种方法称为导线法。利用光电测距仪测设时，为了避免误差的积累，可采用长弦偏角法，或称极坐标法。

控制点及各墩、台中心点在曲线坐标系内的坐标是可以求得的，故可据此算出控制点至墩、台中心的距离及其与切线方向的夹角 $\delta_i$。自切线方向开始设出 $\delta_i$，再在此方向上设出 $i_D$，即得墩、台中心的位置。此种方法因各点是独立测设的，不受前一点测设误差的影响，但在某一点上发生错误或有粗差也难于发现，所以一定要对各个墩中心距进行检核测量。

（2）交会法。

当墩位于水中，无法架设仪器及反光镜时，宜采用交会法。由于这种方法是利用控制网点交会墩位，所以墩位坐标系与控制网的坐标系必须一致，才能进行交会数据的计算。如果两者不一致时，则须先进行坐标转换。在图 12-9 中，$A$、$B$、$C$、$D$ 为控制点，$E$ 为桥墩中心。在 $A$ 点进行交会时，要算出自 $AB$、$AD$ 作为起始方向的角度 $\theta_1$ 及 $\theta_2$。

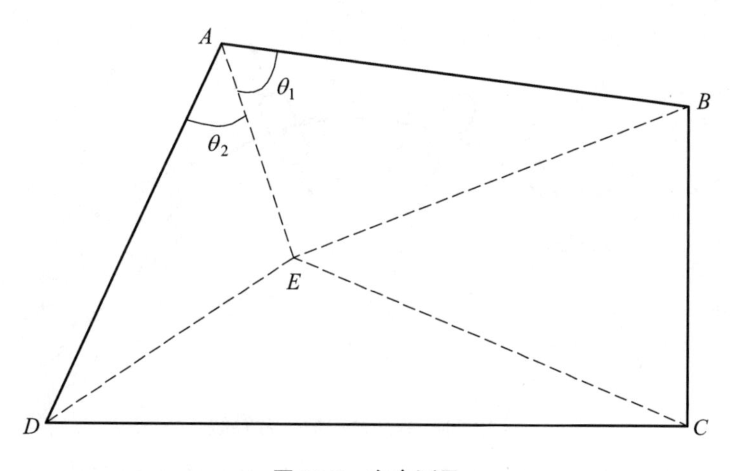


图 12-9　交会测量

## 12.5 墩台纵、横轴线的测设

为了进行墩、台施工的细部放样，需要测设其纵、横轴线。所谓纵轴线是指过墩、台中心平行于线路方向的轴线，而横轴线是指过墩、台中心垂直于线路方向的轴线，桥台的横轴线是指桥台的胸墙线。

直线桥墩、台的纵轴线与线路中线的方向重合，在墩、台中心架设仪器，自线路中线方向测设 90°角，即为横轴线的方向（图 12-10）。

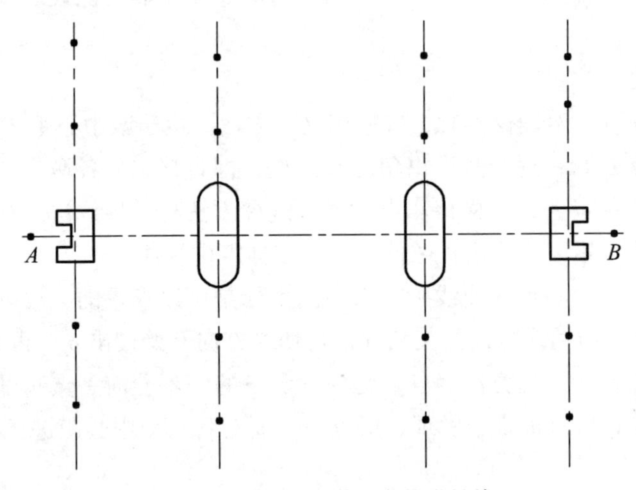


图 12-10　直线桥墩、台的纵轴线

曲线桥的墩、台轴线位于桥梁偏角的分角线上，在墩、台中心架设仪器，照准相邻的墩、台中心，测设 $\alpha/2$ 角，即为纵轴线的方向。自纵轴线方向测设 90°角，即为横轴线方向（图 12-11）。

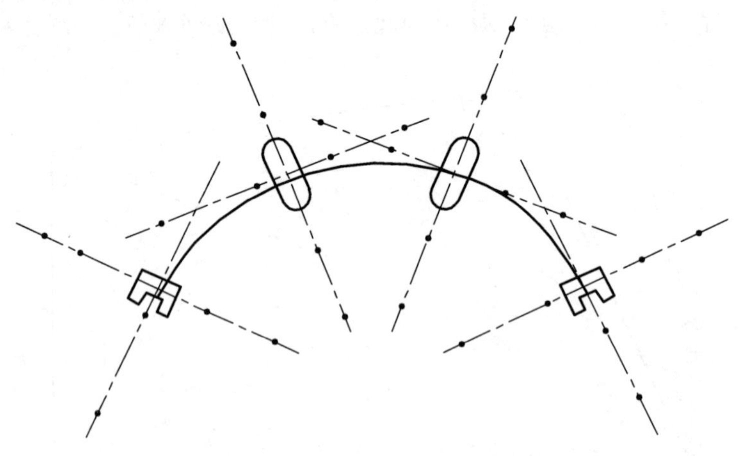

图 12-11　曲线桥的墩、台轴线

在施工过程中，墩、台中心的定位桩要被挖掉，但随着工程的进展，又经常需要恢复墩、台中心的位置，因而要在施工范围以外测设护桩，据以恢复墩台中心的位置。

所谓护桩即在墩、台的纵、横轴线上，于两侧各测设至少两个木桩，因为有两个桩点才可恢复轴线的方向。为防破坏，可以多设几个。在曲线桥上的护桩纵横交错在使用时极易弄错所以在桩上一定要注明墩台编号。

## 12.6 桥梁细部放样

所有的放样工作都遵循这样一个共同原则，即先放样轴线，再依轴线放样细部。就一座桥梁而言，应先放样桥轴线，再依桥轴线放样墩、台位置；就每一个墩台而言，则应先放样墩台本身的轴线，再根据墩台轴线放样各个细部。其他各个细部也是如此。这就是所谓“先整体，后局部”的测量基本原则。

### 12.6.1 基础施工测量

中小型桥梁的基础，最常用的是明挖基础和桩基础。明挖基础的构造如图 12-12 所示。它是在墩、台位置处挖出一个基坑，将坑底平整后，再灌注基础及墩身。根据已经测设出的墩中心位置及纵、横轴线及基坑的长度和宽度，测设出基坑的边界线。在开挖基坑时，根据基础周围地质条件坑壁需放有一定的坡度，可根据基坑深度及坑壁坡度测设出开挖边界线。边坡桩至墩、台轴线的距离

$$D=\frac{b}{2}+h\cdot m+l \tag{12-7}$$

式中：$b$——基础底边的长度或宽度；

$h$——坑底与地面的高差；

$m$——坑壁坡度系数的分母；

$l$——基底每侧加宽度。

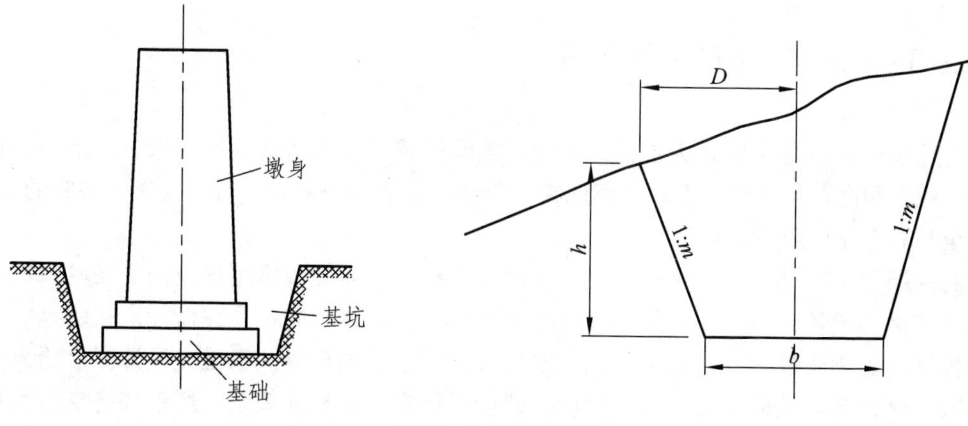


图 12-12 明挖基础

桩基础测量工作主要为测设桩基础的纵横轴线，测设各桩的中心位置，测设桩的倾斜度

和深度以及承台的放样等。桩基础的构造如图 12-13（a）所示，它是在基础的下部打入基桩，在桩群的上部灌注承台，使桩和承台连成一体，再在承台以上灌筑墩身。

基桩位置的放样如图 12-13（b）所示，它是以墩、台纵、横轴线为坐标轴，按设计位置用直角坐标法测设；或根据基桩的坐标依极坐标的方法置仪器于任一控制点进行测设。后者更适合于斜交桥的情况。在基桩施工完成以后，承台修筑以前，应再次测定其位置，以作竣工资料。

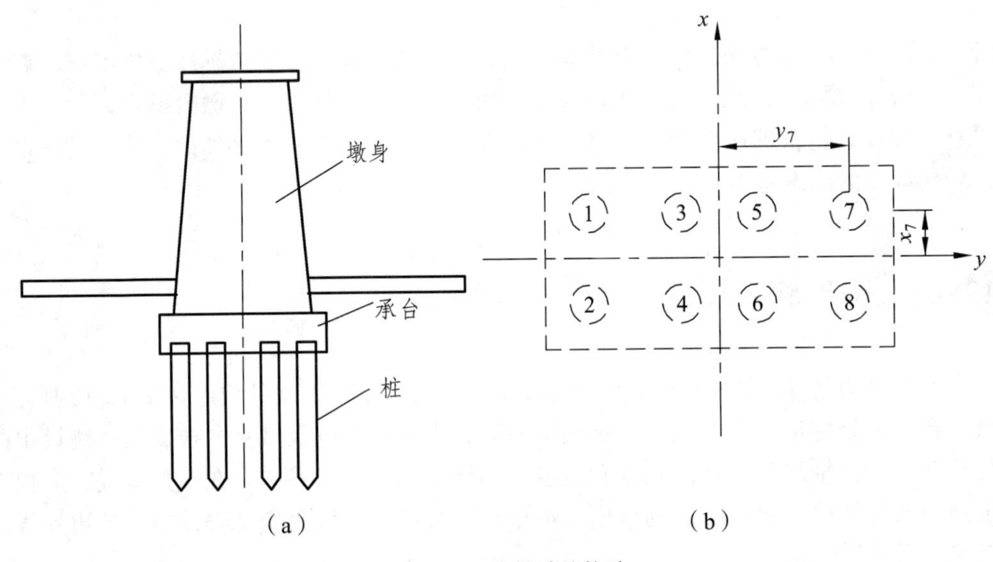


图 12-13　桩基础的构造

## 12.6.2　桥墩细部放样

基础完工后，应根据岸上水准基点检查基础顶面的高程。细部放样主要依据桥墩纵横轴线或轴线上的护桩逐层投测桥墩中心和轴线，在根据轴线按照模板，浇筑混凝土。

## 12.6.3　上部结构安装的测量

墩台施工时是以各个墩台为单元进行的。架梁需要将相邻墩台联系起来，要求中心点间的方向、距离和高差符合设计要求。因此在上部结构安装前应对墩、台上支座钢垫板的位置，对梁的全长和支座间距进行检测。

梁的两端用位于墩顶的支座支撑，支座放在底板上，而底板则用螺栓固定在墩台的支撑垫石上。架梁的测量工作，主要是测设支座底板的位置，测设时也是先设计出它的纵、横中心线的位置。支座底板的纵、横中心线与墩、台纵横轴线的位置关系是在设计图上给出的。因而在墩、台顶部的纵横轴线测设出以后，即可根据它们的相互关系，用钢尺将支座底板的纵、横中心线放样出来。

大跨度钢桁架或连续梁采用悬臂安装架设，拼装前应在横梁顶部和底部的中点作出标志，用以测量架梁时钢梁中心线与桥梁中心线中的偏差值。如果梁的拼装自两端悬臂、跨中合拢，则应重点测量两端悬臂的相对关系，如中心线方向偏差、最近节点距离和高程差是否符合设计和施工要求。

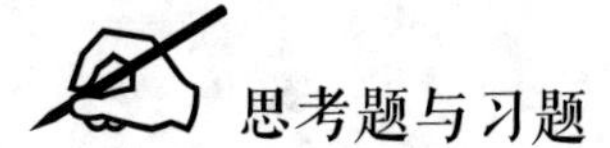

## 思考题与习题

1. 桥梁控制网布设形式有哪些？

2. 桥梁施工测量的主要内容有哪些？

3. 桥梁施工平面控制的方法有哪些？

4. 桥梁施工控制网有什么特点？布设桥梁平面控制网时，应满足哪些要求？通常采用哪些形式？

5. 桥梁的墩、台中心及纵、横轴线如何测设？

# 13 隧道施工测量

## 13.1 隧道概述

### 13.1.1 隧道测量的内容和作用

隧道测量是在铁路、公路及建筑物下面进行的地下测量。随着社会的发展，隧道测量的应用也越来越广。隧道测量施工需要进行的主要工作是：

（1）洞外控制测量。在洞外建立各种平面控制网和高程控制网，测定洞口的具体位置。

（2）进洞测量（联系测量）。将洞外的坐标、方向和高程传递到隧道内，使洞内外坐标统一。

（3）洞内控制测量。主要包括洞内的平面控制和高程控制。

（4）隧道施工测量。根据隧道要求进行施工放样。

### 13.1.2 隧道贯通测量

在隧道施工过程中，为了加快工程进度，一般由隧道两端洞口进行对向开挖。两个相邻的工作面按设计要求在预定地点彼此接通称为隧道贯通。为此做的相关测量工作都称为贯通测量。由于在测量过程中都会有误差的产生，导致在预定重合的地点没有完全重合产生的闭合差（误差）称为贯通误差。在中线方向的分量误差称为纵向误差，在水平面垂直于中线方向的误差称为横向误差，在高程方向的分量误差称为高程误差。

不同的隧道工程对误差的要求不一样，都不得超过各自的规定和规范要求。如何控制各个方向的误差是隧道测量的关键问题。

### 13.1.3 隧道工程测量的特点

隧道工程一般都具有投资大、周期长等特点。此外，隧道施工的掘进方向在贯通前始终无法和终点形成通视，完全依靠布设的支导线进行施工，所以测量工作的一点疏忽可能造成不可挽回的巨大损失。所以在测量施工中必须严格按照要求，每一步都要进行检核，避免发生错误。

## 13.2 洞外控制测量

洞外控制测量主要包括洞外平面控制测量和洞外高程控制测量两部分。洞外控制测量的目的是：在各个开挖洞口之间建立精密的控制网，以此来确定出各开挖洞口的掘进方向和开挖高程，来确保能够顺利贯通。

### 13.2.1 洞外平面控制测量

洞外平面控制测量的主要任务是测定各个洞口控制点的相对位置，以便根据洞口控制点，按设计方向向地下开挖，并能以满足要求的精度贯通。对于隧道工程来说，平面控制网选点时要包括隧道的洞口控制点，然后控制网要向洞内延伸。通常平面控制测量有以下几种方法。

1. 中线法

中线法也叫直接定线法，对于长度较短的山区直线隧道可以采用这种方法。如图 13-1 所示，*A*、*D* 两点是设计选定的直线隧道的洞口点，在地面测设出位于 *A-D* 直线 *AD* 方向上的 *B*、*C* 两点，作为洞口点 *A*、*D* 向洞内引测中线方向时的定向点。

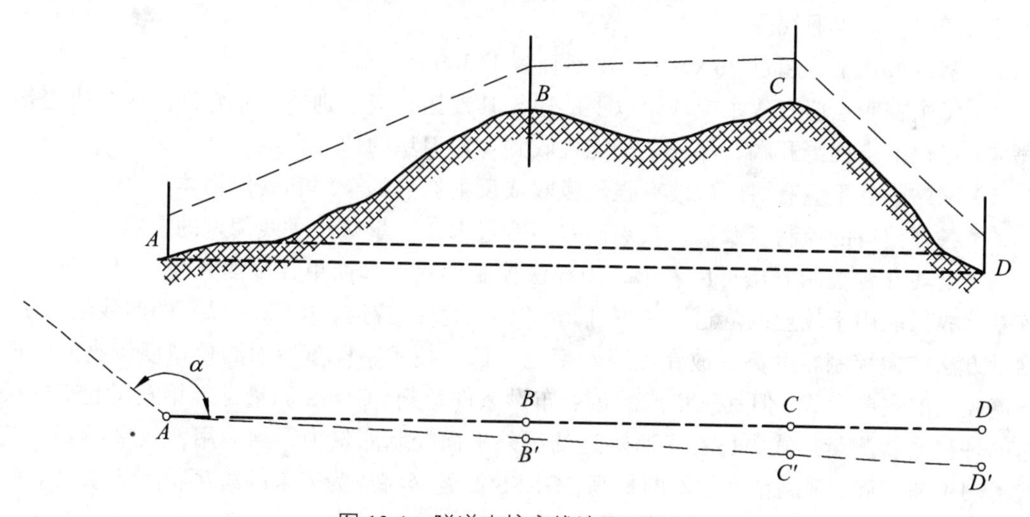


图 13-1　隧道直接定线法平面控制

在 *A* 点安置全站仪，根据方位角 $\alpha$ 定出 $B'$点。移动全站仪到 $B'$点，用正倒镜分中法延长直线到 $C'$点。再将全站仪架设到 $C'$点，同法再延长直线到 *D* 点。在延长直线的同时，并测定 *A*、$B'$、$C'$、$D'$之间的距离，量出 $D'D$ 的长度。*C* 点的位置移动量 $C'C$ 可按式（13-1）计算。

$$CC'/DD' = AC'/AD' \tag{13-1}$$

在 $C$ 点垂直于 $C'D'$方向上量取 $C'C$ 点，定出 $C$ 点。再安置全站仪于 $C$ 点，用正倒镜分中法延长 $DC$ 至 $B$ 点，再从 $B$ 点延长至 $A$ 点。如果不与 $A$ 点重合，则用同样的方法进行第二次趋近，直至 $BC$ 两点正确位于 $AD$ 上。$B$、$C$ 两点既可作为在 $A$、$D$ 点指明掘进方向的定向点。

2. 三角网法

将三角锁布置在隧道进出口之间，以一条高精度的基线作为起始边并在三角锁的另一端增设一条基线，以增加检核和平差的条件。三角测量的方向控制较中线法好，如果仅从提高横向贯通精度的观点考虑它是最理想的隧道平面控制方法。

由于光电测距仪和全站仪的普遍应用，三角测量除采用测角三角锁外，还可采用边角网和三边网作为隧道洞外控制，但从其精度、工作量等方面综合考虑，以测角单三角形锁最为常用。经过近似或严密平差计算可求得各三角点和隧道轴线上控制点的坐标，然后以这些控制点为依据，可计算各开挖口的进洞方向。

3. 全球导航卫星系统法（GNSS）

隧道洞外控制测量可利用 GNSS 相对定位技术，采用静态测量方式进行。测量时仅需在各开挖洞口附近测定几个控制点的坐标，工作量小，精度高，而且可以全天候观测，因此 GNSS 是大中型隧道洞外控制测量的首选方案。

隧道 GNSS 控制网的布网设计，应满足下列要求：

（1)控制网由隧道各开挖口的控制点点群组成，每个开挖口至少应布测 4 个控制点。GNSS 定位点之间一般不要求通视，但布设同一洞口控制点时，考虑到用常规测量方法检测、加密或恢复的需要，应当通视。

（2）基线最长不宜超过 30 km，最短不宜短于 300 m。

（3）每个控制点应有 3 个或 3 个以上的边与其连接，极个别的点才允许由两个边连接。

（4）点位上空视野开阔，保证至少能接收到 4 颗卫星的信号。

（5）测站附近不应有对电磁波有强烈吸收或反射影响的金属和其他物体。

（6）各开挖口的控制点及洞口投点高差不宜过大，尽量减小垂线偏差的影响。

比较上述几种控制方法可以看出，中线法控制形式计算简单，施测方便，但由于方向控制较差，故只能用于较短的隧道（长度 1 km 以下的直线隧道，0.5 km 以下的曲线隧道）。三角测量方法方向控制精度高，故在测距效率比较低、技术手段落后而测角精度较高的时期，是隧道控制的主要形式，但其三角点的定点布设条件苛刻。GNSS 测量是近年发展起来的最有前途的一种全新测量形式，已在多座隧道的洞外平面控制测量中得到应用，效果显著。随着其技术的不断发展、观测精度的不断提高，GNSS 测量必将成为未来既满足精度要求又效率最高的隧道洞外控制方式。

### 13.2.2 洞外高程控制测量

高程控制测量的任务是按规定的精度测量隧道洞口和附近水准点的高程，作为高程引进洞内的依据。水准路线应选择连接洞口最平坦和最短的线路，以达到设站少、观测快、精度高的要求。一般每一洞口埋设的水准点应不少于 3 个，且应能安置一次水准仪即可联测，便于检测其高程的稳定性。两端洞口之间的距离大于 1 km 时，应在中间增设临时水准点。高程控制通常采用三、四等水准测量的方法，按往返闭合水准路线施测。

## 13.3 隧道洞口联系测量

在隧道开挖之前，必须根据洞外控制测量的结果，测算洞口控制点的坐标和高程，同时按设计要求计算洞内待定点的设计坐标和高程，通过坐标反算，求出洞内待定点与洞口控制点（或洞口投点）之间的距离和夹角关系。也可按极坐标方法或其他方法测设出进洞的开挖方向，并放样出洞门内的待定点点位，这也就是隧道洞外和洞内的联系测量（即进洞测量）。

### 13.3.1 掘进方向测设数据计算

如图 13-2（$a$）所示为一直线隧道的平面控制网，$A$，$B$，$C$，…，$G$ 为地面控制点，其中 $A$，$B$ 为洞口点，$S_1$，$S_2$ 为 $A$ 点洞口进洞后的隧道第一个和第二个里程桩。为了求得 $A$ 点洞口隧道中线掘进方向及掘进后测设中线里程桩 $S_1$，计算下列极坐标法测设数据：

$$a_{AC}=\arctan\frac{y_C-y_A}{x_C-x_A} \tag{13-2}$$

$$a_{AB}=\arctan\frac{y_B-y_A}{x_B-x_A} \tag{13-3}$$

$$D_{AS1}=\sqrt{(x_{S1}-x_A)^2+(y_{S1}-y_A)^2} \tag{13-4}$$

对于 $B$ 点洞口掘进测设数据，可以作为类似计算。对于中间具有曲线的隧道，如图 13-2（b）所示，隧道中线交点 JD 的坐标和曲线半径 $R$ 已由设计所指定，因此，可计算出测设两端进洞口隧道中线的方向和里程。掘进达到曲线段的里程后，可以按照测设道路圆曲线的方法测设曲线上的里程桩。

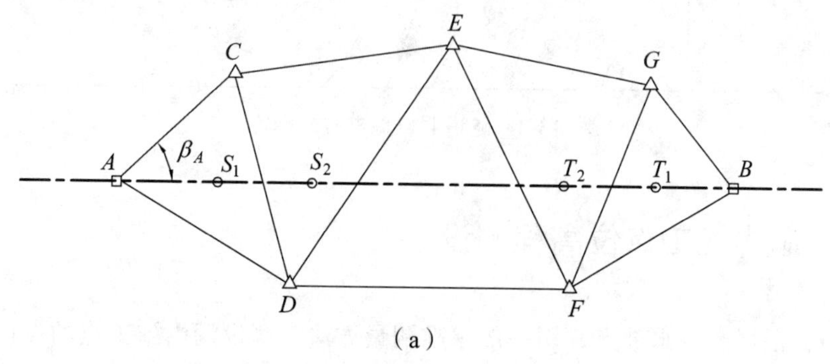


（a）

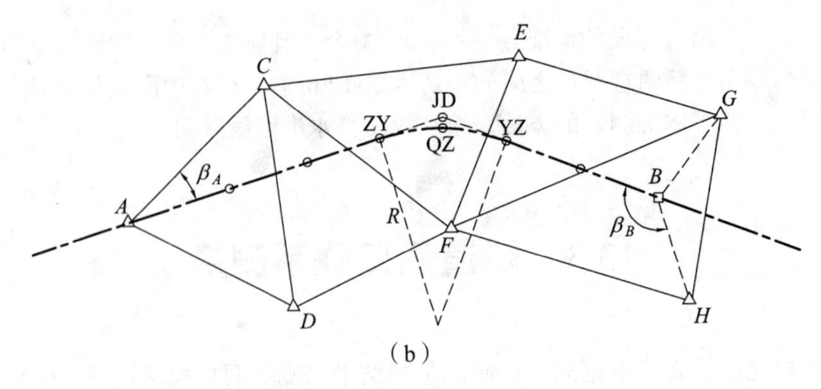


（b）

图 13-2　边角网平面控制

## 13.3.2　洞口掘进方向的标定

隧道贯通的横向误差主要由测设隧道中线方向的精度所决定，进洞时的初始方向尤为重要。在隧道洞口，要埋设若干个固定点，将中线方向标定于地面上，作为开始掘进及以后洞内控制点联测的依据。如图 13-3 所示，用 1、2、3、4 号桩标定掘进方向。再在洞口点 $A$ 和中线垂直方向上埋设 5、6、7、8 号桩作为检核。

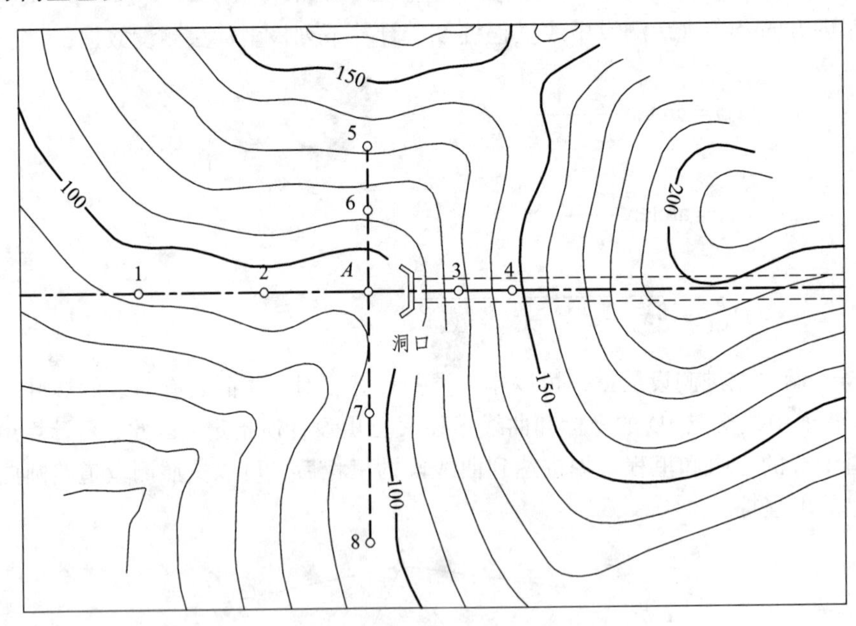


图 13-3　隧道洞口掘进方向标定

## 13.3.3　洞内施工点位高程测设

对于平洞，根据洞口水准点，用一般水准测量方法，测设洞内施工点的点位高程。对于深洞，则采用深基坑传递的方法，测设洞内施工点高程。

## 13.4 地面与地下联系测量

在隧道施工中，可以用开挖竖井的方法来增加工作面，将整个隧道分成若干段，实行分段开挖。城市地下铁道的建造，每个地下车站是一个大型竖井，在站与站之间用盾构进行掘进，施工可以不受城市地面密集建筑物和繁忙交通的影响。

为了保证地下各开挖面能准确贯通，必须将地面控制网中的点位坐标、方位角和高程经过竖井传递到地下，建立地面和井下统一的工程控制网三维坐标系统，项工作称为“竖井联系测量”，其中关键是方位角传递。

### 13.4.1 一井定向

通过一个竖井口，用垂线投影法将地面控制点的坐标和方位角传递至井下隧道施工面，称为“一井定向”，如下图 13-4 所示。

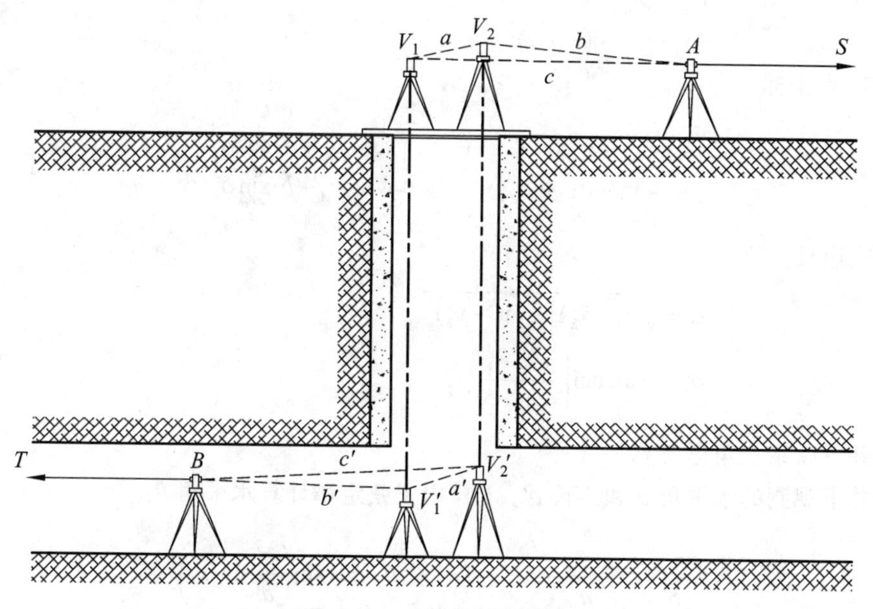

图 13-4 一井定向原理图

在竖井口的井架上设 $V_1$ 和 $V_2$ 两个投影点，向井下投影的方法可以用锤球线法或者垂准仪法。下面介绍用高精度的垂准仪进行一井定向以传递坐标和方位角的方法。在竖井上方的井架上 $V_1$ 和 $V_2$ 两个投影点上架设垂准仪，分别向井底 $V_1'$和 $V_2'$两个可以微动的投影点进行垂直投影。

进行联系测量时，如图 13-4 和图 13-5 所示，在井口地面平面控制点 $A$ 上安置全站仪，瞄准另一平面控制点 $S$ 及投影点 $V_1$ 和 $V_2$，观测水平方向，测定水平角，同时测定井上联系三角形 $AV_1V_2$ 的三边长度 $a$，$b$，$c$。同时，在井下隧道口的洞内导线点 $B$ 上也安置全站仪，瞄准另

一洞内导线点 $T$ 和投影点 $V_1'$和 $V_2'$，测定水平角和井下联系三角形 $BV_1'V_2'$中的三边长度。

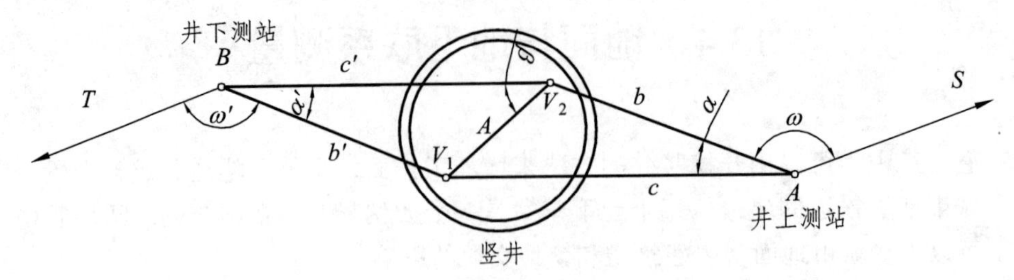


图 13-5　一井定向的联系三角形

经过井上和井下联系三角形的解算，将地面控制点的坐标和方位角通过投影点 $V_1$ 和 $V_2$ 传递至井下的洞内导线点。联系三角形的解算方法如下：

（1）井上三角形联系解算。

根据地面控制点坐标，反算方位角

$$\alpha_{AS} = \arctan\left(\frac{y_S - y_A}{x_S - x_A}\right) \tag{13-5}$$

$b$，$c$ 边方位角

$$\begin{aligned} \alpha_b &= \alpha_{AS} - w \\ \alpha_c &= \alpha_{AS} - (w + \alpha) \end{aligned} \tag{13-6}$$

计算 $V_1$，$V_2$ 点坐标

$$\begin{cases} x_1 = x_A + c \cdot \cos\alpha_c \\ y_1 = y_A + c \cdot \sin\alpha_c \end{cases} \qquad \begin{cases} x_2 = x_A + b \cdot \cos\alpha_b \\ y_2 = y_A + b \cdot \sin\alpha_b \end{cases} \tag{13-7}$$

计算联系边边长方位角

$$\begin{aligned} \alpha &= \sqrt{(x_1 - x_2)^2 + (y_1 - y_2)^2} \\ \alpha_{1-2} &= \arctan\left(\frac{y_2 - y_1}{x_2 - x_1}\right) \end{aligned} \tag{13-8}$$

（2）井下联系三角形解算。

根据井下观测的水平角 $\alpha'$和边长 $a'$、$b'$，用正弦定律计算水平角 $\beta$:

$$\frac{\sin\beta'}{b'} = \frac{\sin\alpha'}{a'} \qquad \beta = \arcsin\left(\frac{b'}{a'}\sin\alpha'\right) \tag{13-9}$$

推算 $V_2B$ 边方位角

$$\alpha_c' = \alpha_{1-2} + \beta \pm 180° \tag{13-10}$$

计算 $B$ 点坐标

$$\begin{cases} x_B = x_2 + c' \cos a_c' \\ y_B = y_2 + c' \sin a_c' \end{cases} \tag{13-11}$$

根据井下观测的水平角，推算第一条洞内导线边的方位角：

$$\alpha_{BT} = \alpha_c' + (\alpha' + \omega') \pm 180° \tag{13-12}$$

洞内导线取得起始点 $B$ 的坐标和起始边 BT 的方位角以后，即可向隧道开挖方向延伸，测设隧道中线点位。

## 13.4.2 两井定向

在地下工程建设过程中，为了加快施工进度，在某些地方开挖多个竖井增加作业面，或为了改善地下施工环境增加通风竖井等。当两相邻竖井间开挖贯通后，利用两相通竖井进行两井定向。两井定向就是利用两个已经贯通的竖井，分别在竖井中悬挂一条吊垂线，如图 13-6 所示，利用导线测量或其他测量方法在地面上测定两吊垂线的平面坐标，在地下两点间布设无定向导线并计算地下各导线点坐标与导线边的方位角，即将地面坐标、方位角传递到地下。与一井定向相比，由于增加了两吊垂线间的距离，减少了由于投点误差而引起的方位角误差，有利于提高地下导线的定向精度。

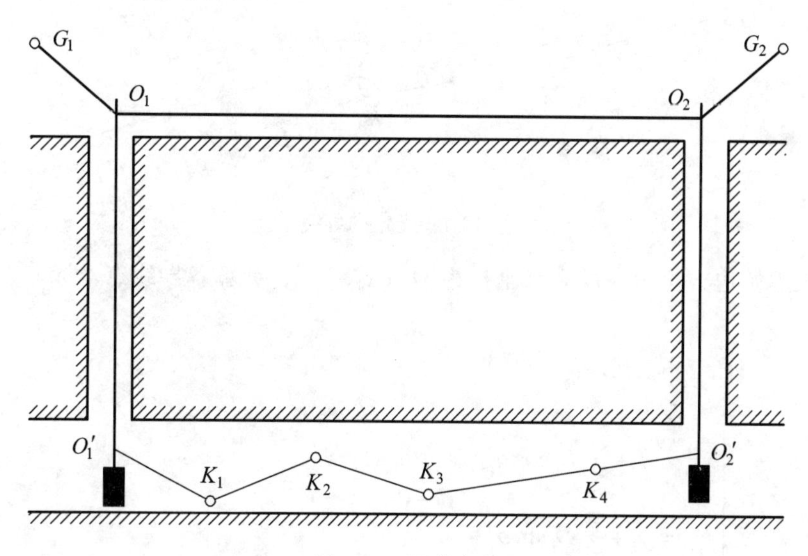


图 13-6 两井定向

两井定向与一井定向的过程相似，也要进行投点和联系测量两个过程。

1）投点

两井定向投点方法与一井定向相同，可以采用悬挂钢垂线或利用激光铅垂仪进行投点，且两竖井的投点工作可以同时进行。

2）地面联系测量

地面联系测量即根据地面控制点测定两吊垂线的平面位置的过程。依据地面控制点的分布情况，地面联系测量可采用导线测量、交会测量等方法进行，测量精度参照相关规范要求。

3）地下联系测量

地下联系测量通常是在两竖井间的巷道或通道中布设无定向导线，根据地下情况尽量布设长导线边，以减少测角误差的影响，并且投点与地面联测同时进行，以减少投点误差的影响，测量精度参照相关规范要求。

4）两井定向地下联测计算

地下导线通常布设为无定向导线，因为无定向导线两端没有定向角，所以没办法直接计算各导线点的坐标及导线边的方位角。单一无定向导线的近似计算思路为：假设第一条导线边（无定向导线起始边）的方位角为 $\alpha_0$，利用该方位角、起算点的坐标、导线边边长和导线转折角直接计算所有导线边的方位角以及导线点的坐标。由于假设的起始边方位角的不确定性，导致计算的终点坐标与实际坐标不符，为了消除这种不符，可以利用已知的起止点的边长和方位角作为导线纠正的尺度基准和方位基准，对计算导线进行旋转和缩放的纠正，以得到最终与实际相符的导线点坐标及导线边的方位角，达到计算无定向导线近似计算的目的。

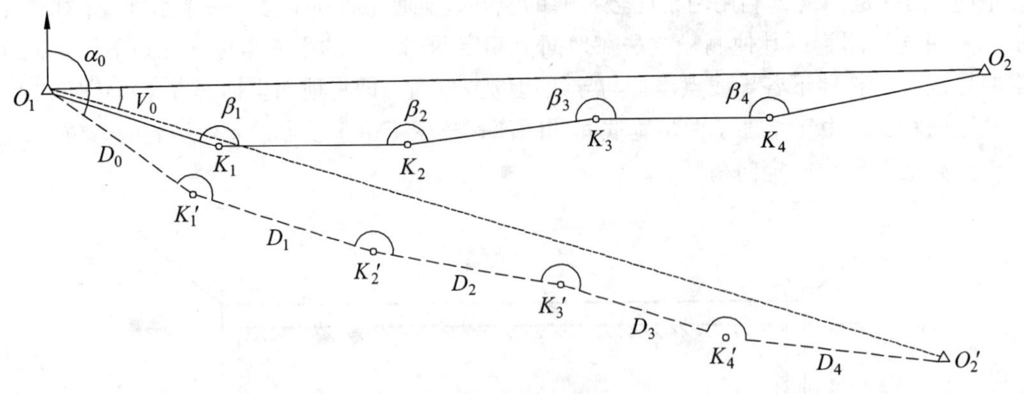


图 13-7　无定向导线

（1）假设起始边方位角，起算点坐标为 $O_1$（$x_1$，$y_1$），计算各导线点坐标。

$$\alpha_i' = \alpha_0 + \sum_{i=1}^{n}(\beta_i + 180°) \tag{13-13}$$

$$\begin{cases} x_{i+1}' = x_1 + \sum\limits_{i=0}^{n} D_i \cos\alpha_i' \\ y_{i+1}' = y_1 + \sum\limits_{i=0}^{n} D_i \sin\alpha_i' \end{cases}, \quad i = (0,1,2,\cdots) \tag{13-14}$$

（2）计算两投点间的方位角及距离。

根据地面联测坐标 $O_1$（$x_1$，$y_1$），$O_2$（$x_2$，$y_2$），按式（13-15）计算 $O_1O_2$ 的方位角 $\alpha_{O_1O_2}$ 与距离 $D_{O_1O_2}$ 及在假设起始边方位角情况下 $O_1O_2$ 的方位角 $\alpha_{O_1O_2}'$ 与距离 $D_{O_1O_2}'$：

$$\begin{aligned} \alpha &= \arctan\frac{y_2 - y_1}{x_2 - x_1} \\ D &= \sqrt{(y_2 - y_1)^2 + (x_2 - x_1)^2} \end{aligned} \tag{13-15}$$

## 13.4.3　高程联系测量

通过竖井进行高程联系测量时，常用的方法有长钢尺导入法、光电测距仪铅垂测距法等。

1. 长钢尺直接导入法

长钢尺直接导入法是利用水准测量的原理，同时使用两台水准仪，两把水准尺以及一把长钢尺，如图 13-8 所示，按一井定向与二井定向投点法将钢尺悬挂于竖井中，零点段向下，且钢尺下悬挂重物的重量一般应等于钢尺检定时的拉力。同时将水准仪安置于地面和地下，水准尺分别立于地面近井水准点与地下水准点上，地面水准仪分别读出在地面水准尺与钢尺上的读数 $a_0$、$b_0$，地下水准仪同时也分别读出在钢尺与地下水准尺上的读数 $a_1$、$b_1$，一般要求 $b_0$ 与 $a_1$ 在同一时刻观测，并同时测定地面、地下温度，即可计算出地下水准点高程 $H_K$。

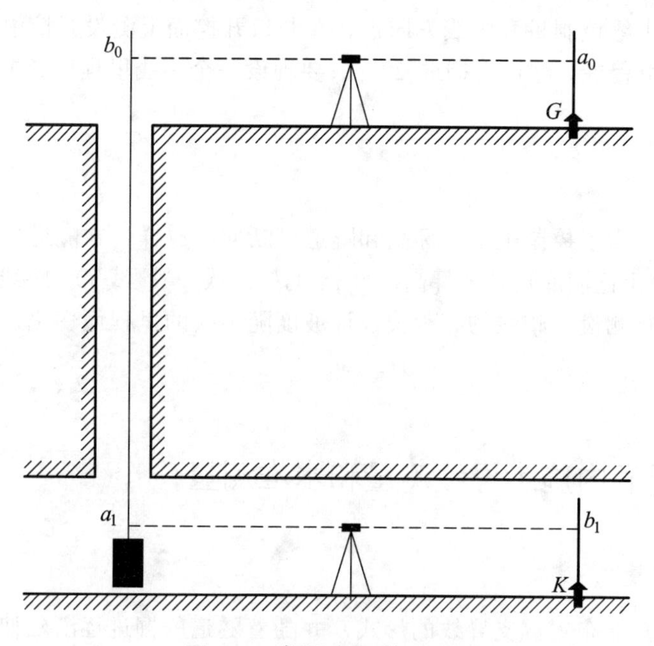

图 13-8　钢尺高程联系测量

为了进行高程传递检核，应根据地面 2 ~ 3 个水准点分别进行高程传递到地下两个以上的水准点上，且分别求得的地下水准点的高程不符值应不大于 5 mm。

2. 光电测距仪铅垂测距法

当竖井内环境对电磁波测距影响较小时，可以采用电磁波测距的方法将地面高程导入至地下。即在井口正上方固定安置铅垂光电测距仪，在竖井正下方安置反射棱镜，用光电测距仪直接测定井口平台与井下平台之间的距离 $S$, 以及光电测距仪中心与井上平台铅垂方向上的偏差 $v_1$ 和井下棱镜中心与井下平台的铅垂方向上的偏差 $v_2$，同时利用水准仪测定地面近井口水准点与井口平台的高差 $h_{上}$ 以及井下平台与井下水准点之间的高差 $h_{下}$，并同时测定井上井下温度、气压以求出光电距离测量等改正数 $\varDelta$，即可按下式计算地下水准点高程。

$$H_K = H_0 + h_{上} - (S - v_1 + v_2) + h_{下} + \varDelta \tag{13-16}$$

## 13.5 隧道施工测量

### 13.5.1 隧道洞内中线和腰线测设

1. 中线测设

根据隧道洞口中线控制桩和中线方向桩，在洞口开挖面上测设开挖中线，并逐步往洞内引测隧道中线上的里程桩。隧道每掘进 20 m，要埋设一个中线里程桩。中线桩可以埋设在隧道的底部或顶部。

2. 腰线测设

在隧道施工中，为了控制施工的标高和隧道横断面的放样，在隧道岩壁上，每隔一定距离（5 ~ 10 m）测设出比洞底设计地坪高出 1 m 的标高线（“腰线”）。腰线的高程由引测入洞内的施工水准点进行测设。腰线的高程按设计坡度随中线的里程而变化，它平行于隧道底设计地坪高程线。

### 13.5.2 隧道洞内施工导线测量和水准测量

1. 洞内导线测量

洞内施工导线只能布置成支导线的形式，并随着隧道的掘进逐渐延伸。导线的转折角应观测左角和右角，导线边长应往返测量。为了防止施工中可能发生的点位变动，导线必须定期复测，进行检核。

2. 洞内水准测量

用洞内水准测量控制隧道施工的高程。每隔 50 m 应设置一个洞内水准点，并据此测设中腰线。洞内水准测量均为支水准路线，除应往返观测外，还须经常进行复测。

3. 掘进方向指示

根据洞内施工导线和已经测设的中线桩可以用激光经纬仪或激光全站仪，以及专用的激光指向仪，用以指示掘进方向。

### 13.5.3 盾构施工测量

盾构法隧道施工是一种先进的、综合性的施工技术，它是将隧道的定向掘进、土方和材料的运输、衬砌安装等各工种组合成一体的施工方法。广泛用于城市地下铁道、越江隧道等的施工中。

盾构的标准外形是圆筒形，也有矩形、双圆筒形等与隧道断面一致的特殊形状。切削钻头是盾构掘进的前沿部分，利用沿盾构圆环四周均匀布置的推进千斤顶，顶住已拼装完成的衬砌管片（钢筋混凝土预制）向前推进，由洞内导线和激光指向仪控制盾构的推进方向。

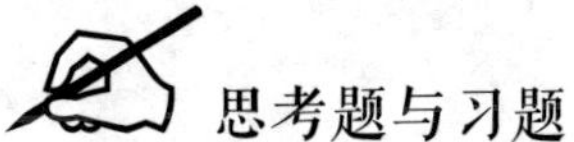

## 思考题与习题

1. 简述地下工程测量的地形和特点。
2. 地面和地下联系测量的目的是什么？
3. 如何进行竖井联系测量？
4. 简述一井定向和两井定向的优缺点。
5. 隧道施工测量主要有哪些内容？

# 14　民用与工业建筑施工测量

## 14.1　民用建筑施工测量

民用建筑是指住宅、商店、医院、办公楼、学校、俱乐部等建筑物。施工测量的主要任务是按照设计的要求，把建筑物的位置测设到地面上，并配合施工以保证工程质量。其主要工作如下：

### 14.1.1　测设前的准备工作

1. 熟悉设计图纸

设计图纸是施工测量的依据。在测设前应从设计图纸上了解施工建筑物与相邻地物的相互关系、施工要求，核对有关尺寸，以免出现差错。

2. 现场踏勘

全面了解现场情况，并对建筑场地上的平面控制点、水准点进行检核。

3. 制订测设方案

根据设计要求选择测设方案，如采用极坐标法或直角坐标法放样，或采用其他办法。

4. 准备测设数据

除了计算必要的放样数据外，尚需从下列图纸上查取房屋内部的平面尺寸和高程数据：

（1）从建筑总平面图上查取或计算建筑物与原有建筑物或测量控制点之间的平面尺寸和高差，作为测设建筑物总体位置的依据。

（2）从建筑平面图中查取施工放样的基本资料。

（3）从基础平面图上查取基础边线与定位轴线的平面尺寸，以及基础布置与基础剖面位置的关系。

（4）从基础详图中查取高程放样的依据。

（5）从建筑物的里面和剖面图中，可查出基础、地坪、门窗、楼板、屋架和屋面等设计高程，是高程测设的主要依据。

## 14.1.2 建筑物的定位

建筑物的定位，就是将建筑物外廓各轴线交点（简称角点）测设在地面上，然后再根据这些点进行细部放样。测设时，要先建立建筑物基线作为控制。

下面介绍根据已有建筑物测设拟建建筑物的方法。如图 14-1 所示，首先，用钢尺沿已有建筑物的东、西墙延长出一小段距离 $l$ 得 $a$、$b$ 两点，用小木桩标定。将经纬仪安置在 $a$ 点上，瞄准 $b$ 点，并从 $b$ 点沿 $ab$ 方向量出 14.240 m 得 $c$ 点，再继续沿 $ab$ 方向从 $c$ 点起量 25.800 m 得 $d$ 点，$cd$ 线就是用于测设拟建建筑物平面位置的建筑基线。然后将经纬仪分别安置在 $c$、$d$ 两点上，后视 $a$ 点并转 90°沿视线方向量出距离 $l$，得 $M$、$Q$ 两点，在继续量出 15.000 m 得 $N$、$P$ 两点。$M$、$N$、$P$、$Q$ 四点即为拟建建筑物外廓定位轴线的交点。最后检查 $NP$ 的距离是否等于 25.800 m，$\angle N$ 和 $\angle P$ 是否等于 90°，误差分别在 1/5 000 和 40″之内即可。

若现场已有建筑方格网或建筑基线，可直接采用直角坐标法进行定位。

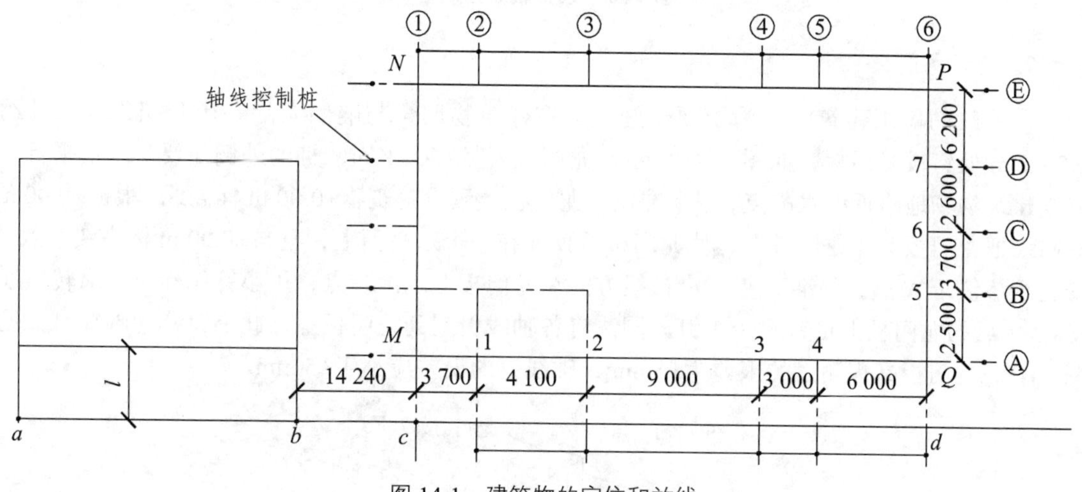


图 14-1　建筑物的定位和放线

## 14.1.3 建筑物的放线

建筑物的放线是指根据已定位的外墙轴线交点桩详细测设出建筑物的交点桩（或称中心桩），然后根据交点桩用白灰撒出基槽开挖边界线。放样方法如下：

在外墙周边轴线上测设定位轴线交点。如图 14-1 所示，将经纬仪安置在 $M$ 点，瞄准 $Q$ 点，用钢尺量出沿 $MQ$ 方向两相邻轴线间的距离，定出 1、2、3……各点，同理可定出其他各点。量距精度应达到 1∶2 000～1∶5 000。

由于在施工开挖基槽时角桩和中心桩将被挖掉，为了便于在施工中恢复各轴线的位置，应把各轴线延长到槽外安全处，并做好标志。具体方法有设置轴线控制桩和龙门板两种形式。

1. 设置轴线控制桩

轴线控制桩设置在基槽外基础轴线的延长线上，作为开槽后各阶段施工中恢复轴线的依据。如图 14-2 所示，控制桩一般钉在槽边外 2 ~ 4 m 不受施工干扰并便于引测和保存桩位的地方。若附近有建筑物，也可将轴线投测到建筑物的墙上。

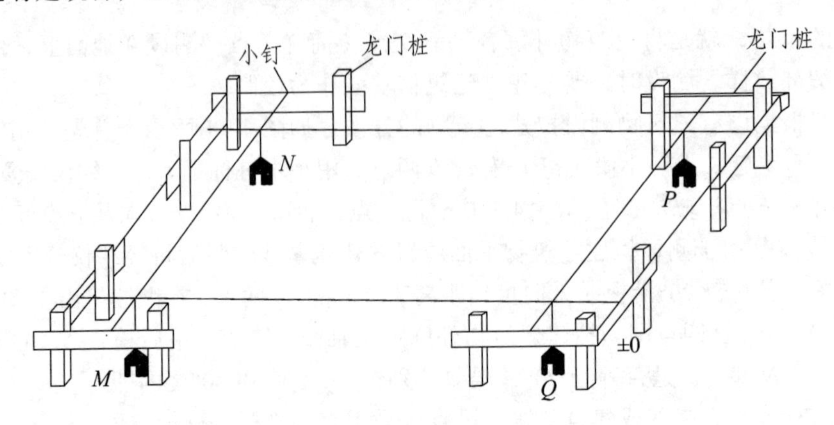


图 14-2　设置轴线控制桩

2. 设置龙门板

在一般的民用建筑中，为了便于施工，在建筑物四角与隔墙两端基槽开挖边线以外约 1.5 ~ 2 m 处钉设龙门板，如图 14-3 所示。龙门桩要竖直、牢固，桩的外侧面要与基槽平行。根据建筑物场地附近的水准点，用水准仪在龙门桩上测设建筑物±0.00 m 标高线。根据±0.00 m 标高线把龙门板钉在龙门桩上，使龙门板的顶面在一个水平面上，且与±0.00 m 标高线一致。安置经纬仪于 $N$ 点，瞄准 $P$ 点，沿视线方向在龙门板上定出一点，用小钉作标志，纵转望远镜在 $N$ 点的龙门板上也钉一个小钉。同法将各轴线引测到龙门板上，此小钉称为轴线钉。见图 14-3。龙门板高程测设的限差为±5 mm，轴线钉的误差应小于±5 mm。

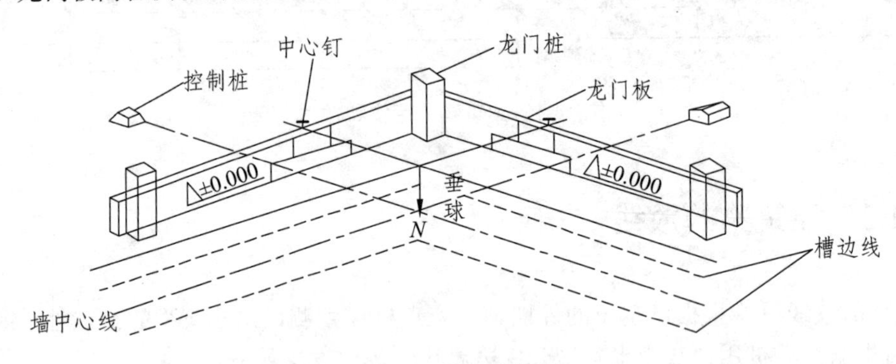


图 14-3　设置龙门板

如建筑物规模较小，也可用垂球对准桩中心，然后沿两垂球线拉紧线绳，将轴线延长到龙门板上并做好标志。最后用钢卷尺沿龙门板顶面检查轴线钉之间的距离，其精度应达到 1∶2 000 ~ 1∶5 000。经检核合格后，以轴线钉为准，将端边线、基础边线、基础开挖边线等标定在龙门板上（如图 14-3）。标定基槽上口开挖宽度时，应按有关规定考虑放坡的尺寸。

龙门板使用方便，但它需要木材较多，近年来有些施工单位已不设置龙门板，而只设轴线控制桩。

## 14.1.4　施工过程中的测量工作

根据施工进度要求，及时准确地调设出各种施工标志所进行的各项测量工作称为施工过程中的测量工作。

1. 基础工程施工测量

1）一般基础工程施工测量

施工中，基槽是根据基槽灰线破土开挖的。当开挖接近槽底时，在基槽壁上自拐角开始，每隔 3 ~ 5 m 测设一比槽底设计高程提高 0.3 ~ 0.5 m 的水平桩，作为挖槽深度、修平槽底和打基础垫层的依据。

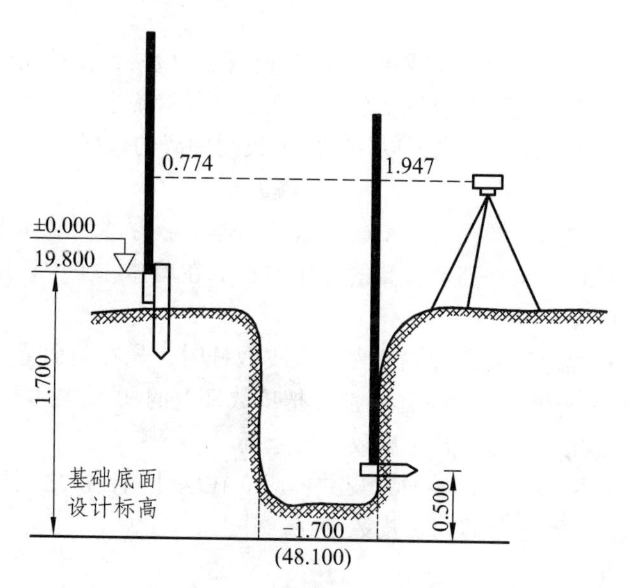


图 14-4　测设水平桩的方法

水平桩是用已测设的±0 标高或龙门板顶标高，用水准仪测设的。如图 14-4 所示。设槽底的设计标高为-1.70 m，欲测设比槽底设计标高高 0.500 m 的水平桩，首先，安置水准仪并立水准尺于龙门板顶面上，读取后视读数为 0.774 m，求出测设水平桩的应读前视读数为 0.774+1.700-0.500=1.974 m。然后，将尺立于槽内一侧并上下移动，直至水准仪视线读数为 1.974 m 时，即可沿尺子底面在槽壁打上水平桩。垫层打好后，将龙门板（或控制桩）上轴线位置投到垫层上，并用墨线弹出墙中线和基础边线，作为砌筑基础的依据。

当基础施工结束后，用水准仪检查基础面是否水平，以便立皮数杆，砌筑墙体。

2）桩基础施工测量

高层建筑多采用桩基础，其一般特点是：基坑较深；位于建筑稠密区；根据建筑红线或地物定位；整幢建筑物可能有几条不平行的轴线。

（1）桩的定位：桩的定位精度要求较高，根据建筑物主轴线测设桩基位置的允许偏差为 20 mm，对于单排桩则为 10 mm。沿轴线测设桩位时，纵向（沿轴线方向）偏差不宜大于 3 cm，横向偏差不宜大于 2 cm。位于桩群外周边上的桩，测设偏差不得大于桩径或柱边长（方形桩）的 1/10；柱群中间的桩则不得大于桩程或边长的 1/5。

桩位的测设，必须对恢复后的各轴线核查无误后进行。

柱的排列随着建筑物形状和基础结构的不同而异。测设时一般是按照“先整体、后局部、先外廓、后内部”的顺序进行。测设时通常是根据轴线，用直角坐标法测设不在轴线上的点。测设出的桩位均用小木桩标出其位置，角点及轴线两端的桩，应在木桩上用中心钉标出中心位置，以供校核。

（2）施工后桩位的检测：桩基施工结束后，应对所有桩的实际位置进行一次检测。若其偏差值在允许范围内，即可进行下一工序的施工。

### 2. 墙体工程施工测量

墙体施工中的测量工作，主要是墙体的定位和提供墙体各部位的高程标志。

1）弹线定位

基础工程结束后，应对龙门板（或控制桩）进行认真检核，复核无误后，可利用龙门板或控制桩将轴线测设到基础或防潮层等部位的侧面。这样就确定了上部砌体的轴线位置，施工人员可以照此进行墙体的砌筑，也可以作为向上投测轴线的依据。

2）皮数杆的设置

皮数杆是根据建筑物剖面图画有每皮砖和灰缝的厚度，并注明墙体上窗台、门窗洞口、过梁、雨篷、圈梁、楼板等构件高度位置的专用木杆。在墙体施工中，用皮数杆可以控制墙身各部位构件的准确位置。

度数杆一般都立在建筑物转角和隔墙处。立皮数杆时，先在地面上打一木桩，用水准仪测出±0 标高位置，并画一横线作为标志；然后把皮数杆上的±0 线与木桩上±0 对齐、钉牢。再用水准仪进行检测，并用垂球来校正皮数杆的竖直。

为施工方便，采用里脚手架砌砖时，皮数杆应立在墙外侧，反之则立在墙内侧。若是框架结构则可不立皮数杆，而直接将每层皮数画在构件上。

### 3. 建筑物的轴线投测和高程传递

1）轴线投测

一般建筑在施工中，常用悬吊垂球法将轴线逐层向上投测。其做法是：将较重垂球悬吊在接板或柱顶边缘，当垂球尖对准基础上定位轴线时，线在楼板或柱顶进线的位置即为楼层轴线端点位置，画一短线作为标志；同样投测轴线另一端点，两端的连线即为定位轴线。用同样的方法投测其他轴线，工作中必须经常用钢尺校核各轴线的间距。为减少误差积累，每砌二、三层后，用经纬仪把地面上的轴线投测到楼板或柱上去，以校核逐层传递的轴线位置是否正确。该法简便易行，不受场地限制，一般能保证施工质量。但有风和层数较多时，误差较大。

2）高程传递

一般建筑物可用皮数杆来传速高程。对于高程传递要求较高的建筑物，通常用钢尺直接丈量来传递高程。当底层墙身砌筑到 1.5 m 高后，用水准仪在内墙面上测设一条高出室内地坪线+0.500 m 的水平线。作为该层地面施工及室内装修的标高控制线。对于二层以上各层，同样在墙身砌到 1.5 m 以后，从楼梯间用钢尺从下层的+0.5 m 标高线向上量取一段等于该层层高的距离，并作标志。

再用水准仪测设出上一层的+0.5 m 标高线。这样用钢尺逐层向上引测。或根据具体情况来用悬挂钢尺代替水准尺，用水准仪读数，从下向上传递高程。如图 14-5 所示，由地面上已知高程点 $A$，向建筑物楼面 $B$ 传递高程，先从楼面向下悬挂一根钢尺，钢尺下端悬一重锤。在观测时为了使钢尺比较稳定，可将重锤浸于一盛满水的容器中。然后在地面及楼面各置一台水准仪，按水准测量的方法同时读得 $a_1$、$b_1$ 和 $a_2$、$b_2$，则楼面上 $B$ 点的高程 $H_B$ 可按式（14-1）来推算：

$$H_B = H_A + a_1 - b_1 + a_2 - b_2 \tag{14-1}$$

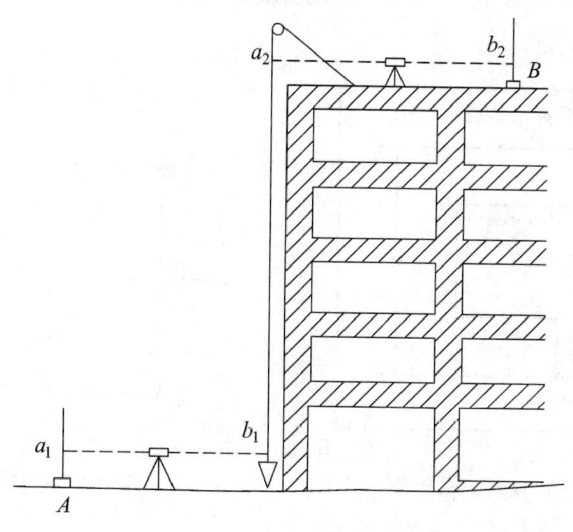


图 14-5　用钢尺传递高程

# 14.2　工业厂房施工测量

工业建筑是指各类生产用房和为生产服务的附属用房，以生产厂房为主体。工业厂房有单层厂房和多层厂房。厂房的柱子按其结构与施工方法的不同分为：预制钢筋混凝土柱子、钢结构柱子及现浇钢筋混凝土柱子。目前使用最多的是钢结构及装配式钢筋混凝土结构的单层厂房。各种厂房由于结构和施工工艺的不同，其施工测量方法亦略有差异。下面以装配式钢筋混凝土结构的单层厂房为例，着重介绍厂房柱位轴线测设、基础施工测设、厂房构建安装测量及设备安装测量等。

## 14.2.1　工业厂房矩形控制网测设

厂房的定位多是根据现场建筑方格网进行的。因厂房多为排柱式建筑，跨距和间距大、隔墙少、平面布置简单，故在厂房施工中多采用由柱轴线控制桩组成的厂房矩形方格网作为厂房的基本控制网。图 14-6 中Ⅰ、Ⅱ、Ⅲ、Ⅳ为建筑方格网点，$a$、$b$、$c$、$d$ 为厂房最外边的四条轴线的交点，其设计坐标为已知。$A$、$B$、$C$、$D$ 为布置在基坑开挖范围以外的厂房矩形控制网的四个角点，称为厂房控制桩。厂房控制桩的坐标可根据厂房外轮廓轴线交点的坐标和

设计间距 $l_1$、$l_2$求出。先根据建筑方格网点Ⅰ、Ⅱ用直角坐标法精确测设 *A*、*B* 两点，然后再由 *AB* 测设 *C*、*D* 点，最后校核∠*DCA*、∠*BDC* 及 *CD* 边长，对一般厂房来说，误差不应超过 ±10″和 1/10 000。为了便于进行细部的测设，在测设厂房矩形控制网的同时，还应沿控制网每隔若干柱间埋设一个距离指示桩。

对于大型或设备基础复杂的厂房，则应先精确测设厂房控制网的主轴线，如图 14-7 中的 *MON* 和 *POQ*，再根据主轴线测设厂房控制网 *ABCD*。

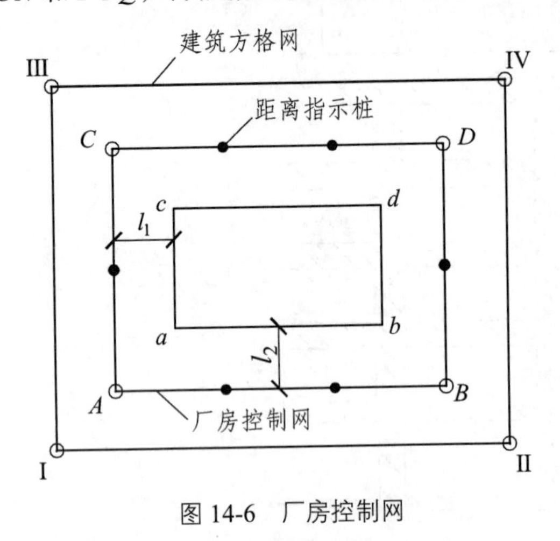


图 14-6 厂房控制网

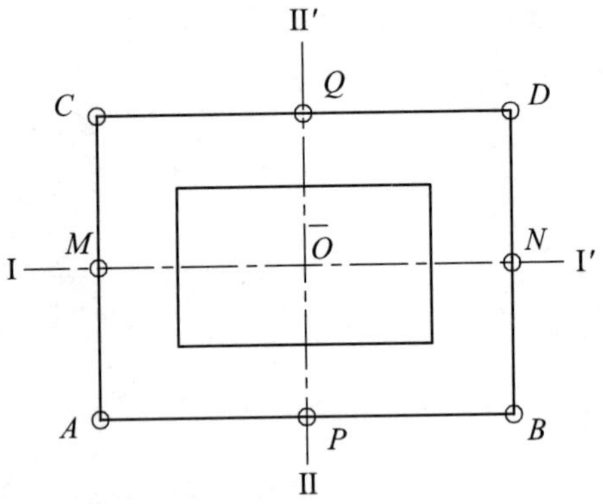

图 14-7 厂房控制网的主轴线

## 14.2.2 厂房柱列轴线的测设

根据厂房平面图上所注的柱列间距和跨距尺寸，用钢尺从靠近的距离指示桩量起，沿矩形控制网各边定出各柱列轴线桩的位置，并打入木桩，桩顶用小钉标示出点位，作为柱基放样和构件安装的依据。

## 14.2.3 工业厂房柱基施工测量

1. 柱基测设

柱基测设就是在柱基基坑开挖范围以外测设每个柱子的四个柱基定位桩，作为放样柱基坑开挖边线、修坑和立模板的依据。测设时，用两架经纬仪分别安置在两条相互垂直的柱列轴线控制桩上，沿轴线方向交会出桩基定位点（定位轴线交点），再根据定位点和定位轴线，按图 14-8 所示的基础大样图上的平面尺寸和基坑放坡宽度，用特制角尺放出基坑开挖边线，并撒上白灰；同时在基坑外的轴线上，离开挖边线约 2 m 处，各打下一个基坑定位小桩，桩顶钉小钉作为修坑可立模的依据，如图 14-9 所示。

桩基测设时，应注意定位轴不一定都是基础中心线。柱列轴线可以是基础的中心线，也可以是柱子的边线。

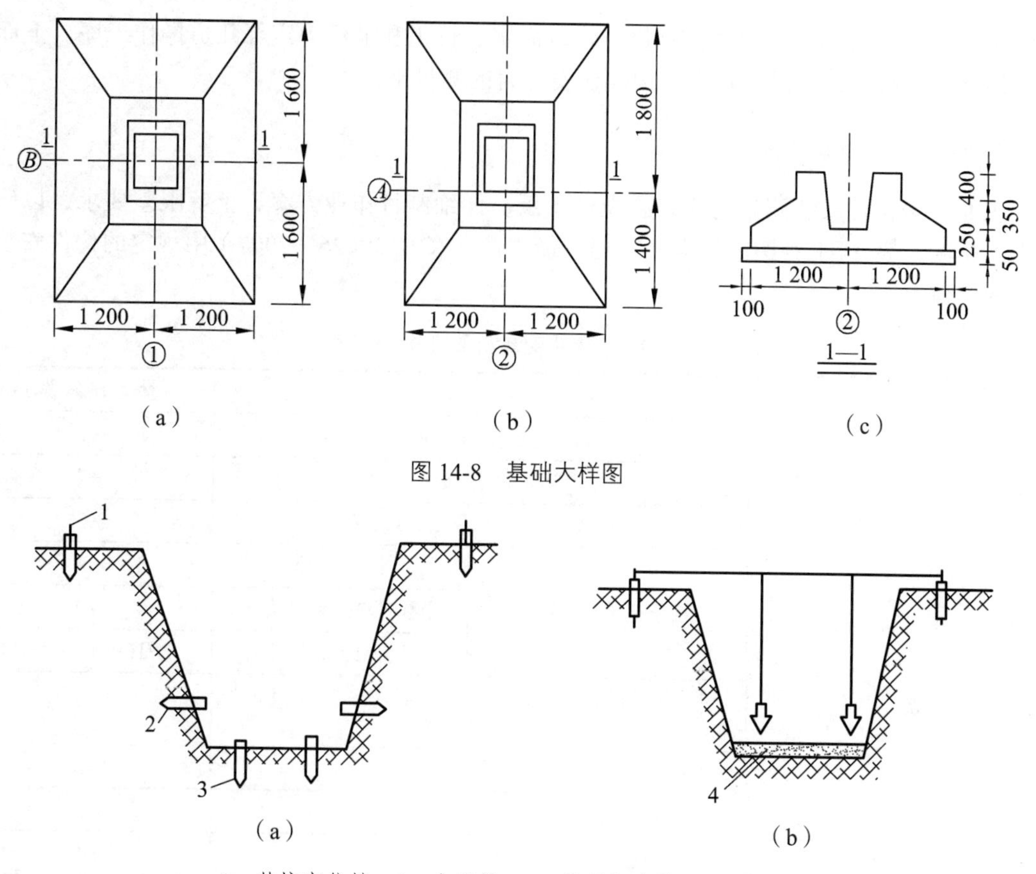


图 14-8　基础大样图

1—基坑定位桩；2—水平桩；3—垫层标高桩；4—垫层。

图 14-9　柱基放样

2. 基坑施工测量

如图 14-9 所示，当基坑开挖到一定的深度时，应在坑壁四周离坑底设计高程 0.3 ~ 0.5 m 处设置几个水平桩，作为基坑修坡和清底的高程依据。另外，还应在基坑底设置垫层标高桩，使桩顶面的高程等于垫层的设计高程，作为垫层施工的依据。

3. 基础模板定位

当垫层施工完成后，根据基坑边的桩基定位桩，用拉线吊垂球的方法，将柱基定位线投测到垫层上，用墨斗弹出墨线，用红油漆画出标记，作为桩基立模板和布置基础钢筋的依据。立模板时，将模板底线对准垫层上的定位线，并用垂球检查模板是否竖直。同时注意使杯内底部标高低于其设计标高 2 ~ 5 m，作为抄平调整的余量。拆模后，在杯口面上定出柱轴线，在杯口内壁上定出设计标高。

## 14.2.4　工业厂房构件安装测量

装配式单层工业厂房主要由柱、吊车梁、屋架、天窗架和屋面板等主要构件组成。在吊装每个构件时，有绑扎、起吊、就位、临时固定、校正和最后固定等几道操作工序。下面主要介绍柱子、吊车梁及吊车轨道等构件在安装时的测量工作。

1. 构件安装测量技术要求

工业厂房构件安装测量前应熟悉设计图纸，详细制订作业方案，了解限差要求，以确保构件的精度，表 14-1 为国家标准《工程测量规范》(GB 50026—2007) 中规定的构件安装测量的允许偏差。

表 14-1 构件安装测量的允许偏差

| 测量项目 | 测 量 内 容 | | 测量允许偏差/mm |
|---|---|---|---|
| ① 柱子、桁架或梁安装测量 | 钢柱垫板标高 | | ±2 |
| | 钢柱±0 标高检查 | | ±2 |
| | 混凝土柱（预制）±0 标高 | | ±3 |
| | 柱子垂直度检查 | 钢柱牛腿 | 5 |
| | | 柱高 10 m 以内 | 10 |
| | | 柱高 10 m 以上 | $H$/1000，且≤20 |
| | 桁架和实腹梁、衔架和钢架的支承结点同相邻高差的偏差 | | ±5 |
| | 梁间距 | | ±3 |
| | 梁面点半标高 | | ±2 |
| ② 构件预装测量 | 平台面抄平 | | ±1 |
| | 纵横中心线的正交度 | | $\pm 0.8\sqrt{l}$ |
| | 预装过程中的抄平工作 | | ±2 |
| ③ 附属构筑物安装测量 | 栈桥和斜桥中心线投点 | | ±2 |
| | 轨面的标高 | | ±2 |
| | 轨道跨距测量 | | ±2 |
| | 管道构件中心线定位 | | ±2 |
| | 管道标高测量 | | ±2 |
| | 管通垂直度测量 | | $H$/1000 |

注：$H$ 在①中为柱子高度（mm），在③中为管道垂直部分的长度（mm）；$l$ 为自交点起算的横向中心线长度，不足 5 m 时，以 5 m 计。

2. 柱子安装测量

1）吊装前的准备工作

柱子吊装前，应根据轴线控制桩把定位轴线投测到杯形基础的顶面上，并用墨线标明，如图 14-10 所示。同时在杯口内壁测设一条标高线，使从该标高线起向下量取一整分米数即到杯底的设计标高。另外，应在柱子的三个侧面弹出柱中心线，并作小三角形标志，以使安装校正，如图 14-11 所示。

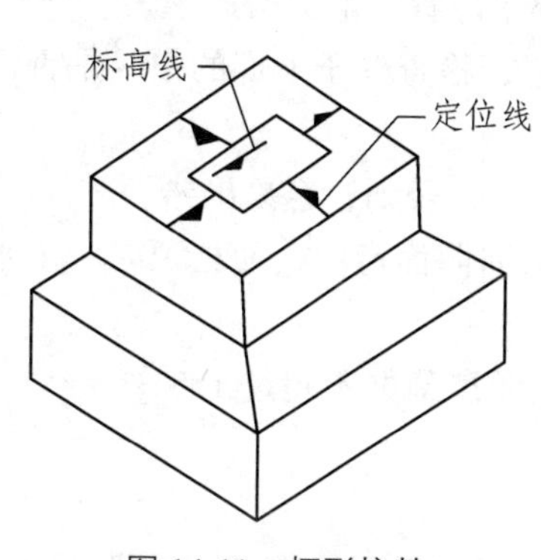


图 14-10　杯形柱基

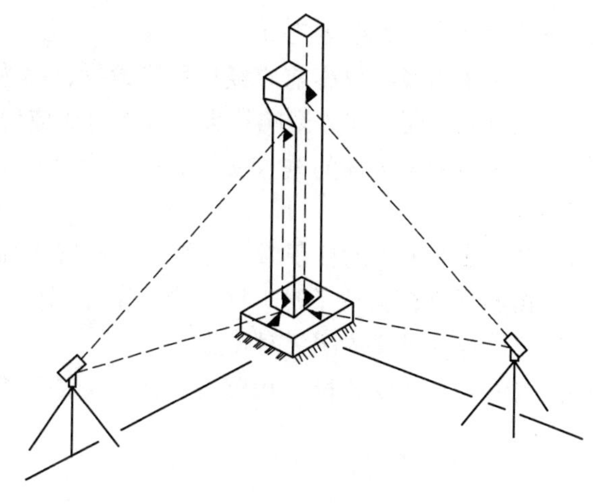

图 14-11　柱子垂直度校正

2）柱长检查与杯底找平

柱子吊装前，还应进行柱长的检查与杯底找平，由于柱底到牛腿面的设计长度加上杯底高程应等于牛腿面的高程，如图 14-12 所示（ $H_2 = H_1 + l$ ）。但柱子在预制时，由于模板制作和模板变形等原因，不可能使柱子的实际尺寸与设计尺寸一样，为了解决这个问题，往往在浇筑基础时把杯形基础底面高程降低 2 ~ 5 cm，然后用钢尺从牛腿顶面沿柱边量到柱底，根据这根柱子的实际长度，用 1∶2 水泥砂浆在杯底进行找平，使牛腿面符合设计高程。

3）柱子安装时的垂直度校正

柱子插入杯口后，首先应使柱身基本竖直，再使其侧面所弹的中心线与基础轴线重合，用木楔或钢楔初步固定，即可进行竖直校正。校正时将两架经纬仪分别安置在柱基纵、横轴线附近，离柱子的距离为柱高的 1.5 倍，如图 14-12 所示。先瞄准柱中线底部，固定照准部，仰视柱中线顶部，如重合，则柱子在此方向是竖直的；如不重合，应进行调整，直到柱子两侧面的中心线都竖直为止。

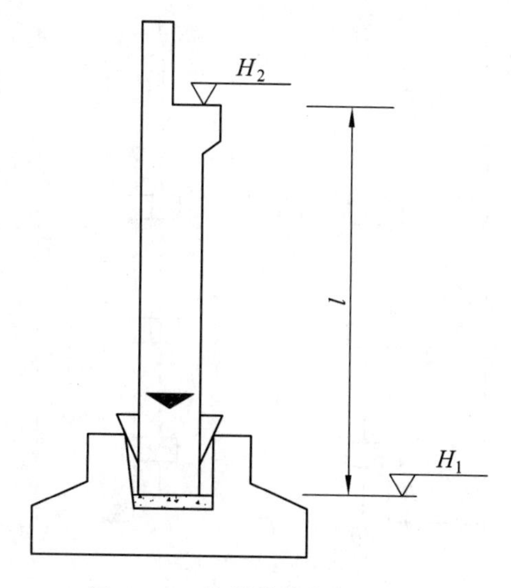


图 14-12　柱长检查与杯底找平

柱子校正时应注意以下几点：

（1）校正用的经纬仪事前应经过严格检校，因为校正柱子竖直时，往往只能用盘左或盘右一个盘位观测，仪器误差影响较大。操作时还应使照准部水准管气泡严格居中。

（2）柱子在两个方向的垂直度校好后，应复查平面位置，检查柱子下部的中线是否仍对准基础轴线。

（3）当校正变截面的柱子时，经纬仪应安置在轴线上校正；否则，容易出错。

（4）在烈日下校正柱子时，柱子受太阳光照射后，容易向阴面弯曲，使柱顶有一个水平位移。因此，应在早晨或阴天时校正。

（5）当安置一次仪器校正几根柱子时，仪器偏离轴线的角度最好不超过 15°。

### 3. 吊车梁安装测量

吊车梁安装前，应先弹出吊车梁顶面和两端的中心线，再将吊车轨道中心线投到牛腿面上。如图 14-13（a）所示，利用厂房中心线 $A_1A_1$，根据设计轨距在地面上测设出吊车轨道中心线 $A'A'$ 和 $B'B'$。然后分别安置经纬仪于吊车轨道中心线的一个端点 $A'$ 上，瞄准另一端点 $A'$，仰起望远镜，即可将吊车轨道中心线投测到每根柱子的牛腿面上并弹以墨线。最后，根据牛腿面上的中心线和吊车梁端面的中心线，将吊车梁安装在牛腿面上。

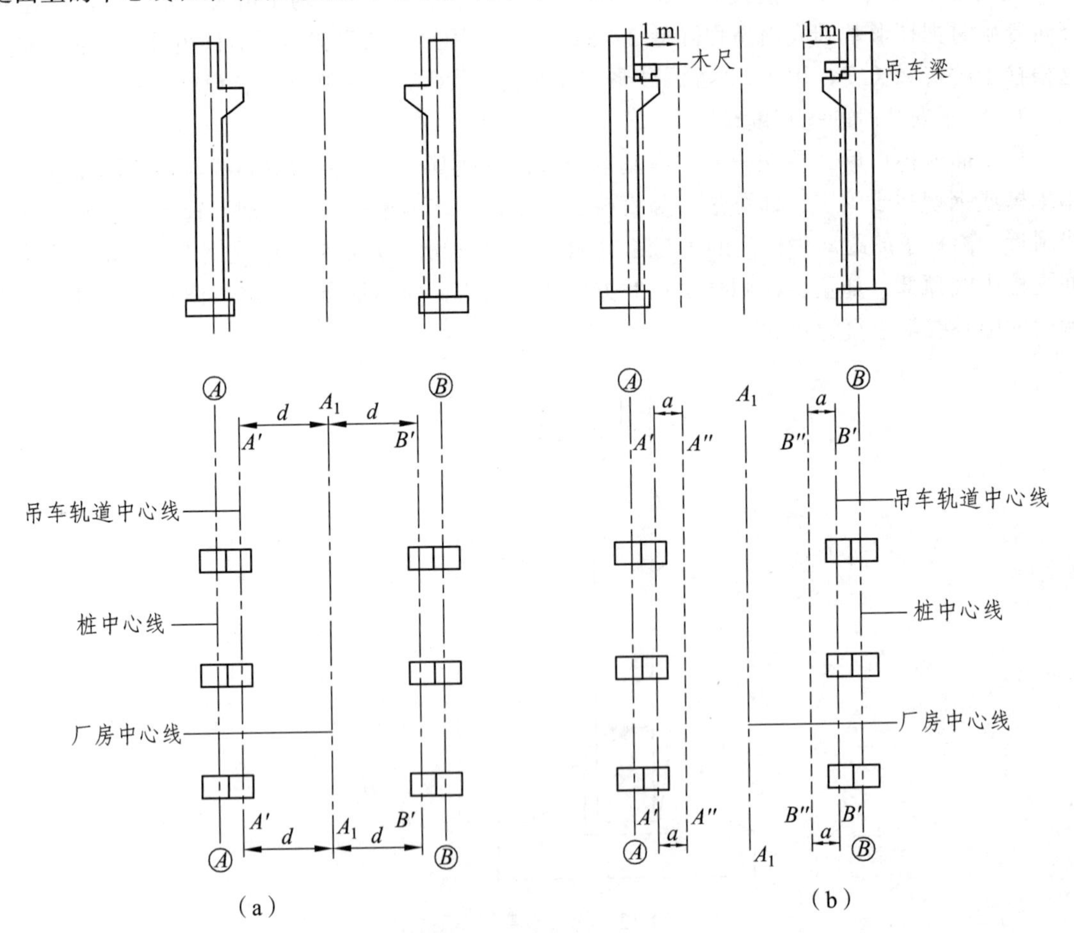


图 14-13　吊车梁和吊车轨道安装

吊车架安装完后，还需检查其高程，将水准仪安置在地面上，在柱子侧面测设+50 cm 的标高线；再用钢尺从该线沿柱子侧面向上量出至吊车梁顶面的高度，检查吊车梁顶面的高程是否正确；最后在吊车梁下用钢板调整梁面高程，使之符合设计要求。

4. 吊车轨道安装测量

吊车轨道安装前，通常采用平行线法先检测吊车梁顶面的中心线是否正确。如图 14-13（b）所示，首先在地面上从吊车轨道中心线向厂房中心线方向量出长度 $a$=1 m，得平行线 $A''A''$ 和 $B''B''$，安置经纬仪于平行线一端的 $A''$ 点上，瞄准男一端点 $A''$，固定照准部，仰起望远镜投测；此时另一人在吊车梁上左右移动横放的木尺，当视线正对准尺上 1 m 刻画时，尺的零点应与吊车梁顶面上的中线重合。如不重合，应予以改正，可用撬动移动吊车梁，使吊车梁中线至 $A''A''$（或 $B''B''$）的间距等于 1 m 为止。

吊车轨道按中心线安装就位后，应进行高程和距离两项检测。高程检测时，将水准仪安置在吊车梁上，水准尺直接放在吊车轨道顶上进行高程检测，每隔 3 m 测一点的高程，并与设计高程相比较，误差不超过相应的限差。距离检测可用钢尺丈量两吊车轨道间的跨距，与设计跨距比较，误差应符合相应要求。

## 14.3 烟囱、水塔施工测量

烟囱和水塔等高耸构筑物，虽然形式不同，但具有基础小、主体高、重心高、稳定性差的共同特点。施工时必须严格控制主体的中心位置偏差，保证主体竖直。如图 14-14 所示为一座超高烟囱，采用滑模施工工艺，用激光垂准仪导向。

### 14.3.1 基础施工测量

如图 14-15 所示，首先，根据设计要求和已有测量控制点情况，拟订测设方案，准备测设数据，并在实地定出基础中心点 $O$ 的位置。然后安置经纬仪或全站仪于 $O$ 点，定出正交的两条定位抽线 $AB$ 和 $CD$，轴线控制点 $A$、$B$、$C$、$D$ 应选在不易碰动和便于安置仪器的地方，离中心点 $O$ 的距离应大于烟囱或水塔底部直径的 1.5 倍。再以 $O$ 点为圆心，以烟囱或水塔底部半径 $r$ 与基坑开挖时放坡宽度 $b$ 之和为半径（即 $r+b$），在地面上画圈，并撒灰线，以标明开挖边线；同时在开挖边线外侧 2 m 左右的定位轴线方向上标定 $E$、$G$、$H$、$F$ 四个定位小木柱，作为修坑和恢复基础中心用。

当基坑挖至接近设计深度时，应在坑壁测设标高桩，作为检查挖土深度和确定浇灌混凝土垫层标高用。浇灌混凝土基础时，根据定位小木桩，在基础表面中心埋设角钢，用经纬仪或全站仪将烟囱或水塔中心投到角钢上，并锯刻十字标记，作为主体施工时垂直导向和控制半径的依据。

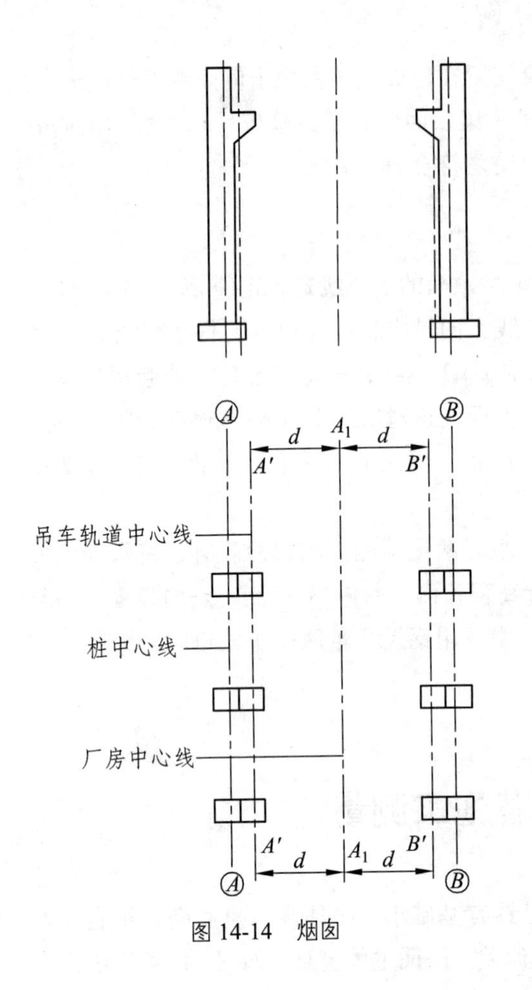

图 14-14 烟囱

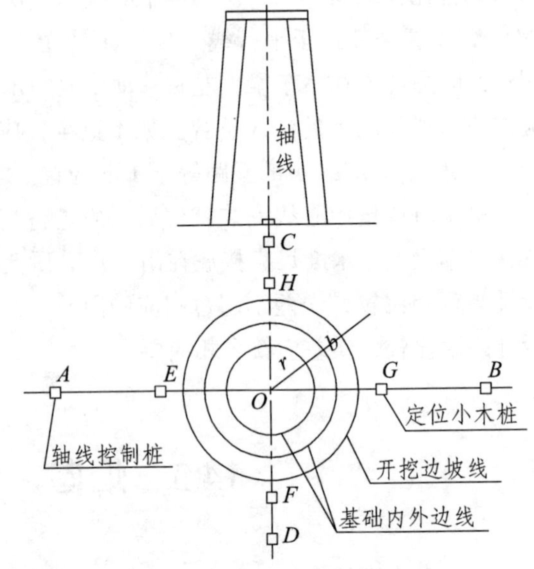

图 14-15 烟囱、水塔基础中心定位

## 14.3.2 主体施工测量

在烟囱或水塔主体施工过程中，每提升一次模板或步架时，都要用吊垂线法或激光导向法，将烟囱或水塔中心点垂直引测到工作面上，再以引测的中心点为圆心，以工作面上烟囱或水塔的设计半径为半径，用木尺杆画圆，以检查烟囱或水塔壁的位置，并作为下一步搭架或滑模的依据。

吊垂线法是在施工工作面的木方上用细钢丝悬吊 8 ~ 12 kg 的垂球，调整木方，当垂球尖对准基础中心点时，钢丝在木方的位置即为烟囱或水塔的中心，如图 14-15 所示。此法是一种比较原始但非常简便的方法，由于垂球容易摆动，只适用于高度在 100 m 以下的烟囱或水塔，而且每提升 10 ~ 20 m，要用经纬仪或全站仪进行一次复核，以免出错。

激光导向法是将激光垂准仪安置在烟囱中心点 $O$ 上，根据铅直的激光束调整木方，当激光光斑中心与接收靶中心重合时，靶中心即为烟囱或水塔中心。激光导向法投点后，同样需用经纬仪或全站仪进行投点检核，其偏差也不应超过规定的限差。

主体的标高测设，先是用水准测量方法将+0.5 m 的标高线测设在烟囱或水塔的外壁上，然后从该标高线起用钢尺向上量取进行高程传递。

## 思考题与习题

1. 在房屋放样中，设置轴线控制桩的作用是什么？如何测设？
2. 试述高层建筑物施工测量中轴线投测和高程传递的方法。
3. 试述工业厂房控制网的测设方法。
4. 试述工业厂房柱基的放样方法。
5. 如何进行柱子安装的垂直校正？应注意哪些问题？
6. 试述吊车梁的安装测量方法。
7. 在烟囱和水塔施工中，如何进行中心点投测？

# 15 建筑物变形观测

## 15.1 建筑物变形观测概述

建筑变形是指建筑在荷载作用下产生的形状或位置变化的现象，可分为沉降和位移两大类。沉降是指竖向的变形，包括下沉和上升；位移是指除沉降外其他变形的统称，包括水平位移、倾斜、挠度、裂缝、收敛变形、风振变形和日照变形等。因此建筑物的变形观测主要内容包括沉降观测、水平位移观测、倾斜观测、挠度观测、裂缝观测、收敛变形观测、风振变形观测和日照变形观测等。本章主要介绍的内容为建筑物的沉降观测、水平位移观测和倾斜观测。

根据建筑变形的性质，建筑物的变形可分为静态变形和动态变形两大类。静态变形是时间的函数，变形观测的结果只表示在某一期间内的变形值。动态变形是指建筑物或构筑物在外力作用下产生的变形，它是以外力为函数表示动态系统对时间的变化，其观测结果表现为某个时刻的瞬时变形。本章所涉及的建筑物变形主要为静态变形类别。

建筑变形观测是指对建筑物或构筑物的场地、地基、基础、上部结构及周边环境受荷载作用而产生的形状或位置变化进行观测，并对观测结果进行处理、表达和分析的工作。在建筑变形测量中，所采用的技术方案要充分贯彻执行国家有关技术经济政策，所采用观测方法必须做到安全适用、技术先进、经济合理、确保质量。

### 15.1.1 建筑物变形观测的总体要求

建筑变形观测使用范围可以分为施工期间变形观测、使用期间变形观测和特殊变形观测等。施工期间变形观测主要是指建筑物在施工过程中的调整和控制建筑物的变形量。使用期间变形观测主要是指建筑物交付使用后的变形检验和变形监测。特殊变形观测主要是指出于对建筑物变形的研究与分析，为了验证或提高某种变形观测的方案与方法，分析变形产生的机理与过程，而进行的以科学研究为目的变形观测。

建筑物或构筑物在施工期间的变形测量应符合下列规定：

（1）对各类建筑，应进行沉降观测，宜进行场地沉降观测、地基土分层沉降观测和斜坡位移观测。

（2）对基坑工程，应进行基坑及其支护结构变形观测和周边环境变形观测；对一级基坑，应进行基坑回弹观测。

（3）对高层和超高层建筑，应进行倾斜观测。

（4）当建筑出现裂缝时，应进行裂缝观测。

（5）建筑施工需要时，应进行其他类型的变形观测。

建筑物或构筑物在使用期间的变形测量应符合下列规定：

（1）对各类建筑，应进行沉降观测。

（2）对高层、超高层建筑及高耸构筑物，应进行水平位移观测、倾斜观测。

（3）对超高层建筑，应进行挠度观测、日照变形观测、风振变形观测。

（4）对市政桥梁、博览（展览）馆及体育场馆等大跨度建筑，应进行挠度观测、风振变形观测。

（5）对隧道、涵洞等，应进行收敛变形观测。

（6）当建筑出现裂缝时，应进行裂缝观测。

（7）当建筑运营对周边环境产生影响时，应进行周边环境变形观测。

（8）对超高层建筑、大跨度建筑、异型建筑以及地下公共设施、涵洞、桥隧等大型市政基础设施，宜进行结构健康监测。

（9）建筑运营管理需要时，应进行其他类型的变形观测。

建筑变形测量可采用独立的平面坐标系统及高程基准。对大型或有特殊要求的项目，宜采用 2000 国家大地坐标系及 1985 国家高程基准或项目所在城市使用的平面坐标系统及高程基准。建筑变形测量应采用公历纪元、北京时间作为统一时间基准。

建筑变形测量过程中发生下列情况之一时，应立即实施安全预案，同时应提高观测频率或增加观测内容：

（1）变形量或变形速率出现异常变化。

（2）变形量或变形速率达到或超出变形预警值。

（3）开挖面或周边出现塌陷、滑坡。

（4）建筑本身或其周边环境出现异常。

（5）由于地震、暴雨、冻融等自然灾害引起的其他变形异常情况。

### 15.1.2 建筑物变形观测的精度等级

建筑变形测量的观测精度等级，应根据建筑类型、变形测量类型以及项目勘察、设计、施工、使用或委托方的要求而确定。建筑变形测量应以中误差作为衡量精度的指标，并以二倍中误差作为极限误差。

对于明确要求按建筑地基变形允许值来确定精度等级或需要对变形过程进行研究分析的建筑变形测量项目，应根据变形测量的类型和国家标准《建筑地基基础设计规范》（GB 50007—2011）规定或工程设计给定的建筑地基变形允许值，先估算变形测量精度。若为沉降观测，应取差异沉降的沉降差允许值的 1/10～1/20 作为沉降差测定的中误差，并将该数值视为监测点测站高差中误差；若为位移观测，应取变形允许值的 1/10～1/20 作为位移量测定中误差，并根据位移量测定的具体方法计算监测点坐标中误差或测站高差中误差。估算出变形测量精度后，再按行业标准《建筑变形测量规范》（JGJ 8—2016）中的相关规定，确定建筑变形测量的精度等级。

行业标准《建筑变形测量规范》( JGJ 8—2016 ) 中将建筑变形测量等级分为特级、一级、二级、三级和四级，并对各等级建筑变形测量作出了具体的精度要求，见表 15-1 所示。

表 15-1　建筑变形测量的等级、精度指标及其适用范围

| 变形测量等级 | 沉降监测点测站高差中误差/mm | 位移监测点坐标中误差/mm | 主要适用范围 |
| --- | --- | --- | --- |
| 特级 | 0.05 | 0.3 | 特高精度要求的变形测量 |
| 一级 | 0.15 | 1.0 | 地基基础设计为甲级的建筑的变形测量；重要的古建筑、历史建筑的变形测量；重要的城市基础设施的变形测量等 |
| 二级 | 0.5 | 3.0 | 地基基础设计为甲、乙级的建筑的变形测量；重要场地的边坡监测；重要的基坑监测；重要管线的变形测量；地下工程施工及运营中的变形测量；重要的城市基础设施的变形测量等 |
| 三级 | 1.5 | 10.0 | 地基基础设计为乙、丙级的建筑的变形测量；一般场地的边坡监视；一般的基坑监测；地表、道路及一般管线的变形测量；一般的城市基础设施的变形测量；日照变形测量；风振变形测量等 |
| 四级 | 3.0 | 20.0 | 精度要求低的变形测量 |

### 15.1.3　建筑物变形观测的技术设计与实施

建筑变形测量的技术设计与实施，应能反映建筑场地、地基、基础、上部结构及周边环境在荷载和环境等因素影响下的变形程度或变形趋势，并应满足建筑设计、施工和管理对变形信息的使用要求。

对建筑变形测量项目，应根据项目委托方要求、建筑类型、岩土工程勘察报告、地基基础和建筑结构设计资料、施工计划以及测区条件等编写技术设计。技术设计应包括下列主要内容：任务要求；待测建筑概况，包括建筑及其结构类型、岩土工程条件、建筑规模、所在位置、所处工程阶段等；已有变形测量成果资料及其分析；依据的技术标准名称及编号；变形测量的类型和精度等级；采用的平面坐标系统、高程基准；基准点、工作基点和监测点布设方案，包括标石与标志型式、埋设方式、点位分布及数量等；观测频率及观测周期；变形预警值及预警方式；仪器设备及其检校要求；观测作业及数据处理方法要求；提交成果的内容、形式和时间要求；成果质量检验方式；相关附图、附表等。

变形监测网点，宜分为基准点、工作基点和变形观测点。变形监测网点的布设应根据建筑结构、形状和场地工程地质条件等确定，点位应便于观测、易于保护，标志应稳固。基准点，应选在变形影响区域之外稳固可靠的位置。每个工程至少应有 3 个基准点。大型的工程项目，其水平位移基准点应采用观测墩，垂直位移基准点宜采用双金属标或钢管标。工作基点，应选在比较稳定且方便使用的位置。设立在大型工程施工区域内的水平位移监测工作基

点宜采用观测墩，垂直位移监测工作基点可采用钢管标。对通视条件较好的小型工程，可不设立工作基点，在基准点上直接测定变形观测点。变形观测点，应设立在能反映监测体变形特征的位置或监测断面上，监测断面一般分为：关键断面、重要断面和一般断面。需要时，还应埋设一定数量的应力、应变传感器。监测基准网，应由基准点和工作基点构成。监测基准网应每半年复测一次；当对变形监测成果发生怀疑时，应随时检核监测基准网。

建筑变形测量的仪器设备应符合下列规定：

（1）水准仪及配套水准尺、全站仪、卫星导航定位测量系统等仪器设备，应经法定计量检定机构检定合格，并应在检定有效期内使用。

（2）作业前和作业过程中，应根据现场作业条件的变化情况，对所用仪器设备进行检查校正。

（3）作业时，仪器设备应避免安置在有空压机、搅拌机、卷扬机、起重机等振动影响的范围内。

（4）仪器设备应在其说明书给出的作业条件下使用，有关安装、操作及设备维护等应符合其说明书的规定。

### 15.1.4 建筑物变形观测的周期

建筑变形测量应按确定的观测周期与总次数进行观测。变形观测的周期取决于变形值的大小和速度以及变形观测的目的。变形观测频率和观测周期应根据建筑的工程安全等级、变形类型、变形特征、变形量、变形速率、施工进度计划以及外界因素影响等情况确定，并应以能系统地反映所测建筑变形的变化过程且不遗漏其变化时刻为原则。

（1）对于单一层次布网，观测点与控制点应按变形观测周期进行观测，对于两个层次布网，观测点及联测的控制点应按变形观测周期进行观测，控制网部分可按复测周期进行观测。

（2）变形观测周期应以能系统反映所测变形的变化过程且不遗漏其变化时刻为原则，根据单位时间内变形量的大小及外界因素影响确定。当观测中发现变形异常时，应及时增加观测次数。

（3）控制网复测周期应根据测量目的和点位的稳定情况而定，一般宜每半年复测一次。在建筑施工过程中应适当缩短观测时间间隔，点位稳定后可适当延长观测时间间隔。当复测成果或检测成果出现异常，或测区受到如地震、海啸、洪水、台风、爆破等外界因素影响时，应及时进行复测。

（4）变形测量的首次（零周期）观测应适当增加观测量，以提高初始值的可靠性。

（5）不同周期观测时，宜采用相同的观测网形和观测方法，并使用相同类型的测量仪器。对于特级和一级变形观测，还宜固定观测人员、选择最佳观测时段、在基本相同的环境和条件下观测。

在建筑变形观测过程中，若发生下列情况之一时，应及时增加观测次数或调整变形观测方案：监测项目变形量或变形速率出现异常变化；监测项目变形量达到或超出预警值；监测项目周边或开挖面出现塌陷、滑坡；监测项目本身、周边建筑及地表出现异常；由自然灾害引起的其他变形异常情况，如地震、暴雨、冻融等。

## 15.2　沉降位移观测

建筑物沉降观测是建筑物垂直位移观测的重要指标之一。建筑物沉降观测应测定建筑的沉降量、沉降差及沉降速率，并应根据需要计算基础倾斜、局部倾斜、相对弯曲及构件倾斜。

### 15.2.1　水准基点与沉降观测点的布设

1. 水准基点的布设

水准基点是沉降观测的基准，沉降观测应设置沉降水准基点。对于特等、一等沉降观测，水准基点不应少于 4 个；其他等级沉降观测，水准基点不应少于 3 个。水准基点之间应形成闭合环。

沉降水准基点的点位选择应符合下列规定：

（1）基准点应避开交通干道主路、地下管线、仓库堆枝、水源地、河岸、松软填土、滑坡地段、机器震动区以及其他可能使标石、标志易遭腐蚀和破坏的地方。

（2）密集建筑区内，基准点与待测建筑的距离应大于该建筑基础最大深度的 2 倍。

（3）二等、三等和四等沉降观测，基准点可选择在满足前款距离要求的其他稳固的建筑上。

（4）对地铁、高架桥等大型工程，以及大范围建设区域等长期变形测量工程，宜埋设 2 ~ 3 个基岩标作为基准点。

2. 沉降观测点的布设

沉降监测点应能反映建筑及地基变形特征，并应顾及建筑结构和地质结构特点。当建筑结构或地质结构复杂时，应加密布点。对工业与民用建筑，沉降监测点宜布设在下列位置：

（1）建筑的四角、核心筒四角、大转角处及沿外墙每 10 ~ 20 m 处或每隔 2 ~ 3 根柱基上。

（2）高低层建筑、新旧建筑和纵横墙等交接处的两侧。

（3）建筑裂缝、后浇带两侧、沉降缝两侧、基础埋深相差悬殊处、人工地基与天然地基接壤处、不同结构的分界处及填挖方分界处以及地质条件变化处两侧。

（4）对宽度大于或等于 15 m，或宽度虽小于 15 m 但地质复杂及膨胀土、湿陷性土地区的建筑，应在承重内隔墙中部设内墙点，并在室内地面中心及四周设地面点。

（5）邻近堆置重物处、受震动显著影响的部位及基础下的暗沟处。

（6）框架结构及钢结构建筑的每个或部分柱基上或沿纵横轴线上。

（7）筏形基础、箱形基础底板或接近基础的结构部分的四角处及其中部位置。

（8）重型设备基础和动力设备基础的四角、基础形式或埋深改变处。

（9）超高层建筑或大型网架结构的每个大型结构柱监测点数不宜少于 2 个，且应设置在对称位置。对于电视塔、烟囱、水塔、油罐、炼油塔、高炉等大型或高耸建筑，监测点应设在沿周边与基础轴线相交的对称位置上，点数不应少于 4 个。对于城市基础设施，监测点的布设应符合结构设计及结构监测的要求。

沉降观测标志应稳固埋设，高度以高于室内地平（±0.000 m）0.2 ~ 0.5 m 为宜。对于建筑立面装修的建筑物，宜预埋螺栓式活动标志。沉降监测点的标志可根据待测建筑的结构类型和墙体材料等情况进行选择，并应符合下列规定：

（1）标志的立尺部位应加工成半球形或有明显的突出点，并宜涂上防腐剂；

（2）标志的埋设位置应避开雨水管、窗台线、散热器、暖水管、电气开关等有碍设标与观测的障碍物，并应视立尺需要离开墙面、柱面或地面一定距离，宜与设计部门沟通；

（3）标志应美观，易于保护；

（4）当采用静力水准测量进行沉降观测时，标志的型式及其埋设，应根据所用静力水准仪的型号、结构、安装方式以及现场条件等确定。

沉降观测点布设，如图 15-1 所示，墙上观测点标志，如图 15-2（a）所示，钢筋混凝土柱上观测点标志，如图 15-2（b）所示，基础上观测点标志，如图 15-3 所示。

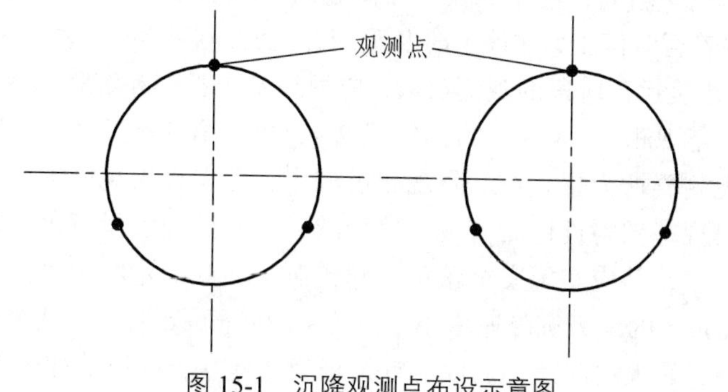


图 15-1　沉降观测点布设示意图

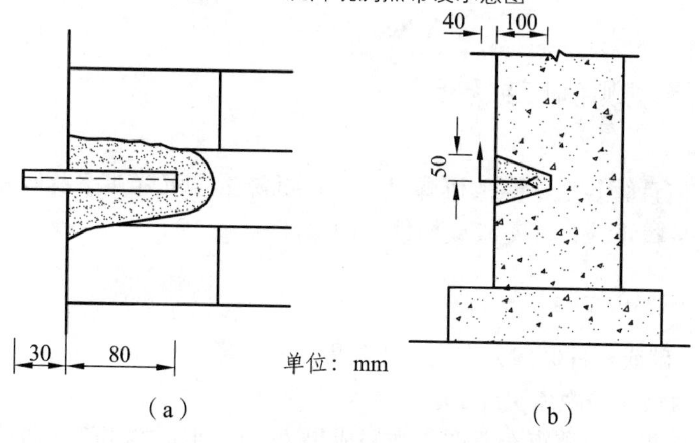


图 15-2　主体沉降观测点标志示意图

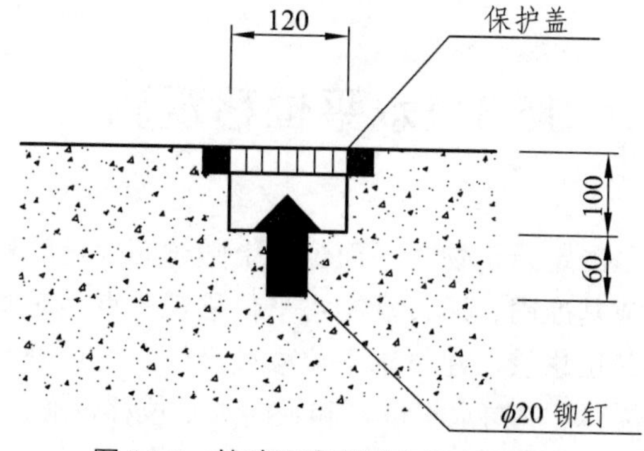


图 15-3　基础沉降观测点标志示意图

### 15.2.2 沉降观测点施测

沉降观测应根据现场作业条件，采用水准测量、静力水准测量或三角高程测量等方法进行。沉降观测的精度等级应符合表 15-1 中的规定。对建筑基础和上部结构，沉降观测精度不应低于三级。

沉降观测的周期和观测时间，在建筑施工阶段的观测应符合下列规定：

（1）宜在基础完工后或地下室砌完后开始观测。

（2）观测次数与间隔时间应视地基与荷载增加情况确定。高层建筑宜每加高 2 ~ 3 层观测 1 次，工业建筑宜按回填基坑、安装柱子和屋架、砌筑墙体、设备安装等不同施工阶段分别进行观测。若建筑施工均匀增高，应至少在增加荷载的 25%、50%、75%和 100%时各测 1 次。

（3）施工过程中若暂时停工，在停工时及重新开工时应各观测 1 次，停工期间可每隔 2 ~ 3 个月观测 1 次。在建筑运营阶段的观测次数，应视地基土类型和沉降速率大小确定。除有特殊要求外，可在第一年观测 3 ~ 4 次，第二年观 2 ~ 3 次，第三年后每年观测 1 次，至沉降达到稳定状态或满足观测要求为止。在沉降观测过程中，若发现大规模沉阵、严重不均匀沉降或严重裂缝等，或出现基础附近地面荷载突然增减、基础四周大量积水、长时间连续降雨等情况，应提高观测频率，并应实施安全预案。建筑沉降达到稳定状态可由沉降量与时间关系曲线判定。当最后 100 d 的最大沉降速率小于 0.01 ~ 0.04 mm/d 时，可认为已达到稳定状态。对具体沉降观测项目，最大沉降速率的取值宜结合当地地基土的压缩性能来确定。

### 15.2.3 沉降观测的成果整理

每期观测后，应计算各监测点的沉降量、累计沉降量、沉降速率及所有监测点的平均沉降量。根据需要，可按下式计算基础或构件的倾斜度

$$\alpha = \left(S_A - S_B\right) / L \tag{15-1}$$

式中：$S_A$、$S_B$——基础或构件倾斜方向上 $A$、$B$ 两点的沉降量（mm）；

$L$——$A$、$B$ 两点间的距离（mm）。

沉降观测成果应提交监测点布置图、观测成果表、时间-荷载-沉降量曲线和等沉降曲线。

## 15.3 水平位移观测

水平位移观测的目的是测定建筑物在平面位置上随时间变化的移动量。水平位移观测必须要建立基准点、基准线或基准网，通过观测水平位移观测点相对基准点、基准线或基准网的平面坐标，进而推算出其位移量。建筑水平位移按坐标系统可分为横向水平位移、纵向水平位移及特定方向的水平位移。横向水平位移和纵向水平位移可通过监测点的坐标测量获得。特定方向的水平位移可直接测定。

### 15.3.1 水准基点与水平位移观测点的布设

1. 水准基点的布设

水平位移的基准点应选择在建筑变形以外的区域。水平位移监测点应选在建筑的墙角、柱基及一些重要位置，标志可采用墙上标志。水平位移观测基准点的设置应符合下列规定：

（1）对水平位移观测、基坑监测或边坡监测，应设置位移基准点。基准点数对特等和一等不应少于 4 个，对其他等级不应少于 3 个。当采用视准线法和小角度法时，当不便设置基准点时，可选择稳定的方向标志作为方向基准。

（2）对风振变形观测、日照变形观测或结构健康监测，应设置满足三维测量要求的基准点。基准点数不应少于 2 个。

（3）对倾斜观测、挠度观测、收敛变形观测或裂缝观测，可不设置位移基准点。

2. 水平位移观测点的布设

水平位移变形观测点，应布设在建构筑物的下列部位：

（1）建筑物的主要墙角和柱基上以及建筑沉降缝的顶部和底部；

（2）当有建筑裂缝时，还应布设在裂缝的两边；

（3）大型构筑物的顶部、中部和下部。观测标志宜采用反射棱镜、反射片、照准觇牌或变径垂直照准杆。水平位移观测的周期，应根据工程需要和场地的工程地质条件综合确定。

### 15.3.2 水平位移观测的方法

水平位移观测应根据现场作业条件，采用全站仪测量、卫星导航定位测量、激光测量或近景摄影测量等方法进行。水平位移观测的精度等级应符合表 15-1 中的规定。

水平位移监测基准网，可采用三角形网、导线网、GPS 网和视准轴线等形式。当采用视准轴线时，轴线上或轴线两端应设立检核点。水平位移监测基准网宜采用独立坐标系统，并进行一次布网。必要时，可与国家坐标系统联测。直线形建筑物的主轴线或其平行线，应纳入网内。大型工程布网时，应充分顾及网的精度、可靠性和灵敏度等指标。因此，水平位移观测的常用方法有三角形网、极坐标法、交会法、GPS 测量、正倒垂线法、视准线法、引张线法、激光准直法、精密量距、伸缩仪法、多点位移计、倾斜仪等。本章节主要介绍基准线法（视准线法和小角度观测法）、三角测量法、极坐标法和测角前方交会法。

1. 基准线法

基准线法也称为方向线法或轴线法，其原理是建立一条基准线，根据它测定建筑物垂直于基准线方向的水平位移。在实际操作中，基准线法又可分为视准线法、小角度观测法、激光准直法和引张线法。

1）视准线法

用视准线法观测水平位移，是以建筑物两端的两个工作基点所控制的视准线为基准，来测量建筑物上位移观测点的水平位移量。观测时，在基准线一端的工作基点上架设经纬仪，后视另一端的工作基点，固定照准部，然后用望远镜瞄准位移观测点。在各位移观测点处，一人按照观测者的指挥沿着垂直于视准线的方向移动觇标，直到觇标中心线与视准线重合为止，读出偏移量，做好记录。宜用两个盘面位置进行多次测定，符合精度后取其平均值。为了读数便利，也可以在一纵排的位移观测点上用几个活动觇标同时进行测定。

视准线法的主要技术要求，应符合下列规定：

（1）视准线两端的延长线外，宜设立校核基准点；

（2）视准线应离开周邻障碍物 1 m 以上；

（3）各测点偏离视准线的距离，不应大于 2 cm；

（4）采用小角法时可适当放宽，小角角度不应超过 30″；

（5）基准点和测站点，应采用有强制对中装置的观测墩；

（6）当采用活动觇牌法观测时，观测前应对觇牌的零位差进行测定。

2）小角度观测法

小角度观测法就是利用精密经纬仪，在基准点上安置仪器，通过测定观测点方向与基准线所夹的角度（水平角），来计算水平位移。如图 15-4 所示，$AB$ 为基准线，在工作基点 $A$ 处安置精密经纬仪，在工作基点 $B$ 和观测点 $P$ 处安置观测标志，测量水平角 $\beta$。由于这个水平角度较小，观测时仅需转动经纬仪的水平微动螺栓即可，根据经纬仪到观测点的水平距离 $L$，可以计算出观测点 $P$ 在垂直于基准线方向的偏移量

$$\Delta_i = \frac{\beta}{\rho''} L \tag{15-2}$$

式中：$\beta$——为观测水平角角度（″）；

$L$——为工作基点到观测点的水平距离（mm）；

$\rho''$——206 265″。

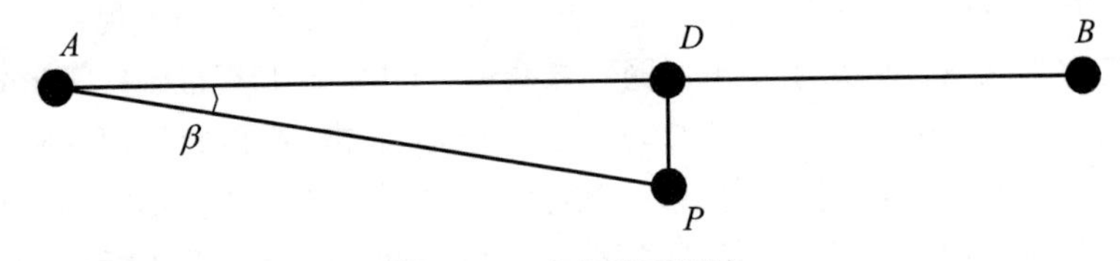


图 15-4　小角度观测法

2. 三角测量法

如果观测点上可以安置仪器和观测标志，则可以采用三角测量法测定各观测点的坐标，如图 15-5 所示，$P_1$、$P_2$、$P_3$ 为工作基点，$A$、$B$、$C$ 为水平位移观测点，观测时可以采用三角测量、三边测量或边角测量，完成观测点的坐标测量。

3. 极坐标法

极坐标法是将全站仪安置于水平位移观测工作基点上，后视另一个工作基点，对水平位移变形观测点进行坐标测量的方法。通过使用全站仪及相应的照准标志，可以直接测定出观测点的平面坐标，通过周期性观测便可计算出观测点的坐标差，进而得到观测点的水平位移

量及位移方向。随着现代测绘技术及测绘仪器的发展，极坐标法是进行水平位移观测最简便的方法之一。

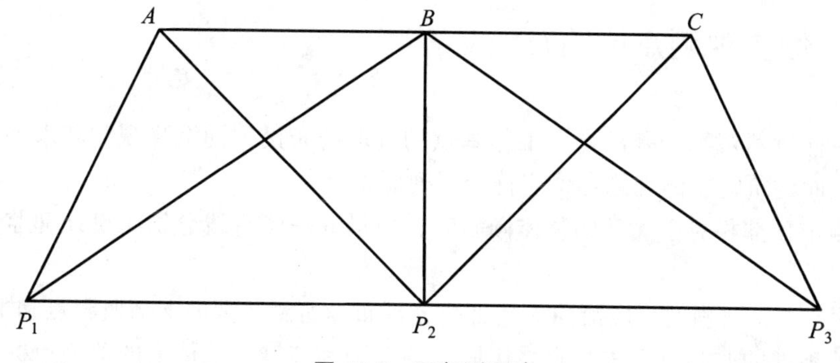


图 15-5 三角测量法

4. 测角前方交会法

在测定大型工程项目的水平位移时，由于其影响范围较大，观测点位较多，通常采用侧角前方交会法进行建筑物的水平位移定期观测。在交会测量时，应选择在变形范围以外距观测点较远的地点，注意选取最佳的交会测量图形，最好采用三点交会法。如图 15-6 所示，通过定期的在工作基点观测 $\alpha$、$\beta$ 水平角度，便可计算出观测点 $P$ 的平面坐标，对比各周期的坐标，可以得到观测点的变形差值。

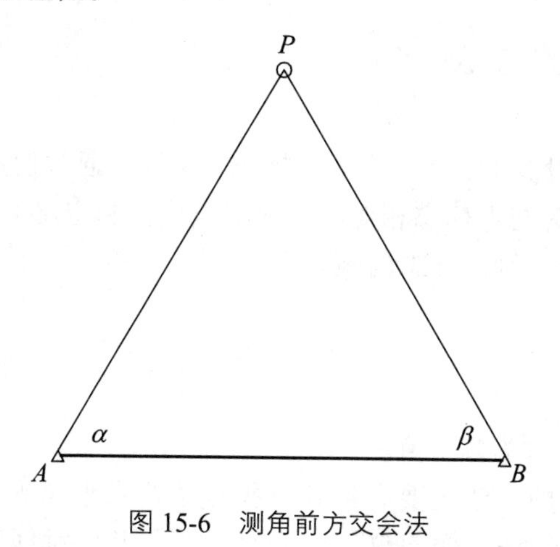


图 15-6 测角前方交会法

## 15.4 倾斜观测

建筑物主体产生倾斜的原因主要包括地基不均匀沉降；建筑物体型复杂，产生的不同荷载；施工未达到设计要求，导致承载力不足；受外力作用如地震、风荷载、地下水抽取等；产生主体变形；等等。建筑物的主体倾斜观测是指测定建筑物顶部相对于底部或各层间的水平位移量，分别计算建筑物整体或分层的倾斜度、倾斜速度和倾斜方向。建筑物在施工过程中及竣工验收前，宜对建筑物上部结构或墙面、柱等进行倾斜观测，建筑物运营阶段，当发生倾斜时，应及时进行倾斜观测。

### 15.4.1 倾斜观测点位的布设

建筑物主体倾斜观测的基准点、工作基点的选取与布设，同沉降观测和水平位移观测原理基本相同。而建筑物主体观测点位应符合下列要求：

（1）当测定顶部相对于底部的整体倾斜时，应沿同一竖直线分别布设顶部监测点和底部对应点。

（2）当测定局部倾斜时，应沿同一竖直线分别布设所测范围的上部监测点和下部监测点。

（3）建筑顶部的监测点标志，宜采用固定的舰牌和棱镜，墙体上的监测点标志可采用埋人式照准标志或粘贴反射片标志。

（4）对不便埋设标志的塔形、圆形建筑以及竖直构件，可粘贴反射片标志，也可照准视线所切同高边缘确定的位置或利用符合位置与照准要求的建筑特征部位。

倾斜观测的周期，宜根据倾斜速率每 1 ~ 3 个月观测 1 次。当出现基础附近因大量堆载或卸载、场地降雨长期积水等导致倾斜速度加快时，应提高观测频率。施工期间倾斜观测的周期和频率，宜与沉降观测同步。

### 15.4.2 倾斜观测的方法

通常在建筑物立面上设置上、下 2 个观测标志，上标志通常设置为建筑物中心线或其墙、柱等的顶部点位，下标志为与上标志相对应的底部点位。测定出上标志与下标志间的水平距离 $\Delta D$ 和它们之间的高差 $h$，则两标志的倾斜率

$$i=\frac{\Delta D}{h} \tag{15-3}$$

倾斜率也称为倾斜度，$\Delta D$ 称为倾斜值。

建筑物主体倾斜观测的方法主要有经纬仪投点法、水平角观测法、前方交会法、差异沉降法、激光准直法、垂线法、倾斜仪、电垂直梁等，其中垂线法操作最为简单，根据测定的偏差值直接确定建筑物的倾斜度，但是针对于当前高层建筑普遍存在的现状，垂线法无法固定悬挂垂球的钢丝，并受外界影响较大，观测难度较大且精度不高。利用以上传统观测方法，进行建筑物主体倾斜观测，工作量大、效率低、精度不高，且程序烦琐。目前采用全站仪投点法进行建筑物主体倾斜定期观测，使得倾斜观测操作十分简便，效率高，精度能够得以保障。

当采用投点法时，测站点宜选在与倾斜方向成正交的方向线上距照准目标 1.5 ~ 2.0 倍目标高度的固定位置，测站点的数量不宜少于 2 个；当采用水平角观测法时，应设置好定向点。当观测精度为二等及以上时，测站点和定向点应采用带有强制对中装置的观测墩；当利用建筑或构件的顶部与底部之间的竖向通视条件进行倾斜观测时，可采用激光准直法等方法；当

利用相对沉降量间接确定建筑倾斜时，可采用水准测量或静力水准测量等方法通过测定差异沉降来计算倾斜值及倾斜方向。

## 15.5 特殊变形观测

### 15.5.1 挠度观测

在建筑物施工阶段，随着施工荷载的逐步增加，建筑主体受力构件在荷载作用下会产生挠度变形，挠度变形的大小对建筑结构或构件的承载能力状态影响较大。因此当建筑基础、桥梁、大跨度构件、建筑上部结构、墙、柱等发生挠度变形，建筑结构或构件本身对挠度控制有要求时，应进行挠度观测。挠度是通过测定观测点的沉降量，进行分析计算出来的。

1. 竖向的挠度观测

建筑基础挠度观测可与沉降观测同时进行，监测点应沿基础的轴线或边线布设，每一轴线或边线上不得少 3 点；桥梁、大跨度构件等线形建筑的挠度观测，监测点应沿其表面左右两侧布设。其基准点和工作基点的布设原则，与沉降观测、水平位移观测等其他变形观测一样。

如图 15-7 所示，$A$、$B$、$E$ 为竖向挠度观测对象在同轴线上的三个沉降点，由沉降观测得到其沉降量分别为 $S_A$、$S_B$、$S_E$，$A$、$B$ 和 $A$、$E$ 的沉降差分别为 $\Delta S_{AB}=S_A-S_B$ 和 $\Delta S_{AE}=S_A-S_E$，则其挠度 $f_h$ 按下式计算：

$$f_h=\Delta S_{AE}-\frac{L_{AE}}{L_{AE}+L_{EB}}\Delta S_{AB} \tag{15-4}$$

式中：$f_h$——挠度；

$L_{AE}$——$A$、$E$ 之间的水平距离；

$L_{EB}$——$E$、$B$ 之间的水平距离。

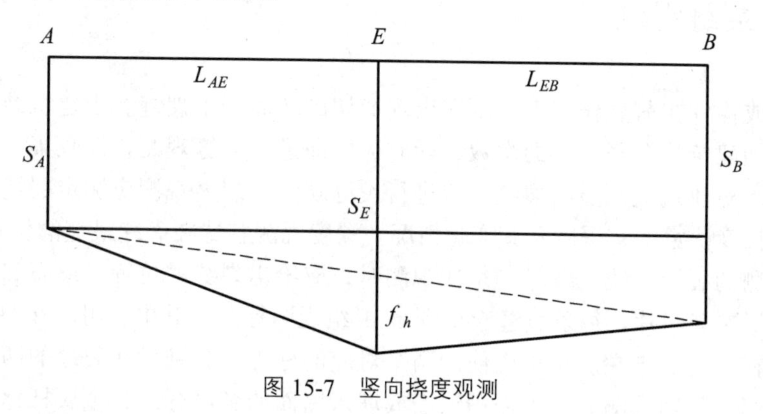


图 15-7 竖向挠度观测

2. 横向的挠度观测

对建筑上部结构挠度观测，监测点应按建筑结构类型沿同一竖直方向在不同高度上布设，点的标志设置和观测方法可按倾斜观测的有关规定执行；对墙、柱等挠度观测，可采用竖向挠度观测的方法；当具备作业条件时，亦可采用挠度计、位移传感器等直接测定其挠度值。

如图 15-8 所示，$A$、$B$、$E$ 为横向挠度观测对象在同轴线上的三个位移观测点，其位移量分别为 $D_A$、$D_B$、$D_E$，$A$、$B$ 和 $A$、$E$ 的沉降差分别为 $\Delta D_{AB}=D_A-D_B$ 和 $\Delta D_{AE}=D_A-D_E$，则其挠度 $f_d$ 按下式计算：

$$f_d=\Delta D_{AE}-\frac{L_{AE}}{L_{AE}+L_{EB}}\Delta D_{AB} \tag{15-5}$$

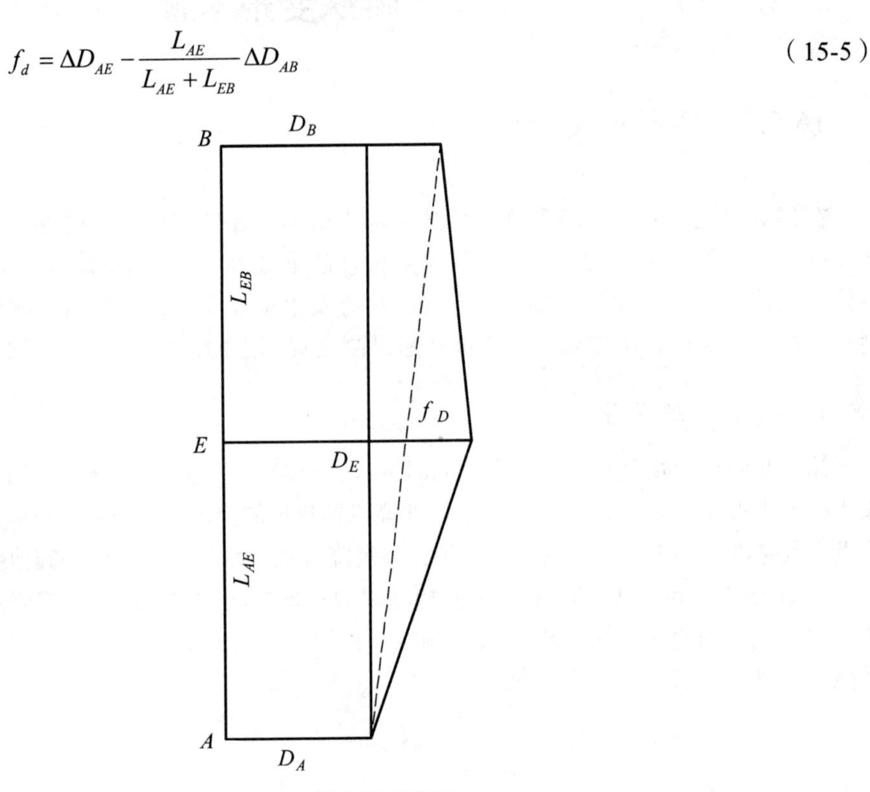


图 15-8　横向挠度观测

## 15.5.2　裂缝观测

建筑结构或构件在荷载作用下，可能出现剪切破坏而产生裂缝。当建筑结构或构件出现裂缝时，应增加建筑物沉降观测的次数，同时应立即进行裂缝观测，以收集、整理、分析裂缝发展的情况。对建筑上明显的裂缝，应进行裂缝观测。裂缝观测应测定裂缝的位置分布和裂缝的走向、长度、宽度、深度及其变化情况。深度观测宜选在裂缝最宽的位置。

对需要观测的裂缝应统一编号。每次观测时，应绘出裂缝的位置、形态和尺寸，注明观测日期，并拍摄裂缝照片。每条裂缝应至少布 3 组观测标志，其中一组应在裂缝的最宽处，另两组应分别在裂缝的末端。每组应使用两个对应的标志，分别设在裂缝的两侧。裂缝观测标志应便于量测。长期观测时，可采用镶嵌或埋入墙面的金属标志、金属杆标志或模型板标志；短期观测时，可采用油漆平行线标志或用建筑胶粘贴的金属片标志。当需要测出裂缝纵、横向变化值时，可采用坐标方格网板标志。采用专用仪器设备观测的标志，可按具体要求另行设计。裂缝观测标志，如图 15-9 所示。

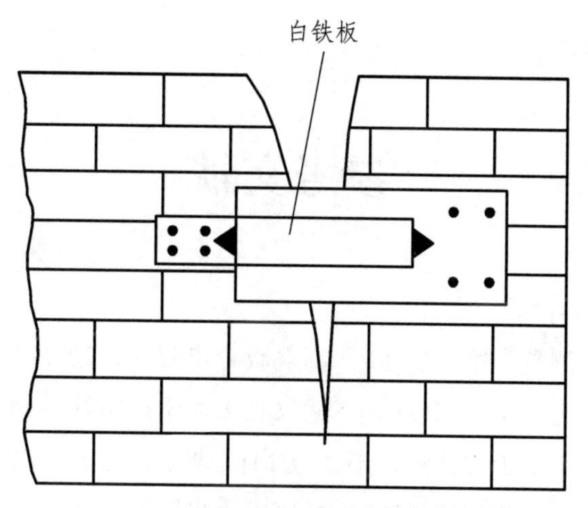


图 15-9　裂缝观测标志示意图

裂缝的宽度量测精度不应低于 1.0 mm，长度量测精度不应低于 10.0 mm，深度量测精度不应低于 3.0 mm。裂缝观测方法应符合如下规定：

（1）对数量少、量测方便的裂缝，可分别采用比例尺、小钢尺或游标卡尺等工具定期量出标志间距离求得裂缝变化值，或用方格网板定期读取坐标差计算裂缝变化值。

（2）对大面积且不便于人工量测的众多裂缝，宜采用前方交会或单片摄影方法观测。

（3）当需要连续监测裂缝变化时，可采用测缝计或传感器自动测记方法观测。

（4）对裂缝深度量测，当裂缝深度较小时，宜采用凿出法和单面接触超声波法监测；当深度较大时，宜采用超声波法监测。

裂缝的观测周期，应根据裂缝变化速度而定。裂缝初期可每半个月观测一次，基本稳定后宜每月观测一次，当发现裂缝加大时应及时增加观测次数，必要时应持续观测。

## 思考题与习题

1. 什么是建筑变形？建筑物的变形观测的主要内容包括哪些？
2. 建筑物变形观测的使用范围主要包括哪些？
3. 简述建筑物变形观测的技术设计的主要内容。
4. 简述变形监测网点的主要分类。
5. 简述影响变形观测频率和观测周期的主要因素。
6. 简述沉降位移观测时水准基点与沉降观测点的布设的基本原则。
7. 简述水平位移观测时水准基点与水平位移观测点的布设的基本原则。
8. 建筑物的主体倾斜观测的含义是什么？

# 参考文献


[ 1 ] 王根虎．土木工程测量：第 2 版[M]．高等教育出版社，2015.
[ 2 ] 岳建平，陈伟清．土木工程测量[M]．武汉理工大学出版社，2010.
[ 3 ] 文孔越，高德慈．土木工程测量，第 2 版[M]．北京工业大学出版社，2009.
[ 4 ] 郭卫彤，杨鹏源．土木工程测量[M]．中国电力出版社，2007.
[ 5 ] 杨小明，颜树强．土木工程测量[M]．中国建材工业出版社，2006.
[ 6 ] 周秋生，郭明建，张为成．土木工程测量[M]．高等教育出版社，2013.
[ 7 ] 覃辉．土木工程测量[M]．同济大学出版社，2004.
[ 8 ] 张文春，李伟东．土木工程测量[M]．中国建筑工业出版社，2002.
[ 9 ] 李桂苓．土木工程测量[M]．中国石油大学出版社，2008.
[10] 邹永廉．土木工程测量[M]．高等教育出版社，2004.
[11] 刘玉珠．土木工程测量[M]．华南理工大学出版社，2001.
[12] 许光，王晓峰．建筑工程测量[M]．中国电力出版社，2012.
[13] 冯杜鸣．建筑工程测量[M]．北京理工大学出版社，2018.
[14] 林龙镔．土木工程测量[M]．北京理工大学出版社，2018.
[15] 彭春辉．建筑工程测量[M]．北京理工大学出版社，2016.
[16] 张福燕，王照雯．建筑工程测量[M]．华中科技大学出版社，2017.
[17] 王文鑫，亚林．工程测量[M]．电子科技大学出版社，2016.
[18] 张慧慧．工程测量[M]．西南交通大学出版社，2016.
[19] 姚锡伟，许翊．工程测量[M]．重庆大学出版社，2015.
[20] 撒利伟．工程测量[M]．西安交通大学出版社，2010.
[21] 李华蓉．土木工程测量[M]．重庆大学出版社，2016.
[22] 胡伍生，潘庆林．土木工程测量（第 5 版）[M]．东南大学出版社，2016.
[23] 马飞虎．土木工程测量[M]．中南大学出版社，2016.
[24] 张蕾．工程测量[M]．西南交通大学出版社，2014.
[25] 张爱卿，李金云．土木工程测量[M]．浙江大学出版社，2014.
[26] 李玉宝．测量学[M]．西南交通大学出版社，2016.
[27] 程效军，鲍峰，顾孝烈．测量学[M]．同济大学出版社，2016.

[28] 刘茂华. 工程测量[M]. 同济大学出版社，2015.
[29] 工程测量规范 GB 50026—2007. 中华人民共和国国家标准[S]. 中国计划出版社，2007.
[30] 城市测量规范 CJJ/T 8—2011. 中华人民共和国行业标准[S]. 中国建筑工业出版社，2012.
[31] 公路勘测规范 JTG C10—2007. 中华人民共和国行业标准[S]. 人民交通出版社，2007.
[32] 建筑变形测量规范 JGJ 8—2016. 中华人民共和国行业标准[S]. 中国建筑工业出版社，2016.